高等学校信息技术类新方向新动能新形态系列规划教材

教育部高等学校计算机类专业教学指导委员会-Arm 中国产学合作项目成果

Arm 中国教育计划官方指定教材

arm 中国

脑科学导论

莫宏伟 / 主编

徐立芳 / 副主编

人 民 邮 电 出 版 社

北 京

图书在版编目（CIP）数据

脑科学导论 / 莫宏伟主编. -- 北京 : 人民邮电出版社, 2023.12

高等学校信息技术类新方向新动能新形态系列规划教材

ISBN 978-7-115-61383-7

Ⅰ. ①脑… Ⅱ. ①莫… Ⅲ. ①人工智能－高等学校－教材 Ⅳ. ①TP18

中国国家版本馆CIP数据核字(2023)第048384号

内 容 提 要

本书较全面地介绍了脑科学、神经科学的基本概念和理论知识，以及脑科学、神经科学等方面的新成果和新发现。全书共 11 章，首先介绍脑科学的定义，研究方法、研究内容及发展现状；然后介绍脑结构与组成以及脑神经系统知识；接着在智能机制方面，主要介绍感知觉与运动系统、学习与记忆、注意与决策、语言、情绪等功能产生或形成的理论和神经机制，在此基础上，进一步介绍心智与意识形成的相关理论和机制；最后，介绍脑与神经科学对人工智能研究的重要作用和意义。

本书适合作为人工智能、智能科学与技术、生物医学工程、计算机科学与技术等新工科及传统理工科相关专业的教材，也可以作为生命科学、生物学、神经科学、认知科学等相关专业的教材，还适合从事自然科学、社会科学、人文学科及人工智能交叉学科研究的科研人员和爱好者自学使用。

◆ 主　　编　莫宏伟
副 主 编　徐立芳
责任编辑　祝智敏
责任印制　王　郁　陈　犇

◆ 人民邮电出版社出版发行　　北京市丰台区成寿寺路 11 号
邮编　100164　　电子邮件　315@ptpress.com.cn
网址　https://www.ptpress.com.cn
涿州市京南印刷厂印刷

◆ 开本：787×1092　1/16
印张：15.25　　2023 年 12 月第 1 版
字数：367 千字　　2023 年 12 月河北第 1 次印刷

定价：79.80 元

读者服务热线：(010)81055256　印装质量热线：(010)81055316
反盗版热线：(010)81055315
广告经营许可证：京东市监广登字 20170147 号

前言

FOREWORD

人类从茹毛饮血的原始社会逐渐进化到今天技术快速发展的信息社会、智能社会，单就体力、耐力和自然环境适应能力而言，人类在很多方面不如其他动物，但人类有着远比其他动物更聪明的脑。人脑使人类能够认识和反思自身、理解世界。人脑也使人类拥有比其他动物更高级的智能。人脑是地球生命数十亿年不断进化的伟大产物。人类依靠人脑能够发明创造各种复杂的机器、工具，极大地拓展了体能和智能。人类的意识、智能究竟是如何产生的？为什么人脑有认知理解能力而计算机没有？为什么小孩能在 1s 内准确分辨猫和狗，而超级计算机却不能？为什么 3 岁的小孩已经精通语言，而计算机却无法理解人类语言的含义？这些都是亟待破解的关于人类智能的斯芬克斯之谜。

毫无疑问，人脑是人类智能的源泉。我们要理解人类的智能机理，就必须了解人脑的高度复杂的工作机制。脑科学及神经科学主要是从分子水平、细胞水平、组织水平等多层次研究人脑的工作机制。党的二十大报告中提到："推动战略性新兴产业融合集群发展，构建新一代信息技术、人工智能、生物技术、新能源、新材料、高端装备、绿色环保等一批新的增长引擎。"脑科学研究一方面有助于治疗脑疾病，另一方面有助于理解人的智能机理，揭示人脑的智能本质，创造人工智能。因此，认识人脑也是开发类人智能机器的必经之路。本书侧重于从创造人工智能的角度介绍脑、神经科学与智能机制的有关理论和知识。

古往今来，众多哲学家、心理学家、认知科学家、神经科学家等从多方面、多维度苦苦探索人类经验与理性、主观与客观、物质与意识之间不可捉摸的关系。人类对自身和客观世界的认识、理解、探索能力都来自于脑。人的认知智能正是现在的智能机器所不具备的。但是，人的智能机制并非源自组成脑的物质本身，而是在长期进化形成的脑结构和功能基础上，由语言、文化、社会及身体、环境等因素共同形成的复杂体系长期熏陶的结果。或者说，我们的思考不仅仅来自于孤立的脑，更是个人生理、经验和群体文化共同的产物。因此，人类只通过研究脑神经机制无法揭示或认清智能的形成机制。单纯的类脑结构或计算装置也不会一蹴而就地产生类人的智能。因此，本书所描述的脑的结构、神经系统机制只是智能形成的物质基础。我们认识和理解人脑，本质上是在认识和理解人类自身。

本书从交叉学科角度介绍了脑与智能基础知识、理论及前沿成果，涉及哲学、脑科学、认知神经科学、认知科学、心理学等多学科，在介绍脑与神经系统的基础上，进一步理解感知觉与运动、学习与记忆、注意与决策、语言等产生或形成的机制，尤其是关于心智与意识的认识，既包括传统哲学、心理学的重要思想和理论，也包括现代神经科学对心智与意识的研究理论。本书最后将脑科学与人工智能理论、方法紧密联系起来，使读者理解脑与神经科学对人工智能技术的重要作用和意义，从脑科学与神经科学角度深入理解人工智能技术。

本书在介绍主要知识和方法后，提供了适量的习题，使读者不仅能掌握一些初级的知识和方法，还能通过思考，加深对脑科学、神经科学及智能机制的认识和理解。

本书学时分配如表 0.1 所示。建议采用理论、虚拟仿真等相结合的教学模式。

表 0.1　学时分配表

课 程 内 容	学　　时
绪论	2 ~ 4
脑结构与组成	2 ~ 4
脑神经系统	2 ~ 4
感知觉与运动系统	2 ~ 4
学习与记忆	2 ~ 4
注意与决策	2 ~ 4
语言	2 ~ 4
情绪	2
脑、心智与认知	4 ~ 6
意识	2 ~ 4
从脑科学到人工智能	2 ~ 4
课程考评	2
课时总结	26 ~ 46

本书由莫宏伟担任主编，徐立芳担任副主编。本书得到了 Arm 中国的支持和赞助。感谢魏子强、傅智杰、韩胜利、张喜凤、袁志龙、孙鹏、张赛、孙琪、才鑫源、闫景运在图片绘制、修改和部分内容编写方面提供的协助。书中引用了国内外公开发表的论文、书籍及网络资料，向所有作者致谢！

由于编者水平和经验有限，书中难免有欠妥及引用疏漏之处，恳请读者批评指正。

编者

2023 年 5 月

目录

CONTENTS

chapter 04

chapter 05

chapter 06

chapter 11

从脑科学到人工智能 211

01 chapter

绪论

本章主要学习目标：

1. 了解人类起源与人脑进化的基本过程；
2. 学习和掌握脑科学的基本概念和目标；
3. 了解脑科学对人工智能的重要意义。

1.0 学习导言

人脑是自然界中结构和功能最复杂、最高级的智能系统，是思维的器官、精神活动的物质本体。人脑一般重约 1.5 千克。人脑通过耳朵、眼睛、鼻子、舌头和皮肤，可接受大约 1 亿条信息。如果将人脑中所有的神经结点打开，其长度可能长达 320 万千米，而这只是我们所了解的人脑的一小部分。其实人脑的复杂性远远超出了人们的想象。

人类能够认识自身和世界正是因为有聪明的人脑。但人脑本身并不是在自然界一开始就存在的，人类也不是从诞生开始就认识自己的脑。人类和人脑都是经历了漫长的历史进化而来的，人类研究人脑的工作机制也经历了漫长的历史时期。本章主要学习人脑的起源和研究历史，以及脑科学的发展现状，从更大的历史背景中理解人脑和智能的产生机制。

1.1 人脑的起源

在介绍脑科学的定义或概念之前，我们首先学习理解人脑的起源。人脑是如何通过物质进化及人类的起源、进化而形成并具有智能的？对这个问题的解读有助于我们从源头上认识脑与智能的形成机制。

1.1.1 人类的起源

按照宇宙学知识，地球大约产生于 45 亿年前。40 多亿年前的地球历史被划分为“冥古宙”。那时的地球酷热难耐，随后地球开始慢慢冷却，出现早期的海洋。科学家几乎可以确认，正是在这些早期海洋中，一种新的化合物开始出现，这就是最早的生命形态。距今大约 35 亿年前，也就是地球诞生后的 10 亿年内，这些化合物中的一部分形成了地球上第一批生物——原核生物。它们通过新陈代谢的化学反应，从周围的环境中汲取能量。原核生物通过分裂成两个几乎一模一样的个体或者“克隆”进行自我繁殖。通过这种方式，生物开始逐步改变、进化，适应各种各样的环境，进化出千百万个不同的物种。这个过程被查尔斯·达尔文称为“自然选择”。紧随原核生物产生的是真核生物。距今约 6 亿年前的震旦纪（也称埃迪卡拉纪），地球上出现了多细胞的“埃迪卡拉生物群”。这个时期及以前的生物都是“无脑”生物。地球进入古生代之后，进化速度大大加快。4.5 亿年前，地球生物发生“寒武纪大爆炸”，最早的两栖动物、爬行动物和哺乳动物几乎都在这一时期出现。这一时期出现的生物尤其是哺乳动物都拥有了自己的大脑。距今 2.5 亿年前，地球进入中生代，这一时期的生物圈几乎被恐龙主宰。恐龙灭绝之后，地球进入新生代，哺乳动物开始适应曾经被恐龙独霸的、多样的自然环境。大量新型的哺乳动物出现在地球上，其中一种为灵长类动物。从距今约 2 000 万年前起，一部分灵长类动物，也就是早期的猿类动物，开始更长时间地生活在地面上。到了约 700 万年前，在非洲，一些猿类开始用双脚站立。这是第一批类人猿，也是人类的直接祖先。表 1.1 给出了人类进化的大致历程。

科学家 2015 年发现的大约生活在 1 162 万年前的多瑙河类人猿化石将直立行走的时间比原来认为的时间提前了数百万年。根据化石推测，多瑙河类人猿既可以后肢为主进行两足行走，又可以前肢为主进行攀爬，表明人类的两足行走能力是在 1 200 万年前的树木环境中进化而来的。

表 1.1　人类的进化历程

物种	生存时期	身高/m	体格	脑容量/cm^3
多瑙河类人猿	1 200 万年前	不详	不详	不详
黑猩猩	800 万 ~ 600 万年前	1 ~ 1.7	长胳膊，短拇指，手指、脚趾弯曲，适用于指关节行走和爬树	450
始祖地猿	440 万年前	不详	有可能两足行走	不详
南方古猿	420 万 ~ 100 万年前	不详	两足行走	不详
南方古猿属阿法种（露西）	400 万 ~ 250 万年前	1 ~ 1.2	完全两足行走并有着结构有所改变的双手，仍有着猿的特征	400 ~ 500
能人	200 万 ~ 150 万年	1 ~ 1.5	一些标本显示能人个子小、胳膊长，另一些标本显示能人很强健但不像人类	500 ~ 800
直立人	180 万 ~ 20 万年前	1.3 ~ 1.5	很强健但不像人类	750 ~ 1 250
早期智人	25 万 ~ 4 万年前	1.6 ~ 1.85	很强健但不像现代人类	1 200 ~ 1 700
晚期智人	4.5 万 ~ 1.2 万年前	1.6 ~ 1.8	与现代人类很像	1 300 ~ 1 600

始祖地猿（Ardipithecus）是人科中非常早期的一属，生存在 440 万年前的上新世早期。由于它与非洲的类人猿有很多相似的地方，故它被认为是黑猩猩分支而非人类分支。但因其牙齿像南方古猿的牙齿，故大部分研究者认为它是原始人。

智人是人属下的唯一现存物种，形态特征比直立人更为进步，分为早期智人和晚期智人。早期智人生活在距今 25 万 ~ 4 万年前，主要特征是脑容量大，在 1 200 cm^3 以上；眉嵴发达，前额较倾斜，枕部突出，鼻部宽扁，颌部前突。晚期智人（新人）是解剖结构意义上的现代人。大约从距今四五万年前开始出现。

1.1.2　人脑的进化

地球上所有曾经存在的动物之中，人类的大脑容量占身体大小的比例最大。就灵长类动物而言，人脑的尺寸比例显然已经达到或十分接近体型的极限。

类人猿脑容量的增加开始于大约 250 万年前，那个时代正是石器时代的开始和人类从南方古猿向人属过渡的时期。在这个时间阶段，全球气候逐渐变冷，非洲大陆的原始森林逐渐转变为林地和草地。一般认为，对这种新环境的适应是导致人属某些变化的原因。直立人不仅身材更为高大，而且脑容量也比能人更大，已达到 750 ~ 1 250 cm^3，他们已经掌握了制造石器的能力，能够制作一些简单的原始石器。直立人最先将石头削成特殊的形状以用作刀、斧头、铲子等。他们的脑容量远远超出了南方古猿的脑容量。

距今大约 10 万年以前，地球上生存的所有的类人猿，很可能都是智人。早期智人的脑容量已达到 1 200 ~ 1 700 cm^3，他们的面部特征是颧骨和眉骨较为突出。这种智人分为两种主要类型，其中一种类型很可能是现代智人的祖先，大约在 12 万年前出现于非洲，另一种类型大约出现于同一个时期，但存活到大约 3.5 万年前时绝种了——他们就是尼安德特人，亦即人类学中的尼安德特智人。基因科学等方面的研究已经证实尼安德特人不是现代人类的祖先。

距今 4.5 万 ~ 1.2 万年前，晚期智人的脑容量达到了 1 300 ~ 1 600 cm^3。关于完全现代意义上的人类起源问题，仍有很多争论。在过去 500 万年的时间内，其他类型的类人猿都已经灭绝。在当今世界，只存在一种类型的人，只是生活于世界不同地区的人之间存在某些细微的差异。

与祖先相比，现代人类在体能方面没有更快，也没有更强，他们的优势在于脑容量的增加。现代人类的脑容量大约是其祖先原始人类的 3 倍。人类学家把这种脑容量的猛增称为脑化。表 1.1 列举了从黑猩猩到智人的身高、体格及脑容量快速发展进化的过程。在相对短暂的最近 200 多万年时间内，人类脑容量戏剧性地急剧增长，从而将最后一批南方古猿与完全现代意义上的人类区分开来。这段时期，人类进化的重大成果就是认知能力。

人类脑的形成和相对漫长的生物进化过程相比是非常短暂的，可以说是跨越式发展。人类的其他近亲为什么没有进化出聪明的大脑和智能？人类究竟是如何与其他近亲分家的？一个国际科学家小组发现了人类与黑猩猩的祖先“分家”以来变化最快的一个基因。科学家称，这个基因很可能是人类脑进化的关键基因。

科学家比较人类与黑猩猩基因组之间差别最大的 49 个区发现，其中一个名为 HAR1 的区域，进化速度比其他基因提高约 70 倍，相信这就是促进人脑皮层迅速增长至原来 3 倍的重要因素。HAR1 包括两个基因，其中一个名为“HAR1F”的基因比较特殊，只存在于人类胚胎早期的大脑皮层细胞中，而且该基因不控制合成蛋白质，只控制合成核糖核酸。科学家豪斯勒表示，HAR1F 基因对研究“为何人脑比猩猩脑发达”等问题十分重要。豪斯勒表示，HAR1F 基因直至 3 亿年前才出现在哺乳类动物及鸟类体内，鱼及无脊椎动物体内则没有这种基因。但 HAR1F 却没有发生太大变化，鸡与黑猩猩的这一基因只有两处不同，而人与黑猩猩则有 18 处差异，全部出现于人类进化期间。虽然科学家迄今还不明白 HAR1F 基因的确切功能，但这个基因进化的速度快得令人难以置信，而且与脑的发育密切相关，因此，他们认为，这个基因很可能是决定人与黑猩猩在脑方面区别的关键基因。

脑的大小和复杂程度在不同脊椎动物种类之间的差别很大，科学家证明，人类和许多动物用于构建身体不同器官的基因相似度非常高，但脑的功能却有很大差别，那么基因为何导致不同物种的器官大小和复杂程度存在如此大的差异呢？研究人员发现，一个名叫 PTBP1 的蛋白上发生的一些微小变化能够促进神经元的发育，这可能是导致哺乳动物的脑比其他种类脊椎动物的脑更大也更复杂的重要原因。该研究表明，两种 PTBP1 的长度不同决定神经元细胞在胚胎中的发育时间不同，从而导致不同物种脑的大小和复杂程度存在很大差异。

另一种观点被称为社会脑假说，它将智能的形成归结为人类社群组织规模和复杂性的增加。

30 多年前，美国科学家进行了一场全球性的针对脑容量的研究。通过对全球 2 万具现代人头骨展开的调查，科学家发现，东亚人的脑容量平均为 1 415 cm^3，欧洲人的为 1 362 cm^3，非洲人的为 1 268 cm^3。随后的一系列研究也证实了这一结果。在一项磁共振成像研究中，科学家发现东亚人的颅顶更高，这使他们的头颅内部能够容纳更大的脑。这一调查并不能表明亚洲人比其他人群更聪明。科学研究未能找到任何支持人种之间存在智力差异的证据。

1.2 脑科学的定义与历史

总之，由于人脑的不断进化，人类才创造出今天的人类社会，创造出地球上其他任何物种望尘莫及的各种奇迹。人类不仅拥有语言，而且发明了电冰箱、内燃机、火箭等各种各样的工具和机器。人类还会下象棋、打乒乓球、玩电子游戏、欣赏音乐、唱歌、跳舞，还创建了政治体制、社会保障系统及市场经济等。

人类虽然拥有聪明的脑，却在相当长的历史时期内并不了解自己的脑。人类对脑的认识经历了两千多年的漫长时期，大致可以分为三个阶段。

1.2.1　第一阶段萌芽时期

这个时期人类认识到脑是思维的器官，并对脑的结构有了粗浅的认识。早在公元前 7 世纪到公元前 5 世纪古代中国已经认识到脑与思维的关系。古希腊是西方文明的发源地，古希腊人与古代中国人不同，很早就从解剖学角度研究人脑并思考其特殊价值。公元前 6 世纪，希腊哲学家、生理学家阿尔克梅翁发现有连接物从眼球直接通向脑，还有许多类似的连接物（当时不知道是神经系统）与脑连接，他由此断定脑是接受感觉并产生思维的地方。公元前 4 世纪，几位古希腊学者对脑的功能得出结论：脑是感觉的器官。这些学者中，被称作“西方医学之父”的希波克拉底得出了明确的结论：大脑是人类感情的源地。他认为脑不仅参与环境感知，而且是智慧的发祥地。古希腊哲学家亚里士多德相信“心脏是智慧之源”。他认为，脑是一个“散热器”，被“火热的心”沸腾了的血液在脑中被降温。亚里士多德在约公元前 335 年写道：在所有动物中，人拥有相对于身体比例最大的大脑。亚里士多德是最早对比思考人脑与动物脑相对于身体的比例的人。

古希腊亚历山大城的埃及医生、解剖学家赫罗菲拉斯和埃拉西斯特拉图斯也发现了身体其他部分是如何与脑内部连接的。虽然古希腊的医生、解剖学家们很早回答了“脑是干什么”的问题，这是很了不起的发现，但是古希腊人并没有明确将脑与智能联系起来，表明了人类对智能形成完整认识的过程的复杂性。

罗马医学史上一位重要的人物是希腊医师、作家盖伦，他接受了希波克拉底关于脑功能的观点。作为一名为角斗士治疗伤病的医生，他亲眼见证过脊髓和脑的损伤为患者带来的悲惨后果。盖伦关于脑功能的观点极有可能来自于他本人对动物大量和细致的解剖。

1.2.2　第二阶段机械时期

这一时期是从 14 世纪文艺复兴时期到 19 世纪。盖伦有关脑的观点延续了将近 1 500 年。随后的文艺复兴时期，解剖学家维萨里进一步补充了许多关于脑结构方面的细节知识。但是，脑功能的脑室定位观点却未受到挑战。反而因 17 世纪早期法国人发明了以水为动力的机械装置，使上述观点又得到了进一步强化。这些装置支持了“脑以类似于机械运行的方式行使其功能”这样一种观点：液体从脑室中被压出，经过“神经管道”，使人兴奋，从而激发肢体的运动。因此，这一时期的脑研究一般受到机械论的影响。

法国数学家、哲学家笛卡儿是脑功能“液压–机械论”观点的主要提倡者。尽管笛卡儿认为这一理论可以解释其他动物的脑和行为，但对他而言，试图用该理论解释人类所有的行为却是一件不可思议的事情。之所以这么推断，是因为他认为人与其他动物不同，拥有智慧和一颗上帝赐予的心灵。因此笛卡儿又提出，由脑控制的人类的行为至多是动物所具有的那些行为，而人类所特有的“智慧”则独立于脑外。笛卡儿相信智慧是一种精神实体，它通过松果体与脑机构相联系，并接受感觉和运动指令。直至今天，一些人仍然确信存在一个“心–脑问题”，即精神与脑是彼此分离的。但是，现代神经科学的研究支持精神有其物质基础（脑）这样一种观点。早期一些科学家挣脱了盖伦的脑室中心论这一传统观念的束缚，开展了关于脑物质构成的更深入的研究。

18 世纪，瑞士生理学家哈勒开展了重要的人体神经系统和肌肉的研究，笛卡儿提出了大脑的反射学说和二元论、大脑相互作用论，俄国学者谢切诺夫完善了大脑的反射学说。18 世纪末，神经系统已经可以被完整地剥离出来，它的大体解剖也因此获得了更细致的描述。神经解剖学史上的一个重大突破是在脑表面观察到广泛存在的一些隆起（称为脑回），以及一些凹槽（称为沟和裂）。这一结构使大脑以叶的形式组装起来，成为不同脑功能定位于不同脑回这一理论的基础。这一突破主要是建立了反射学说和定位学说，开创了脑功能定位研究的新时代。19 世纪 60 年代是脑科学历史的发端，经历了脑功能定位论、神经元论和反射论等重大经典理论的发展过程。19 世纪后半叶，奥地利医生加尔（Franz Joseph Gall）建立了最初的定位学说，1874 年，德国神经科学家威尔尼克（Carl Wemicke）又发现了颞横回存在语言听觉区。这两项发现与此前关于顶部中央后回躯体感觉区、额部中央前回运动区、枕部视觉区和颞叶听区等的科学发现一起形成了脑功能定位的经典理论，后来发展为颅相学。法国医生布洛卡（Paul Broca）通过对失语病人的大脑解剖，发现了布洛卡区，使定位学说建立于科学基础之上。这些工作为 20 世纪神经科学的发展奠定了坚实的基础。

1.2.3 第三阶段现代时期

现代关于脑的研究是多水平、多层次、多途径进行的，既有整体研究，又有局部研究；既有系统研究，又有神经元水平、细胞水平和分子水平的研究；既有物理的、化学的、生理的、心理的分门别类的研究，又有综合性研究。

20 世纪 30 年代，阴极射线示波器和微电极记录技术在神经生理学实验室中得到了应用，利用细胞电生理学方法，30 年代到 50 年代，神经生理学家发现了大脑深部的脑干网状结构的功能特点。由于电刺激该脑区，在大脑皮层广泛区域内均引发兴奋或抑制性变化，但没有明确定位关系，故将脑干网状结构称为网状非特异系统。

20 世纪 50 年代，脑的解剖与功能关系框架已明确。从某些脑功能与相应脑结构之间的关系层面理解脑的理论就是脑功能定位论。与此相对应的是脑等位论，其认为全部脑结构在功能上是相似的，没有功能之分。虽然脑等位论的实验事实并不充分，但对于理解大脑的原理却别具一格，至今仍留存在脑理论研究领域。

1973 年，俄罗斯科学家鲁利亚发表了专著《神经心理学原理》，总结了数百例脑损伤患者的实验研究，概括出脑的三大功能系统区。

1980 年，美国提出了人类脑计划的基本概念，主要内容在于利用计算机技术建立脑的数据库或模型。随着信息技术的日益成熟，神经科学迫切需要将实验手段与电子技术相结合。

20 世纪 90 年代以后，脑科学已成为最重要的科学前沿领域之一。脑功能计算、脑智能模仿成为学术界和产业界热议的话题。1991 年，欧洲出台了“欧洲脑十年”计划。

1992 年，中国提出了“脑功能及其细胞和分子基础”的研究项目，并列入国家“攀登计划”。

1993 年 4 月，美国联邦资助小组联合发布“人类脑计划”（human brain project，HBP）。此计划是开展健康脑与病患脑分子、细胞、回路和系统的完整构图工作，开发用于获得、存储、管理、分析、整合与传播神经科学研究数据的新技术。

1996 年，日本也制订了为期 20 年的“脑科学时代”计划。

2013 年 4 月，美国宣布启动美国脑计划，开发分子尺度的探测装置，力争能感知并记录神经网活动，并通过大数据技术增进对大脑思维、情感、记忆等活动的理解。

2013 年 10 月，瑞士科学家启动了一个被认为是雄心勃勃的计划，目的是开发新技术，以发展可以模仿人脑的计算机。

近年来，认知神经科学在我国也受到了高度重视。在《国家中长期科学和技术发展规划纲要（2006—2020 年）》中，“脑科学与认知科学”被列为我国科技中长期发展规划的八大前沿科学领域之一。

2015 年，“中国脑计划”主要分为两个研究方向：以探索大脑奥秘、攻克大脑疾病为导向的脑科学研究，以及以建立和发展人工智能技术为导向的类脑科学研究，如图 1.1 所示。“中国脑计划”主要解决大脑三个层面的认知问题。

（1）大脑对外界环境的感官认知，即探究人类对外界环境的感知，如人的注意力、学习、记忆及决策制订等。

（2）对人类及非人灵长类自我意识的认知，通过动物模型研究人类及非人灵长类的自我意识、同情心及意识的形成。

（3）对语言的认知，探究语法及广泛的句式结构，用以研究人工智能技术。

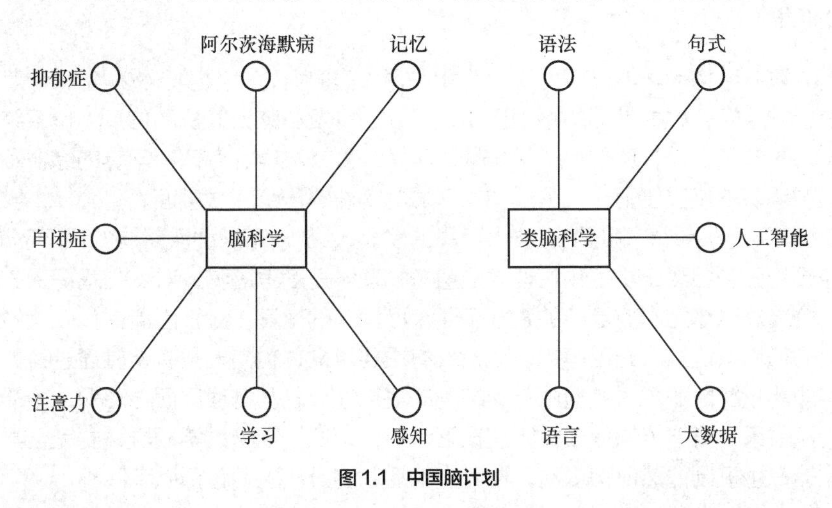

图 1.1 中国脑计划

1.3 脑科学

1.3.1 脑科学的概念与目标

从人类对脑的认识历史可以看到，随着各种检测技术手段的不断进步，人类对脑的认识不断深入，形成了现代脑科学及神经科学。

我们现在对于脑的理解是，从狭义方面，脑是指中枢神经系统，有时特指大脑；从广义方面，脑可泛指整个神经系统。

脑科学是以脑为研究对象的各门科学的总称，脑科学主要研究大脑的结构和功能，大脑与行为、大脑与思维的关系，研究大脑的演化、生物组成、神经元及其规律。

神经科学的主要研究对象也是脑，但神经科学是对脑进行多方位、不同层次的研究，从而解释脑活动的机制。研究内容包括发育神经生物学、计算神经科学、神经解剖学、神经生理学、临床神经学等。神经科学可以认为是狭义的脑科学。

计算神经科学是使用数学分析和计算机模拟的方法，在不同水平上对神经系统进行模拟和研究，从计算角度理解脑，研究非程序的、适应性的、大脑风格的信息处理的本质和能力，探索新型的信息处理机制和途径。

对于人工智能而言，需要从广义角度理解脑科学，因此它涵盖了所有与认识脑和神经系统相关的研究。

现代脑科学的基本问题主要包括以下五个方面。

（1）揭示神经元之间的连接形式，奠定行为的脑机制的结构基础。

（2）阐明神经活动的基本过程，说明从分子、细胞到行为等不同层次神经信号的产生、传递、调制等基本过程。

（3）鉴别神经元的特殊细胞生物学特性。

（4）认识实现各种功能的神经回路基础。

（5）解释脑的高级功能机制等。

脑科学的主要目标是：认识脑、保护脑和开发脑。下面分别介绍这三个主要目标。

1.3.2 认识脑

认识脑的复杂结构和功能，可为脑疾病和改善人类服务，在数学、物理学和计算科学的协助下，设计神经元，模拟其动态相互作用，设计、开发仿脑计算机和信息处理系统。

20 世纪 90 年代以后，现代脑科学与神经科学、认知科学、心理科学等的综合发展，使人类对大脑的认识不仅仅停留在大脑结构、区域与功能等传统领域层面。

随着各种可用于大脑检测的先进技术手段的发展，人类从不同层次对脑的认识逐渐深入，深入到神经元和分子层次，从生物物理学及量子物理学角度考虑脑，对脑与意识、心智、记忆、学习、情绪及躯体之间的复杂关系有了更全面深入的理解，对于澄清古代以来停留在哲学思辨层面的模糊认识及二元论等错误理论具有重要意义，也使人类有希望通过各种手段了解脑的真实功能和智能的本质，但由于脑结构的复杂性，以及物理层面与意识、精神层面之间的复杂转换关系，对智能的形成机制还缺乏清晰的认识，在脑科学领域，要完全弄清楚脑意识、智能的产生机制依然前路漫漫。检测大脑活动的方法主要包括以下四种。

1. 脑电图

脑电图（Electroencephalogram，EEG）检测方法主要是将电极置于头皮，记录大脑皮层表面附近大量神经元的生物电活动，至少有千分之一秒的时间分辨率，如图 1.2 所示。

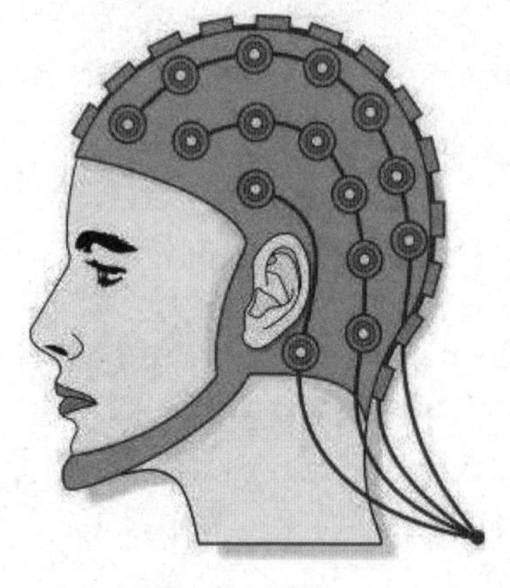

(a) 脑电图电极采集

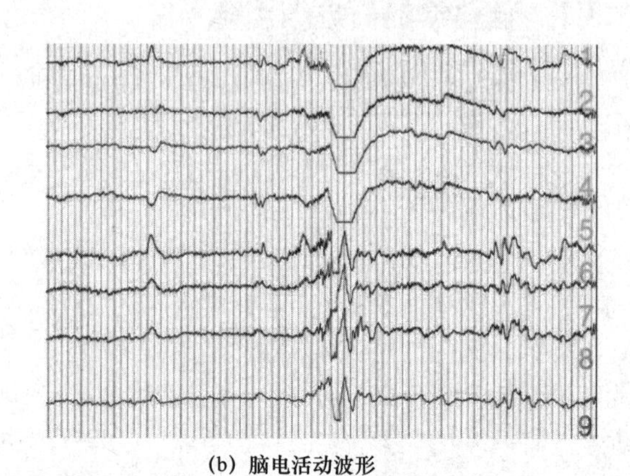

(b) 脑电活动波形

图 1.2 脑电图电极采集及脑电活动波形

2. 脑磁图

脑磁图（Magnetoencephalography，MEG）检测方法是检测大脑电活动产生的磁场，而不是脑活动产生的电场，如图 1.3 所示。这种方法比脑电图更敏感，有近似于千分之一秒的时间分辨率。

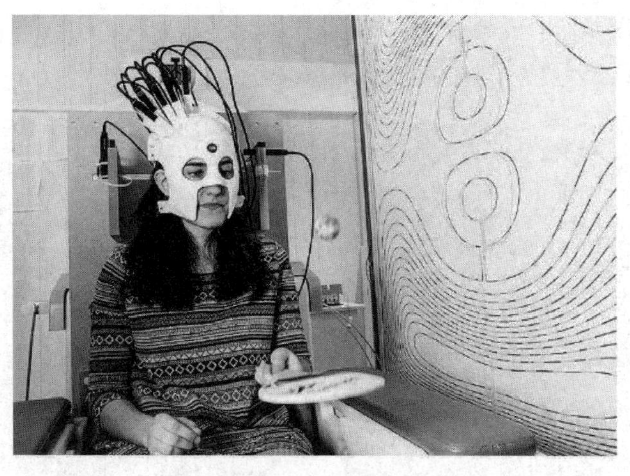

图 1.3　脑磁图采集及脑磁场活动波形

3. 正电子发射断层扫描术

正电子发射断层扫描术（Positron Emission Computed Tomography，PET）是利用正电子成像仪跟踪记录注入体内的放射性“示踪”化合物的运动，可用于检测血流量、能耗、受体蛋白质水平及其他重要分子。这种方法有利于观察大脑活动的定位，但只有 1s 的时间分辨率，如图 1.4 所示。

(a) 正电子成像仪

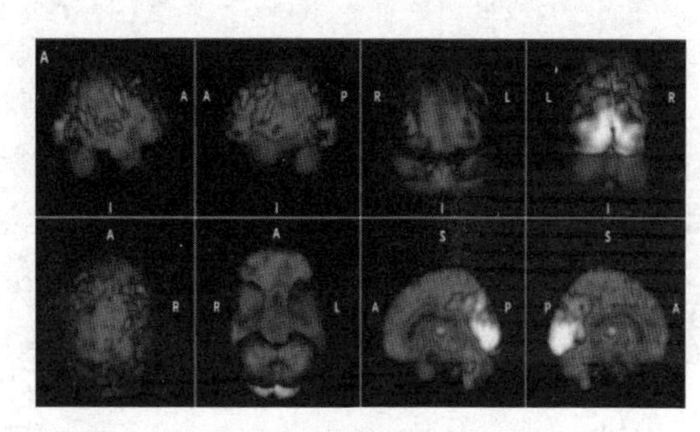

(b) 扫描结果

图 1.4　正电子成像仪及扫描结果

4. 功能性磁共振成像

功能性磁共振成像（Functional Magnetic Reasonance Imaging，fMRI）也称“脑扫描”，是一种利用磁共振成像设备间接检测脑活动的方法，常用于显示脑力任务中哪些脑区被“点亮”了，如图 1.5 所示。功能性磁共振成像主要利用血氧含量的变化检测脑部活动。主要通过检测磁共振信号来量化血氧饱和度和血流量的变化，对流向特定脑区血液的变化进行检测，从而间接反映脑神经活动伴随的能量消耗。它可以同时提供脑的解剖和功能视图。该技术的突出优点包括无损伤、无辐射、可重复检测，空间分辨率在毫米量级。该技术比脑电图和正电子发射断层扫描术更具优势，因为它可以显示最深层脑区的活动，且无须注射放射性物质，因此属于非侵入性技术。但目前该方法的运作机制尚不明确，且解读脑扫描数据的方法也存在诸多疑问。

除上述 4 种方法之外，还有很多如显微光学切片断层成像（Micro-optical Sectioning Tomography，MOST）等方法。这些都属于神经系统的检测方法。其中以 MOST 方法为标志的全脑高分辨精准空间定位与成像方法的日益成熟和应用，使得在全脑范围内测量和绘制三维精细的脑连接图谱、建立标准化的数据体系成为可能。

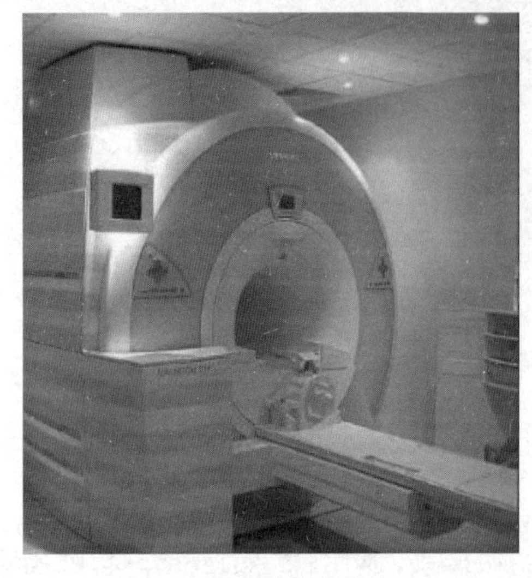

(a) 功能性磁共振成像仪

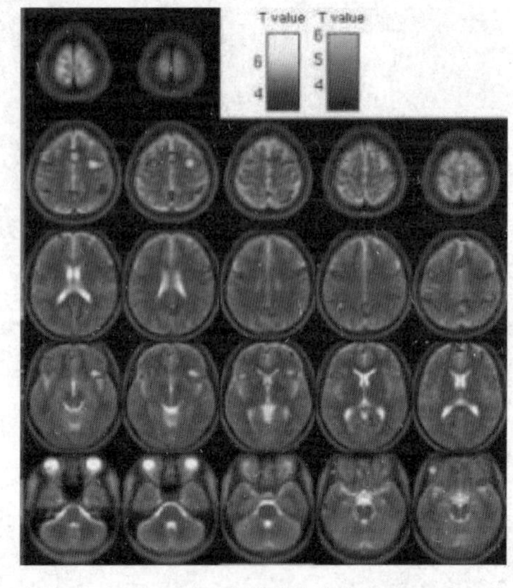

(b) 脑扫描成像结果

图 1.5　功能性磁共振成像仪及脑扫描成像结果

随着神经元研究领域的新发现，对大脑功能的研究再也不同以往。构建人脑的模型，成为“人类脑计划”的目标。其做法是通过功能强大的计算机将一大群虚拟神经元连接起来。参与该计划的各家实验室希望通过这种办法破解人类精神的奥秘，从而更好地治疗脑功能障碍，或者将其神经功能应用于其他领域，尤其是信息技术领域。

几十年来，脑科学更关注脑的发育及其与智能的关系。在微观层面，脑科学已经进入了细胞、分子水平；在宏观层面，随着各种无创伤脑成像技术，如正电子发射断层扫描术、功能性磁共振成像、多导程脑电图记录术和经颅磁刺激术等的应用，已经可以对不同脑区数以万计的神经元的活动与变化进行有效的分析。

除上述大脑检测手段之外，研究脑的主要方法还有形态学方法、电生理方法；膜片钳技术（Patch Clamp Recording Technique），长时程增强（Long-term Potentiation，LTP）等生化与分子方法；基因（PCR）技术、免疫印迹（Western-blot）等。

当代脑科学分子和细胞水平的神经科学发展迅猛，视觉的脑机制等感觉信息加工方面的重大突破使得脑神经元的研究进入新的高潮。未来脑科学总的发展趋势是在细胞和分子水平层面广泛开展脑研究，从整合的观点角度研究脑。具体包括以下几个方面：分子、细胞、突触、回路、系统、行为多水平结合；细胞、分子神经生物学与认知、临床神经科学整合；计算神经科学与脑生物学契合等。

1.3.3　保护脑

世界卫生组织的资料显示，全球现有约 4.5 亿人患有神经精神疾病，包括抑郁症、躁狂症、精神分裂症、神经发育障碍疾病等。据预测，未来 20 年，抑郁症可能排在世界疾病负担（疾病所致的经济负担）的第 2 位。保护脑主要从精神疾病的机理与防治、神经性疾病（阿尔茨海默病、帕金森病）的机理与防治、脊髓损伤的治疗、痛觉、药物成瘾等方面开展研究，预防和治疗与大脑有关的各种疾病。

目前，人类对智障、中年期抑郁症和成瘾、老年期退行性脑疾病的病因仍不了解，治疗的措施也十分有限。早期诊断和早期干预是最有效的脑疾病医疗方式。人类需要继续探索这些脑重大疾病的致病机理，而对致病机理的完全理解仍有赖于阐明脑认知功能的神经基础。在完全理解机理之前，亟须研发出有效的脑重大疾病预警和早期诊断的各种指标，包括基因变异的检测、血液体液和脑脊液中的分子成分、脑影像及脑功能的指标等。对诊断出的早期患者，需要早期干预，以延缓或预防脑疾病的出现。需要研发早期干预的药理、生理和物理新技术和新仪器。目前医疗界已在使用一些物理刺激技术来治疗脑疾病，如穿颅磁刺激、穿颅直流电刺激、深度脑刺激等，这些刺激方法的精度和刺激模式需要进一步优化，而优化的过程仍依赖于脑科学对认知功能神经环路所获得的新信息。新药物和新型生理物理干预技术的研发，需要合适的动物模型，因此，建立脑重大疾病的非人灵长类模型是不可或缺的一环。

1.3.4 开发脑

计算神经科学是应用数学理论和计算机模拟方法研究脑功能的学科。在开发脑的技术方面，脑机接口（Computational Brain Interface，BCI）是代表性技术，该技术始于 20 世纪 70 年代，在 90 年代中期得到快速发展。1999 年，菲利普・肯尼迪第一次将电极植入猴子脑内，进行脑机交互实验。现在脑机接口已经进入成熟应用阶段。图 1.6 展示了一种电极帽式的脑机接口技术，可以控制机械臂完成一些动作或任务。

除了人脑，科学家们还研究如何利用动物大脑。2008 年 8 月，英国雷丁大学工程系统学院宣布，制造了世界上第一台生物脑（鼠脑）控制的移动机器人格登（见图 1.7）。鼠脑的切片安放在一个称为“多电极矩阵”的培养皿中央，有 3 600 根电极与脑切片相连，这是鼠脑与机器交流的关键部件，每个电极都可以捕捉神经元的电信号，也能向神经元发出电刺激。大约 24 小时内，神经元彼此伸出突触，建立连接。一周之内，便可以看到一些自发放电，以及与普通老鼠或人脑类似的活动。这说明感应器就像格登的感官，而它正在分析来自感官的信息，对这个奇怪的环境进行学习研究：怎样走路才能不碰到墙壁呢？对格登的行走路径进行分析的结果也证实了格登在慢慢学习一些东西。这一开创性研究旨在探索自然智能和人造智能的分界问题，可能有助于人类弄清楚记忆和学习机能的根本构架。

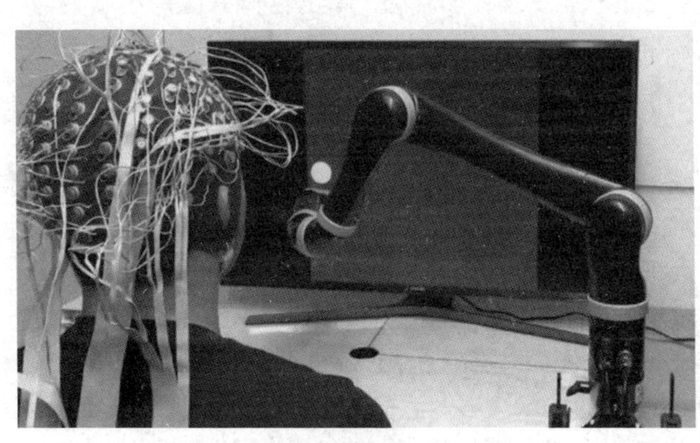

图 1.6 脑机接口技术

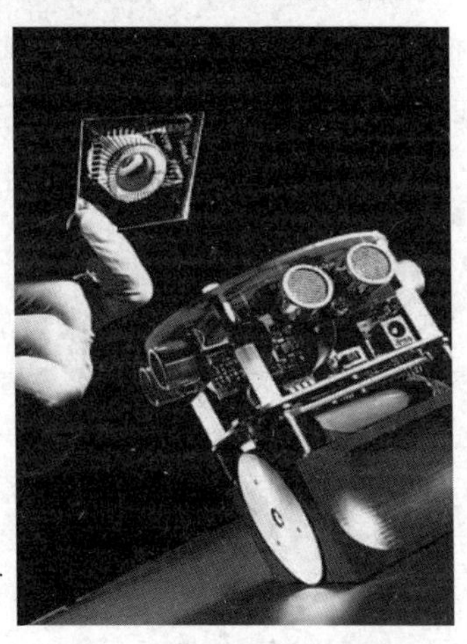

图 1.7 鼠脑控制的移动机器人

早在 2009 年 10 月，英国科学家就已经研制出一套可以使人进行“脑对脑交流”的系统，这使人类未来实现脑脑交流成为可能。该系统通过一个网络连接，将人的大脑形成的信号发送到相隔数千米外的另一个人的大脑里。这项技术对那些身体不能动、不能说话的人，甚至盲人非常有帮助。研究人员还曾使用非侵入性技术成功实现了距离 8 047 千米（5 000 英里）的脑与脑的人际沟通，成功实现了脑对脑的信息传播。目前，最新的研究是通过互联网连接脑电图和机器人辅助图像引导经颅磁刺激仪的组合方式，将一个人想说的话远程传递至另一个人的脑中。科学家预计，未来的计算机将以非常流畅的方式直接与人脑进行交互，从而实现计算机与大脑之间的通信。未来广泛应用脑脑通信、脑机通信技术将为人类之间创造新的交流方式。

1.4 脑科学对人工智能的意义

人工智能是利用计算机模拟人类智能创造机器智能的科学领域。经过几十年的发展，人工智能已经取得了一系列令人瞩目的成就。1997 年，IBM 深蓝计算机因为击败了当时的世界国际象棋冠军卡斯帕罗夫而名声大噪。2016 年，谷歌公司的 AlphaGo 又在全世界人民面前打败当时的围棋世界冠军李世石，掀起了人工智能技术的新一轮热潮。2022 年 12 月，一款名为 ChatGPT 的聊天机器人继 AlphaGo 之后又掀起一轮人工智能浪潮。人工智能技术如今已成功应用于机器翻译、机器人、语言和图像理解等诸多领域，以代替人类执行复杂或规模庞大的任务。人工智能已经在棋类博弈、图像识别等多方面远超人类智能水平。但是，现有的人工智能技术还处于发展阶段，虽然以 ChatGPT 为代表的大语言模型已经可以熟练地驾驭语言并完成多种任务，但是在高级认知功能方面还远弱于人类。究其原因在于，人工智能向脑工作机制的学习还不够“类脑”。当然人类对脑的认识本身也还十分粗浅。目前的人工神经元只是参考神经元间的部分拓扑结构而搭建的数学模型，其核心算法是计算机科学研究者发明的，而非来自对生物神经系统的解析，与脑的原理和能力相去甚远。通过模拟、解译和反演等多种手段，通过脑科学及认知科学等探究记忆、学习、决策等原理并构建计算模型，在类脑智能的设计上模拟仿真和再现脑局部和整体功能的工作结构，发展类脑智能算法，以使机器获得更好的概括能力、抽象能力。因此，理解和认识脑，不仅对认识人类自身具有重要作用，对人工智能的研究更具有重要意义。

过去几十年，由于对人脑智能机制缺乏理解，研究人员从不同角度提出各种关于智能形成的理论，这些方法对发展人工智能起到了促进作用，但只在逻辑推理等初级认知智能及视觉感知智能方面对人类智能进行一定程度的模拟，在人类高级智能方面尚未取得进展。因此，未来要发展类人的人工智能技术，脑和神经系统就是很好的参考和参照物。人类智能和人工智能从不同的起点研究智能问题，它们相互影响、相互促进，有望实现两者的汇聚，启发人们从多角度探索更强的智能。

“中国脑计划”等世界各国的脑计划一方面有益于人类对大脑疾病的探索；另一方面，类脑科学研究则主要应用于人工智能技术的研发方面。类脑模型的建立和类脑计算、处理及存储设备技术的研究，有助于对新一代人工智能及类脑智能进行研究。

神经科学和类脑人工智能的深入发展不仅有助于人类理解自然和认识自我，而且有助于促进精神卫生事业发展和预防神经疾病、护航健康社会、抢占未来智能社会发展先机。

未来 20 年，与神经科学和类脑智能有关的技术发展对人类健康、科技发展、国家安全等领域都将产生深远影响。同时，神经科学和类脑智能技术本身存在“两用性”风险，其在医疗卫生、军事、教育等方面的应用可能会引发一系列安全、伦理和法律问题。

1.5 本章小结

脑是人类一切智慧的物质基础，了解脑及其全部功能是本世纪的重大挑战之一。本章介绍了人类起源与脑进化的基本过程，脑科学与神经科学的一些基本概念、发展目标，以及脑科学对人工智能的基本作用。通过本章的学习建立起脑科学的基本认识，可为后续各章节的学习奠定概念和认识基础。

习题

1. 什么是脑科学？脑科学、神经科学与人工智能之间有什么联系？
2. 人脑的进化过程大致是怎样的？
3. 脑科学的发展目标是什么？
4. 认识脑的手段主要有哪些？

02 chapter 脑结构与组成

本章主要学习目标：

1. 了解和学习脑的结构与组成、神经系统的组成；
2. 了解和学习大脑皮层的关键区域及其一般功能；
3. 了解和学习大脑叶区的主要分布和功能。

2.0 学习导言

人体各系统、器官的功能都是直接或间接处于神经系统的控制之下，神经系统是机体内起主导作用的控制和调节系统。人体是一个极为复杂的有机体，各系统和器官的功能之间互相联系、互相制约；人体又生活在不断变化的环境中，环境的变化随时影响着各系统和器官的功能，这就需要神经系统对体内各种功能不断做出迅速而完善的调节，从而使机体适应内外环境的变化。本章首先从脑结构与功能开始学习，对脑的生物与物理结构基础进行全面的理解。

2.1 神经系统的组成

人的神经系统是由包括脑在内的各种组织、器官组成的高度发育、复杂的系统，如图 2.1 所示。其作用是协调人体内各系统器官的功能活动，保证人体内部的完整统一；使人体活动在随时适应外界环境的变化的同时，能动地认识客观世界、改造客观世界。

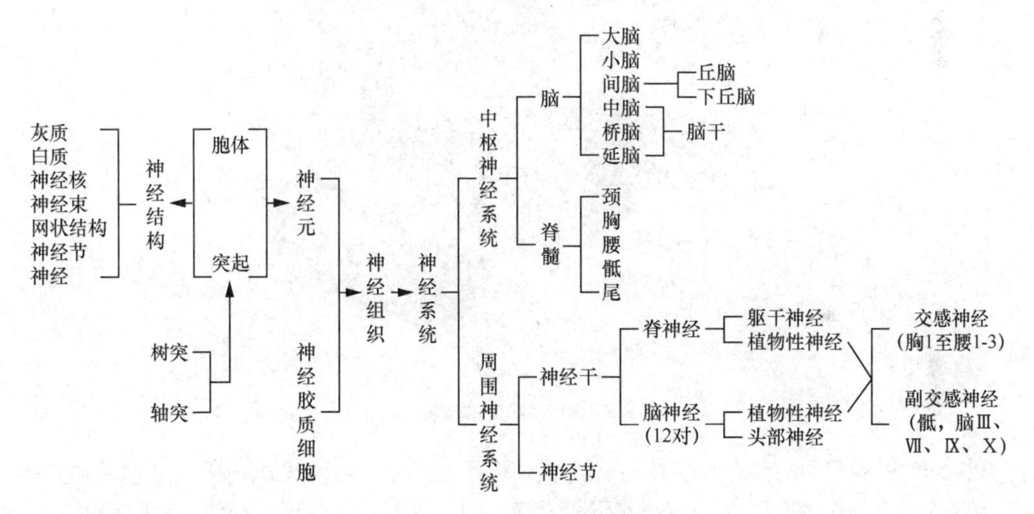

图 2.1 人的神经系统的组成

如图 2.1 所示，神经系统按位置和功能分为中枢神经系统（Central Nervous System，CNS）和周围神经系统。周围神经系统包括神经干和神经节，而神经干又由脊神经和脑神经组成。

中枢神经系统是人体神经系统的主体部分。中枢神经系统接受全身各处传入的信息，经它整合加工后成为协调的运动性传出，或者存储于中枢神经系统内，成为学习、记忆的神经基础。中枢神经系统包括位于椎管内的脊髓和位于颅腔内的脑。颅骨保护脑，脊椎保护脊髓。

神经系统的基本活动方式是反射。身体的感受器接受内外界刺激并将刺激转变为神经冲动，然后由传入神经传到中枢神经系统，经过中枢神经系统，再将冲动通过传出神经传到周围器官（效应器），引发活动，这一过程称为反射。

神经系统的基本功能包括感受功能、运动功能和高级功能。感受功能是指神经系统能感受体内外的刺激。运动功能是指神经系统能对躯体、内脏器官平滑肌、心肌的运动及内分泌腺分泌活动进行调节。高级功能是指通过神经系统的高级整合功能，将机体的各种神经活动协调起来。学习、记忆、情绪行为等均属于高级功能。人类的思维活动也是中枢神经系统的功能之一。人工智能所关注的神经系统主要是指中枢神经系统最核心的部分——大脑的神经组织，基本不涉及脊髓等其他中枢神经系统。

2.2 脑的组成部位与功能

2.2.1 脑的组成部位

从整体意义上说，人的“智能系统”是包括感觉器官、神经系统、思维器官和效应器官在内的完整系统，缺一不可，也就是说，人的智能是由包括脑在内的各种器官、神经组成的复杂系统形成的。狭义的智能系统则体现为其中执行认知与决策任务的思维器官，也就是大脑，本节重点讨论脑的组成部位与功能。脑的组成与主要部位如图 2.2 所示。

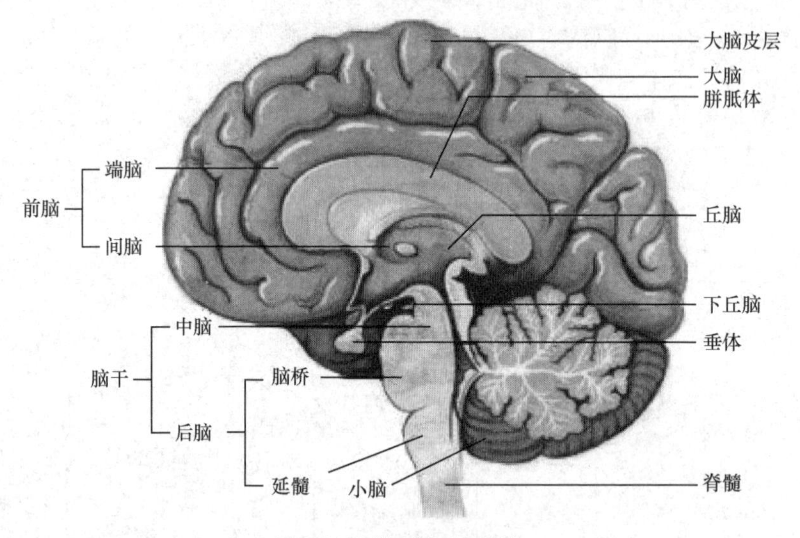

图 2.2　脑的组成与主要部位

脊椎动物的脑可以分为前脑、中脑和后脑三个原始部位，人脑也是一样。具体来说，脑位于头部的颅腔内，由脑膜保护，悬浮于脑脊液之中，由前脑、脑干、小脑、大脑等部分组成。前脑包括端脑和间脑，延髓、脑桥合称后脑，后脑和中脑又合称脑干。中脑向上与间脑相连，延髓向下与脊髓相连。延髓和脑桥之间以沟为界，背侧便是小脑。小脑位于颅后窝内，它的中部很窄，称为小脑蚓；两侧膨大，称为小脑半球。小脑半球下面靠近小脑蚓的椭圆形隆起部分称为小脑扁桃体。间脑位于中脑的前上方，是皮层下高级感觉中枢，来自全身的躯体浅感觉和深感觉都经过它的中继传到大脑皮层。下丘脑位于间脑下丘脑沟以下，是皮层下的重要内脏神经中枢，在大脑皮层作用下对内脏活动进行调节。

大脑是脊椎动物脑的高级神经系统的主要组成部分，由左、右两个大脑半球组成，是人脑的最大组成部分，是控制运动、产生感觉及实现高级脑功能的高级神经中枢。

前脑是人脑最大的区域，分为两个半球。两个半球由胼胝体连接在一起，这使得两个半球的神经传导得以互通。

端脑主要包括两个对称的大脑半球和胼胝体。被大脑皮层覆盖的大脑半球包括边缘系统和基底神经节。

间脑位于中脑和端脑之间，围绕第三脑室。丘脑位于间脑的背部，接近大脑半球的中央。下丘脑位于脑的基底部，控制自主神经、内分泌系统，以及组织与种系存活相关的行为。

中脑是视觉与听觉的反射中枢，瞳孔、眼球、肌肉等相关活动均受中脑控制，中脑主要协调感觉与运动功能。

小脑由蚓部和两侧的小脑半球组成，协调运动。脑桥宛如将两侧小脑半球连接起来的桥，因而得名。脑桥是中脑和延髓的中间部分，其背侧形成第四脑室底的上半部分。主要传输从大脑半球向小脑的信息。延髓介于脑桥与脊髓之间。它们共同的功能是调节呼吸和心跳，并协调身体运动。

脑内部还有四个脑室：两个侧脑室（左右对称）、第三脑室和第四脑室，如图 2.3 所示。

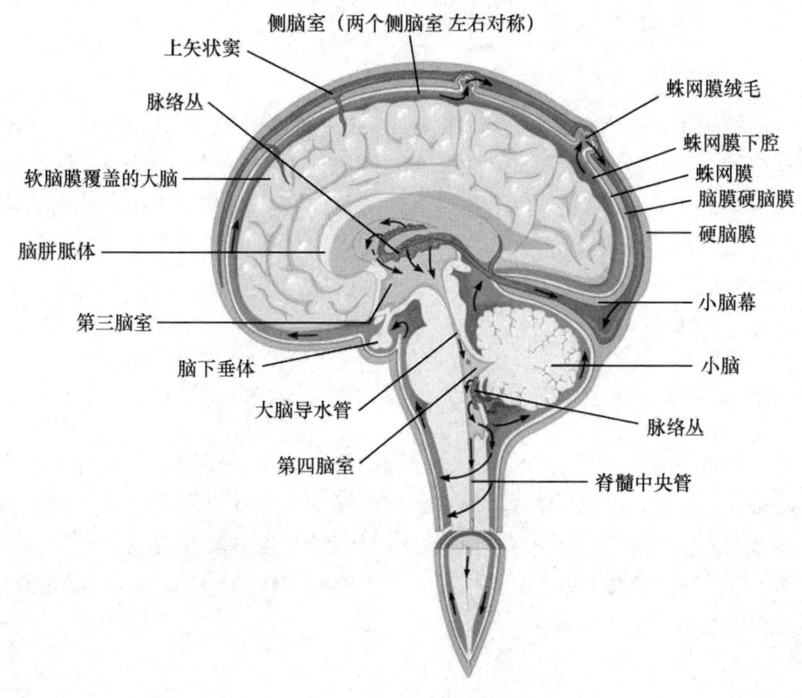

图 2.3 脑内部与脑室

脑干的延髓部分与脊髓相接，联络外周神经组织。脑干上接间脑，下连脊髓，包括延髓、脑桥和中脑。脑干的背侧有小脑，下面的腔室为第四脑室。延髓上端接脑桥，下端平枕骨大孔，与脊髓相连，主要结构为锥体交叉，此处有控制心跳、呼吸和消化的神经中枢。

小脑位于颅后窝内，位于大脑枕叶的下方、延髓和脑桥的背侧，由中间的蚓部和两侧的小脑半球组成。

表 2.1 列出了脑的组成部位及相应的功能。

脑一共包括 12 对神经，包括嗅神经、视神经、动眼神经、滑车神经、三叉神经、展神经、面神经、位听神经、舌咽神经、迷走神经、副神经、舌下神经，主要分布于头颈部。其中迷走神经还分布于胸腹腔内的器官。嗅神经为 20 条嗅丝，由鼻腔黏膜嗅部内嗅细胞的中枢突集聚而成。视神经由眼球视网膜节细胞的轴突组成。12 对脑神经中，除嗅神经和视神经外，其余 10 对都与脑干相连。

除上述核心组成部位外，脑还包括以下重要组成部位。

表 2.1 脑的组成部位及相应功能

原始分区	主要部位	功能
前脑	端脑	是高级神经活动的物质基础
	间脑	间脑包括丘脑和下丘脑,丘脑是感觉传入冲动传向大脑皮层的中继站，下丘脑负责调节内脏活动
中脑	中脑	视觉中枢，网状激活系统，内脏调节
后脑	脑桥	网状激活系统，内脏控制
	延髓	基本生命中枢，感觉核，网状激活系统
原始神经管	脊髓	低位中枢，基本反射活动
	外周神经节	神经通路或换元

1. 垂体

垂体是身体内最复杂的内分泌腺，所分泌的激素不但与身体骨骼和软组织的生长有关，而且影响其他内分泌腺（甲状腺、肾上腺、性腺）的活动。垂体借漏斗连于下丘脑，呈椭圆形，位于颅中窝、蝶骨体上部的垂体窝内，外包坚韧的硬脑膜。根据发生和结构特点，垂体可分为腺垂体和神经垂体两大部分。位于前方的腺垂体来自胚胎口凹顶的上皮囊，腺垂体包括远侧部、结节部和中间部；位于后方的神经垂体较小，由第三脑室底向下突出形成。神经垂体由神经部和漏斗部组成。成年人垂体大小约为 1 cm × 1.5 cm × 0.5 cm，重 0.5 ~ 0.6 g，妇女妊娠期可稍大。

2. 胼胝体

两侧大脑皮层之间有许多连合纤维，哺乳类动物中最大的连合纤维结构是胼胝体；进化越高级，胼胝体越发达，人类的胼胝体约含有 100 万根纤维。有人观察到，当在犬的身体一侧皮肤上给予刺激，并与食物或酸防御性唾液分泌反射相结合形成条件反射后，另一侧皮肤相应部位的机械刺激也自然具有阳性条件反射效应。如果事先将该动物的胼胝体切断，这种现象就不会出现。

3. 脑室

脑内部的腔隙称为脑室。大脑的两个半球内有侧脑室，间脑内有第 3 脑室；小脑和延脑及脑桥之间有第 4 脑室，各脑室之间有小孔与管道相通。脑室中的脉络丛产生脑脊液。脑脊液在各脑室与蛛网膜下腔之间循环，如果脑室的通道发生阻塞，脑室中的脑脊液就会越来越多，并扩大形成脑积水。

4. 基底核

基底核是大脑深部一系列神经核团组成的功能整体。它与大脑皮层、丘脑和脑干相连。目前所知的主要功能为自主运动的控制。它还同时参与记忆、情感和奖励学习等高级认知功能。基底核的病变可导致多种运动和认知障碍，包括帕金森病和亨廷顿病等。基底核的主要组成部分包括尾状核、壳、苍白球、丘脑下核、伏隔核和黑质。

5. 豆状核

豆状核是基底核的一部分。豆状核是由壳核和苍白球组合而成的，因其外形近似板栗，故称豆状核。苍白球位于豆状核的内侧，借外髓板与豆状核外侧的壳核分开，而其自身又被内髓板分为外侧与内侧部。其宽阔的底凸向外侧，尖指向内侧。豆状核的外侧借薄薄的一层外囊纤维与屏状核相隔。豆状的内侧邻接内囊，其尖部构成内囊膝部的外界。内囊后肢分隔豆状核与丘脑，内囊前肢介于壳核与尾状核头部之间。故豆状核的前缘、上缘和后缘都与放射冠（进出大脑皮层的重要传导束所在处）相邻。内囊由传入大脑和由大脑向外传出的神经纤维组成，是人体运动、感觉神经传导束最为集中的部位。

6. 纹状体

纹状体是基底神经节的主要组成部分，包括豆状核和尾状核。豆状核和尾状核的头之间由纹理状纤维相连，故将二者合称为纹状体。根据出现的早晚，纹状体可分为新、旧纹状体，新纹状体指豆状核的壳和尾状核，旧纹状体指苍白球。纹状体属锥体外系的结构，与骨骼肌的活动有关。

7. 海马体

在医学上，海马体是大脑皮层的一个内褶区，在侧脑室底部绕脉络膜裂形成一个弓形隆起，它由两个扇形部分组成，有时将两者合称为海马结构；海马体的机能是主管人类近期的主要记忆，有点像计算机的内存，将几周或几个月内的记忆鲜明暂留，以便快速存取。而失忆症患者的海马体中则没有任何近期记忆暂留。这可以初步证实人类的梦境并非由海马体中的近期记忆抽取并组织而成。

8. 杏仁核

杏仁核附着在海马体的末端，呈杏仁状，是边缘系统的一部分。在情绪特别是恐惧的控制方面发挥着重要作用。杏仁核位于颞叶前部、侧脑室下角尖端上方，又称杏仁核复合体，一般分为两大核群，即皮层内侧核和基底外侧核及前杏仁区和皮层杏仁区。杏仁核与前额区皮层、扣带回、颞叶前部、岛叶腹侧之间具有往返纤维联系。杏仁核的功能尚未完全明确，大量动物试验和临床实践表明，杏仁核与情感、行为、内脏活动及自主神经功能等有关。

9. 松果体

松果体位于间脑顶部，为红褐色豆状小体，长为 5 ~ 8 mm，宽为 3 ~ 5 mm，重量为 120 ~ 200 mg，位于第三脑室顶，故又称为脑上腺，其一端借细柄与第三脑室顶相连，第三脑室凸向柄内，形成松果体隐窝。松果体表面覆以由软脑膜延续而来的结缔组织被膜，被膜随血管伸入实质内，将实质分为许多不规则的小叶，小叶主要由松果体细胞神经胶质细胞和神经纤维等组成。松果体细胞是松果体内的主要细胞。松果体的神经主要来自预交感神经节后纤维，神经末梢主要止于血管周围间隙，少量止于松果体细胞之间，有的与细胞形成突触。

10. 内囊

内囊是位于丘脑、尾状核和豆状核之间的白质区，由上、下行的传导束密集而成，可分为三部分：前脚（豆状核与尾状核之间）、后脚（豆状核与丘脑之间）、膝（前后脚汇合处）。内囊膝有皮层脑干束，后脚有皮层脊髓束、丘脑皮层束、听辐射和视辐射。当内囊损伤广泛时，患者会出现偏身感觉丧失（丘脑中央辐射受损）、对侧偏瘫（皮层脊髓束、皮层核束受损）和偏盲（视辐射受损）的“三偏”症状。

11. 锥体束

锥体束是下行运动传导束，包括皮层脊髓束和皮层脑干束两种。因其神经纤维主要起源于大脑皮层的锥体细胞，故称为锥体束。锥体束在离开大脑皮层后，经内囊和大脑脚至延髓（大部分神经纤维在延髓下段交叉到对侧，而进入脊髓侧柱），终于脊髓前角运动细胞。病损时常出现上运动神经元麻痹（亦称中枢性麻痹或强直性麻痹）及锥体束征等。

12．脉络丛

在脑室的某些部位，软脑膜及其中的血管与室管膜上皮共同组成脉络组织，其中有些部位的血管反复分支成丛，连同软脑膜和室管膜上皮一起突入脑室，形成脉络丛。脉络丛是产生脑脊液的结构。

2.2.2 大脑的总体结构与功能

1. 大脑半球

与思维活动关系最为紧密的是大脑，大脑主要沟回分布如图 2.4 所示。

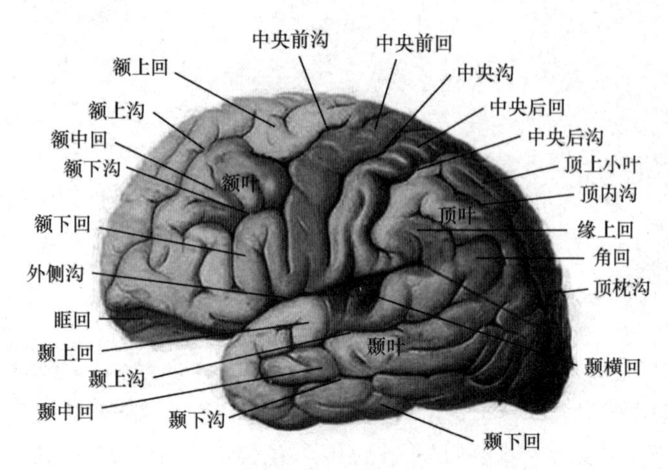

图 2.4 大脑主要沟回分布

大脑半球的外形结构主要如下。

（1）三个面。每侧大脑半球可分为外侧面、内侧面和下面三个面。图 2.4 展示的是大脑外侧面的主要沟回分布。

（2）三个叶间沟。大脑半球表面有沟，包括中央沟、外侧沟、顶枕沟。

（3）五个叶，每个大脑半球深浅不等的沟回又以三条沟为界划分为不同的叶区，即额叶、顶叶、枕叶、颞叶、岛叶，如图 2.5 所示。其中，岛叶在大脑半球内部。

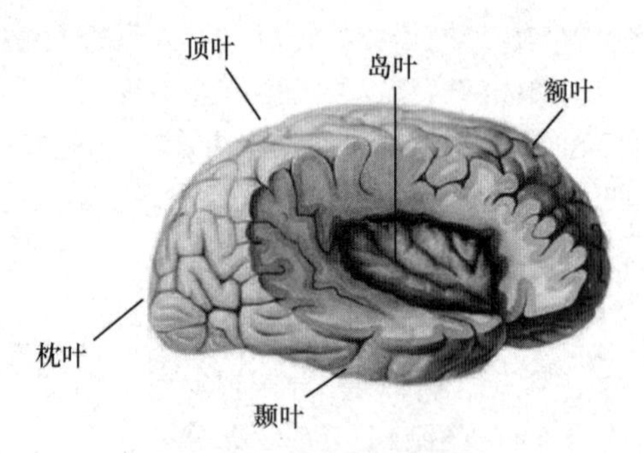

图 2.5 大脑五个页的分布

（4）主要沟回。

额叶：中央前沟、额上沟、额下沟、中央前回、额上回、额中回、额下回。

顶叶：中央后沟、中央后回、角回、缘上回等。

颞叶：颞上沟、颞下沟、颞上回、颞中回、颞下回、颞横回等。

内侧面：扣带沟、距状沟、侧副沟、扣带回、中央旁小叶、海马旁回等。

下面：嗅球、嗅束等。

各部分详细介绍如下。

大脑由左、右半球构成，笼盖在间脑、中脑和小脑的上面。左、右半球之间有大脑纵向裂隙，纵向裂隙的底部有连接两半球的横行纤维束，称为胼胝体。大脑两个半球之间由胼胝体连接，使两个半球的神经传导得以互通。

大脑半球的表面凹凸不平，布满深浅不同的“沟”。“沟”与“沟”之间隆起部分称为“大脑回”。大脑半球表面覆盖着一层灰质，称为大脑皮层，其厚度为 1 ~ 4 mm。由无数大小不等的神经元（称为神经元）和神经胶质细胞及神经纤维构成。大脑皮层的神经元和神经纤维均分层排列，神经元之间形成复杂的连接，构成神经元。由于它们之间连接的广泛性和复杂性，使大脑皮层具有高度的分析与综合能力，形成了思维活动的物质基础。

大脑半球由灰质和白质构成。灰质位于表层，即大脑皮层，主要分为 6 层细胞结构，是人体功能活动的最高级中枢。灰质下主要为白质，白质内又有灰质团块。大脑半球的白质由纵横交错的复杂神经纤维束构成，又称大脑髓质。

大脑的体积有限，要产生较强的记忆、学习等能力及有意识的思考，唯一的途径是增加表面积。人类的大脑皮层就像一张将细胞先平铺再揉成一个球的纸张，表面积约有 1 000 cm^2。这张纸被折叠揉成众多蜿蜒的山脊和裂缝，好像折纸一般，然后整齐地塞入颅腔内。

2. 大脑不对称性

左、右脑半球初看就像是彼此的镜像，但仔细观察就会发现，二者的大小和形状都存在着明显的不同。

左半球通常要稍大些。左半球的后部略突出，而右半球则是前部略突出。右半球的额叶和中部区域（含有与言语和运动有关的脑区）常常比左半球的更宽。左半球的枕叶（含有与视觉相关的脑区）则往往比右半球的宽些。

左、右脑半球一些解剖学上的差异早在人出生前便已清晰可见。比如说，大多右利手的人左半球的大脑外侧裂（将颞叶与额叶、顶叶二者分开的突出沟槽）比右半球的长，且角度也要稍小些。左、右脑半球大脑外侧裂及周围区域的差异是最早发现的大脑不对称性之一，且可能与语言功能有关。语言功能主要（但不全是）由左额叶和左颞叶负责。一些研究也指出，在人出生的第一年内，左半球比右半球发育得更慢，但之后的发育会超过右半球，这可能也与语言功能的发展有关。

大部分有关脑不对称性的研究都只关注整体大小与结构的差异，但微观层面的解剖学差异也是可以观测到的，皮层细胞一列列规则排列，某些脑区的细胞组织在左右半球间存在差异。比如，左半球语言区的细胞列宽要大于右半球相应区域的细胞列宽。一项研究表明，左半球这些区域的细胞树突比右半球中的长，分支也更为广泛。

3. 左、右脑功能与不对称性

左、右脑半球存在解剖学上的差异，分工也有所不同，某些功能只由脑半球的一侧负责。左、右脑两部分由 3 亿个活性神经元组成的胼胝体联结成一个整体，不断平衡着外界输入的信息，并将抽象、整体的图像与具体的逻辑信息相连接。

脑在解剖学和功能学中的一个重要研究内容是，对于绝大多数的感觉和运动功能，左侧大脑半球支配右侧半身的功能，而右侧大脑半球支配左侧半身的功能。语言功能主要由左半球负责，而空间能力和知觉则主要取决于右半球。左、右脑半球执行的功能也有所不同，这一现象叫作皮层功能偏侧化，其发现主要源自对脑损伤患者的研究，并于 19 世纪变得逐渐明朗。有关裂脑病人的相关研究使人们进一步确信了脑功能偏侧化的说法。

美国神经心理学家斯佩里（Roger Wolcott Sperry）和认知神经科学家加扎尼加（Michael S.Gazzaniga）对裂脑人进行了实验研究，即切断严重癫痫病人两半球之间的神经联系，使其成为相对独立的半脑半球。结果发现，各自独立的半球有其自身的意识流，在同一个头脑中两种独立意识平行存在，它们有各自的感觉、知觉、认知、学习及记忆等。也就是说，左脑同样具有右脑的功能，右脑也同样具有左脑的功能，只是各有分工和侧重点而已。一般而言，身体左侧的感觉信息传递至右脑，右侧的感觉信息传递至左脑。一般人的脑左右并用，通过胼胝体分享信息。

右脑对于空间能力、脸孔辨识、视觉心像及音乐具有优势；左脑则在评估、数学与逻辑方面具有优势。

左脑通过语言处理信息，将进入脑内的看到、听到、触到、嗅到及品尝到（左脑五感）的信息转换为语言来传达，控制着知识、判断、思考等功能，与显意识具有密切的关系。形象地说，左脑就像一个善于辩论的专家，善于语言和逻辑分析；又像一个科学家，长于抽象思维和复杂计算，但缺少幽默和丰富的情感。有趣的是，90%的人使用右手书写，吃东西、丢球，其余10%的人是左撇子。95%的右撇子的语言优势脑是左脑，左撇子中也有60%～70%由左脑掌管语言。

人的右脑具有直观性的整体把握能力、形象思维能力、独创性等。如果让右脑大量记忆，其会对这些信息自动进行加工处理，并衍生出创造性信息。也就是说，右脑具有自主性，能够发挥独特的想象力、思考力，将创意图像化，同时具有一个故事述说者的卓越能力。右脑的记忆力一旦与思考力结合，就能够与不靠语言的前语言性纯粹思考、图像思考连接，而独创性的构想就会神奇般地被激发出来。右脑就像一个艺术家，长于非语言的形象思维和直觉，对音乐、美术、舞蹈等艺术活动具有超常的感悟力，空间想象力极强。右脑不善言辞，但充满激情与创造力，感情丰富、幽默、有人情味。

但近些年的研究发现，左右大脑的功能并不是绝对区分的，在某些特殊情况下，左、右脑功能会发生调整，在某一个脑半球出现问题的情况下，另一个脑半球甚至能担负起对方负责的功能。法兰克福的马克斯·普朗克认知与脑科学研究所通过一位患者的研究发现，人脑在某一个脑半球遇到发育障碍时可做出自我调整。就视觉而言，眼部神经元的突起通常按固定方向伸展，分别与左边或是右边的大脑皮层相连。而一种信使物质可以影响神经突起的伸展方向。

研究发现，在右脑出现发育障碍的情况下，信使物质就会引导本来应通向右脑的神经突起向左半脑方向伸展。由于要处理全部视觉信息，这位患者左脑的大脑皮层还发生了结构性变化，这种变化使这位患者最终具有了较为正常的视觉。

研究人员估计，这位患者的右脑发育障碍大约是在胚胎发育一个月后出现的。这个例子说明，大脑在发育初期针对较严重的问题具有自我调整能力。虽然这种能力会随年龄的增长而减弱，但即使在成年人身上也还会有所体现，比如一些中风病人的症状会出现自我缓解。

拓展阅读

左、右脑分工观念的确立

真正确立左、右脑分工的观念，是在20世纪50年代。在此不能不提及一个人，他就是美国加利福尼亚技术研究院的教授、生物学家斯佩里。他与他的学生在动物身上进行裂脑实验研究，并发现当切断猫（随后是猴子）左、右脑之间的全部联系时，这些动物仍然能正常生活。更令人兴奋的是，他们可以训练两个脑半球以相反的方式完成同一项任务。后来他们又对裂脑人进行了实验研究，即切断严重癫痫病人两个脑半球之间的神经联系，使其成为相对独立的脑半球。结果发现，各自独立的脑半球有其自身的意识流，在同一个大脑中两种独立的意识平行存在，它们有各自的感觉、知觉、认知、学习及记忆等。也就是说，左脑同样具有右脑的功能，右脑也同样具有左脑的功能，只是各有分工和侧重点而已。

人脑在脑区与智能方面区别于灵长类近亲的基因证据

大脑是赋予我们物种身份的主要器官，人类与其他灵长类动物之间最显著的差别存在于大脑中。虽然人脑所有区域的分子特征与灵长类动物的亲缘特征非常相似，但是一些区域包含明显的人类基因活动模式，不仅标志着大脑的进化，也可能有助于形成我们的认知能力。关于人类、黑猩猩和猴子组织的大规模分析表明，人类的大脑不仅是灵长目大脑的一个更大的版本，而且也是一个截然不同的大脑。尽管大脑的大小不同，但在灵长类动物物种大脑的16个区域之间存在惊人的相似之处，甚至存在于前额叶皮层——高阶学习的部位，这是区分人类与其他猿类的区域。大脑中具有人类最具特异性基因表达的区域是纹状体，这是一个最常见的与运动有关的区域。不仅是在大脑区域，甚至在小脑中也发现了明显的差异，因此最有可能在物种间共享相似性。研究发现，涉及多巴胺（一种对高级功能至关重要的神经递质）产生的基因 TH 在人类新皮层和纹状体中高度表达，但在黑猩猩的新皮层中不存在。这些发现是人脑在智能方面区别于灵长类近亲的基因方面的证据。

2.2.3 大脑叶区与功能

1. 大脑外侧面及叶区

在大脑的外侧面上可见大脑皮层的额叶、顶叶、颞叶、枕叶和岛叶的一部分。每个脑叶由功能性界线划分，大脑皮层各叶沿功能分布区可整合运动感觉、自主神经和智能行为。脑叶内的大部分区域被一些沟裂分隔，此外，成对的沟裂形成脑回的边界。

（1）额叶

识别大脑外侧面主要结构的第一步是定位中央沟，即额叶后界。中央沟起于大脑纵裂附近，向腹侧延伸几乎到外侧沟。额叶是大脑最大的分叶，从中央沟延伸至大脑的额极，向下至外侧沟。同时，额叶的皮层也延伸至大脑内侧面上部，下方邻接胼胝体。

额叶后部最明显的结构是中央前回，它的前后界分别为中央前沟和中央沟。中央前回的功能是整合脑的不同区域传入的运动功能信号。作为第一运动中枢，中央前回控制对侧肢体的随意运动。中央前回的神经元按躯体特定区域在皮层中组织建构。躯体皮层定位指中央前回的不同区域在功能和结构方面代表身体的特定部位。从中央前回发出至脑干和对侧脊髓的信息在功能方面遵循相似的定位。最接近外侧沟的区域（中央前回下部）与控制头部的随意运动相关，与上、下肢运动相关的神经元逐渐移行至中央前回的背侧和内侧，与控制下肢运动相关的神经元延伸至大脑半球的内侧面上部。

在中央前回前部的运动前区（运动前皮层），即从外侧沟附近延伸至脑的内侧面，此区域被称为补充运动区。补充运动皮层在控制复杂运动中最为重要，它与连续性空间运动的构建及运动记忆的恢复有关。在运动前皮层的前方，有前后方向走行的三条平行的回，从上向下依次为额上回、额中回和额下回。

（2）顶叶

顶叶可接收并分析处理躯体的感觉信息。顶叶指中央沟向后延伸至与枕叶交界的区域。在顶叶内，中央沟和中央后沟之间的部分为中央后回，中央后回是主要的感觉信息接收区，可接受从外周（躯体和四肢）传入的各种感觉信息。在中央后回，一侧大脑半球皮层接收对侧偏身的感觉信息。

顶叶的其余部分以顶内沟为界，大致可分为顶上小叶和顶下小叶。顶下小叶包括缘上回和角回。外侧沟后上部的区域为缘上回，角回紧贴缘上回后部，位于颞上沟后部。

（3）枕叶

枕叶是大脑皮层的一部分，属于哺乳动物的 4 个脑叶之一。其主要功能包括处理视觉信息。其位于头颅最末端的位置（平躺时头部靠枕头的位置），属于前脑的一部分。大脑皮层的脑叶并非由脑内部结构特征定义，而是由覆盖其上的颅骨定义。因此，枕叶被定义为枕骨下的大脑皮层部分。这对脑叶位于小脑幕上，在硬脑膜上分离大脑与小脑的位置。它们分离在左右大脑半球的脑缝两侧，枕部前端边缘是一些侧枕叶脑回，同样被一些侧枕叶脑沟分开。枕叶纵横沿脸部由距状裂分隔开，在内侧之上分布着 Y 型的脑沟和楔叶，而脑沟之下的区域则是语言脑回。

（4）颞叶

颞叶最重要的功能之一是接收听觉信号。颞叶位于外侧沟的下部，可分为颞上回、颞中回和颞下回。在颞上回上部的内面有颞横回，其是重要的听觉信息接收区。

（5）岛叶

向下牵拉颞叶，可见位于外侧沟深部的皮层区，称为岛叶。它是颞叶、顶叶和额叶皮层的汇集区。

2. 各叶控制的功能

事实表明，位于大脑最前端的大脑前额叶对人的智力发展十分重要。额叶后部负责关于身体运动和空间位置的信号，也负责思维、规划，与个体的需求和情感、智力和精神活动关系密切，与高级心理功能相关（如创造性能力），并与颞叶一起构成语言中枢。从大脑前额叶的功能可以看出，它对人的思维活动与行为表现具有十分突出的作用，显然是与智力密切相关的重要脑区。

关于大脑额叶皮层的功能活动，已经出现了为数不少的理论，但并没有一种理论被普遍地接受。

枕叶主要与视觉有关，初级视觉皮层（因肉眼所见解剖组织呈条纹状而得名的纹状皮层，也称 V1 区，或 BA17 区）接收来自丘脑外侧膝状体中继的视觉输入。人类的初级视觉皮层位于大脑半球的内侧面，只向大脑的后部半球极延伸出一小部分。因此大部分初级视觉皮层在脑的表面是看不到的。这一区域的皮层含有 6 层细胞，负责对颜色、明度、空间频率、朝向及运动等信息进行皮层编码。此外，来自视网膜的投射还通过次级投射系统被传送至皮层下的其他脑区。次级通路的主要目的地是中脑上丘，这部分结构参与一些视觉眼肌运动功能，例如眼动。枕叶也负责语言、动作感觉、抽象概念。

顶叶与躯体知觉和运动关系密切，响应疼痛、触摸、品尝、温度、压力等的身体感觉，该区域也与数学和逻辑相关。顶叶的缘上回和角回分别接收听觉和视觉皮层传入的信息，并完成复杂的知觉辨别和整合。缘上回和角回向腹侧延伸至颞上回上部，也就是威尔尼克区，此区域对语言的理解至关重要。

颞叶的上部对来自听觉器官的刺激进行分析、综合，嗅觉（边缘叶）与听觉中枢也有关，负责处理听觉信息，而且也与视觉系统有关，将视知觉与其他感觉系统接收的信息整合到人类对周围世界的统一体验中，并含有储存意识体验的记录系统，因此与记忆和情感有关。另外，颞叶在学习方面也发挥着重要作用。颞中回和颞下回分别与视野内物体移动的感知和面部的识别有关。

岛叶功能尚不清楚，岛叶可能具有味觉和嗅觉功能，可接收内脏感觉信息，并与痛觉的处理和前庭功能有关。

总体上，额叶主要负责躯体运动、语言、高级思维等，与智力和精神活动有密切关系；顶叶负责躯体感觉、语言等；枕叶负责视觉信息的整合等；颞叶负责听觉、语言、记忆等。

2.2.4 大脑的内侧面

大脑的内侧面如图 2.6 所示。将脑沿大脑半球的正中矢状面分开后，可清楚地看到大脑内侧面的主要结构，包括扣带回、胼胝体、海马旁回等内部结构。

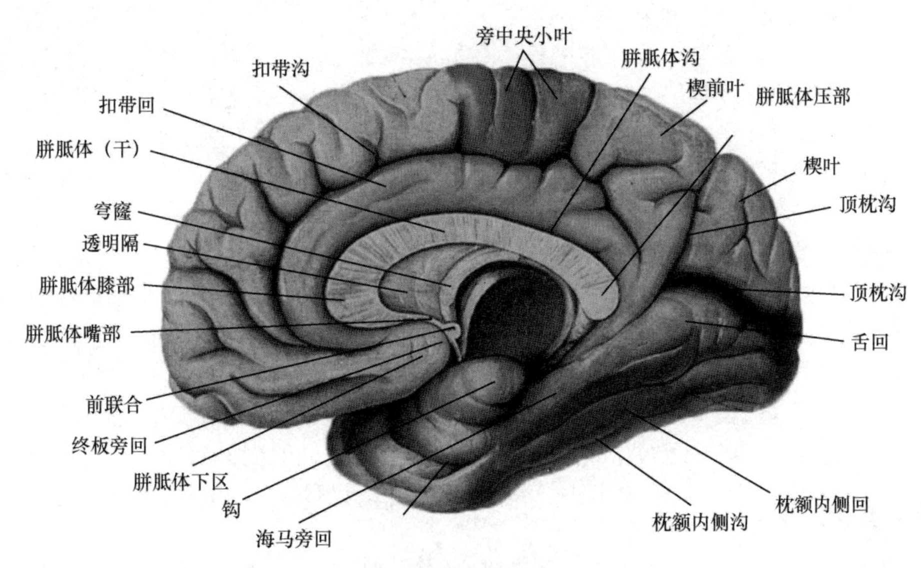

图 2.6 大脑的内侧面

枕叶稍前方，中央前回、中央后回和运动前皮层下方的区域称为扣带回，其腹侧缘邻接胼胝体。通常认为扣带回属于脑的边缘系统，主要与情绪行为、内脏功能活动的调节和学习记忆有关。

扣带回的下方是胼胝体。胼胝体腹侧为透明隔，其前方最明显。透明隔是两块薄膜样的结构，中间有一个狭窄间隙，此间隙为透明隔腔。透明隔构成侧脑室内侧壁，其腹侧缘与穹隆相接。

穹窿由海马结构发出的纤维束构成，位于颞叶深部。由海马结构发出后，向前绕过丘脑的背内侧，走行于胼胝体的正下方及丘脑的上方。穹窿的基本功能是传递从海马结构到隔区和下丘脑的信息。间脑位于穹窿的下方，由两部分组成。丘脑较大，可传递与整合不同结构传向大脑皮层不同区域的感觉运动、内脏信息和情感过程相关的信息。下丘脑较小，位于丘脑的腹侧稍前方，它的功能包括调节内脏的功能活动，如体温、内分泌、进食、水代谢、情感和性行为。下丘脑的腹侧形成大脑底部，向下连接垂体。

在大脑半球的内侧面，扣带回和海马旁回等呈环形围绕着胼胝体，它们与位于侧脑室下角内的海马体和齿状回等共同组成边缘叶。边缘叶在进化上属于脑的古老部分，参与内脏调节、情绪反应。海马体是侧脑室内侧折叠的结构。海马结构包括海马体、齿状回、海马旁回和下托，海马体的功能包括学习、记忆等。

2.2.5 大脑皮层的分区

大脑皮层由几十个独立的区域组成，其中每个区域都包含不同类型的细胞，履行着特定的功能。这种观念对人们有关脑功能的理解产生了重要影响，而与之相对的理论认为，多个脑区通过相互连接协同运作。

认为认知功能位于脑内的特定部位的观点叫作功能模块化或脑功能定位。该观点的起源可追溯到 18 世纪末，当时维也纳医生和神经解剖学家加尔（Franz Joseph Gall）发展了颅相学——认为人格特质与头骨的隆起部分存在关联的学说。颅相学在 19 世纪广受欢迎，但最终却被证明是伪科学。

1. 布罗德曼区

20 世纪早期，德国解剖学家布罗德曼（Korbinian Brodmann）系统分析、对比了人类、猴子和其他多种哺乳类动物的大脑皮层。他将皮层不同部位的组织切割下来，并用尼氏染色技术对组织进行染色，继而在显微镜下观察这些组织的精细结构。虽然大脑皮层具有相同的分层结构，但布罗德曼却发现了一些细微的差别：在某些区域，某些层次更为突出，神经元也更密集。

布罗德曼还发现，细胞组织的这些差异定义了相邻区域间的界线。基于这些观察结果，他将人脑皮层分为 43 个不同的区域，并于 1909 年发布了一张图谱。布罗德曼图谱在 20 世纪得到了广泛应用，时至今日仍有应用。例如，初级运动皮层区就常被称作布罗德曼第 4 区，而初级视觉皮层也被称作第 17 区。

研究人员利用现代技术，证实了布罗德曼原始观测数据的正确性，但也披露了更多的细节，从而改善了原始图谱。例如，布罗德曼在猴脑中列出了 5 大区域（17 ~ 21 区），用于表示视觉信息处理区。但现代解剖与生理技术则显示，这 5 大区域还可进一步细分为约 40 个不同的区域，且各区域的功能不同。

相比于 4 个或 5 个叶的划分，大脑皮层可按照多种方式进行更精细的分区。大脑皮层不同部位各层的厚薄不同，故各部位功能不同是分区的基础。常用的是基于组织中细胞的排列方式将大脑皮层分为 52 个区域，称为布罗德曼 52 区，布罗德曼 52 区的部分分区分布如图 2.7 所示。目的是将大脑分割为更小的块，以便更好地理解它是如何工作的。

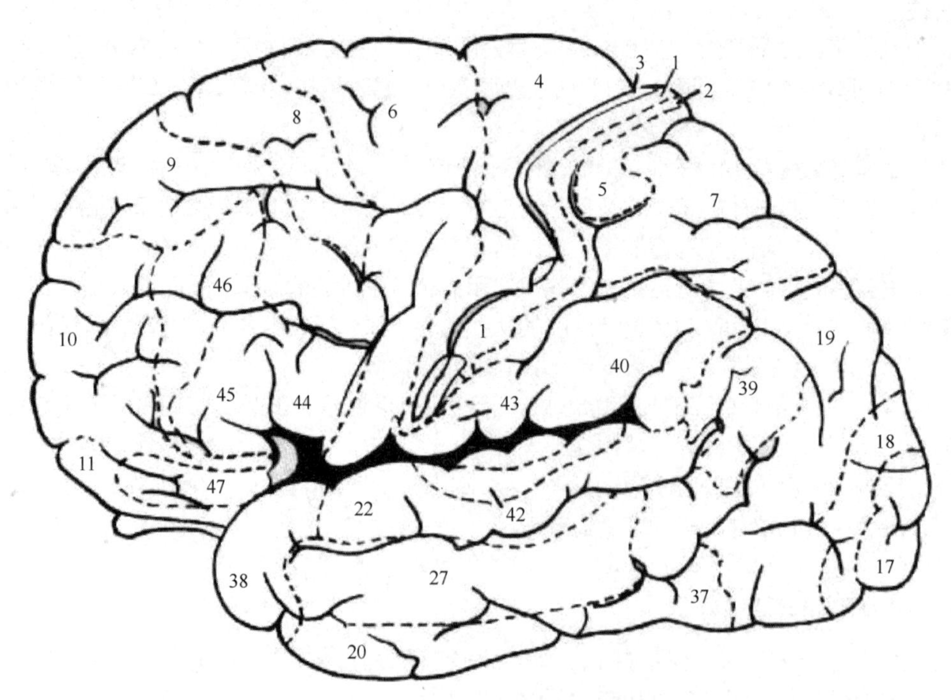

图 2.7　布罗德曼 52 区的部分分区分布

之后，其他解剖学家将脑区进行进一步的细化，将大脑皮层划分为大约 200 个脑区，但是这种划分方法将很多过渡脑区独立了出来，也许并不是很恰当。事实上，综合皮层的细胞结构和功能描述将大脑皮层分为有意义的单元也许最为有效，在接下来的部分，用布罗德曼分区和编号系统对大脑皮层进行描述和解剖命名，如表 2.2 所示。

表 2.2　布罗德曼分区

布罗德曼分区	大脑皮层部位	机能定位
1	顶叶中央后回，又名中央后回中间部	第一躯体感觉区
2	顶叶中央后回，又名中央后回尾侧部	第一躯体感觉区
3	顶叶中央后回，又名中央后回吻侧部	第一躯体感觉区
4	额叶后部，中央前回	第一躯体运动区
5	顶叶，顶上小叶前部	体感联合皮层，与空间定位有关
6	额叶，额上、中、下回后部	运动前区，书写中枢，与运动的计划、执行有关
7	顶叶，顶上小叶后部	体感联合皮层，与空间定位有关
8	额叶，额上回和额中回后部	头眼运动区，与上丘一起调节眼球运动
9，10	额叶，前部内外侧面	联合皮层区，参与前额叶皮层的整合功能，与思维等高级活动有关
11，12	额叶底部眶回	联合皮层区，参与前额叶皮层的整合功能，与思维、情绪等高级活动有关
13，14，15，16	岛叶	岛叶联合皮层
17	枕叶距状裂上下	视觉初级感受区
18，19	17 区周围的枕、顶、颞叶皮层	视觉联合皮层
20	颞下回	参与视觉形成的分析
21	颞中回	参与视觉信号的分析
22	颞上回	为威尔尼克区的一部分，参与听觉信号的分析
23，24	扣带回皮层，前部为 24 区，后部为 23 区	为边缘系统的一部分，参与边缘皮层的整合功能
25	额叶下部眶额皮层	参与前额叶皮层的整合功能
26	扣带回后部和颞叶内侧之间的移行部	参与边缘系统的整合功能
27	颞叶内侧的海马结构 CA1-CA4	与短时记忆有关
28	颞叶前、内侧的联合和感觉皮层	参与嗅觉有关的功能，嗅觉中枢
29，30	扣带回后部和颞叶内侧之间的移行部，即压后扣带皮层	参与边缘系统功能
31	顶叶内侧面，23 区背侧的上后扣带皮层	参与边缘系统和顶叶整合功能
32	额叶内侧面，24 区背侧的内侧前额叶	参与行为、情绪、认知等功能
33	额叶内侧面，扣带回前部 24 区腹侧	参与倾诉情绪、认知等活动
34	位于海马回钩	嗅觉中枢
35	颞叶内侧面靠近嗅沟的部位，又名嗅周皮层，是海马结构的一部分	参与海马联合功能
36	颞叶内侧面，邻近颞下回视觉处理皮层	参与视觉和海马机能的整合
37	颞叶后部，梭状回的一部分	参与视觉的认知
38	颞叶前极	参与行为、情绪、决定等过程

续表

布罗德曼分区	大脑皮层部位	机能定位
39	颞、枕、顶叶交界处的角回	参与语言及空间定位，理解看到的文字符号的意义
40	顶叶下部的缘上回	参与空间定位及语言功能，运用中枢
41	颞叶颞上回后部的颞横回，又名 Heschl's 回	听觉初级中枢
42	颞叶后部围绕 41 区的部分	参与听觉过程
43	额、顶叶中央前后回下部的中央下区	第二躯体感觉区
44	额叶额下回后部三角区	布洛卡语言运动区
45	额叶额下回后部岛盖区	布洛卡语言运动区
46	额叶额中、下回前部的上外额叶皮层	参与前额叶的新执行功能
47	额叶额下回前下部皮层	参与前额叶的新执行功能
48	颞叶内侧的下脚后区	
49	颞叶和岛叶交界处的岛旁区	
50，51	岛叶	
52	颞叶颞上回靠近外侧裂皮层	

布罗德曼系统常常被认为是非系统的，这些脑区编号没有任何有意义的组织结构关系。但是在一些区域中，编号系统与功能相关脑区之间存在粗略的对应关系，比如 17 区、18 区和 19 区与视觉功能相关。

2. 大脑皮层功能区

大脑皮层为中枢神经系统的最高级中枢，各皮层的功能复杂，不仅与躯体的各种感觉和运动有关，也与语言、文字等密切相关。将大脑皮层不同的功能分区称为相应的功能中枢，如躯体感觉皮层、躯体运动皮层、视觉皮层和听觉皮层等，也可以相应地称其为运动中枢或感觉中枢。运动中枢位于中央前回，是发动躯体随意运动的最高级中枢。感觉中枢包括视觉中枢、听觉中枢、语言中枢（运动性语言中枢、听觉性语言中枢）、书写中枢和视觉性语言中枢（阅读中枢）等。

根据大脑皮层的细胞成分、排列、构筑等特点，将大脑皮层分为若干区，如图 2.8 所示。按照布罗德曼提出的功能区定位简述如下。

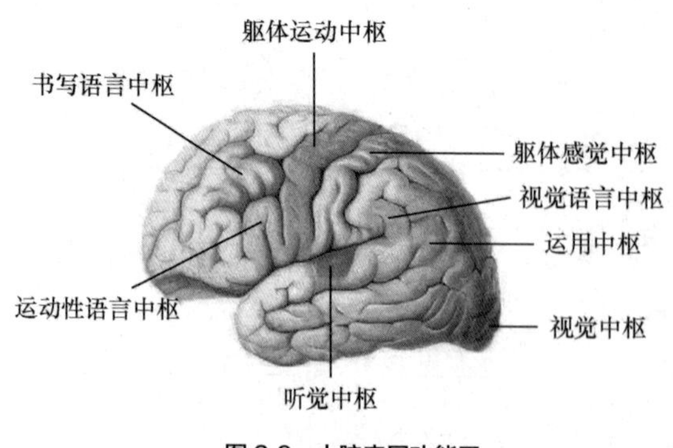

图 2.8　大脑皮层功能区

（1）躯体运动中枢。位于中央前回（4 区），是支配对侧躯体随意运动的中枢。它主要接收来自对侧骨骼肌、肌腱和关节的本体感觉冲动，以感受身体的位置、姿势和运动感觉，并发出纤维，即锥体束，控制对侧骨骼肌的随意运动。返回皮层运动前区位于中央前回之前（6 区），为锥体外系皮层区。它发出纤维至丘脑、基底神经节、红核、黑质等，与联合运动和姿势动作协调有关，也具有植物神经皮层中枢的部分功能。 皮层眼球运动区位于额叶的 8 区和枕叶 19 区，为眼球运动同向凝视中枢，控制两眼球同时向对侧注视。

（2）躯体感觉中枢。位于中央后回（1 区、2 区、3 区），接收身体对侧的痛、温、触和本体感觉冲动，并形成相应的感觉。顶上小叶（5 区、7 区）为精细触觉和实体觉的皮层区。额叶联合区为额叶前部的 9 区、10 区、11 区，与智力和精神活动有密切关系。

（3）视觉中枢。在枕叶的距状裂上、下唇与楔叶、舌回的相邻区（17 区）。每一侧的上述区域皮层都接收来自两眼对侧视野的视觉冲动，并形成视觉。

（4）听觉中枢。位于颞横回中部（41 区、42 区）。每侧皮层均根据来自双耳的听觉冲动产生听觉。

（5）语言区。人类的语言及使用工具等特殊活动在一侧皮层上也有较集中的代表区（优势半球），也称为语言运用中枢包括以下 5 种。

① 运动性语言中枢：位于额下回后部（44 区、45 区）。

② 视觉语言中枢：位于顶下小叶的角回，即 39 区。该区具有理解看到的符号和文字意义的功能。

③ 运用中枢：位于顶下小叶的缘上回，即 40 区。此区具有精细协调功能。

④ 书写语言中枢：位于额中回后部 8 区、6 区，即中央前回手区的前方。

大脑皮层的组织结构总结起来主要具有两个重要特点。

第一个特点是交叉性。每个半球都处理对侧躯体的感觉与运动。从身体左侧进入脊髓的感觉信息在传送到大脑皮层之前在脊髓和脑干区交叉到神经系统的右侧；从身体右侧进入脊髓的感觉信息在传送到大脑皮层之前在脊髓和脑干区交叉到神经系统的左侧；半球中的控制区域也交叉控制对侧身体的运动。

第二个特点是非对称性。两个半球虽然在结构上十分相似，但实际上它们的结构并不完全对称，而且两个半球的功能也不完全相同，因为功能是分区定位的。但功能分区定位并不是机械的一对一关系。许多功能特别是高级思维功能，通常都可以分解为若干子功能，这些子功能之间不仅存在顺序关系，也存在并序关系。事实上，皮层的各个部分都具有各自的功能，每个定位区内都有该功能的中枢对这些功能进行整合。从纤维分布的情况可以看出，各部分的功能并不是完全独立的，只是某个功能以某个部位为主而已。

拓展阅读

激发行为变化的脑区

美国宾夕法尼亚大学、耶鲁大学、哥伦比亚大学和杜克大学的研究人员发现，激发行为发生改变的脑机制与大脑中后扣带皮层的区域有关。他们了解到，这个中心位置的神经元可以提高放电频率，以便在发生不同行为之前达到峰值。

大脑中的回路使人们能够专注于一项特定的任务，特别是能够带来奖励的任务，这是众所周知的。

研究人员在实验中同时观察猕猴的行为，记录了后扣带皮层的神经元行为。神经活动在此建立直到达到顶峰，动物在此时改变了方向。它揭示了相关的证据：不同的思维和行为是由大脑功能的激增导致的。

这些发现在创新和探索方面具有潜在的商业应用。像脑刺激或游戏这样能够直接激活后扣带皮层的技术，将有助于分散注意力，特别是在不允许常规形式的情况下，可以产生更多的创造力。

2.3 本章小结

本章主要介绍了脑的结构与组成，左、右脑的不对称性与左、右脑功能。大脑布罗德曼分区、大脑皮层叶区分布及功能位区。通过本章的学习，理解脑的结构部位与功能之间的关系，为后续学习脑的功能及机制奠定基础。

习题

1. 脑的结构与组成是怎样的？
2. 左、右脑的结构与功能具有哪些区别和联系？
3. 左、右脑的不对称性体现在哪些方面？
4. 大脑分区是如何确定的？
5. 大脑皮层主要包括哪些叶区？各叶区及其功能有什么关系？

03 chapter

脑神经系统

本章主要学习目标：

1. 学习和理解神经系统细胞的组成、结构和功能；
2. 学习和理解神经元的工作机制；
3. 学习和理解大脑可塑性的机理。

3.0 学习导言

人脑是由大量神经元及其突触的广泛互联而形成的一个复杂系统。脑的所有组成部分，包括大脑、小脑、中脑、间脑、丘脑、基底核等都是由神经元、神经胶质细胞组成的。

现代神经科学的起点是神经解剖学和组织学对神经系统结构的认识和分析。从宏观层面大脑语言区的定位，脑区的组织学分割，大脑运动和感觉皮层对应身体各部位的图谱绘制、功能磁共振成像对活体进行任务时脑内依赖于电活动的血流信号等，使人类对脑的各脑区可能参与的某种脑功能有了一定的理解。大脑除了具有复杂的结构，它是怎样完成内外信息处理任务的呢？这涉及大脑的神经组织。由于每一个脑区的神经元种类多样，局部微环路和长程投射环路错综复杂，要理解神经系统处理信息的工作原理，必须先掌握神经元层面的神经联结结构和电活动信息。

神经元是大脑产生智慧的细胞基础，神经元模型是人工智能的建模基础。为了研究大脑智慧的产生及人工神经元的构建，掌握神经元的基本结构和功能是非常重要的。神经元最显著的特性是可兴奋性及电信号的可传导性。

过去几十年，神经科学家在解释单个神经元如何运作，以及描述数百万神经元组成的大规模脑功能区方面取得了长足进展，发现了脑内的许多系统，认知神经学家则深入研究这些系统如何与不同官能建立联系。虽然神经科学家对视觉神经系统方面的了解比较透彻，但是，对于大脑作为一个复杂的整体如何进行反应和工作，我们知之甚少。

本章介绍神经系统、神经元、突触、神经元与脑功能之间的大致关系，以及脑科学方面的新进展。

3.1 脑神经系统与神经组织

3.1.1 神经元学说与功能认识历史

脑是由细胞构成的，这是现代神经科学的主要理论基础。据估计，人脑含有 800 亿 ~ 1 200 亿个神经元，数量惊人。这些神经元构成了负责处理信息的复杂网络。神经元是构成脑细胞的两种细胞类型之一，专门负责生成电信号并实现各神经元间的交流。

19 世纪 30 年代，两位德国科学家提出了细胞学说，认为所有生物都是由细胞构成的。那时的显微镜还无法显示出神经系统的结构细节，因此无法确定细胞学说是否适用于神经组织，人们也就此争论了很长时间。随着显微镜功能的日渐强大，以及化学染色法的发展，研究人员开始观察到神经组织的更多细节。意大利科学家高尔基发现的“黑色反应”染色技术，是人类取得的一项重大进步。此染色技术可随机浸染组织样本中的少量神经元。由于细胞整体都受到了浸染，因此形状轮廓清晰可见。19 世纪 80 年代，西班牙神经解剖学家卡哈尔利用高尔基的染色法，检验、对比了各种动物的诸多脑区组织。他将组织样本在溶液中浸染了两次，进而改进了高尔基的染色法。改进后的染色法增加了神经元受浸染的程度，卡哈尔也因此观察到了神经元的更多细节。

卡哈尔得出结论，脑的确是由细胞构成的。他在 1889 年的一次会议中说服他人认同了这种观点，神经元学说就此诞生。该学说认为，神经元是神经系统的基本结构和功能单位。卡哈尔和高尔基也因各自的贡献，共同荣获了 1906 年的诺贝尔生理学或医学奖。

卡哈尔根据自己的肉眼观察和想象绘制出了人类历史上第一幅神经元结构图（见图 3.1）。

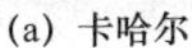

(a) 卡哈尔

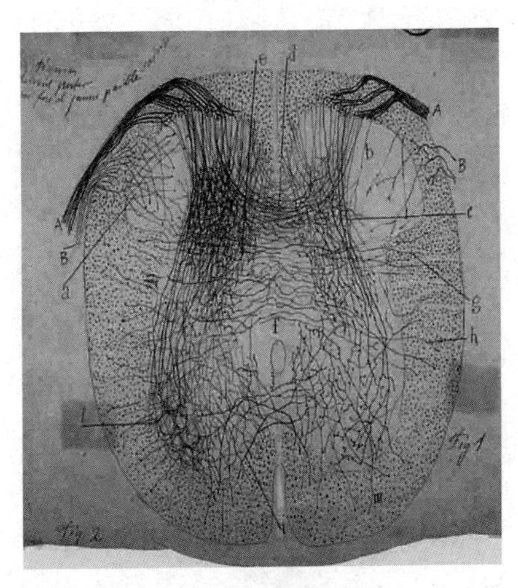

(b) 最早的神经元结构图

图 3.1 卡哈尔和最早的神经元结构图

神经元被确认为脑的基本单元后，对于其功能的认识，又经历了相当长的一段时间。1943 年，美国心理学家麦卡洛克和数学家皮茨将其想象成“有或无”的逻辑开关，并提出了简化的神经元数学模型，也就是后来的人工神经元的基础模型和组成单元。但是，生物神经元的功能真的类似逻辑开关吗？这个问题 1939 年就有人思考，刚刚博士后出站回到剑桥大学的霍奇金（Alan Hodgkin）和他的博士后赫胥黎（Andrew Huxley）选中了大西洋枪乌贼的巨神经元，利用自制工具测到这个神经元的静息电位和动作电位。1952 年，霍奇金和赫胥黎精细测量神经元传递电信号（神经脉冲，更准确地称为动作电位）的动态过程，并给出了精确描述这一动力学过程的微分方程，称为霍奇金 赫胥黎方程（Hodgkin-Huxley 方程，简称 HH 方程），1963 年他们获得诺贝尔奖。接下来是神经突触解析，这一历史重任传到中国人肩上。中国现代神经科学奠基人冯德培和张香桐对神经可塑性研究做出了杰出贡献。

在霍奇金 赫胥黎方程发表的 1952 年，张香桐就发现树突具有电兴奋性，树突的突触可能对神经元的兴奋精细调节发挥着重要作用。1992 年国际神经元学会授予张香桐终身成就奖，评价他“为树突电流在神经整合中起重要作用这一概念提供了直接证据……这一卓越成就，为我们将来发展使用微分方程和连续时间变数的神经元，而不再使用数字脉冲逻辑的电子计算机奠定了基础”。

1998 年，毕国强和蒲慕明提出了神经突触脉冲时间依赖的可塑性机制（Spike-Timing Dependent Plasticity，STDP）：反复出现的突触前脉冲有助于紧随其后产生的突触后动作电位并将导致长期增强，相反的时间关系将导致长期抑制。2000 年，宋森等给出了 STDP 的数学模型。2016 年，蒲慕明院士因“神经元如何依据对现实世界的体验，建立新连接或者改变原有连接强度”而获得美国神经学学会格鲁伯神经科学奖。

2008 年，美国工程院将“大脑反向工程”列为 21 世纪 14 个重大工程问题之一，这是解剖学意义上的“结构反向工程”，不是功能模拟。2013 年以来，欧洲“人脑计划”及美、日、韩“脑计划”都将大脑结构图谱绘制作为重要内容。2014 年，华中科技大学的“单细胞分辨的全脑显微光学切片断层成像技术与仪器”项目获得国家自然科学二等奖，并被欧洲人脑计划作为鼠脑仿真的基础数据。2016 年 4 月，全球脑计划研讨会提出需要应对三大挑战，第一个挑战就是绘制大脑结构图谱：“在十年内，我们希望能够完成包括但不限于以下动物大脑的解析：果蝇、斑马鱼、鼠、狨猴，并将开发出大型脑图谱绘制分析工具。”2016 年 9 月 8 日，日本东海大学宣布绘制出包括十多万神经元的果蝇的大脑神经元三维模型。

2017 年 5 月，北京大学在国家自然科学基金委员会重大科研仪器研制专项“超高时空分辨微型化双光子在体显微成像系统”的支持下，成功研制出新一代高速高分辨微型化双光子荧光显微镜，获得了小鼠在自由行为过程中大脑神经元和神经突触活动清晰、稳定的图像。我国“十三五”国家重大科技基础设施“多模态跨尺度生物医学成像”已经启动建设，融合光、声、电、磁、核素、电子等成像范式，提供从埃米到米、从微秒到小时跨越十个空间与时间尺度的解析能力，具备了多种模式动物大脑的高精度动态解析能力。

即将启动的国家脑计划将大脑图谱解析作为重要任务，明确了对模式动物大脑结构的解析规划，提出通过国际合作方式绘制大脑介观图谱，这是脑科学研究的基础，也是类脑计算的基础。

3.1.2 大脑皮层的神经元分层

脑中大约有 860 亿个细胞，其中大脑皮层约有 2 mm 厚，包含 140 亿个神经元和超过 100 万亿个突触，它们构成了极其复杂的神经元，对各种神经信息进行处理，承担着感觉、运动、学习、记忆、思维、创造等各种大脑功能。

脑皮层由细胞体和神经纤维组成。细胞体构成皮层的灰质，位于神经纤维的外部（朝向皮层表面）。一般认为，构成皮层白质的神经纤维连接皮层的不同区域，有利于大脑皮层各脑叶之间的信息传递。此外，白质的大部分由在脑皮层和中枢神经系统其他区域之间进行双向联系的纤维组成。

大脑皮层主要由神经元、神经纤维、胶质细胞和血管组成，其中的神经元类型有多种，包括锥体细胞、梭形细胞、颗粒细胞（星形细胞）、水平细胞和马尔提诺蒂氏细胞。在组织化学染色切片上，大脑皮层的神经元呈分层排列。原皮层（海马体和齿状回）和旧皮层（嗅脑）为 3 层结构，新皮层基本为 6 层结构。

一般将 6 层型皮层称为同型皮层，其他区域的皮层称为异型皮层。新皮层的 6 层结构包括：分子层（Ⅰ）、外颗粒层（Ⅱ）、外锥体细胞层（Ⅲ）、内颗粒层（Ⅳ）、内锥体细胞层（Ⅴ）和多形或梭形细胞层（Ⅵ），如图 3.2 所示。

分子层：又称Ⅰ层，包括密集的神经纤维丛、少量水平细胞。

外颗粒层：又称Ⅱ层，包括大量颗粒细胞（星形细胞）和小锥体细胞。

外锥体细胞层：又称Ⅲ层，包括小、中锥体细胞、颗粒细胞和马尔提诺蒂氏细胞。

内颗粒层：又称Ⅳ层，主要包括星形细胞、锥体细胞和平行的纤维。

内锥体细胞层：又称Ⅴ层，主要包括锥体细胞、颗粒细胞和马尔提诺蒂氏细胞。

多形细胞层或梭形细胞层：又称Ⅵ层，主要包括梭形细胞、少量颗粒细胞和马尔提诺蒂氏细胞。

根据上述分层，大脑皮层又可以分为传入层（包括Ⅱ、Ⅲ、Ⅳ层）和传出层（包括Ⅴ、Ⅵ层），大脑皮层发出至皮层下诸结构的投射纤维大部分起自该两层）。它们都以自内向外分层的方式排列（一般为 6 ~ 8 层），形态相似的细胞聚合成一定的层次，不同层间的细胞相连形成微型回路，皮层下是神经元之间相互连接的、呈白色的神经纤维。

大脑皮层除有水平分层外，还有垂直的贯穿皮层全层的柱状结构，各柱状结构的大小不等，一般直径约 300 μm。每个柱约由 2 500 个神经元组成。每个皮层柱内有传入、传出和联络纤维及各种神经元，构成垂直的柱内回路，并可通过星形细胞的轴突与邻近的细胞柱联系。一个柱状结构是一个传入—传出信息整合处理单位，传入冲动先进入第四层，并由第四层和第二层细胞在柱内垂直分布，最后由第三、第五、第六层发出传出冲动离开大脑皮层。第三层细胞的水平纤维还有抑制相邻细胞柱的作用，因此一个细胞柱发生兴奋活动时，其相邻细胞柱就受抑制，形成兴奋和抑制镶嵌模式。这种柱状结构的形态功能特点，在第二感觉区、视区、听区皮层和运动区皮层中也同样存在。皮层柱概念的建立使人们对大脑皮层的研究由“区”的水平提高到“柱”的水平，对揭示脑的功能具有重要意义。

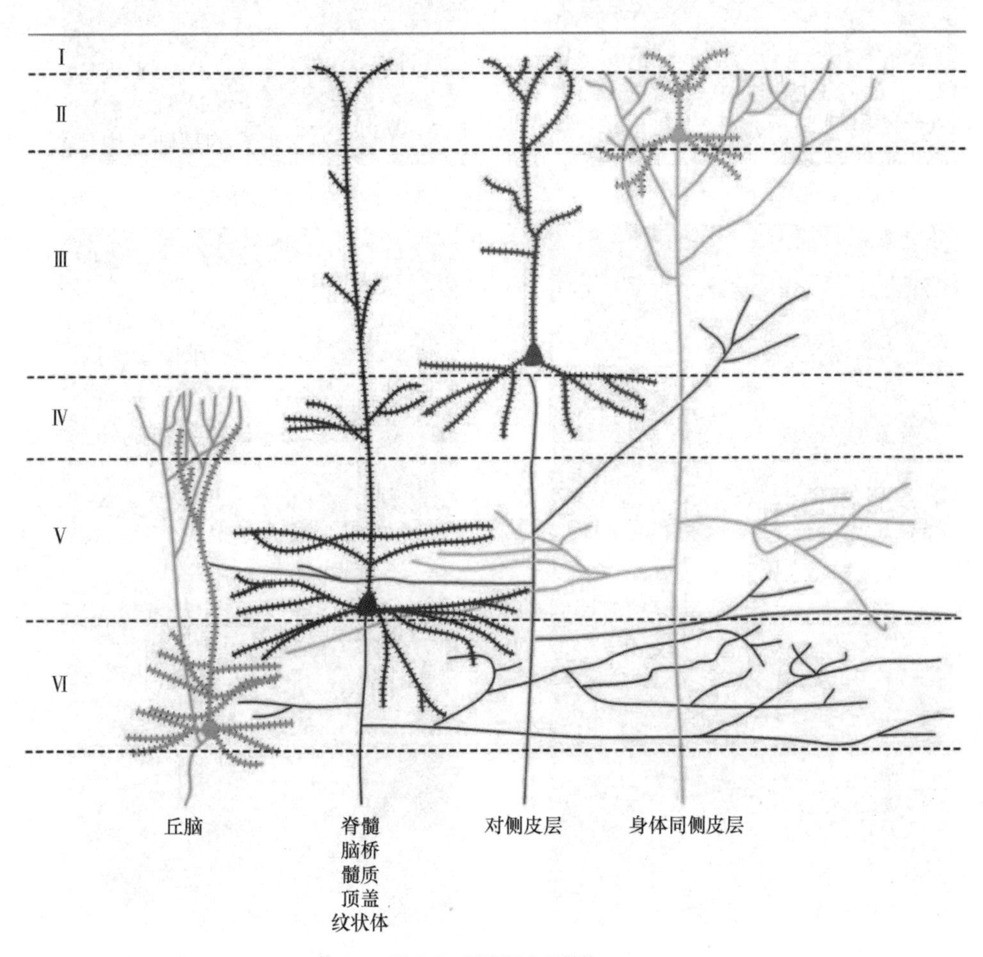

图 3.2　新皮层 6 层结构

3.1.3　大脑神经元的连接

由于过去缺乏有效的观察手段，研究人员无法观察到人脑微观层面的细节组成。现在借助人脑扫描仪器，人们可以清楚地看到人脑内的神经连接。

科学家借助新型先进磁共振成像技术研究人脑的内部结构。借助于扫描获取的彩色图像，科学家第一次真正了解了人脑 800 亿个细胞的神经通路及其错综复杂的结构。

如图 3.3（a）~（h）所示，图 3.3（a）和图 3.3（b）展示了整体俯视和侧面的神经纤维连接，非常整齐、有序；图 3.3（c）和图 3.3（d）展示了此前未知的人脑神经解剖学结构；图 3.3（e）和图 3.3（f）展示的人脑神经纤维像一条条带状电缆——片状平行神经纤维呈直角交叉，也像布料上的纹路，网格结构连续不断，有大有小，有的连接好似高速路的车道标线，这些标线限制了神经纤维在生长过程中的方向选择。如果能够朝着左右上下四个方向，神经纤维需要一种更有效且更有秩序的方式，找到合适的连接。图 3.3（g）和图 3.3（h）展示了神经元间复杂的通路及其细节。

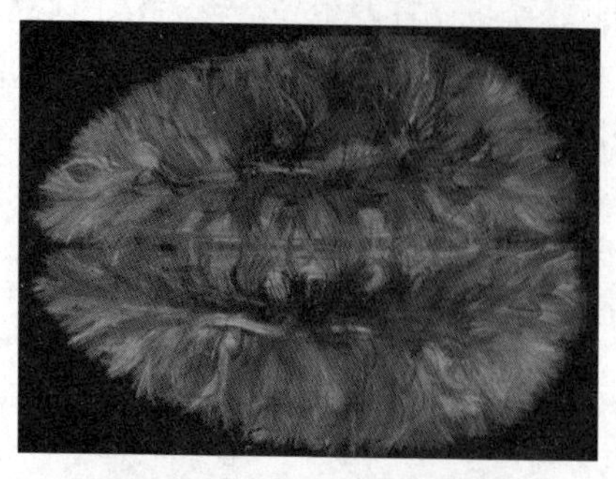

(a) 俯视扫描整个人脑神经纤维连接

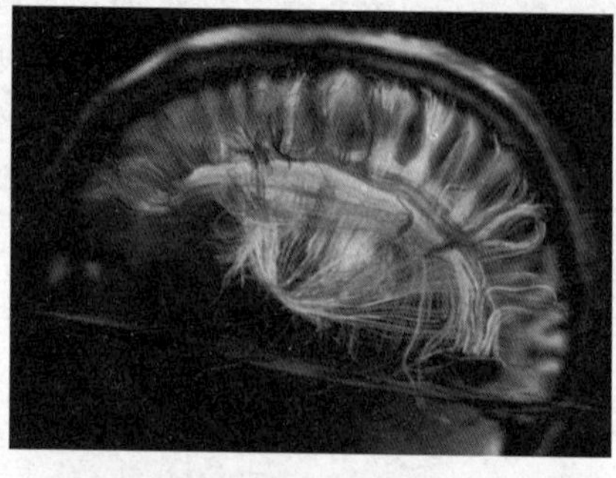

(b) 侧面扫描片状平行神经纤维呈直角交叉

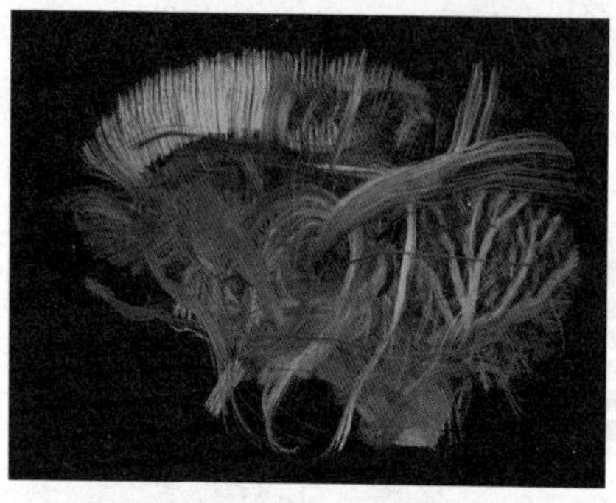

(c) 此前未知的人脑神经解剖学结构（Ⅰ）

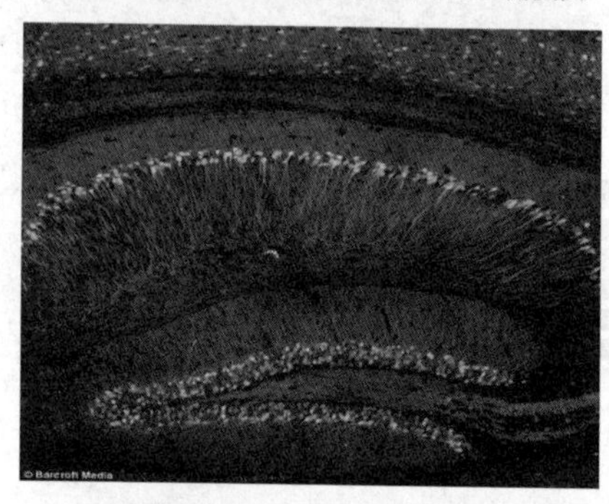

(d) 此前未知的人脑神经解剖学结构（Ⅱ）

(e) 整体呈直角交叉的神经连接

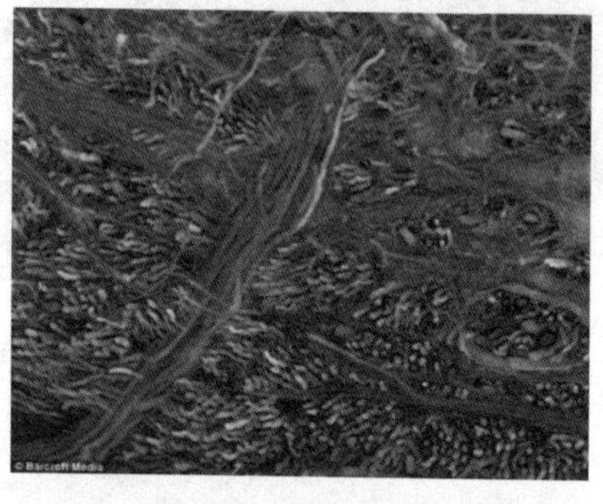

(f) 剖面观察到的神经连接

(g) 神经元间复杂的通路

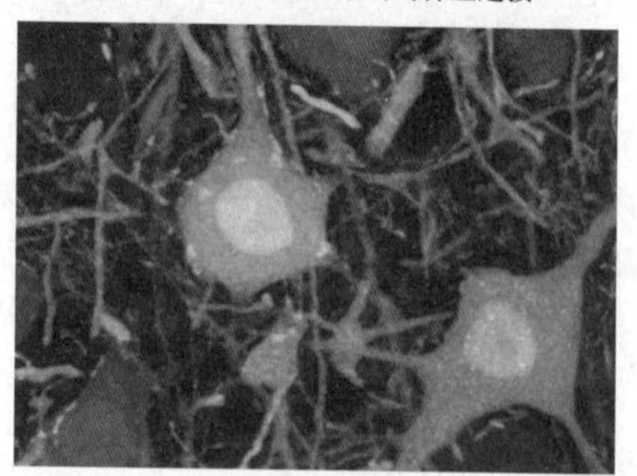

(h) 神经元间复杂的通路细节

图 3.3 磁共振成像下的人脑神经组织

人脑中的神经元从磁共振成像看显得非常密集，但是它们之间的连接实际上比较稀疏。成年人大约有 100 万亿个突触，如果要对构成人脑的数十亿神经元进行稀疏连接，比全部直接连接几十亿个神经元所需的突触数目少 6 个数量级。除人类外，其他灵长类动物的大脑也呈现这种结构。

学术界曾假设人脑中的神经系统类似互联网结构，但先前没有实验证实过这种假设。科学家长久以来认为人脑是一种自上而下的等级，最晚进化出来的部分（诸如新皮层）处于命令链的顶端。也就是说，人脑中的神经系统好像一个大企业，可以绘成一个从中枢部门分叉到下面一个个小部门的直线联系图。2010 年的一项研究发现，老鼠大脑一小块区域中的神经系统类似互联网结构，该区域是包括皮层、基底神经节、丘脑和下丘脑在内的一个前脑的大反馈回路的一部分。对该区域的神经输入和输出进行测绘显示出反馈网络而非等级结构的特征。这对人脑神经系统是分等级结构的传统理论提出了挑战。人脑中互联网式结构的存在可以解释人脑能克服局部损伤的现象。去掉互联网中任何一个单独部分，网络其他部分都能照常工作，神经系统同样如此。

研究人员发现，人脑的长距离投射中普遍存在着规则的几何构造。人脑白质中存在一种渔网状的结构——神经纤维以直角的形式交织在一起。人脑的“超级高速公路”形成了类似城市中正南、正北街道的三维形态。但是，由于不知道单个神经元的位置，即使发现了各个部分不同的神经活动都经过了网格状的高速公路，人们还是不知道不同脑区是如何连接的。

麻省理工学院的科学家开发了一种叫作蛋白质组放大分析的多尺度成像技术，这种新型脑成像技术可以使科学家多尺度检测同一个脑组织样本——从高层次连通性到亚细胞分辨率，使他们能够以接近亚细胞的细节及神经元的远距离连通性来检测脑组织。该技术可以提高绘制人脑内连接的精确度。利用这种技术，科学家可以在多尺度对相同的人脑组织样本进行成像，从区域连通性（神经元和信号通路）到亚细胞结构（突触、轴突、树突）和分子身份（蛋白质、神经元类型），如图 3.4 所示。这对于绘制人脑连接可能有帮助，尽管以前最大的挑战不是收集数据，而是分析并最终理解数据。

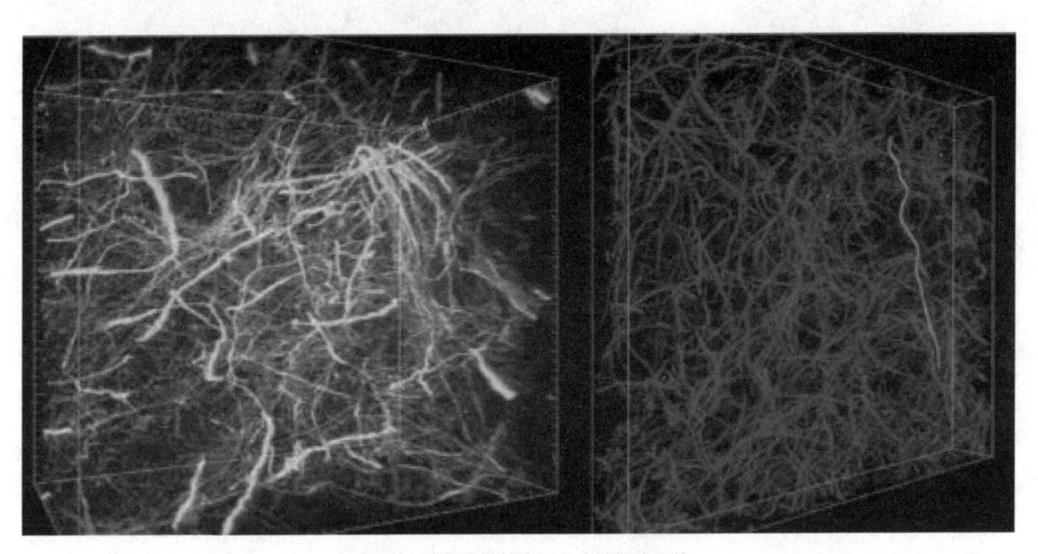

图 3.4　亚细胞分辨率下的人脑细胞网络

尝试重建人脑（使用精细的成像技术绘制大脑物理路径）是连接组学的一个研究方向，也是神经科学家对揭示人脑工作方式的一种探索。由于人脑过于复杂，研究者尝试从果蝇等较为简单的生物入手，试图重建果蝇大脑的完整神经连接图。人脑有 1 000 亿个神经元，果蝇大脑只有 10 万个左右。2019 年 8 月，谷歌公司用数千块 GPU 自动重建了果蝇大脑的完整神经图，像素高达 40 万亿。2020 年 1 月，该项成果取得新突破——一个拥有突触级别连接的果蝇半脑连接图。这是迄今为止人类绘制出的、最大的突触级别的大脑连接图。这个新的连接图包含 25 000 个神经元、2 000 万个连接，大约相当于果蝇大脑体积的 1/3，但这 1/3 的影响力不容小觑。因为这些部分包含与学习、记忆、嗅觉、导航等功能相关的重要区域。

图 3.5 为果蝇半脑的一些统计信息，绿色部分表示成像和重建的核心脑域。当前最大包含 2.5 万个神经元，它们的突触连接数量达到 2 000 万个。这是人类第一次真正细致入微地观察突触数量达 2 000 万级别的神经系统的组织结构。有了这份详尽的神经图，研究者将能够解答大脑为何运行如此之快。这项研究将改变神经科学的研究方式。研究者开始尝试用这个半脑连接图对果蝇的神经系统进行更深入的研究。例如，与兴趣相关的脑部回路是中央复合体，这个区域整合了感官信息，并与导航、运动控制、睡眠有关。另一处处于研究阶段的脑部回路是“蘑菇体”，主管果蝇大脑的学习和记忆功能。

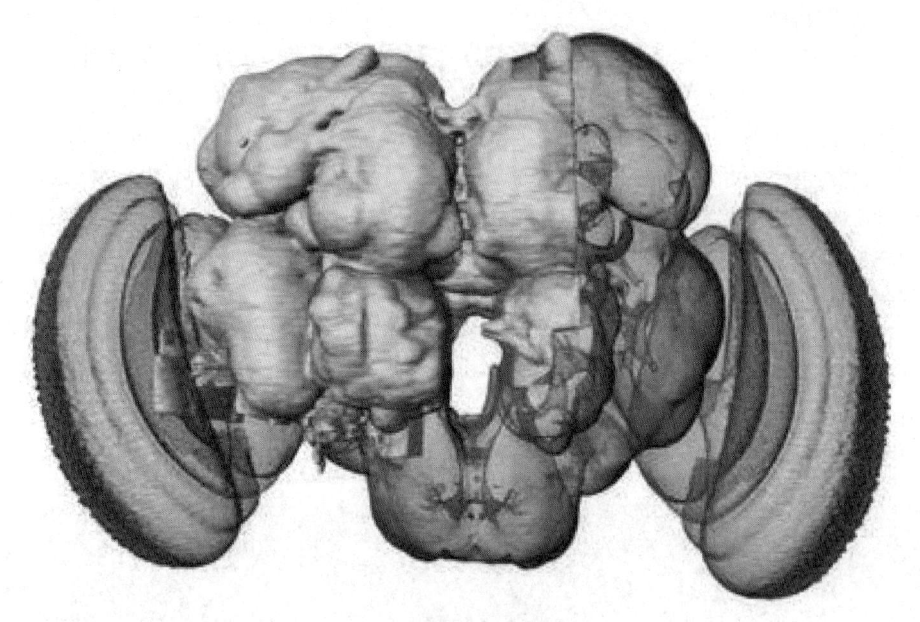

图 3.5 果蝇半脑的一些统计信息

3.1.4 神经环路重构

许多动物大脑都具有基本脑认知功能，例如感觉和知觉、学习和记忆、情绪和情感、注意和抉择等，这些功能的神经环路和工作机理研究可使用各种动物模型（包括果蝇、斑马鱼、鼠、猴等）；但是对高级脑认知功能，如思维、意识、语言等，有必要使用非人灵长类（如猕猴和狨猴）实验动物。神经系统内所有的脑功能环路都存在于彼此相连的神经元中，许多认知功能的神经环路都涉及许多脑区的网络，全脑的结构和电活动图谱是完整地理解大脑功能神经基础所必需的。

人脑中的约 10^{11} 个分子类型特异的神经元，它们通过约 10^{14} 个突触彼此相互交织，形成神经信息传递、处理和整合的立体神经环路。解析神经环路的结构与功能是阐明高级脑功能机理的前提和基础，需要首先明确构成神经环路的神经元类型及在单神经元水平层面构建跨脑区的环路结构。

就像 20 世纪 90 年代“全基因组测序”是理解生物体基因基础的关键一样，“全脑图谱的制作”已成为脑科学必须攻克的关口。磁共振等脑成像技术大大推动了人们在无创条件下对大脑宏观结构和电活动的理解。但是由于这些宏观成像技术的低时空分辨率（秒、厘米级）不能满足大脑神经元结构和工作原理解析的需求，目前急需具有介观层面细胞级分辨率（微米级）神经元的图谱和高时间分辨率（毫秒级）的载体神经元集群的电活动图谱。在全脑图谱制作的必要过程中，对每个脑区神经元种类的鉴定是必要的一步。目前，研究人员使用单细胞深度 RNA 测序技术对小鼠大脑进行的鉴定中，已发现许多新的神经元亚型。将这些神经元亚型特异表达的分子作为标记，可以绘制各脑区各种类型神经元的输入和输出连接图谱。对一个神经元亚型的较好定义是连接和功能方面的定义：接受相同神经元的输入并对相同脑区的相同神经元具有输出的一群神经元。在建立结构图谱后，需要描绘各个神经连接实现脑功能时的电活动图谱，这就需要神经元集群的体内检测手段。有了神经元层面的网络电活动图谱，并进一步通过操纵电活动的方式决定该电活动与脑功能的因果关系，就能逐步解析脑功能的神经基础。上述三类脑图谱（神经元种类图谱、介观神经连接图谱、介观神经元电活动图谱）的制作将成为脑科学界的长期工作。以目前已有的技术，鉴别小鼠全脑的所有神经元类型和介观层面的全脑神经元结构图谱制作需要 10 ~ 15 年，而对非人灵长类（如猕猴）则需要 20 ~ 30 年的时间。当然，与过去的人类基因组测序一样，脑结构图谱制作的进展速度很大程度上依赖于介观层面检测新技术的研发，后者又依赖对新技术研发和图谱制作的科研投入。值得注意的是，在全脑神经连接图谱未完成前，神经科学家针对特定脑功能的已知神经环路，对其工作机制已做出许多有意义的解析。尤其是在过去 10 年中，以小鼠为模型，利用光遗传方法操纵环路电活动，对特定神经环路的电活动与脑认知功能之间因果关系的理解，取得了前所未有的进展。

介观神经元的神经元类别、结构性和功能性的连接图谱绘制，未来 20 年将是不可或缺的脑科学领域。我国科学家有望在此领域中发挥引领作用。

近年来，借助小鼠转基因技术、神经标记技术的迅猛发展，为构建小鼠脑神经环路及绘制连接图谱提供了丰富的动物模型资源。面向小鼠的全脑光学显微成像技术也应运而生，它们突破了光学成像的深度限制，可以获取厘米见方的神经环路结构信息。其中，由华中科技大学自主研发的 MOST 系列技术，在国际上首次获得了体素分辨率为 1 μm 的小鼠全脑连续三维结构数据集，并首次展示了小鼠全脑内长距离轴突投射通路的连续追踪。正是基于上述技术领域的进步，美国阿伦（Allen）脑科学研究所已经重建一套体素分辨率为 100 μm 脑区水平的小鼠脑连接图谱，但还未达到单神经元分辨水平。尽管鼠脑研究方兴未艾，但为了更有效地揭示人类脑疾病发生发展的过程，理解人脑高级功能机制，开展与人类亲缘关系更密切的非人灵长类动物脑研究的重要性日益凸显。我国在非人灵长类动物神经环路研究中具有得天独厚的优势，拥有丰富的非人灵长类动物资源，中国科学院脑科学和智能技术卓越中心已经在全国建立了多个非人灵长类脑功能研究平台，猕猴转基因技术亦处于国际领先地位。在解决了获取数据的问题之后，非人灵长类全脑图像大数据处理分析必将是下一个瓶颈。根据最新的研究报告，国际上刚刚初步解决了小鼠全脑数据集的计算问题，数据处理能力低于 10 TB。非人灵长类全脑数据集的数据量将达到百 TB，甚至 PB，这对计算和存储的体系结构，以及软件技术都提出了巨大挑战。此外，鼠脑研究中仍然将人工追踪作为神经元形态重建的金标准，照此推算重建非人灵长类大脑百亿级神经元规模的神经环路大约需要 3 000 万人同时工作一年。因此，利用人工智能技术实现脑内信息的全自动识别将是未来重要的发展方向。

3.2 脑神经元

3.2.1 神经元的类型

神经系统主要由两种细胞组成：神经元和神经胶质细胞。除了具有与其他细胞的共同点之外，神经元还具有独特的形态和生理学特性，以实现其特有的功能。神经胶质细胞是神经系统内的一类非神经元细胞，它具有多种功能，包括为神经元提供结构支持和绝缘，以保证神经元间信息的传递更为有效。

人类的神经元极其微小但数量庞大，一个很小的空间就可以装入大量的神经元及其构成的网络和线路。神经元有很多种类，按照神经元突起的数目和结构形态，可以分为单极神经元、双极神经元和多极神经元 3 类，如图 3.6 所示。按照功能分类，可以分为感觉神经元、运动神经元和中间神经元。

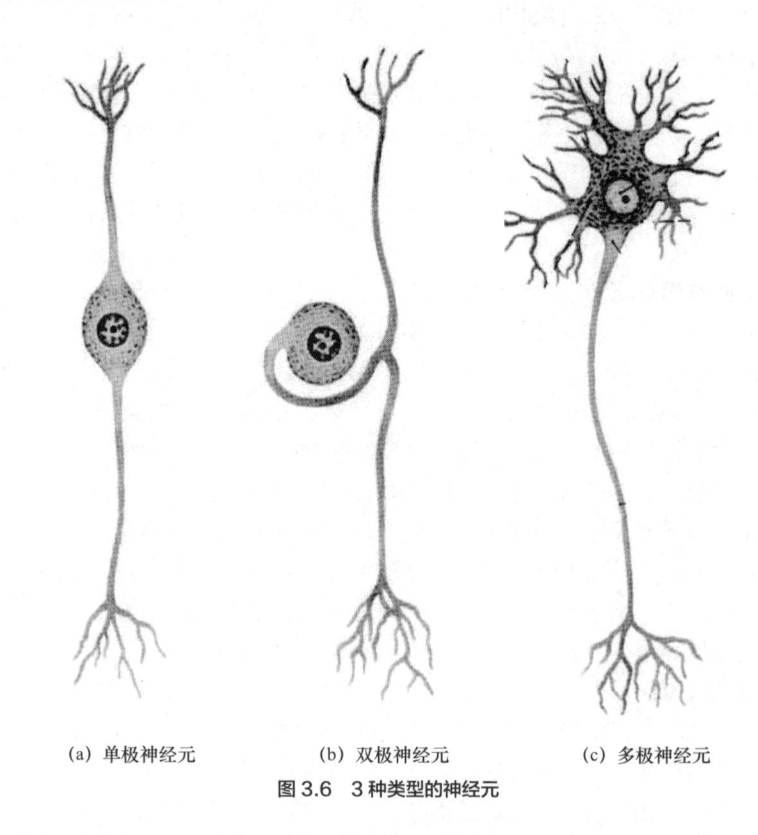

图 3.6　3 种类型的神经元

除了上述主要神经元，近些年，神经科学家陆续发现了一些特殊类型的神经元，比如镜像神经元、玫瑰果神经元。

3.2.2 神经元的组成与工作方式

1. 神经元的结构

大脑由数百亿个形态各异的神经元组成，每一个神经元都包括细胞体、轴突、树突三个部分，轴突末端细分出多个神经末梢。一个神经元与另一个神经元的树突间存在称为突触的小空隙。神经元最主要的功能是通过神经元之间的广泛突触连接来进行神经信号的传递活动。

图 3.7 给出了两个相连接的神经元。其中每一个神经元都由细胞体（图中的中央主体部分）、树突（分布在细胞体的外周）和轴突（细胞体伸出的主轴）组成。细胞体是神经元的代谢和功能活动中心。细胞体的外周一般有许多树状突起，称为“树突”。它们是神经元的主要接收器。细胞体还延伸出一条主要的管状纤维组织，称为“轴突”。轴突外面，包有的一层厚的绝缘组织称为髓鞘。轴突的主要作用是在神经元之间传导信息，传导信息的方向是从轴突的起点（细胞体）传向它的末端。通常轴突的末端会分出许多末梢，这些末梢与其后神经元的树突（或者细胞体，或者轴突）形成一种称为突触的结构。

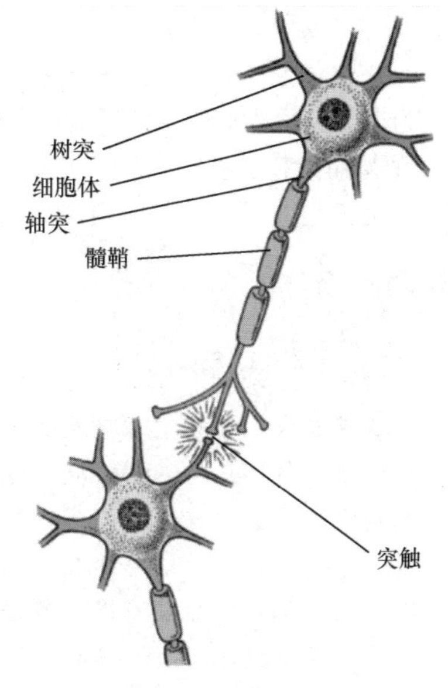

图 3.7　两个相连接的神经元

2. 细胞体是神经元的代谢和功能活动中心

神经元的细胞体结构与其他细胞的结构基本一致，由细胞核、细胞质和细胞膜组成，细胞质中含有各种细胞器，包括核糖体、内质网、高尔基复合体、线粒体、溶酶体、蛋白酶体、分泌泡和内吞体等，还有大量的细胞骨架成分，包括微管、神经丝和肌动蛋白微丝。神经元细胞体是整个神经元的代谢和功能活动中心。细胞核内含有基因信息，生成的 mRNA 转运到神经元的胞浆内，细胞体内含有蛋白质翻译和合成所需的底物和酶，这一过程要在蛋白质的合成装置中完成，这些合成装置是各种细胞器，包括核糖体、内质网和高尔基复合体等。蛋白质的合成仅发生在细胞体和树突中，轴突的蛋白质主要在细胞体和近端树突中合成，再通过轴浆运输等途径运到末梢。

神经元细胞体的形状多种多样，可以呈圆形、锥体形和多角形，细胞体大小也相差较大，小的横截面积只有几十平方微米，大的可达数千平方微米。各种属动物神经元细胞体的大小也有较大的变化，但形状差异较小。在许多神经元中，细胞体是突触传入的一个重要位置，细胞体接近触发区，此处的抑制性输入特别有效，但对于一些神经元，如背根节的初级感觉神经元，通常认为细胞体不接受突触传入。近年来认为细胞体也可以接受非突触传递的神经递质，从而使其功能得到调控。

3. 树突是神经元信号传入的主要部位

树突是神经元细胞体向外周的延伸，在光镜和电镜下很难区分细胞体的止点和树突的起点，细胞体中含有的细胞器大多可进入树突，在树突近段可见用于蛋白质合成的细胞器，包括粗面内质网、游离核糖体和高尔基复合体等，至远端会越来越少。核糖体和 mRNA 通过轴浆运输可以主动运到树突，因此在树突中可以进行一些蛋白质的翻译。通常一个神经元可以有多个树突，树突在向外生长的过程中不断发出分支，一般其分支比主干细，分支数量和次数多者可以形成树突树。树突的整体都可以与其他神经元的轴突末梢形成突触，广泛接收信号的传入，树突是神经元信号传入的主要部位。

神经元的树突表面会生长出一些细小的突起，称为树突棘。树突棘是树突接收信号传入的重要部位，在此处与其他神经元的末梢形成突触连接，突触连接的突触后成分有多种受体和离子通道，树突棘内也有蛋白质的合成。树突棘分为简单和复杂两种，简单的树突棘是中枢神经系统神经元中最常见的形式，主要由一个泡状的头通过一根狭窄的茎与树突相连。复杂的树突棘呈多叶的瘤状，常形成多个突触。树突棘可短而粗或长而细，其形状的主要差别在于颈的直径、长度、体积和表面积。树突棘的形状、大小和数量与其离细胞体的距离、神经的支配、机体的发育阶段直接相关，当神经元处于活动状态时树突棘的数量和形状都会发生可塑性改变，因此树突棘在学习、记忆及神经元可塑性方面都具有重要作用。在各种类型的脑疾病状态下，树突棘的分布和结构也会发生变化。

拓展阅读

智力是由树突数量决定的

研究人员分析了259名男性和女性的大脑，研究采用中性粒细胞定向分散和密度成像方法。这种方法能够测量大脑皮层中树突的数量，即神经元的延伸，这些神经元被用于相互交流。此外，所有参与者都完成了智商测试。随后研究人员将收集到的数据相互联系，发现一个人越聪明，其大脑中的树突就越少。

研究小组通过另一个约500人的样本证实了这些结果。这些新发现为迄今在智能研究中出现的相互矛盾的结果提供了解释。通常认为聪明的人往往大脑更大。过去假设更大的大脑包含更多的神经元，因此具有较强的计算能力。然而也有研究表明，尽管聪明人的神经元数量相对较多，但在智商测试中，他们的大脑比智商较低者的大脑显示出较少的神经元活动。

这可能是由于聪明的大脑具有精益而有效的神经连接，因此，他们在低神经元活动方面有较高的心理表现。

4．轴突是神经元信号传出的主要部位

轴突可由神经元的细胞体或主干树突的根部发出，发出轴突的细胞体的锥形隆起称为轴丘。一般神经元都有一根细长、表面光滑而均匀的轴突，长度有的可达1米多。轴突在延长的途中很少出现分支，若有分支常自主干呈直角发出，形成侧支，其与主干的粗细基本一致。轴突到达要支配的神经元或其他效应细胞时，末端常会发出许多细小的分支，形成庞大的网络，称为终末，可与其他神经元的细胞体、树突或轴突形成突触，也可与效应细胞（如肌肉或腺细胞）形成突触，神经元发出的指令或冲动可通过突触传递到下级神经元或效应细胞。大部分轴突外由胶质细胞包绕而形成髓鞘，在髓鞘之间形成郎飞结，此处是一些钠通道、钾通道和其他分子特异性分布的区域，易于激活，信号在有髓纤维上主要通过郎飞结呈跳跃状传递，因此有髓纤维上的信号传递较快。

神经系统在胎儿和婴儿时期发展时，神经元会像乌贼萌发触须般将轴突和树突延伸到细胞的周围。它们的连接点经由基因与化学物质的指引抵达目的地。树突和轴突末端分支可以任意采用多种造型，比如冬天没有叶子的树冠。

2017年3月，一项由美国加州洛杉矶大学的科学家发表的研究结果可能改变人们此前对人脑的认知。该研究的重点在于大脑神经轴突的结构域功能。此前研究者一直认为，神经元的信号首先由细胞体发出，而轴突仅仅是将上述信号被动地转移到其他神经元中。然而研究者发现，神经元的轴突并不只是被动传递信号的功能。他们的研究表明，在动物运动过程中轴突能够主动被激活，相对细胞体产生10倍以上的树突。这一发现挑战了现有的观点，即细胞体产生的分支才是理解、记忆及学习过程中大脑活动的根本。研究者同时发现，神经元的轴突能够产生明显的电压波动，这与细胞体产生的“有”或“无”的信号相比更加复杂，所代表的信息也更丰富。

由于轴突的体积可达神经中枢的100倍之多，因此研究人员认为，轴突产生的树突状结构意味着大脑相比人们此前的认知要复杂100倍。这一研究揭示了大脑的复杂性，改变了人们以往对大脑固有属性的认知，同时也有助于神经性疾病的治疗。

3.2.3 突触

突触虽然微小，但对越来越精密的探测仪器来说，并非无法突破。人脑突触数量达到百万亿，神经元数量达到千亿，虽然庞大繁杂，但仍然是一个有限复杂度的物理结构。

神经元之间通过突触的连接进行交流。突触表现出电特性，但更多表现为典型的化学特性。突触本质上是一个神经元（突触前神经元）与另一个神经元（突触后神经元）的树突（或神经元细胞体）的间隙或裂缝，如图 3.8（a）所示。突触的结合类型一般有轴—树型、轴—体型、轴—轴型及较少见的树—轴型，在功能上则可归为兴奋性和抑制性两大类。突触根据信号处理机制分为两种类型：化学突触和电突触。

从机理上讲，突触是一种利用化学物质进行工作的细胞结构，其作用是将传到神经元终末的电信号转换为化学信号，然后再传给相连接的神经元。这使得神经元可以利用电信号完成信息的快速传递。

如图 3.8（b）所示，一个神经元与另一个神经元轴突相连的末梢称为突触前膜，与其相连的后一个神经元的树突（细胞体或轴突）称为突触后膜，突触前膜与突触后膜之间的窄缝空间称为突触间隙，这三部分组成化学突触。沿轴突传送的是生物电信号，到达突触间隙以后，生物电信号不能在间隙中传递，就转变为生物化学信号。前一个神经元的信息经过其轴突传到末梢之后，通过突触对后面各个神经元产生影响。

当从突触前神经元产生的动作电位到达突触间隙时，会向间隙释放一种称为神经递质的化学物质。这些化学物质附着于突触后神经元的离子通道中，使离子通道打开，从而影响突触后细胞的局部膜电位，如图 3.8（c）所示。

突触可以处于兴奋或抑制状态。顾名思义，兴奋性突触使突触后细胞的局部膜电位瞬时上升。这个上升电位称为兴奋性突触后电位。突触后电位提高了突触后细胞产生峰电位的可能性。相反抑制性突触产生的抑制性突触后电位，可以暂时降低突触后细胞的局部膜电位。一个神经元处于兴奋还是抑制状态，由其形成的突触类型及突触后细胞的局部膜电位决定。一个神经元处于兴奋还是抑制状态，由其形成的突触类型及突触后神经元决定。每个神经元只形成一种突触，因此一个兴奋性神经元需要抑制另一个神经元，那它必须先使一个抑制性“中间神经元”兴奋，然后通过其抑制目标神经元。

一般神经元的细胞体上有大量的突触，每个神经元通过它的树突与大约 1 万个其他神经元相连。突触既有兴奋性的，也有抑制性的。因此，细胞体的兴奋与否决定于这些突触产生

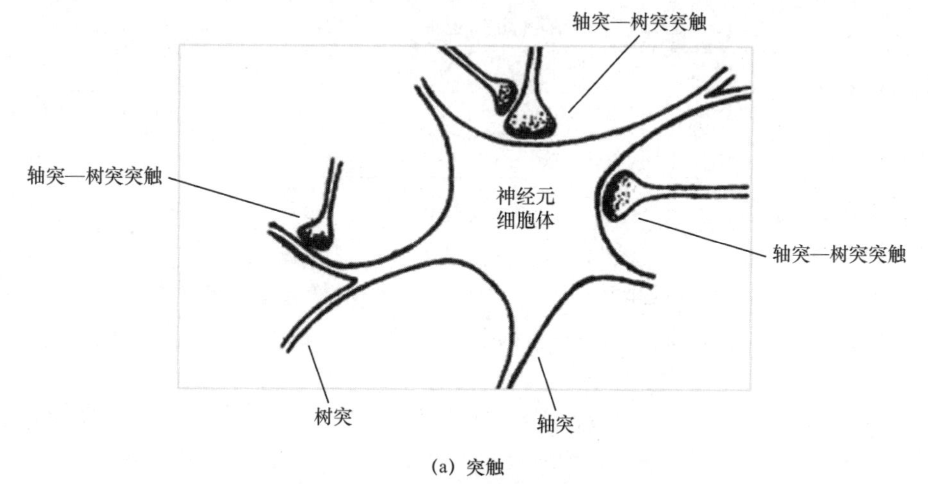

(a) 突触

图 3.8 突触、突触结构与神经递质突触的传递过程

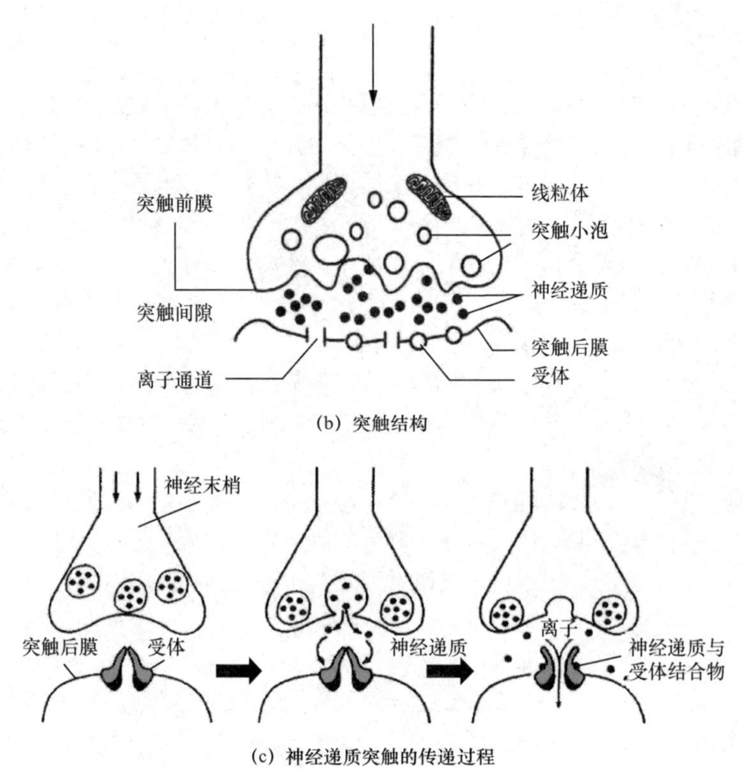

图 3.8 突触、突触结构与神经递质突触的传递过程（续）

的局部电流的总和。

一般突触的化学传导过程可以通过递质合成、递质储存、递质释放、受体结合（发挥功能）、递质回收和递质降解 6 个环节刻画。其中每个环节的递质改变都会对神经功能的变化产生影响。特别是不同神经递质，如神经肽与古典神经递质的协调作用使神经元间的信息传递更加复杂，为神经功能的多样性和精密调节提供了广阔的路径。

表 3.1 为一些哺乳动物的神经元和突触数量，如猴子的神经元和突触数量最接近于人的，而小鼠、大鼠和猫的神经元和突触数量与人类相差悬殊，可以看出哺乳动物的智能程度与神经元和神经突触的数量成正比。

表 3.1 一些哺乳动物的神经元和突触数量

	小鼠	大鼠	猫	猴子	人
神经元/十亿	0.016	0.055	0.763	2	20
突触/万亿	0.128	0.442	6.100	16	200

一个多世纪以来，神经学家就已经知道了神经元会通过它们之间的突触实现相互通信。但是，在这些大体轮廓之外，大脑功能重要方面的细节仍不清楚。科学家们 2016 年的一项研究成果首次阐明了关于这个过程的架构细节。在每个突触中，关键蛋白质被非常精密地组织在细胞间隙的周围。神经元可以定位于受体附近，释放神经递质分子，两种不同神经元的蛋白质配合得非常好，几乎形成了两个细胞之间的连接柱。这种邻近效应优化了传递能力，同时也表明可以采取新方法改变这种传递方式。理解这种结构可以帮助澄清大脑内部如何通信，以及一旦发生精神或者神经性疾病，这种通信如何失效。信息通过神经传导物质在神经元之间互相传递，这些物质包括谷氨酸、多巴胺和血清素，它们会激活接收神经元的受体，传输

出兴奋或者抑制信息。

3.2.4 神经递质及其作用

由于突触利用的化学物质主要是低分子化合物组成的神经递质（包括神经肽），因此突触作为神经元联络部位的功能，主要是通过神经递质实现的。实际上，越来越多的研究结果显示，神经递质与脑机能的变化具有非常密切的联系。因此，通过调节神经递质能够一定程度上影响人脑功能的变化。

脑内约有 10^{15} 个突触，可生成约 100 种不同的神经递质，包括谷氨酸、γ-氨基丁酸（GABA）和甘氨酸等氨基酸类神经递质，以及多巴胺、肾上腺素、5-羟色胺等单胺类神经递质。多巴胺与奖励刺激有关，因此常被称作“快乐分子”。不仅如此，多巴胺在注意力、记忆与运动方面也发挥着重要作用。5-羟色胺则在情绪方面发挥着关键作用。

神经肽是一种小型蛋白质分子，对于疼痛信号的调节至关重要。近年来，内源性大麻素这种神经递质日益受到人们的关注，它们与食欲、情绪和记忆相关。另外，乙酰胆碱和一氧化氮也同属神经递质。运动神经元利用乙酰胆碱向肌肉发送信号，同时乙酰胆碱在自主神经系统中也发挥着一定的作用。而一氧化氮则被认为是一种在学习和记忆方面发挥着重要作用的气体。

神经递质可按其对神经元产生的作用大致分为两类，即兴奋性神经递质和抑制性神经递质。前者可使神经元膜去极化，从而使细胞更易产生动作电位。后者则会使膜电压负值更大，细胞发生兴奋的概率会随之变低。

脑功能的正常运作有赖于兴奋与抑制之间的微妙平衡。一旦平衡被打破，将会导致严重的后果。比如，癫痫病就是兴奋性神经递质过多而导致的病症。

3.3 神经元之间的通信

在神经系统中，神经元之间以低电压脉冲引发化学物质传导与扩散的方式传送信息。神经元信息以电脉冲的方式在轴突中传导至发送端，引发化学物质（神经传导物）流到突触，通过扩散作用传送到下一个神经元的树突，再引发一个神经脉冲继续传送，反复循环直到信息到达目标位置。当神经脉冲传到下一个神经元时，神经传导物会被回收再使用。

神经元传导电信号的结构类似电线，中央是轴突，外面包裹着髓鞘，髓鞘具有绝缘作用。与电线不同的是，髓鞘是一节一节的。脉冲在髓鞘间的裸露处郎飞结上跳跃式的传导可以使信息的传递更迅速，最快约 100 m/s。

实际上，神经系统所有的神经元都是以非常相似的方式传递信息，也就是利用电-化学过程交换信号。在神经系统内，动作电位不能从一个神经元跳到另一个神经元。神经元之间的通信通常由化学递质（乙酰胆碱）传导，这些递质是由一些专门的突触释放的。当释放的电流传达到某个突触时，会促使末端分支的尖端释放神经传递物质，而这类化学物质不是刺激接受细胞放电，就是抑制它们放电。每个神经元都会经由轴突末端的突触，向成百或成千个细胞发送信号；同时，也会经由细胞体和树突的突触，接收无数的类似信号。大脑的神经元也只有两种状态：兴奋和不兴奋（抑制），也就是在每一刹那神经元不是在发送信号就是处于静息状态，具体由细胞从所有输入刺激的细胞接收到的神经传导物质总量而定。

就是说，神经元利用一种目前还不知道的方法，将所有从树突突触上进入的信号进行处理，如果全部信号的总和超过某个阈值，就会激发神经元进入兴奋状态，进而触发一连串的事件：钠离子迅速流入细胞内，使细胞膜电位迅速升高，直到钾离子通道打开，触发钾离子流出细胞，使膜电位下降。膜电位快速上升和下降的现象称为动作电位或峰电位（见图 3.9），这是神经元间通信的主要方式。峰电位波形基本是固定的放电率（每秒钟出现的峰电位数量）和峰电位同时出现，因而神经元可以用具有 0 或 1 数字输出的模型来表示。类似地，在对清醒状态下的动物进行的细胞记录实验中，峰电位常用其出现时刻的一根短柱来表示。

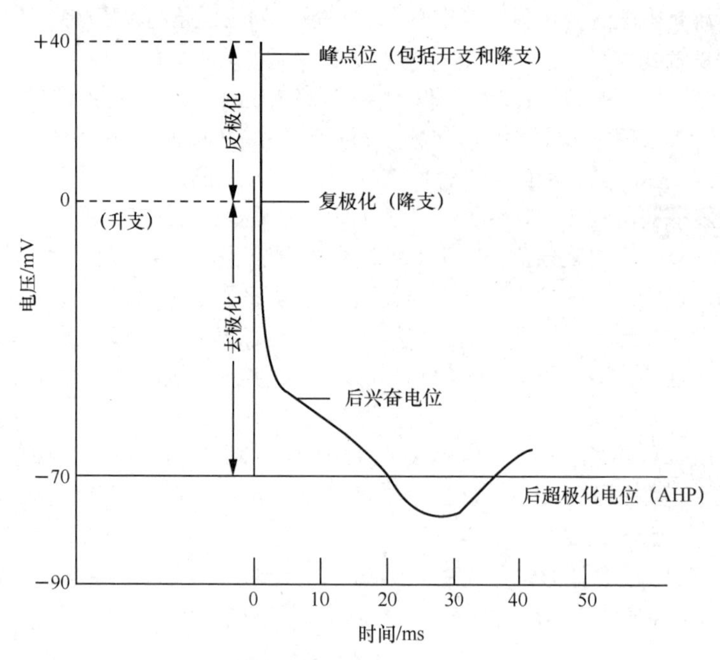

图 3.9　神经元细胞膜动作电位

这个电信号会通过轴突发送给其他神经元。

如果神经元从其他神经元处接收到的输入信号总和没有达到阈值，神经元就不会兴奋起来。

如果一个神经元在一段时间内没有得到激励，那么它的连接有效性就会慢慢衰减，这一现象称为可塑性。

信号在大脑中的实际传输是一个相当复杂的过程，目前最简单的方法是利用一系列的 0 和 1 来进行操作，与现代计算机的操作过程一样，但这只是一种简化，实际上神经元信号传输过程并不是这样简单。

拓展阅读

物种脑的大小与复杂程度存在很大差异的原因

2015 年 8 月，加拿大多伦多大学的研究人员发现，一个名叫 PTBP1 的蛋白上发生的一些微小变化能够促进神经元的发育，这可能是导致哺乳动物的脑比其他种类脊椎动物的脑更大也更复杂的重要原因。

脑的大小和复杂程度在不同脊椎动物种类之间的变化很大，但造成这种差别的原因一直不清楚。举例而言，人类和青蛙在 3.5 亿年前就已经在进化中分离，脑的功能也出现了很大差别，但科学家证明，人类和青蛙用于构建身体不同器官的基因相似度非常高。那么在基因数目、基因开启和关闭机制都类似的情况下，如何导致不同物种器官大小和复杂程度存在如此大的差异呢？

根据最新研究结果，导致这种差异出现的关键在于可变剪切过程。在之前的研究中已经发现PTBP1在哺乳动物中存在一种更短的形式，主要是由于可变剪切过程中删减了一个小的产物片段而致。PTBP1本身的功能是控制许多基因产物的可变剪切过程，阻止神经元的发育。研究人员发现在哺乳动物细胞中，较短的PTBP1能够解开一系列可变剪切事件，改变细胞内蛋白质的平衡状态，促进神经元发育。

除此之外，研究人员还在鸡的细胞内表达类似哺乳动物的短PTBP1，也可以触发类似哺乳动物细胞的可变剪切事件。

研究人员指出，两种不同长度的PTBP1使得神经元在胚胎中的发育时间不同，这种方式导致不同物种脑的大小和复杂程度存在很大差异。

3.4 神经元、脑与躯体

3.4.1 神经元与躯体

在一些动物不太发达的脑中，神经元排列形成神经节，构成神经元，这些神经元也协助着其他躯体细胞。它们接收来自躯体细胞的信号，促进化学分子的释放，促使内分泌细胞分泌激素，将其传递至躯体细胞，从而改变细胞功能；或促使运动的产生，使肌纤维兴奋并收缩。然而在复杂生物结构精巧的大脑中，神经元网络最终形成了对躯体部分结构的模拟。它们对躯体状态进行表征，对其所服务的躯体进行映射，并形成了躯体某种虚拟的神经替身。重要的是，神经元与其所模拟的躯体从生到死都保持着联结。神经元对躯体的模拟、与躯体保持着联结，都会对神经系统管理功能起到良好的作用。这种对躯体的持续影响，正是神经元、神经元回路及大脑的典型特征。脑对躯体外世界的映射是通过对躯体的调节实现的。当躯体与周围环境相互作用时，眼睛、耳朵、皮肤等躯体感觉器官会发生变化，脑对这些变化进行映射，于是也对躯体外的世界间接形成某种形式的表征。

虽然神经元的运行相当特别，为复杂的行为和心智铺平了道路，但它们与其他躯体细胞仍然维持着紧密的亲缘关系。

3.4.2 神经元与脑功能

刚出生的婴儿脑中便已具有一生所需的神经元，之后增加的是树突、神经纤维束和突触。大脑接收外界的刺激越多，树突就越茂密，神经间的联结越密集，信息也传达得越快。

人类受精卵1分钟生长25个神经元，受孕1周后，中空的神经管便形成，后来分化为中枢神经系统，一端变为脑，另一端变为脊椎。脑干最先形成，掌管心跳与呼吸，然后小脑出现，掌管动作与运动。受孕5周时，大脑皮层开始出现，负责思维和知觉。

这些细胞形成后便迁移到特定区域，一种方式是新细胞将旧细胞挤向外围，视丘、海马回及脑干都是通过这种方式形成的；另一种方式是新细胞越过旧细胞向外扩张，大脑皮层和一些皮层下组织就是通过这种方式形成的，这些神经元要到达它们的目的地才能长出轴突。

人类的左、右眼视神经在视觉皮层第四层中各有各的领域，每一个神经只负责一只眼睛，不负责另一只眼睛，但是刚出生时，神经元对两眼的刺激是做出同等的反应的。

假如将新生老鼠的视觉皮层神经元移植到感觉运动区中，或将感觉运动区的神经元移植到枕叶中，这些神经元功能会相应地发生变化。这表明脑功能是由神经元所在的位置决定的，而非神经元本身。

3.4.3 脑电波与思维方式

大脑中有数百万个神经元，每一个都产生独特的电信号。这些电信号组合在一起就形成了脑电波，科学家利用脑神经递质探测仪（EEG）检测脑电波。前额叶皮层是大脑发出控制执行命令的地方，纹状体则控制着习惯的形成。麻省理工学院皮考尔学院神经生物学教授米勒（Earl Miller）研究发现了前额叶皮层和纹状体在学习中相互作用的直接证据。

当思维方式转变时，人脑能够快速提取和分析新信息。研究结果表明，这些转瞬即逝的大脑状态改变可以通过同步并记录大脑不同区域的脑电波实现。研究人员发现，猴子学习分类由圆点组成的不同图案时，大脑中的前额叶皮层和纹状体会同步它们的脑电波，从而形成新的通信回路。类别学习使这两个不同区域间相互作用，从而产生新的节奏型功能性回路，这个新概念对系统神经学很重要。

此前有研究发现，大脑在执行有认知需求的任务时，额叶和视觉皮层会同步增强。但是米勒的实验室第一次揭露了特定脑电波同步方式与特定思考方式有关联的事实。

该研究表明，前额叶皮层学习各个类别，并将类别信息发送给纹状体之后，前额叶皮层会随着新信息的加入进行自我修正，使学习内容更广泛。这个过程会不断重复。研究人员认为，这就是人类在不断扩充知识中拥有开放性思维的过程。前额叶皮层不仅学习分类，还形成能将类别信息输送给纹状体的回路，就好像皮层将新材料交给大脑进行精细加工一样。

也有研究发现，人脑神经元发出信号的速度非常快，使人的反应快于人的意识，它们能够代替主观“自我”，在人们意识到自己做出选择之前，就做出合理的决定。后文将介绍有关主观意识与自由意志的问题。

3.5 其他主要神经元

3.5.1 神经胶质细胞的类型

神经胶质细胞是神经系统内除神经元外的另一大类细胞，它们分布在神经元和神经纤维束之间，其数目是神经元的 10 ~ 50 倍。“Glia”来自希腊语，原意为胶水，生动反映了传统观点对其功能的认识，即神经胶质细胞仅起到网络支架的作用，将神经元黏合在一起。

神经胶质细胞大体分为两类：大胶质细胞和小胶质细胞。其中大胶质细胞在中枢神经系统和周围神经系统中均有分布，小胶质细胞（见图 3.10）仅在中枢神经系统中分布。中枢神经系统中的大胶质细胞包括星形胶质细胞和少突胶质细胞（见图 3.10），而某些分布在特定脑区的星形胶质细胞有其特殊的名称，如室管膜细胞、小脑的贝格曼胶质细胞和视网膜的 Müller 细胞等，它们均属于星形胶质细胞的特殊类型。周围神经系统的大胶质细胞主要为雪旺细胞和卫星细胞。

1. 星形胶质细胞

星形胶质细胞是神经胶质细胞中体积最大、数量最多、分布最广的一种。星形胶质细胞呈星形，具有大量由胞体向外伸出的放射状突起，部分突起末端膨大形成终足，附着在毛细血管基膜上，或伸到脑和脊髓的表面形成胶质界膜。与神经元不同，星形胶质细胞的突起不分树突和轴突，而且不具备传导动作电位的功能。

星形胶质细胞具有广泛分布的突起，构成神经组织的网架。星形胶质细胞的突起参与构成血脑屏障，能从血液中摄取营养物质供给神经元。此外，星形胶质细胞还具有调节钾离子、神经递质和能量代谢的平衡，调节突触的传递与活动，参与免疫反应等多种功能。

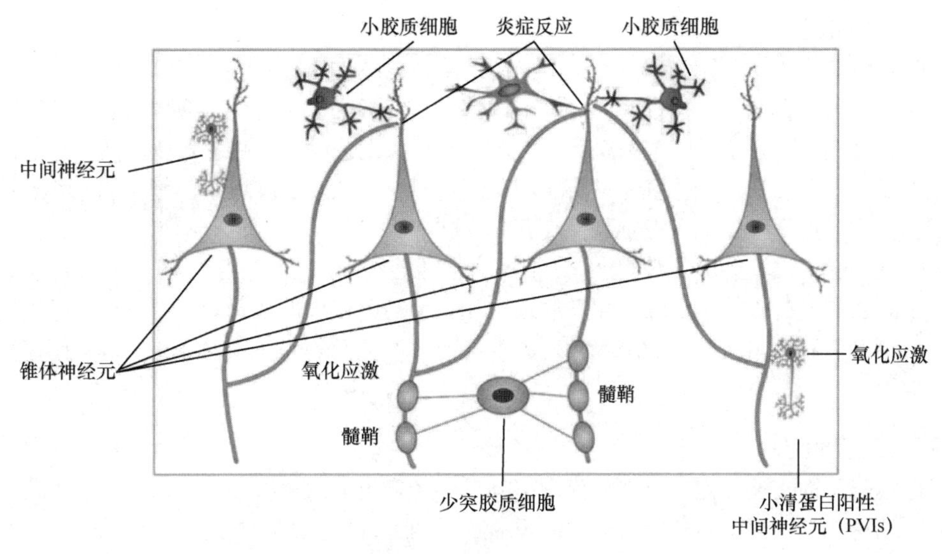

图 3.10　胶质细胞类型

2. 室管膜细胞

室管膜细胞是星形胶质细胞的一种特殊类型。星形胶质细胞呈柱形或立方形，分布于脑室及脊髓中央管的腔面，形成单层上皮，称为室管膜。室管膜细胞表面有许多微绒毛，有些细胞表面有纤毛。某些地方的室管膜细胞基底面有细长的突起伸向脑及脊髓深层，称为伸长细胞。

室管膜细胞具有保护和支持作用。室管膜细胞之间具有紧密连接，构成脑脊液屏障，在脑脊液和神经组织屏障中均发挥着重要作用。目前的研究认为，室管膜细胞还具有成年动物神经干细胞的潜能，它们可进行非对称性分裂，其中一个子细胞能转化为神经前体细胞并分化为嗅神经元，沿着特异的迁移轨迹移动到嗅球，补充死亡的嗅神经元。

3. 少突胶质细胞

少突胶质细胞比星形胶质细胞小。先前认为它的突起少，分支亦少，故命名为少突胶质细胞。但随着实验技术的发展，人们逐渐发现其突起并不少，而且具有许多分支。

少突胶质细胞的主要功能是参与形成并维持髓鞘，以其突起与轴突接触，并以一种“蛋卷”的样式包裹轴突，直至形成紧密的多层结构，即髓鞘。一个少突胶质细胞可以伸出多个突起，分别与 5 ~ 12 个轴突接触。其包裹方向也是不定向的，可以顺时针，也可以逆时针。少突胶质细胞合成髓磷脂的量比较稳定，但根据包裹轴突的粗细不同，可形成不同厚度的髓鞘。少突胶质细胞的发育或功能异常与许多中枢神经系统疾病密切相关。

4. 小胶质细胞

小胶质细胞是中枢神经系统中最小的胶质细胞，胞体扁长或呈多角形，从胞体发出细长且具有分支的突起，表面有大量棘刺。与其他类型的胶质细胞相比，小胶质细胞的数量少，仅占全部胶质细胞的 5% ~ 10%。

在中枢神经系统发育时期或病理情况下，根据小胶质细胞的不同形态可将其分为 3 种类型：静止或分支的小胶质细胞，存在于正常的中枢神经系统中；激活的或反应性小胶质细胞，常见于病理情况下，但无吞噬作用；吞噬性小胶质细胞，具有巨噬细胞的功能，在脑损伤、脑退行性病变及脑出血等病理情况下，大量出现于损伤部位，发挥吞噬功能，参与炎症反应。

5. 雪旺细胞

雪旺细胞又称神经膜细胞，是周围神经系统中主要的胶质细胞，它们排列成串，一个接一个地包裹着周围神经纤维的轴突，形成髓鞘。雪旺细胞形状不规则，细胞核多呈卵圆形，核仁明显，细胞膜有外包或凹陷现象，细胞质中含有少量线粒体和高尔基复合体。有髓神经纤维髓鞘是由雪旺细胞的细胞膜在轴突周围反复包卷形成的同心圆板层，无髓神经纤维的一层薄的髓鞘亦是由雪旺细胞的细胞膜深度凹陷形成的。

雪旺细胞除包裹轴突形成髓鞘外，还形成郎飞结结构，使动作电位的传导以一种跳跃式、快速、不间断的方式进行。在胚胎发育时期雪旺细胞的迁移与神经元轴突的生长密切相关。在周围神经损伤后，雪旺细胞对周围神经再生过程中神经元的形态和功能的修复发挥着不可替代的作用。

6. 卫星细胞

卫星细胞又称被囊细胞，是神经节内包绕在神经元周围的一层扁平形细胞，呈核圆形。卫星细胞的功能类似于中枢神经系统内的星形胶质细胞，具有营养和保护神经节细胞的功能。卫星细胞的增生性改变可能为受损的神经元提供更多的营养，以利于修复损伤的神经元。

3.5.2 神经胶质细胞的作用

20 世纪初，德国神经病学家费尔德曾断言，受损的脑细胞不可再生。受到“神经元不可再生”理论的影响，近一个世纪以来，医学界将脑病治疗的重点主要放在脑血管上，而对脑细胞修复的研究相对滞后。直到 2006 年，科学家才发现，成人脑细胞被植入实验鼠的大脑后，仍可长出新的神经元。

人脑中的大多数细胞并不是神经元而是星形胶质细胞。以前人们一直将神经胶质细胞看作将神经元连接在一起的“黏合剂”。德国慕尼黑大学的研究人员证实，神经胶质细胞在生长过程中同干细胞一样，能分化为功能性神经元。但是，该细胞在生长后期分化能力会消失。于是，成年人的大脑受损后，神经胶质细胞便不再产生任何神经元。

为了能使该过程一直发挥作用，科学家研究在神经胶质细胞生长分化为神经元的过程中，究竟是什么分子开关发挥了重要作用。分子开关是精确控制细胞内信号传递反应的蛋白质。研究人员将这些蛋白质引入成人脑的神经胶质细胞中，通过开启神经元蛋白的表达而使神经胶质细胞得到响应，从而使神经胶质细胞继续分化为神经元。

研究人员证实，从神经胶质细胞中再生出新的功能性神经元，单个调节蛋白就足够。他们指出，神经胶质细胞需要较多的时间重新编程，直到它们长成正常神经元的样子，并具有了正常神经元明显的电特性。这个结果令人振奋，因为从成人的神经胶质细胞中再生出功能正常的神经元非常关键，这意味着科学家在发现替代受损脑细胞的神经元之路上迈出了一大步。

长期以来神经胶质细胞的作用一直被认为仅限于充当神经元之间的填充物，以填满大脑中的剩余空间，同时为神经元提供营养。但随着研究的深入，人们发现神经胶质细胞除具有支持、营养作用外，还参与形成髓鞘、构成血脑屏障、维持神经元生存微环境的稳定并调节神经系统的发育；还具有免疫调节作用，而且在多种病理情况下均可以发挥重要作用。

由美国和中国科学家共同完成的一项研究成果表明，大脑神经胶质细胞具有以前未知的重要功能。研究人员采用新型成像技术发现，大脑视觉皮层中的星形胶质细胞具有方位选择性。方位选择性是指该细胞只在某个特定方位（比如 90°）的视觉刺激出现时才会做出反应。以前科学家认为只有神经元才具备这种功能。此次研究不仅发现神经胶质细胞同样具有这一功能，而且其能力甚至还要高于相邻的神经元。

20 世纪 90 年代初，美国某研究院开始探索这样一种可能性：神经胶质细胞也许能感知神经元中传输的信号，甚至可以影响信号传输的效率。随后的实验证据表明，所有类型的神经胶质细胞都能对神经活动产生反应，并能改变大脑中神经信号的传递。

这些发现证明，神经胶质细胞在大脑中不是配角，而是发挥着重要作用。

3.5.3 镜像神经元

过去大多数神经学家和心理学家都认为，一个人对他人的行为特别是意图的理解，是通过一个快速的推理过程完成的。这个推理过程类似于逻辑推理。也就是说，人脑中有一些复杂的认知结构，它们能详尽分析感官采集的信息，并将这些信息与先前储存的经历进行比较，一个人就可以知道另一个人在做什么，以及为什么要这样做。

尽管在某些情况下（特别是当某人的行为难以理解的时候），这种复杂的推导过程或许确实存在，但当我们看到简单的行为时，往往能马上做出判断，这是不是意味着还有更简单、更直接的理解机制？20 世纪 90 年代初，意大利帕尔马大学的研究小组发现了一群具有特殊作用的神经元。如图 3.11 所示，当猴子有目的地做出某个动作（例如摘水果）时，它大脑中的这种神经元就会处于激活状态。当这只猴子看到同伴做出同样的动作时，这些神经元也会被激活。这类刚刚进入人们视野的细胞就像一面镜子，能直接在观察者的大脑中映射别人的动作，所以被称为镜像神经元（Mirror Neuron）。

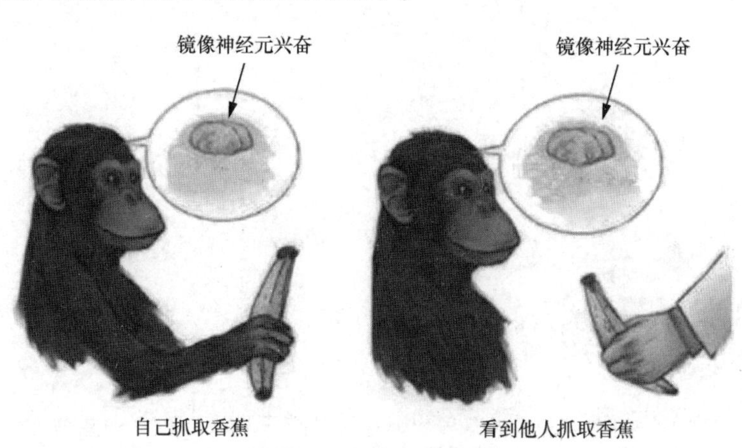

图 3.11 镜像神经元

与大脑中储存记忆的神经回路相似，镜像神经元似乎也可以为特定的行为“编写模板”。有了镜像神经元的这种特性，我们就可以不假思索地做出基本动作，当看到这些动作时，也能迅速理解，而不需要复杂的推理过程。

科学家通过实验在人类的大脑中也发现了镜像神经元。镜像神经元将基本的肌肉运动与复杂的动作意图一一对应起来，构建起一个巨大的动作-意图网络，使个体无须通过复杂的认知系统，就能直截了当地理解其他个体的行为。鉴于人类与猴子都是群居动物，我们不难看出这种机制带来的潜在的生存优势。然而在社会生活中，理解他人的情感同样重要。实际上，情感通常也是一个能够反映动作意图的重要环境因素。正因为如此，研究小组一直在探索，镜像系统能否在使人们理解他人行为的同时，也能理解他人的感受。当我们看到别人的表情或者经历的情感状态时，镜像神经元就会被激活，使我们体验到他人的感受，走进别人的情感世界。总的来说，在负责产生运动神经反应的大脑部分区域的参与下，人类通过一种直接的映射机制，就可以理解情感，至少可以理解强烈的负面情感。当然这种理解情感的映射机制尚无法完全解释所有的社会认知过程，但它确实为人际关系的形成提供了神经学基础，而正是在这些人际关系的基础上，才形成了更复杂的社会行为。这种映射机制也许是我们能理解别人感受的基础。

人类在运动前皮层、辅助运动区、初级躯体感觉皮层及顶叶下回等脑区都有镜像神经元参与的脑活动。

拓展阅读

玫瑰果神经元

2018 年，美国艾伦脑科学研究院研究人员发现了一种新型人脑神经元细胞——“玫瑰果神经元”（Rosehip Neuron）。这些突触周围的致密细胞束看上去就像花瓣凋零后的玫瑰，如图 3.12 所示。研究人员还没有完全弄清这种特殊的大脑细胞究竟在人脑中扮演着什么角色，但发现玫瑰果神经元只与一种特殊的细胞相联系，这说明它们可能以一种特殊的方式控制着信息传递。

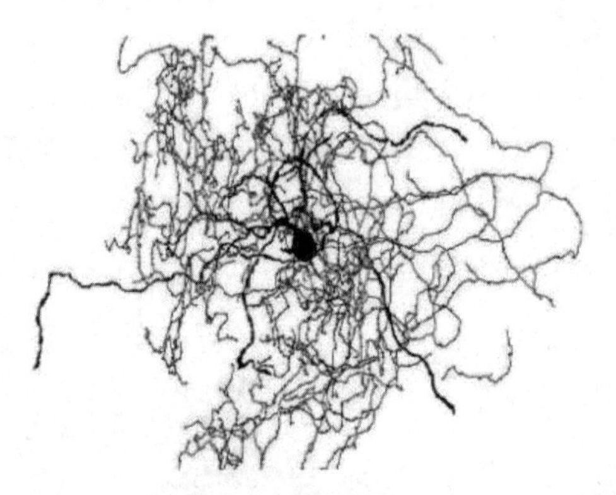

图 3.12 玫瑰果神经元

3.6 大脑可塑性机制

众所周知，中枢神经系统在发育阶段如果受到外来干预（如感受器、外周神经或中枢神经损伤），相关部位的神经联系就会发生明显的异常改变。例如，中枢神经系统的损伤如发生于发育期或幼年，较之发生于成年，其功能恢复得更好。人们长久以来形成了这样一种观念，即成年人的大脑皮层不具有可塑性。

20 世纪 60 年代以前，人们传统上认为成人的脑部是一个固定的结构，在发展阶段逐渐塑造成型直至成熟，就像石膏在模具中定型一样。人们大都认为，从出生到成年，脑要经历一个发展、成熟的过程，到达一个顶点之后，然后开始下滑。然而 20 世纪 80 年代开始这种观念受到了挑战。目前有证据表明，成年人的大脑皮层同样具有可塑性。有人利用无创性脑磁图技术观察患有先天并指的成年人在整形手术后手代表区的变化，发现患者手术前皮层手代表区很小，且无分域，而手术后数周发生了重大变化。随着手指独立活动能力的出现，手的代表区扩大到正常大小，且具有正常的分域关系。现在则更多地认为只要条件允许，便可以在相当大程度上对脑进行不同程度的重塑。实际上脑一直处于变化之中，这也是现代神经科学最重要的发现之一。脑内的变化通常叫作神经可塑性，指的是神经元在内外环境刺激作用下的可改变性。

大脑可塑性的定义仍旧莫衷一是，神经科学家认为这是一个涵盖性术语，囊括了脑内发生的一些生理性变化。显然大脑皮层的可塑性与脑功能开发之间的关系极为密切。

我们主要从以下几方面理解大脑可塑性。

3.6.1 神经可塑性

1. 神经发生

通过数十年的研究工作，人们了解到，成年小鼠和大鼠的数个脑区仍可继续生成新的神经元，且这些新生神经元在信息处理方面发挥了重要作用。但有关人脑内成年性神经发生的研究充满了矛盾。1998 年，研究人员在剖检 5 位死于癌症的患者脑部时，发现其海马体内的少量干细胞，仍明显保留着分裂与生成未成熟神经元的能力，这是一个突破性发现。他们得出结论，人类的海马体与小鼠的类似，都具有终生产生新细胞的能力。

自那以后，几组研究人员便开始从人脑的多处脑区中分离干细胞，并发现培养皿内的人脑干细胞可生成未成熟的脑细胞。2007 年发表的另一项研究表明，人脑内含有大量可迁移至嗅球的细胞，但此后再未出现同样的发现。事实上，随后的研究表明，新生儿脑内的大量神经元会不断迁移至嗅球处，但成人脑内就算存在迁移的细胞，数量也非常少。

总之，有证据表明，人出生后的短时间内脑部仍可以产生大量的新细胞，但这一过程结束得也非常快。显然脑内的确存在直至老年时期仍可持续分裂的干细胞，但关键在于，人们仍不知道这些新生细胞是否都具有功能性。

2. 神经连接

人类神经连接可塑性存在一种解释：大脑通过增加或减少突触连接来调整神经元的能力。换言之，人的神经元不是形成后就一成不变的，人脑能够通过调动未使用的神经元更新神经连接，以创建新的神经通路。

创建新的神经通路并非连接发生过程的全部，既然人脑首次接收到某种信息时会创建新的神经通路，那么当再次接收到相同信息时又会怎样呢？很简单，新建的神经通路再次得到使用。也就是说，神经通路会得到巩固。这就能够解释为什么人们不会忘记学习过的东西。当然神经通路使用越频繁，传递信息时神经信号也就越容易通过。以语言学习为例，学生只要重复念一个新单词，就能将其记住。在这一过程中，大脑调动不同的神经元组成神经通路，而重复诵读可使之得到加强。最后，新的神经通路能够一直保持，从而完成对词语的记忆。同样，这也能够解释为什么各种知识的学习、功能康复训练或者学会一种动作都需要经过一个漫长的重复过程，因为与学习内容相关的专用神经通路的创建和加强都需要时间。

2006 年，美国芝加哥康复中心进行了首次人工假肢再造手术，并取得了成功。一个 25 岁的美国姑娘仅依靠思维就能够利用假肢抓东西、揭锅盖，甚至还能剥橘子。这要归功于人脑对新环境的适应能力。大脑可以根据实际需要重新调整其内部的神经通路。神经假肢控制的原理也是一样。除了具有医学价值，还证明人脑能够创建出进化过程中从未产生过的神经通路。

3. 神经元基因跳跃与独特性

神经元是一种独特的细胞，它不同于任何一种人体细胞，甚至不同于其他任何一种脑细胞，例如神经胶质细胞。神经元何以如此与众不同呢？

神经元的特殊性需要考虑功能性和策略性差异。一种基本的功能性差异是，神经元能够产生改变其他细胞状态的电化学信号。像草履虫这样的单细胞生物也能产生电信号，以此支配自己的行为，但神经元是利用这些信号来影响其他细胞，比如其他神经元、内分泌细胞及肌纤维细胞。其他细胞状态发生改变，从而产生活动，活动又形成最初的行为，并对行为进行调节，最终促成心智的产生。

神经元除了善于利用电流传递信号外，处理信息使它们与其他细胞具有功能方面的明显区别。现代研究表明，从遗传学角度来说，每一个神经元都是独特的，都具有改变自身 DNA 的能力，较其他细胞个体基因组具有相当大的自由度。它们具备一种不可思议的能力，能够对自身基因的很大部分进行重塑，甚至使个体每一个细胞之中的遗传信息发生改变。事实上，在神经元的细胞核中，一些 DNA 片段一直在移动，沿着染色体从一处“跳跃”至另一处，每一次跳跃都会使神经元区别于其他组成细胞。因为不管是肌肉细胞、皮肤细胞还是心脏细胞，都携带着所属个体的基因组，基本没有例外。它们中的大部分会保留卵子受精时确定的遗传物质的主要特征，这些遗传物质决定着个体的终生面貌，而神经元却并非如此。这导致了一个有趣的悖论：神经元是人脑的主体元件，是构成人类运动、感觉、认识等各项功能的基石，是人类思维、意识、记忆的所在，是人类个性的基础，也就是人类身份的基础，然而它们中的每一个都是独特的！由此可推导出一种充满想象力的观点：作为一个自主器官，最高功能所在的大脑，或许能够不受那些决定我们遗传信息的规则的束缚。

在具有多种细胞的复杂生物体内，神经元能够协助多细胞生物体管理生命。这就是神经元的目的，也是由神经元构成大脑的目的。从令人惊叹的创造力到高尚的精神境界，大脑展现出各种令人敬畏和难以置信的本领，这些本领似乎正是源于神经元的独特性。

近十年来，一些科研团队开始触及某些神经元的独有特征与大脑主要功能间联系的奥秘：有的团队发现，人类的运动其实是每一个神经元用自己独有的节奏共同演绎的一出梦幻剧；有的团队发现，为意识开辟道路的是神经元具有的数以百万计的其他神经元协同合作的非凡能力。研究表明，人脑之所以拥有这种复杂之至的能力，关键不仅在于数十亿神经元共同织就了一张巨大的网络，而且在于每一个神经元本身就是复杂的。显然神经元基因跳跃是神经元具有独特性的重要原因，也是神经可塑性的重要原因。

当然各种复杂因素对人类认知和智能产生的影响仍然有待评估，但神经元的独特性表明，大脑的强大功能不仅来自其复杂的网络结构，首先来源于神经元自身独有的创造力。神经元是“我之为我”，而非他人的基石。

3.6.2 突触可塑性

早在 100 多年前，西班牙神经解剖学家卡哈尔的研究显示，神经元网络通过特定的节点彼此相互联系，英国生理学家谢灵顿将这种节点称为突触。卡哈尔认为，学习是神经突触激烈活动后得以加强的产物。1941 年，我国神经生物学家冯德培通过对蛙神经肌肉的电生理实验研究，发现了高频神经刺激后长时程易化或强化现象（简称高频后强化），这也是突触可塑性的发现。20 世纪 60 年代的研究表明，在大脑中枢神经系统中也存在同样的现象——长时程增强（Long-term Potentiation，LTP）和长时程抑制（Long-term Depression，LTD）。

突触可塑性是神经可塑性中研究最多且最为人了解的性质。大脑具有适应能力的关键原因在于，神经元可以通过突触可塑性改变神经元之间的连接强度。

通过研究实验，人们观察到了突触发生等突触可塑性的多种形式，其中研究最多的形式是 LTP 和 LTD，分别表示突触传递的增强与减弱。这两种形式中突触的变化均可持续数小时甚至数天。

最近研究人员又发现其他类型的突触可塑性，其中包括时序峰电位的可塑性（STDP），在这种形式中，输入与输出峰电位的相对时间决定了突触变化的极性；另外，还有短时易化或抑制，这种形式的突触可塑性速度快，但持续时间不长。

1. 突触发生

神经元连接过程中，可生成新的树突棘——结构微小的手指状突起，也是突触传递的原位点，科学家已从动物身上直接观察到了突触发生，人脑内可能也存在这一过程。但因用于观察动物的技术不适用于人类，因此人们至今尚未观察到人脑内的突触发生。

2. LTP

LTP 是突触可塑性中最重要的形式之一，LTP 最简单的一种形式是以两个神经元间相关的放电活动来增加突触连接的强度。LTP 从生物学方面验证了加拿大心理学家赫布的假说，也称为赫布学习或赫布可塑性。根据赫布的假说，如果 A 神经元持续参与激发 B 神经元的活动，那么 A、B 神经元之间的连接强度就会增加。在海马体和新皮层等脑区中已经发现了 LTP 的存在。

3. LTD

LTD 是通过两个神经元之间不相关的放电活动来缩减突触连接的强度。虽然 LTD 在海马体、新皮层及其他区域与 LTP 共存，但它主要存在于小脑中。

4. STDP

验证 LTP/LTD 的传统实验采用的是同步刺激突触前神经元和突触后神经元的方式。实验中会控制突触前神经元和突触后神经元的放电率，但不会控制突触前与突触后峰电位的时间间隔，近来研究表明，对突触前与突触后峰电位精确的时间控制能决定突触强度的变化是正的还是负的。这种形式的突触可塑性被定义为赫布 STDP。在赫布 STDP 这种形式中，当突触前峰电位稍稍超前于突触后峰电位时，突触强度会减弱。在哺乳动物的大脑皮层和海马体中已经发现了赫布 STDP 的存在。反赫布 STDP 则会出现完全相反的现象，当突触前峰电位滞后于突触后峰电位时，突触强度增强，反之亦然。在一些结构中可以观察到这种现象，特别是在小脑的抑制性突触中。

5. 短期激励和抑制

前面讨论的突触可塑性都属于长期可塑性，这是由于引发的变化可能长达数小时、数天，甚至更长的时间。第二类突触可塑性是具有短暂影响的可塑性。这种可塑性称为短期可塑性，相应的突触对输入的峰电位模式发挥着时域滤波器的作用。例如，在新皮层发现的短期抑制（Short-term Potentiation，STD）中，输入峰电位序列中的每一个峰电位产生的影响都比其前一个峰电位产生的影响弱。因此，当神经元接收到一串峰电位时，第一个峰电位对膜电位变化产生的影响最强，随后峰电位产生的影响依次减弱，直到达到平衡点为止。随后的峰电位对突触后神经元产生的影响相同，而短期激励则相反，每个峰电位都比其前一个峰电位产生的影响强，直至达到饱和点为止。通过控制输入峰电位序列对突触后神经元的影响作用，STD 与 STP 对调整皮层网络的动态特性发挥着重要作用。

拓展阅读

小胶质细胞重塑细胞外基质，促进突触可塑性

突触重塑是将学习记忆编码到神经环路必不可少的环节。最近研究人员发现一个神经元和小胶质细胞之间的分子相互作用在海马区驱动经验依赖性突触重塑。

研究人员发现，细胞因子白细胞介素-33（IL-33）由成年海马神经元以经验依赖性的方式表达，并定义一个神经元子集，该子集具有更强的突触可塑性。

神经元 IL-33 或小胶质 IL-33 受体的丧失会导致突触可塑性受损，新生神经元整合度降低，远程恐惧记忆的精确度降低。

在老年小鼠中，记忆精度和神经元 IL-33 降低，IL-33 功能的获得缓解了年龄相关的突触可塑性的降低。

此外，研究人员还发现，神经元 IL-33 可以指导小胶质细胞吞噬细胞外基质（ECM），其损失导致 ECM 吞噬受损，以及与突触接触的 ECM 蛋白积累。

总之，这些数据定义了一种细胞机制，小胶质细胞通过该机制调节经验依赖性突触重塑，并促进记忆巩固。

3.6.3 经验塑造大脑

1. 环境可以促进脑的发展

20 世纪 60 年代，加利福尼亚大学伯克利分校的生物学家、心理学家与神经解剖学家用老鼠做过一系列实验。他们将一大批实验室繁殖的老鼠分为三组，分别放到三个不同的笼子中。第一组老鼠被关在铁丝网笼子中；第二组老鼠被关在三面不透明的笼子中，其中光线昏暗，几乎听不到外面的声音；第三组老鼠则生活在一个大而宽敞、光线充足、设施齐全的笼子中，里面有秋千、滑梯、木梯及各种各样的玩具。几个月以后，科学家对各组老鼠的脑进行解剖发现，第三组老鼠大脑皮层的重量远高于其他两组老鼠。不仅如此，他们还发现，这些老鼠大脑皮层中灰质的厚度增加了，皮层在整个大脑中的比重也增加了，皮层中的每个神经元增大了 15%。

另一项研究是对猴子进行的触觉训练。科学家让成年猴只用一个或两个手指触摸一个旋转的表面粗糙的圆盘。几个月以后，科学家发现，这些指头在大脑皮层中对应的部位增大了几倍。

而对长期受虐待儿童进行的研究则发现，由于儿童一开始就失去了与家人的积极交流与情感互动，他们的脑发育与正常儿童具有明显的差别。受虐待儿童的脑发育明显不如正常儿童，尤其是在与情绪有关的颞叶部位，几乎没有什么发展。

可见经验可以改变人类的脑。适宜的环境可以促进脑的发展，不良的环境则会损伤我们的脑。就人类而言，丰富的刺激和富有积极意义的情感体验，对全面锻炼脑的不同部位是极其重要的。

2. 贯穿生命的可塑性

人们一般认为，人的智力与生俱来，即所谓的“天资”。某国际研究小组多年的研究结果显示，人脑直到青春期还在发展，年轻人的行为决定了他们的智力情况。

科学家使用磁共振扫描仪，对 3 ~ 15 岁的试验者进行三维摄影，观察他们脑部的变化和发展，观测时间为 2 周到 4 年。他们主要观察连接人脑两半球中间部分的形状和大小的改变。科学家观察到，在人脑的某些部分，灰质的体积在一年内增大一倍，然后互相结为网络，与此同时，那些未被使用过的灰质脑细胞则死亡或消退了。正如一位参与研究的科学家所说：“令人惊奇的是，在人们本来认为人脑已经发展成熟的阶段，人脑还会做出局部结构的改变。”

过去科学家认为，人过了 6 岁脑就停止了发展。现在的新发现告诉人们，一直到青春期人脑都在发展，而且服从“用进废退”的原则。这项研究还发现，3 ~ 6 岁时，灰质主要在前脑部增加，这个区域与人的行为组织、计划能力及精力的集中能力有关，而在 6～12 岁，则主要在后脑部增加，这个区域与人的感情、语言能力及空间判断力有关，这就是人过了 12 岁后学习语言感到困难的原因。

大脑皮层部位的生长直接关系智力和创造力等高级心理能力的发展，而人脑的生长可以一直持续到八九十岁，也就是说，健康人的一生只会越来越聪明。所以，决定一个人智力和创造力最重要的因素不是年龄，而是所处的环境。如果人们一生不停地吸收新信息，不断面对各种挑战，人脑的潜能就会得到较持久的开发。

3.7 概率大脑

实际上，科学家正试图将已获得的数百个大脑运转模型统一归入一个方程式。希望未来这个方程式能揭开大脑中的所有秘密，帮助人类深入了解思考及行为的奥妙。这个方程被称为“概率大脑”。

19 世纪，德国生物物理学家赫姆霍兹（Hermann von Helmholtz）曾预言：大脑只是一台预测机器，我们的所见、所听、所感不过是它对输入信号的最佳猜测罢了。如果这样认为的话，大脑就像被禁锢在颅骨内，所接收的只是与客观世界间接相关的、模糊不清、充满噪声的感觉信号。因此感知一定是一个推理的过程——通过将模糊不清的感觉信号与先前的预测或对客观世界已有的“信念”结合起来，从而形成对输入信号的最佳预测。比如，我们对上面例子中咖啡杯、电脑、白云等的感知，只是大脑对外在世界的“最佳猜测”。

20 世纪 90 年代兴起的“概率大脑”的观点认为，大脑是一部概率计算机器，当它感知到各种现象时，便不停地计算各种可能导致这些现象的原因的概率。也就是说，“概率大脑”原理认为，人们从外部世界看到、听到、触摸和感觉到的一切事物都会在“第一时间”被转换为数学概率。对大脑而言，世界可能是一个随人们的感知不停变化的巨大的概率集合。人们的思维是建立在数学基础上的概率计算。

概率计算是否是大脑活动的主要内容，仍然是个未知数。在大脑神经元构成的“网络中心”，“概率计算”在十分之几秒的时间间隔内下意识地运行着，正是这种“计算”孕育出了人们的思维。“概率计算”的目的是使每个人通过不断预测外部世界可能出现的变化，做好面对现实世界的准备。大脑计算出的概率也因此具有了独特的属性。举个例子，当你在田野小路漫步时，树上突然摆动的叶子吸引了你的注意力。这时你的大脑会下意识地对树叶摇晃的原因进行推测，并给出一个概率值：百分之百是风造成的。如果你觉得没有风，“风”这一原因的概率就会减小，而其他环境因素触发推测的概率就会增加。你看见鸟儿离开的树叶了吗？50%可能性是风——但是你没觉得有风；50%的概率是小鸟摇晃了树叶。然后你又想起这一带是地震区，于是你估计有微小的概率（5%）是刚刚发生的地震导致的树叶摇晃，其他情况亦然。概率计算的目的在于使我们知晓当前该如何做出反应。如果地震的概率统计最终占据优势，你会立刻寻找最安全的地方躲避，当然这些推测——风、鸟、地震——都是大脑意识的反应，你能一一道出它们的名字。但是，大脑在每个特定时刻赋予每种推测的概率通常是无意识的。推测是大脑神经元网络通过编码计算而得出的结果，神经元网络还会不停地将各种推测与即时的感觉、记忆和情感状态信息进行比对。

大脑通过神经元网络的编码计算工作，并且这一过程可以简化为一个方程式——这一观点已被大多数计算神经系统科学家认同。这是对神经元自身活动观察的结果。事实上，神经元接收来自“邻居”的刺激，然后通过某种特定的方式将这种刺激原因的概率进行编码。神经元膜上或多或少会有概率计算引发的电子变化（背景噪声）。概率计算似乎并不局限于神经元，可能对大脑的所有部位都有借鉴意义，甚至包括大脑皮层的大部分区域。

大脑中充斥着大量的背景噪声。这些类似于偶然信号的“背景噪声”全都是大脑进行概率计算的迹象。这是人工智能研究成果的体现。20 世纪 80 年代末期，加拿大多伦多大学的研究员辛顿（Geoffrey Hinton）用计算机模拟了神经元网络。在这种网络中，某些参数的准确性虽然尚无法肯定，但是他指出，这种形式的网络是概率计算的工具——计算造成其接收信息原因的概率。

神经系统科学家将上述研究成果应用到了人脑神经元网络的研究中。他们认为，正因为大脑是一部计算概率的机器，才更有理由认为它由一个巨大的“带有明显音效”的神经元网络组成。如果只要研究神经元及其彼此间关联的特性，就有可能破解大脑皮层中运行的“程序”的话，那么上述观点就是合理的。大脑中还有一些其他对其运转至关重要的细胞，这些细胞通过数十个功能尚不明确的“分子”传递信息。科学家通过借鉴热力学的研究体系将问题化繁为简。以此为基础，与辛顿信息模型相关的数学方程被应用于神经系统的研究，并与肌肉和神经构成的大脑相适应。正是这些方程从理论上赋予了“概率大脑”数学原理同样多的变化。

能否通过活体研究发掘出大脑用于计算概率的生物物理学机制呢？通过大脑成像系统至少能观察到一种生物学现象——这正是大脑正在进行计算的迹象。在很多脑成像实验中，研究人员将各种图像展示给受试者，首先看到“下行”神经冲动（从眼睛到大脑视觉区的不同区域），这表明在图像出现的前 150 ms，视觉区便将图像的变化记录了下来。随后出现“上升”信号（从大脑纵深到视觉区周围），这可能都留下了概率计算这一物理进程的证据。

近些年，有几项新的研究能够为“概率大脑”原理提供证据。一项关于果蝇嗅觉系统识别不同气味的研究发现，其大脑是通过哈希算法实现的，更重要的是，其他物种的其他大脑区域也通过哈希算法来实现其他功能，例如老鼠的小脑、海马体等，由此推断，哈希算法可能是大脑的通用计算原理。

另一项证据是关于大脑预测能力符合“动态贝叶斯推理”的发现。动态贝叶斯推理是一种处理信息和数据有限的情况下推理问题概率的数学方法。根据小鼠顶叶皮层的运动预测目标距离能力的研究证明，无论小鼠的感官是否获得外界输入信息，都能准确预测距离，并且在有外界输入信息的情况下，预测能力也会提升，正如动态贝叶斯推理一般。这是人类第一次实验证明大脑皮层的特定区域能够根据动作信息实现动态贝叶斯推理，也是对之前提出的“概率大脑”假说的证明。大脑能根据过去的感官输入和动作推断当前的情况，这可能就是心理模拟的基本形式，而心理模拟是行动计划、决策、思考和言语的基础过程。这种基于概率和动态贝叶斯推理的大脑计算机制可以为设计类脑智能提供线索。

这一切足以证明“概率大脑”真实可信吗？答案是否定的。限于我们目前的技术水平，尚无法证明这一数学模型的有效性。但有两种振奋人心的技术会发挥作用：双光子显微镜和大脑联络图谱。第一种技术能够通过双光子间的干扰来观察活体大脑中的单个神经元的具体情况。至于大脑联络图谱——受“基因图谱”概念的启发而成——在于建立一个大脑皮层神经元间 100 亿个连接的完整三维图样。目前，概率大脑的概念已经向人们展示了美好的前景。科学家还应该提高并确保“大脑方程”中各子项的精确度，以确保这些子项与可观测大脑中的生物化学机理相对应。如果这种对应关系成立，可能就会有一个能够模拟大脑皮层运转的“计算机”供科学家使用，模拟人的智能乃至创造类人的人工智能。

拓展阅读

贝叶斯脑理论

18 世纪的数学家托马斯·贝叶斯提出了一种统计学定理，以表示看法如何根据新证据的出现而改变。这一过程叫作贝叶斯推理，并通过概率表示看法的可信度。贝叶斯推理解释了新的相关信息如何改变既有看法的正确概率，并通常用方程式表达事件 A 与事件 B 概率（P）间的关系。现在许多计算神经科学家将脑看作贝叶斯推理机，认为它可对外部世界做出推论，并根据感觉信息更新这些推论。这样脑就会用统计的方式处理含糊的感觉信息，并给出某一预测的正确概率。获取新信息后，脑会调整这一预测的正确概率，并据此改变关于外部世界的内部模型。

3.8 本章小结

本章详细介绍了神经系统的组成单位——神经元。其中神经元是构成生物智能的基础单元，因此本章着重介绍了神经元的结构、功能、类型，以及神经元之间信息交流的过程。从神经连接、神经元基因与独特性、突触可塑性、经验塑造大脑等方面介绍了脑可塑性，说明脑可塑性与人类认知能力产生的关系。通过本章的学习，可从微观层面对人脑的工作机制有一个大致的了解，为进一步学习、认识和思考人脑认知与智能机制奠定基础。

习题

1. 神经元包括哪几类细胞？
2. 神经元包括哪几部分？
3. 简述神经元处理信息的过程。
4. 简述神经元细胞膜动作电位的产生过程。
5. 简述突触的作用和突触可塑性。
6. 脑的可塑性包括哪几个方面？
7. 简述“概率大脑”的原理。

04

chapter

感知觉与运动系统

本章主要学习目标：

1. 学习和理解视觉、听觉、嗅觉等感知觉系统原理；
2. 学习和理解运动系统的神经机制；
3. 学习和理解身体感知觉与运动系统的拓扑映射原理。

4.0 学习导言

感知觉和运动是动物和人类赖以生存的神经系统的两大基本功能。希腊哲学家亚里士多德早在 2 000 多年前就意识到了 5 大感知觉（视觉、听觉、触觉、味觉和嗅觉）的存在。关于感知觉的科学研究始于 19 世纪，现代神经科学则使我们能够更深入地理解其相关机制。

感知觉系统由不同的感受器和多种感觉模式组成。感知觉系统能迅速、准确地对瞬时或持续的、有害的或有利的环境变化做出反应。通过不同感觉信号和感觉通路的相互作用，使机体很快地适应环境的变化，做出恰当的反应。人脑是通过视觉、听觉、触觉、嗅觉、味觉等获取外部信息的。在人工智能邻域，对视觉、触觉、嗅觉等感知功能的模拟已发展成为感知智能研究领域，模仿人类或动物视觉已经发展为一个重要领域——机器视觉。

脑部进化至今，可检测出环境的变化并对此做出反应，并通过感受器接收外界信息。各种感受器检测不同的物理刺激，并将这些物理刺激转化为电脉冲信号。感知觉的第一阶段叫作感知觉传导，即特定的感受器检测外界的物理刺激，并将这些物理刺激转化为电脉冲的过程。第二阶段将电脉冲传递至丘脑部分，随后信息经由丘脑被传递至大脑皮层的相应区域。

具有运动能力是动物有别于植物的最根本特征之一，更是各类动物维系个体生存和种族繁衍的最基本功能之一。低等原生动物的运动能力使其可获取食物并逃避敌害。随着动物的进化，运动功能不断得到发展与完善。高等动物与人的运动能力已经达到很复杂的水平。对人体或动物运动能力的模仿，也是人工智能领域行为主义构建行为智能的思想基础，本章主要学习和理解感知觉和运动的脑机制。

4.1 视觉

光线有助于动物发现食物并躲避危险，动物在自然选择的过程中形成了形形色色的利用光线的器官。据统计，在动物界的 33 个门中，约 1/3 的动物几乎没有感光能力，1/3 的动物没有特异的感光器官，而剩余的 1/3 的动物有特化的感光器官。在 33 个门中，6 个门的动物（如软体、环节、节肢和脊索动物等）中存在有成像能力的眼，而这 6 个门的动物占现存物种的 96%，可见眼睛对动物的生存是何等重要。人类与其他昼行性动物一样，都十分依赖视觉。视觉是人们感知外部世界、获取信息最重要的途径之一。尽管其他感觉如听觉和触觉也很重要，但是视觉主导着人们的知觉，甚至可能影响人类思维的方式。

1958 年，加拿大神经科学家休伯尔（David Hunter Hubel）和瑞典神经科学家维厄瑟尔（Torsten Wiesel）在猫视觉皮层实验中，首次观察到视觉初级皮层的多种神经元对移动的边缘刺激敏感，这些神经元分别叫作简单细胞、复杂细胞及超复杂细胞，后来发现了视功能柱结构。1962 年，通过对猫大脑视觉皮层系统的研究，他们提出了感受野的概念，并进一步发现了视觉皮层通路中的信息分层处理机制，开创了视觉皮层结构和功能研究的新纪元。一方面，这些基础工作为视觉神经生物学的后续发展奠定了基础，描述了视觉信息在皮层水平处理机制的模型；另一方面，从发育的角度对视觉皮层功能的可塑性等方面进行了观察和阐述。他们因此共同获得了 1981 年的诺贝尔生理学或医学奖。

1984 年，日本学者福岛邦彦（Kunihiko Fukushima）基于感受野概念提出了卷积神经元的原始模型神经认知机，启发了后来卷积神经元的实现，这是第一个基于神经元之间局部连接性和层次结构组织的人工神经元。神经认知机是将一个视觉模式分解为许多子模式，通过逐层阶梯式相连的特征平面对这些子模式特征进行处理，这样即使在目标对象产生微小畸变的情况下，模型也具有良好的识别能力。

目前为止，已有大量研究从不同水平、不同角度探讨大脑如何对视觉信息进行加工和表征，但仍有很多问题未解。

4.1.1 人类视觉系统

视觉是人们最了解的感觉。人类视觉系统主要由眼睛、视网膜、视觉中枢通路、大脑皮层视觉等部分组成。人类视觉系统包括信息获取（视网膜、前庭器）、信息处理（大脑、上丘等）、运动控制（脑干及小脑对眼肌、虹膜、晶状体等的控制）等一套完整的智能控制体系。因此，人们受人类视觉系统启发形成了机器视觉、计算机视觉等与人工智能密切相关的研究领域。

1. 眼睛

眼睛是接收视觉信息的“窗口”。事实上，人类眼睛的构造相当于一个包括镜头、感光芯片和图形处理器的数码相机，脑则类似于对信息进行编码、解析、分类、整合、变换乃至赋予意义等操作的超级计算机。

眼睛由角膜、虹膜、晶状体、视网膜等组成，如图 4.1 所示。

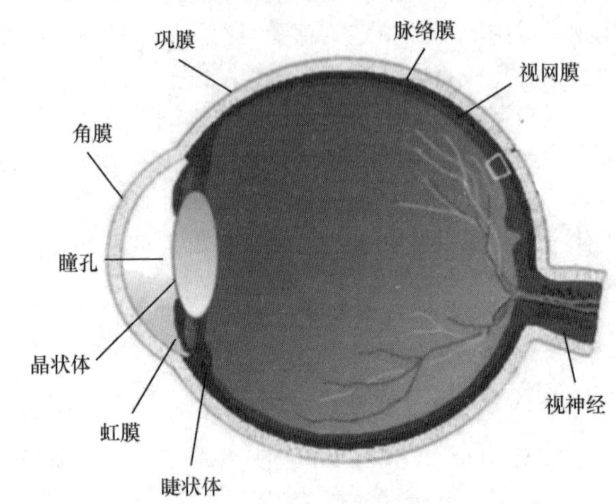

图 4.1 眼睛结构

从物理光学角度看，眼睛是一个由三层膜包裹的透明折光系统。最外层是纤维层，前 1/6 是透明的角膜，后 5/6 是巩膜；纤维层内是血管膜层，从前到后由虹膜、睫状体和脉络膜组成；最内层的视网膜是感光、换能、产生视神经冲动的神经组织。眼睛的透明折光系统由角膜、晶状体、角膜和晶状体之间的房水、晶状体和视网膜之间的玻璃体组成。

眼睛外有 6 条肌肉，分别是上直肌、下直肌、内直肌、外直肌、上斜肌、下斜肌。它们分别控制眼球上下、左右、内外旋的运动。外直肌由外展神经支配，上斜肌由滑车神经支配，其余肌肉由动眼神经支配。

对人眼的适宜刺激是可见光，波长范围为 380 ~ 780 nm。在视觉信息感受和传递的过程中，眼睛具有两种功能：一是经眼睛的光学系统在眼底视网膜上形成外界物体的影像；二是视网膜将影像的光能转换为视觉的神经冲动。

2. 视网膜

眼睛传入大脑信息的基本参数包括亮度、形状、运动状态、颜色、立体视觉等。当光线穿过眼睛的晶状体时，图像就会被反转，然后聚焦投射到眼睛的后表面，即视网膜，如图 4.2（a）所示。视网膜提供了认识视觉基本参数的功能。视网膜具有几大类光感受器，这些光感受器对光粒子（光子），非常敏感。当光线照到视网膜上时，光感受器内会发生生化反应，继而将带有光信息的信号传递到视网膜内的其他细胞中，这就是视觉处理的初期阶段。信息通过视神经被传递至丘脑的外侧膝状体核，随后经由外侧膝状体核被传递至视觉皮层。

视网膜的最内层是由数百万感光细胞组成的，每一个感光细胞都含有光敏感分子，或者叫作感光色素。当暴露在光线中时，这些感光色素就会变得不稳定并发生分解，这一过程改变了感光细胞周围的电流流动。而这种由光诱发的变化会触发下游神经元的动作电位。这样感光细胞就将外界光刺激转换为大脑可以理解的内部神经信号。

感光细胞包括两种类型，即视杆细胞和视锥细胞，如图 4.2（b）所示。视杆细胞对低强度的刺激敏感。这些细胞在光能很少的晚上最有用。虽然它们也对明亮的光线起反应，但是由于补充视杆细胞中的感光色素需要时间，因此它们在白天几乎没什么用。视锥细胞的活动则需要强烈的光线，并且它们使用的是能快速再生的感光色素。因此，视锥细胞在日间视觉中活动最强。视锥细胞是颜色视觉的基础，通常可以将它们归为红、绿、蓝三种类型之一。视锥细胞本身并不会对颜色起反应，而是不同视锥细胞的感光色素对不同可见光波长的敏感性不同。

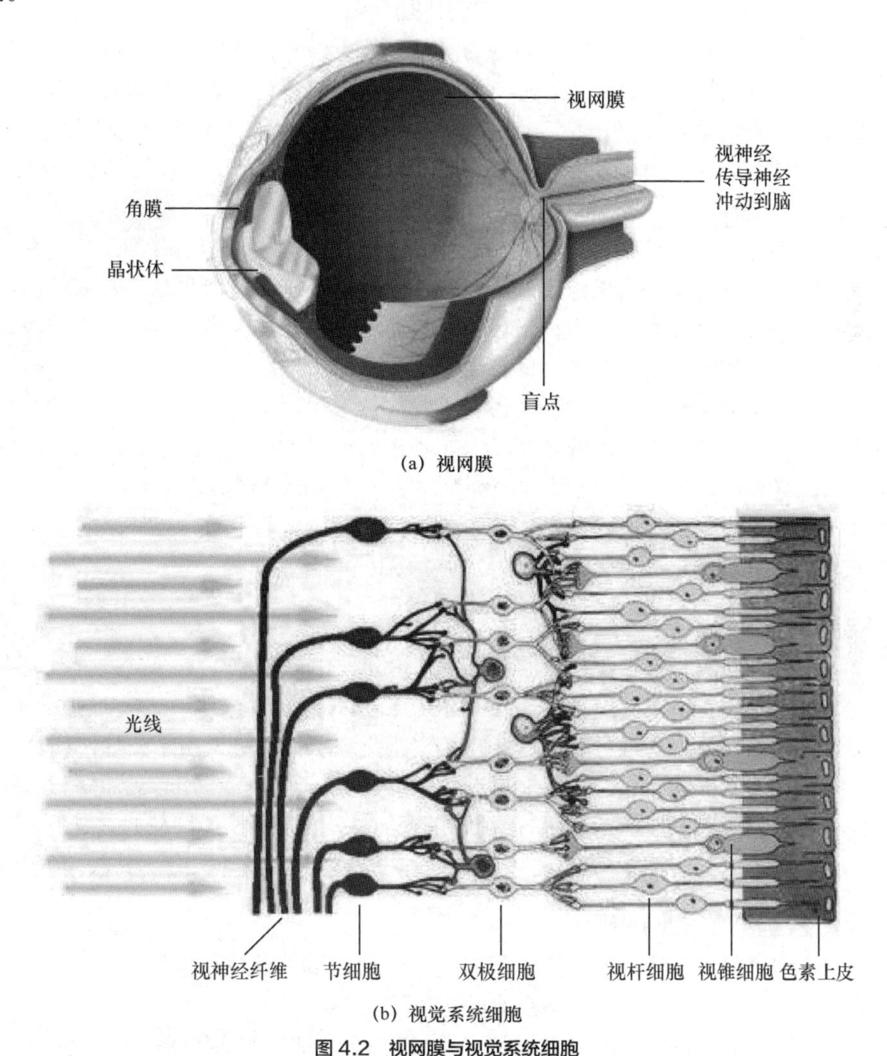

（a）视网膜

（b）视觉系统细胞

图 4.2 视网膜与视觉系统细胞

人类视网膜中的视锥细胞包括 3 种圆锥细胞（Cones），它们对不同颜色的响应强度有所不同。它们分别对红（570 nm）、绿（535 nm）、蓝（445 nm）光最敏感，共同决定了色彩感觉。人眼感知到的光度与视网膜细胞接收到的光强度能量成正比，但人类对相同强度不同波长的光具有不同的敏感度。可感知的波长也就是可见光的范围。人眼也常常对一些色彩“视而不见”。因此，人眼的视网膜就像存在许多独立的线性带通滤波器，将图像分解为不同的频率段，视觉生理学的进一步研究发现，这些滤波器的频带宽度是倍频递增的，换句话说，视网膜中的图像被分解为某些频率段，它们在对数尺度上是等宽的。实际效果如下：对于一幅分辨率低的风景照，人类可能只能分辨出它的大体轮廓；提高分辨率，人类就有可能分辨出它所包含的房屋、树木、湖泊等内容；再进一步提高分辨率，人类就能分辨出树叶的形状，不同分辨率能够刻画出图像细节不同的结构。

视杆细胞和视锥细胞在视网膜上并不是均匀分布的。视锥细胞在视网膜的中央最为集中，这一区域被称为“中央凹”。视网膜的外周区域几乎没有视锥细胞分布。与之相对的，视杆细胞在整个视网膜上都有分布。

拓展阅读

视觉拓扑图

进入眼内的视觉信息同样会被映射到脑内，这种现象叫作视网膜拓扑映射。在视觉处理的第一阶段，光能落到视网膜后端的光感受器上，视野内邻近的位置则落到视网膜的邻近区域。这一过程在整个视觉系统中保持不变。视神经从眼球后部延伸至丘脑的外侧膝状体核。邻近的视网膜细胞将纤维发送至外侧膝状体核的邻近区域，后者反过来又投射到初级视觉皮层的邻近区域。

视网膜拓扑映射是如何形成的?有关这一点的主要假说源自20世纪40年代的一系列非洲蟾蜍实验。斯佩里切断了蟾蜍的视神经，并将其眼球旋转180°后重新定位。几周后，视神经纤维重新长出，并又伸向顶盖——两栖动物脑内的主要视觉处理区域。然而在检测蟾蜍的视觉时，他发现其视觉成像完全颠倒了。他在蟾蜍上方悬挂了一只苍蝇，却发现蟾蜍向下伸出了舌头。苍蝇出现在右边时，蟾蜍则会向左伸出舌头。

这些发现表明，重新长出的视神经纤维以某种方式返回了顶盖内的原目的地。斯佩里用化学亲和力假说解释了这一点，认为视神经纤维及其顶盖内的目标具有互补的分子“标签”，这样就可以借此找到对方了。现代研究证实了该假说，表明生长中的神经纤维事实上是由特定的化学信号引导而形成的正确路径。

3. 皮层视觉区

休伯尔和维厄瑟尔的研究表明，大脑不同部位有不同的职能分工，视觉皮层以细胞柱为功能单位，对视觉信息进行加工，出生早期视觉皮层的发育受环境影响，具有很强的可塑性。

大脑皮层有许多脑区参与视觉的形成和认知，视觉皮层如图 4.3 所示。通常所说的视觉皮层主要包括初级视觉皮层（也称为 V1 区或纹外皮层），现在已经知道的短尾猿脑视觉皮层中至少有 35 个区域与视觉功能有关。最重要的视觉皮层位于枕叶。

视觉皮层的基本结构和功能单位是柱状的，其功能柱包括方位柱、优势柱、颜色柱等。

4. 视觉系统细胞的感受野

视觉系统任何一级水平的单细胞活动都通过一定空间和时间构型的光刺激视网膜某区域的影响，这个视网膜上的区域被称为该细胞的感受野。

（1）视网膜双极细胞的感受野。双极细胞与光感受器细胞、水平细胞一样，对光刺激只产生分级的电位，不会产生可传导的动作电位。双极细胞的感受野分为两类：一类是对感受野给光呈现去极化反应，被称为去极化或给光-中心双极细胞；另一类对感受野给光呈现超极化反应，被称为超极化或撤光-中心双极细胞。双极细胞感受野的中心区直接接受来自光感受器细胞的输入，而周边区域接受来自水平细胞的中继输入。所以中心区是单突触传递，反应潜伏期短；周边区域是双突触传递，反应潜伏期长。

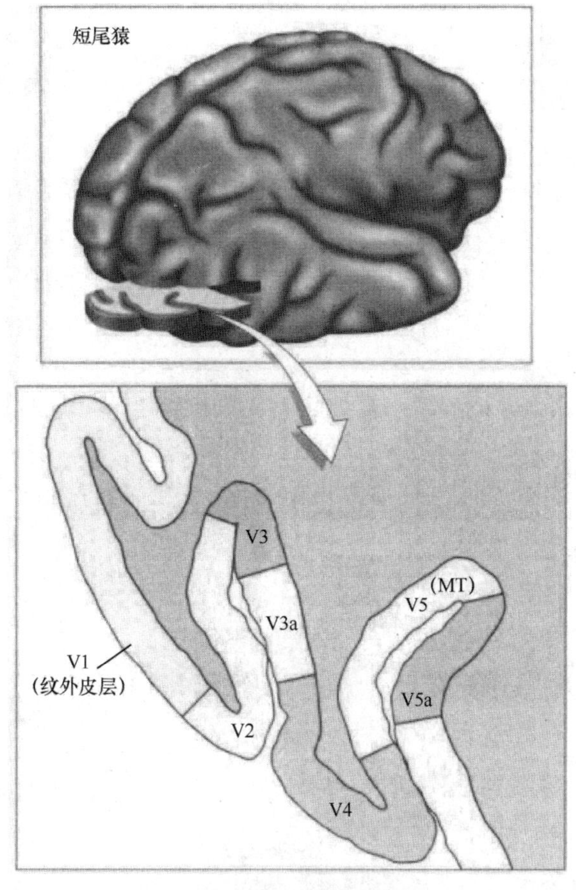

图 4.3 视觉皮层

（2）视网膜无长足细胞的感受野。无长足细胞的感受野依其反应性质可分为瞬变型细胞和持续型细胞，前者数量多。瞬变型细胞对给光刺激的反应是瞬变的去极化给光–撤光反应，反应幅度随刺激强度的增加而增加，所以瞬变型细胞可以检测物体的亮度和运动状态。持续型细胞又分为两类，一类呈去极化反应，另一类呈超极化反应。有人认为持续型细胞可能参与色觉的传递过程。

（3）视网膜神经节细胞的感受野。1938 年，哈特兰（Hartiline）在蛙视网膜上观测到神经节细胞感受野的 3 类空间分布：给光型细胞——当给光或光刺激加强时，诱发细胞放电活动增加；撤光型细胞——当撤光或光刺激减少时，诱发细胞放电活动增加，而给光或光刺激加强时，细胞放电活动停止或下降；给–撤光型细胞——给光和撤光都诱发细胞放电活动增加。

（4）视觉皮层简单细胞的感受野。简单细胞主要分布于视觉皮层 17 区的第 4 层。简单细胞的感受野面积较小，呈长条形，通过闪烁的小光点可观测到感受野的中心区为窄长条形，其一侧或两侧是与之平行的功能拮抗区。简单细胞对大面积的弥散光刺激无反应，仅对处于拮抗区边缘一定方位和一定宽度的条形刺激有强烈反应。每一个细胞都有自己的最优方位，因此适于检测具有明暗对比的直边，并对边缘的位置和方位具有特异的选择性。在形态学上，简单细胞可能相当于视觉皮层的星形细胞。

（5）视觉皮层复杂细胞的感受野。复杂细胞是视觉皮层 17 区的主要细胞，同时也分布在 18 区，在 19 区中少见。复杂细胞的感受野面积较大，对刺激的特定方位反应强烈，但没有明显的功能拮抗区，所以对条形刺激的位置没有严格要求，其检测的是方位的抽象概念，而不管物体位于感受野内何处。在形态学上，复杂细胞可能相当于视觉皮层第 3 层和第 5 层的视锥体细胞。

4.1.2 视觉信息处理

视觉信息反映到意识中所经历的过程如下：眼睛看到的信息首先经过丘脑，被送到初级视觉皮层，初级视觉皮层位于大脑皮层后侧部分的枕叶；随后，视觉信息在被送到大脑皮层的顶叶、颞叶等部位的过程中，信息处理也在进行，最后到达额叶。这种各区域联合活动的结果就是人意识到"看见了"。

视觉信息处理在很大程度上依赖于视网膜坐标系。在视网膜上，对视觉信息进行加工的特征是对信息进行压缩。事实上，人类虽然有约 2.6 亿个感光细胞，却只有 200 万个神经节细胞，即视网膜的传出细胞。这一信息的压缩表明，高级视觉中心是高效的处理器，能恢复视觉世界的细节。神经节细胞的轴突形成一束神经，即视神经。通过这束神经，视觉信息被传递至视觉中枢神经系统，视觉通路如图 4.4 所示。

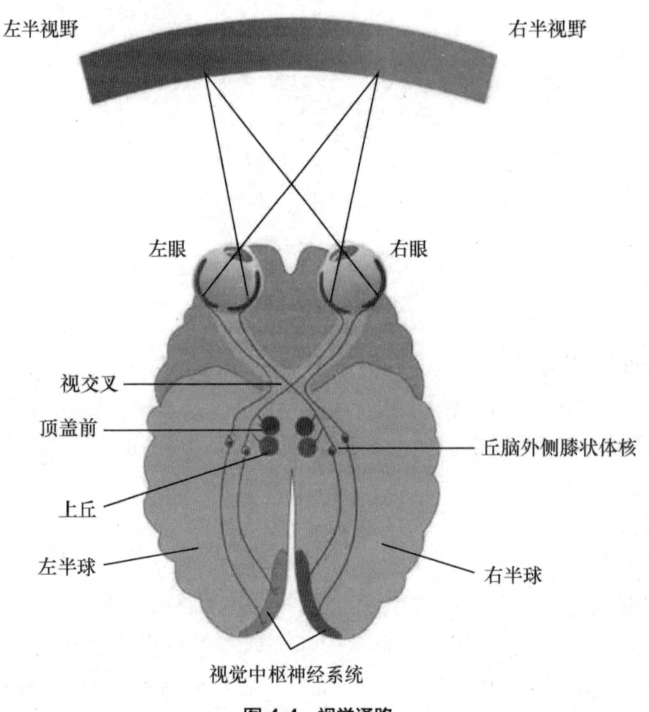

图 4.4 视觉通路

1. 视觉皮层视觉信息处理

视觉皮层位于脑部后端的枕叶内，并含有数十种不同的分区。每个分区的功能不同，视觉信息以分层的方式得到处理。视觉皮层有多条通道，每条通道负责处理不同种类的信息。这些通道以并行的方式处理数据，继而在数据处理的最后阶段汇聚起来。

如图 4.5 所示，脑内分 5 个视觉皮层：V1 区是初级视觉皮层的 17 区；V2 区位于 17 区和 18 区之间；V3 区是视觉皮层的 18 区中对动态形状起反应的区域；V4 区是视觉皮层的 18

区内对颜色起反应的区域； V5 区是对运动起反应的区域，位于颞叶的中区（MT）。在功能上，V1 区和 V2 区将不同的视觉信息进行分类处理，然后再分门别类地发送到 V3 区、V4 区、V5 区进行整合。

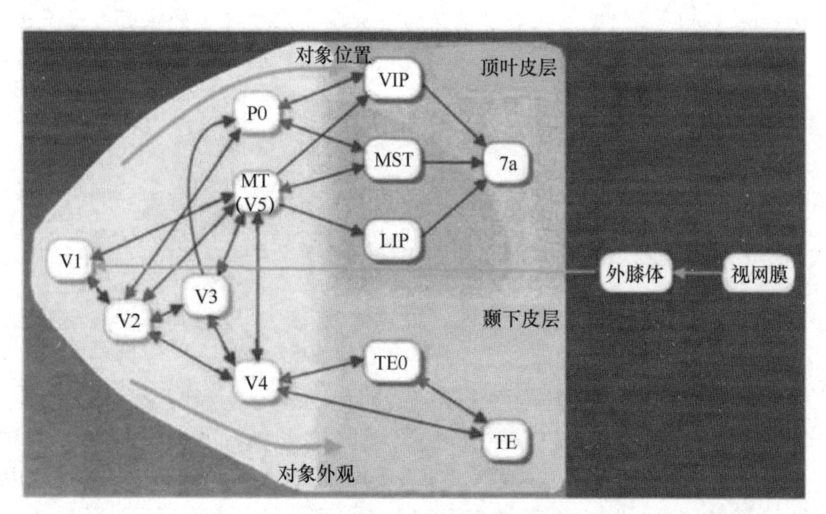

图 4.5 视觉皮层与视觉信息处理

视觉皮层不同层次细胞的功能比较专一，V1 区的第 1 层和第 2 层细胞接收来自外膝体小细胞层的信号，其中许多是关系到颜色的。V1 区的第 4 层细胞接收来自外膝体大细胞层的信号，其特征是可以对刺激起瞬时反应，与 V3 和 V5 皮层区域相连。

从视网膜到外膝体，再到视觉皮层均为高精度连接。这种高精度连接可以有效容纳视网膜整个感受野的影像。这一点可以从外膝体结构的断层精度看出来。外膝体的 6 层细胞与前后视网膜与视觉皮层神经元的结构、功能一一对应，即在地域上与视网膜相对应，构成地域图。这种点对点连接在视觉皮层 V1 区的精度最高，然后是 V2 区。各区都从 V1 区接收信号。

视觉信息的处理始于初级视觉皮层（V1 区）。大量实验表明，人类要看到或意识到物体，需要物体信息至少在 V1 区中被接收到。假设 V1 区受到损伤，就可能产生盲视现象。这时还能感知到物体是因为皮层下通路还存在，皮层下通路是从视网膜直达上丘再到高级皮层的一条短路径。初级视觉皮层内的细胞会对图像的基本特征做出反应，如对比度和图像方向等。信息在分区之间进行传递，其复杂程度随阶段的递进而递增。因此，图像的基本特征（如形状、颜色和运动等）在通过视觉通道之际，便悉数交织在了一起。这样投射在视网膜上、由光构成的图像就重组成了人类看到的动态图像。

视觉皮层光感受器细胞的总数量大约是视网膜神经节细胞的 100 倍，外膝体（图 4.4 丘脑外侧膝状体核）和神经节的细胞数量基本相等，而 17 区第 4 层的神经元数量远远超过外膝体的细胞数量，几乎是其 40 倍。17 区的其他层次还有相当多的细胞。所以，在 17 区的第 4 层视神经信息入口处存在巨大容量的信息，为视觉信息在视觉皮层内的第一级加工创造了条件，也为接收其他视觉皮层的返回性投射创造了条件。

视觉信息的反馈回路，除了在各视觉皮层间存在视觉信息的反馈回路外，视觉皮层还向下级中枢投射。例如，外膝体接受视觉皮层的下行投射纤维。在猫的外膝体中几乎有 50%的纤维来自视觉皮层的下行投射。

拓展阅读

视网膜计算使眼睛先于大脑产生视觉信息

研究人员证实眼睛中一组特殊的神经元可以确保大脑皮层中的视觉神经元感知并响应高速的视觉运动。最有趣的是，这意味着以前认为在大脑皮层中产生的东西实际上已经在视觉的最早阶段（眼睛中）出现了。因此，这项发现颠覆了以往的常识——大脑皮层中出现的东西实际上已经在眼睛中出现了。

2．脑视觉信息处理原则

视网膜接收光的信息并转变为电信号后，再层层传递到大脑视觉皮层的各个脑区，进行更深入的加工处理，最终形成由神经活动表征的意识中的画面。脑视觉信息的处理遵循以下3个原则。

（1）分布式即不同功能的脑区各司其职，如物体朝向、运动方向、相对深度、颜色和形状信息等，都由不同的脑区负责处理。

（2）层级加工即初、中、高级皮层组成的信息加工通路，初级皮层分辨亮度、对比度、颜色、单个物体的朝向和运动方向等，中级皮层判别多个物体间的运动关系、场景中物体的空间布局和表面特征、区分前景和背景等，高级皮层则可以对复杂环境下的物体进行识别、借助其他感知觉信息排除影响视知觉稳定性的干扰因素、引导身体不同部位与环境进行交互行为等。

（3）网络化过程即脑视觉信息处理各个功能区之间存在广泛的交互连接/投射，类似于下级向上级汇报，上级向下级下达指令，同事间相互协调。考虑到人们对外界图像及其变化的获取是一致的，由于视觉系统处理信息存在限制因素（例如每个神经元只能“看到”一小块视野），以及对图像进行分布式解析和加工的实现方式，这种网络化组织形式也许是人们能形成稳定、统一视知觉的必要保障。

3．脑视觉信息处理理论

视觉信息处理是人脑的核心功能，大脑皮层约1/4的面积都参与这项工作。大脑皮层结构在学习记忆、语言思考及知觉意识等高级功能方面发挥着至关重要的作用，且越高等的生物，其皮层的结构和功能越发达。关于脑内处理视觉信息存在以下比较流行的模型。

（1）序列分级处理模型。神经科学家休伯尔和维厄瑟尔率先提出“序列分级处理模型”。下级（简单）神经元有序地将视觉信息汇聚到高一级神经元。它强调的是视觉信息系统的各级神经元以串联序列传递和处理信息，如视网膜细胞、外膝体细胞、视觉皮层简单细胞、复杂细胞、超复杂细胞。

初级皮层发出的前馈纤维分为两束分别走行于脑的背侧和腹侧，背侧束主要终止在7区，腹侧束主要终止在颞叶视觉区。顶叶视觉联络皮层主要与视觉空间信息加工有关。颞叶视觉区主要与物体形状、颜色视觉信息有关。这两个区域又分别与前部额叶的背、腹侧有双向联系。由于顶叶视觉联络皮层的前馈纤维到达前部额叶后，前部额叶的反馈纤维又投射到顶叶视觉联络皮层，所以前部额叶对其他联络皮层具有调控作用。视、听联络皮层的双向纤维联系可能是这种调控过程的神经基础。脑后部联络皮层，包括顶叶视觉联络皮层，完成对外界表象信息的整合，这些信息可能包括物体的形状、颜色、质感和空间位置，完成“看见”的过程；而前部额叶完成最后“认识”的产生和联想。如上所述，序列分级处理模型不是唯一的视觉信息处理过程。越来越多的证据表明，中枢神经系统的视觉信息处理过程是一个平行处理的过程，但它又是一个从低级到高级逐步传递和升级的信息处理过程。

（2）平行处理模型。它强调的是不同性质的视觉信息，例如颜色、运动方位等，按不同的信息通道进行预处理，然后进入视觉皮层，再由不同性质的视觉皮层神经元分别进行处理。在视觉注意的初期，输入信息被拆分为颜色、亮度、方位、大小等特征并分别进行平行的加工，这一过程中并不存在视觉注意机制，视网膜平行地处理各种特征；在此之后，各种特征会逐步整合，整个整合过程需要视觉注意的参与，最终形成显著性图像。

物体影像的特征如形状、颜色、运动状态、深度等视觉信息在 17 区、18 区、19 区以既平行又串行的方式进行信息处理。一般都是从 V1 区接收信号，而且所有视觉皮层区域与其他区域彼此交换信息，例如 V4 区与 V5 区彼此交流信息。但是解剖学不支持存在一个“主区”——所有的专业区都将信息彻底交给它，再由它整合出最后的视觉认知信息。

4. 视觉细胞如何将运动信号形成大脑意识

如果视觉没有感知运动的能力，就会导致严重的后果。当物体在人类的视野中移动时，眼睛中的神经元就会感知并发出运动方向信号。奥尔胡斯大学（Aarhus University）的研究人员绘制了将视觉运动的信息传递到大脑皮层神经元的功能图。这使人们对大脑中意识感觉印象的产生有了全新的认识。这项研究描述了一种特殊的神经回路，该回路从眼睛的神经元向大脑皮层的神经元发送有关视觉运动的信息。这项研究成果有助于人们了解大脑中意识性感觉印象的产生机制。从长远来看，它可能会使研究人员理解并治疗大脑感觉功能失调的疾病，比如痴呆或精神分裂症患者是如何出现幻觉的。

5. 视觉如何形成稳定的外部世界

在日常生活中，人和许多动物的眼球会频繁转动，以搜寻、注视、跟踪感兴趣的目标。通常人眼以 500° /s 以上的速度，将视线从视野中的一点飞转到另外一点。从物理学上讲，眼球快速转动时，所看物体的像飞快地扫过视网膜表面，外界世界看起来应该是模糊一片。但是，我们并没有看到世界摇曳不定，物体仍然清晰可辨。显然人脑巧妙地处理了这样一对视觉上的物理学和生物学矛盾，中国科学家以家鸽视觉系统为研究对象，发现了实现“眼睛扫视抑制的脑内神经回路”。由于家鸽的视觉通路构成基本与人等哺乳动物的类似，也有与之相当的视觉认知能力，专家认为这一发现具有普遍意义，能够解释人脑如何控制视觉系统，使人眼在快速跳动时，看到的外部世界始终是清晰和稳定的。

通过分析家鸽 5 个脑区中记录到的 300 多个神经元在扫视期间及其前后的放电频率变化和时间进程，科学家发现，脑干网状结构的中缝核复合体在向眼外肌发出扫视信号的同时，也将其“复制”或“伴随放电”信号发给视动震颤核团，并通过视觉丘脑上传至大脑视觉中枢，使扫视期间的视觉信号受到抑制，从而对扫视产生的模糊图像“视而不见”，等扫视结束后又增强了视觉神经元的兴奋性。这项研究不仅对揭示脑的奥秘很重要，也可能对视觉机器人的眼睛运动设计有所启发。

6. 视觉选择性注意机制

人类信息处理的过程是一项重要的心理调节活动。实际场景图像除了包括自己感兴趣的目标之外，通常还包括大量干扰信息。认知心理学研究表明，在分析复杂的输入景象时，人类视觉系统采取一种串行计算策略，即利用选择性注意机制，根据图像的局部特征选择景象的特定区域，并通过快速眼动扫描，将该区域移到具有高分辨率的视网膜中央凹区，实现对该区域的注意，以便对其进行更精细的观察与分析。视觉注意机制能够帮助大脑滤除其中的干扰信息，并将注意力集中在感兴趣的目标上。这可看作将全视场的图像分析与景象理解通过较小的局部分析任务的分时处理来完成。

实际上，人类选择性视觉注意实质是一种复杂的心理活动，它涉及感觉、知觉、知识和记忆等多种因素，不仅需要自底而上的没有明确目标的视觉注意机制来辨识目标，比如“看看这是什么”，而且还需要自顶而下的具有明确目标的视觉注意机制来搜索目标，比如“找一个红色苹果”。

4.1.3　人脸识别的视觉机制

每一个正常人都可以轻易地识别出其他人，不论是熟悉的人还是陌生人，无论是在茫茫人海中还是在拥挤的街道上。这种人类识别并记忆不同的面孔的能力也是进化的结果，但人脑中到底进化出了何种机制使我们具有这种能力呢？

如今随着脑成像技术的发展，科学家已经发现很多重要线索和证据。首先，大脑下颞叶有一些蓝莓大小的区域专门负责面部识别，当人看到面孔时这一区域的每个神经元都会产生强烈的反应，与面孔显示出很强的联系。神经科学家称之为“面部识别块”。但是，无论是大脑扫描还是临床研究，起初都无法准确解释这些区域的细胞如何识别面部特征。

利用大脑成像和单神经元记录技术对恒河猴进行研究，加州理工学院生物学家曹颖和同事破解了灵长类动物面部识别的神经机制。研究表明，这种机制的关键在于，首先，“面部识别块”中每个神经元会对某一特定的面部特征进行编码；其次，在进行编码的同时，还会产生电信号。这些电信号就像老式拨号电话机一样，通过“拨号盘”对外界信息做出响应，并以不同的方式进行组合，从而在大脑中产生看到的每张面孔的图像。而且拨号盘上的每个按键值都是可以预测的，因此，直接追踪面部识别细胞的电活性信号，就可以重建看到的面孔。

这项研究发现，“面部识别块”的神经元对应的并不是特定的面孔，它们编码的对象只是某些面部特征。更重要的是，只需要读取相对较少的神经元便可以准确地重建猴子看到的面孔。这表明基于面部特征的神经编码方式非常紧凑、高效。这也可以解释为什么包括人类在内的灵长类动物如此善于面部识别，以及为什么人类不需要拥有数十亿的细胞，却拥有区分数十亿人面孔的潜能。上述模式识别的神经机制为当前智能人脸识别系统的研究提供了新的启发，对于不采用流行深度学习方法而重新设计新的效率更高的人脸识别算法，更具有借鉴意义。

4.1.4　动态交互的生物视觉

心理物理实验表明，人类识别物体时，大脑皮层自上而下的信号非常重要。从数学角度看，一幅图像具有无穷多的分割和识别的方式。人脑在理解图像时也面临着如何分割和识别的难题。大脑解决这个问题的思路是一个“猜测与印证”的过程。当人们识别物体时，物体的图像信息会快速传递到高级视觉皮层，即通过所谓的快速通路，在高级视觉皮层做出猜测。猜测结果再通过反馈连接和新的输入进行交叉印证，如此反复进行后，才能识别物体。人们在日常生活中很难意识到这个过程，因为在日常生活中，很多时候只需要短暂的时间就能成功识别。但当一个图像看不太清楚时，人们就会长时间盯着它看，大脑内部可能就进行了信息的上传、下传的交替，不断地进行“猜测—印证—猜测”，只要印证结果是否定的，这个过程就会一直进行下去，直到得到肯定的结果。神经生物学的科学家充分证明了人脑的识别机制确实如此。从解剖学角度看，从高级视觉皮层到初级视觉皮层的反馈连接比前馈连接还要多。电生理实验也表明，大脑对物体的识别先发生在高级视觉皮层，然后才发生在低级视觉皮层。总的说来，生物视觉识别至少有两条通路，快速通路对物体整体进行识别，其结果可以帮助慢速通路对物体进行局部信息的识别。

4.2 听觉

1961 年，美国生理学家贝凯希（Georg von Békésy）发现了耳蜗感音的物理机制，外界声波使内耳基底膜振动，从而使毛细胞电位发生变化，激发耳蜗神经产生冲动，并传至脑而产生听觉。

4.2.1 听觉的形成

图 4.6 描绘了听觉通路概况。内耳的复杂结构提供了将声音（声压的变化）转化为神经信号的机制。到达耳朵的声波振动在内耳液中产生了小波，从而刺激了排布于基底膜表面的细小毛细胞（包括内毛细胞和外毛细胞）。内毛细胞和外毛细胞都是初级听觉感受器。基底膜的振荡引发毛细胞产生动作电位。通过这种方式，一个机械信号，也就是液体的振荡，被转化为一个神经信号，也就是毛细胞的输出。基底膜和毛细胞位于一个螺旋形结构中，也就是耳蜗中。

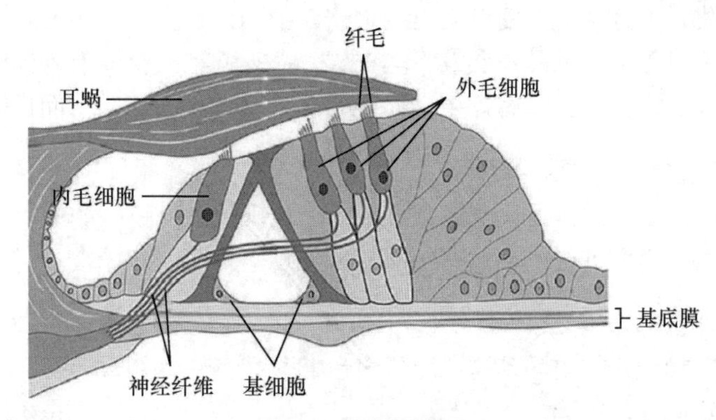

图 4.6　听觉通路概况

即使在听觉加工这一早期阶段，关于声音来源的信息已经可以被区分。毛细胞具有编码声音频率的感受野。

位于耳蜗较粗端即基部的毛细胞被高频声音激活；位于另一端即顶部的细胞被低频声音激活。耳蜗的输出被投射到两个位于中脑的结构：耳蜗核和下丘。从那里，信息被输送到位于丘脑的内侧膝状体。如同其他嗅觉以外的感官一样，丘脑发挥着中继站的作用，从外周收集信号，再将信号传递到初级感觉皮层。对于听觉来说，丘脑的输出投射到位于颞叶上部的初级听觉皮层。

4.2.2 听觉的功能

频率数据对解码一个声音十分关键。人类听觉的敏感范围为 20 ~ 20 000 Hz，但是对 1 000 ~ 4 000 Hz 的刺激最敏感，这个范围涵盖了对人类日常交流起关键作用的大部分信息，如说话或饥饿婴儿的啼哭声。这些感受野在很大范围内重叠。而且自然声音，比如音乐或说话，是由复杂频率构成的。这样声音就激活了广泛范围的毛细胞。听觉系统包括重要的皮层下中继站。

发声物体所具有的独特共振特性能够提供一种特征性记号。同样的音符通过竖笛和小号吹奏出来听起来会大不相同，尽管它们具有相同的基频。各种乐器的共振特性会使音符的谐波结构产生很大的区别。同样的道理，人类讲话时发出的不同声音，也是通过改变声带的共振特性实现的。嘴唇、舌头和下巴的运动改变了讲话时声音流的频谱。频率的变化对于听者分辨词汇或音乐是至关重要的。

听觉不仅能够辨认声音刺激的内容，还能在空间中定位声音。试想一下通过回声定位进行狩猎的蝙蝠。蝙蝠发出高调的声音并作为环境的回声被反射回来。通过这些回声，蝙蝠的大脑建立了周围环境和其中物体的声音图像——可能是一只美味的蛾子。但仅仅知道一只蛾子（“是什么”）出现了尚不足以完成一次成功的狩猎。蝙蝠还必须确定蛾子的准确位置（“在哪里”）。听觉的认知神经科学研究最初就着眼于“在哪里”的问题。在解决“在哪里”问题的过程中，听觉系统依靠来自双耳信息并进行整合。

4.2.3 听觉皮层

听觉各核团的神经元根据感受声音的频率特性排布。如：耳蜗基部感受高音，耳蜗顶部感受低音；下丘中央核的背部感受低音，腹部感受高音；内膝体的中央区和腹部感受高音，背侧和外周感受低音；在听觉皮层，低频达颞横回 41 区的前内侧部，高频达颞横回 41 区的后外侧部；低频更多达听周皮层，高频率更多达初级听觉皮层。

随着不断的进化，神经系统的复杂功能越来越集中到大脑皮层。声音的分析、整合功能也一样，最后的加工过程位于大脑皮层的听觉皮层。人的听觉皮层位于大脑皮层颞横回的前部。在听觉皮层中存在许多感受和感知声音特性的神经元。

1. 传递听觉信息的中继神经元

听觉皮层的听觉信息中继神经元与螺旋神经节、耳蜗核、内膝状体中继神经元根据相应的频率相互次第串接。它们的电活动具有明显的特征频率和谐振曲线。

2. 鉴别发声时间的神经元

鉴别发声时间的神经元的电活动可以反映声音的时间特性，如暂停型、给声反应型、阵状反应型（放电和暂停交替）等。

3. 鉴别声音物理特性的神经元

鉴别声音物理特性的神经元的电活动反映声音的物理特性，如对双耳输入信息强度差和时间差敏感的神经元，只对特定声频或幅度做出反应的神经元。它们参与对声源的定位。

4. 鉴别声音生物学特性的神经元

鉴别声音生物学特性的神经元的电活动可以反映声音的频率变化，例如声频的基波和谐波的特色，如只对特定的婴儿声做出反应的神经元；只对调频或调幅做出反应的神经元；不同的物种可能具有不同的兴趣频带，例如，牛蛙的幼呼声在 1 400 Hz 左右，成年动物的呼声在 600 Hz 左右。雄性绿雨蛙的呼声包括两个频率：900 Hz 和 3 000 Hz，其低频成分用于呼叫远处的雌蛙，高频成分用于呼叫近处的雌蛙。不同地域的蛙可能有各自的“方言”。佐治亚州雄蛙交尾的最大呼声在 4 100 Hz 左右，而得克萨斯州雄蛙交尾的最大呼声在 3 000 Hz 左右。

5. 不同听觉皮层神经元具有不同功能

听觉皮层大约有 10%的神经元不参与对各种频率和响度的反应，而只对调频或调幅声音敏感。大象在休息甚至睡觉时，对同伴的扰动毫无反应，而对不熟悉的异常微小的声音极为敏感。实验表明，简单的声音刺激可引发 41 区神经元的反应，更复杂声音的感受则需要听觉联络区的整合。

4.3 嗅觉与味觉

4.3.1 嗅觉神经通路

视觉、听觉是人们最关注的感觉，然而更原始的感官嗅觉在很多方面对人类的生存同等重要。

如图 4.7 所示，到达大脑的嗅觉神经通路非常独特：嗅觉神经直接暴露于外界，并且嗅觉神经不经过下丘脑而直接到达初级嗅觉皮层。

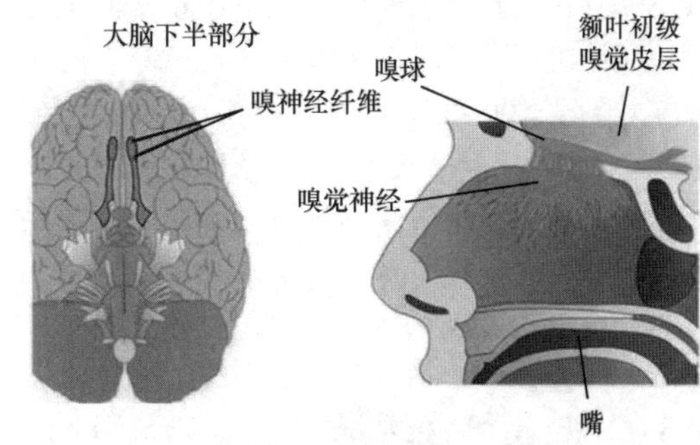

图 4.7 嗅觉神经通路

气味分子，也称着嗅剂，通过几种不同的途径进入鼻腔。它们在人们正常呼吸或者主动去闻的过程中流入鼻腔，也可以被动地流入鼻腔，因为鼻腔中的气压一般比外界环境的气压低，产生了压力梯度。口腔中的气味分子可以返回来传到鼻腔内（比如，在食物摄取过程中）。气味分子接下来就附着于鼻腔顶部黏膜中的嗅觉感受器上，即所谓的嗅上皮。这层薄薄的片状组织含有约 1 000 种不同类型的嗅觉感受器，这些嗅觉感受器负责侦测空中的气味分子。内含这些嗅觉感受器的细胞的轴突会伸入脑内多个不同部位，这些脑内区域共同作用使人感受到气味。信息素这种化学物质在动物行为（并很有可能在人类行为）中起着重要作用。

尽管单个气味分子可以与多于一种的嗅觉感受器相结合，大多数嗅觉感受器仅对有限数量的气味分子起反应。

嗅觉感受器可看作双极神经元，因为树突和轴突从其细胞体的相反侧面延伸出来。当一个气味分子与一个双极神经元结合时，信号就被输送到嗅球的神经元中，即嗅小体中。大量的汇聚和发散发生于嗅球。一个双极神经元可以激活超过 8 000 个嗅小体，而每个嗅小体反过来又可以接收来自多达 750 个嗅觉感受器的输入。来自嗅小体的轴突从外侧离开嗅球，形成了嗅觉神经，然后连接到初级嗅皮层。尽管一些纤维通过前联合交叉到大脑的另一侧，嗅神经束的大多数纤维连接到同侧皮层（与神经束位于同一侧的皮层）。初级嗅皮层位于额叶和颞叶皮层腹侧的联合处。这个区域的神经元接下来连接到眶额皮层，也被称为次级嗅觉加工中心。

2004 年，美国科学家巴克（Linda B. Buck）和阿克塞尔（Richard Axel）的研究表明，人体约有 1 000 个基因用于编码气味受体细胞膜上的不同气味受体，每个气味受体细胞会对有限的几种相关分子做出反应。尽管气味受体只有约 1 000 种，但它们可以产生大量组合，形成大量的气味模式，这也是人们能够辨别和记忆约 10 000 种不同气味的基础。

一种特别的气味可以将人带入以前的记忆中。气味与记忆紧密相关。一些科学家相信原因在于嗅皮层与边缘皮层的直接连接，边缘皮层是记忆和情绪主要涉及的区域。通过功能核磁共振仪（fMRI），科学家发现当刺激被用于触发有意义的个人记忆时，气味比相关的视觉刺激更稳定地激活了边缘系统。更进一步的研究证实了气味与记忆之间的联系，海马体损伤病人的气味识别能力会受到严重损害。

拓展阅读

听觉与嗅觉拓扑图

拓扑图也存在于耳部及与听觉相关的脑结构中。耳蜗是内耳中的螺旋状结构，含有对不同频率声波十分敏感的细胞。通常我们可以听到频率为 20 ~ 20 000 Hz 的声波。声波的频率与音调相关：频率越低，音调越低。

可感知最低音的毛细胞位于耳蜗顶部，可感知最高音的毛细胞则位于耳蜗基部。与视觉系统一样，这种音调拓扑（Tonotopic）排列也出现在颞叶顶端的初级听觉皮层内。神经元在初级听觉皮层内呈带状结构分布，且分别对特定范围内的频率做出反应。带状结构前端的细胞可对高达 500 Hz 的频率做出反应，邻近部位的细胞则可对 500 ~ 1 000 Hz 的频率做出反应，依此类推。

最新研究表明，嗅觉系统的结构也与之相似。嗅球中被称作小球的结构包含可感知特定气味的神经元。小球可对特定气味做出反应，并以此集群分布——与结构相似的气味分子相结合的细胞彼此相邻。

4.3.2 味觉神经通路

当一种食物着味剂刺激味觉细胞中的感受器并使感受器去极化，味觉系统的感觉转换就开始了。味觉细胞位于味蕾中。人的口腔中约有 1 万个味蕾。味蕾大部分位于舌部，尽管较少情况下会在脸颊和嘴中的其他位置被发现。基本味觉包括咸、酸、苦、甜和鲜。

每一种基本味觉都有不同的化学信号转化形式。例如，在咸味的信号转化中，盐分子可解离为钠离子和氯离子，并且钠离子被传递到细胞中的一个离子通道处，从而使该细胞去极化。其他信号的转化通路（比如甜的碳水化合物着味剂）更加复杂，它与感受器结合，并不直接引发去极化，而是诱发化学“信使”的大量释放，最终导致细胞去极化。

一旦一个味觉细胞去极化，它就会发送一个信号到背侧延髓的味觉核团，然后在丘脑腹后内侧核（VPM）中经过突触，最终 VPM 与初级味觉皮层形成突触连接。初级味觉皮层与眶额皮层的次级加工区域相连接。每个味觉细胞被认为只对一种着味剂起反应。然而人们体验到的复杂味觉是由味觉细胞传递的信息经眶额皮层加工后整合得到的。

基本味觉为大脑提供所吃食物的种类信息。鲜味的感觉告诉身体富含蛋白质的食物正在被消化，甜味表明碳水化合物的摄入，而咸味提供关于矿物质或电解质与水之间平衡情况的重要信息。苦与酸的味道似乎进化为一种警告信号。很多有毒植物尝起来苦，更强烈的苦味甚至可以导致呕吐。其他支持苦味是种警告信号的证据包括，人类探测苦味物质的能力比探测其他味道高 10 倍。因此，相比之下微量的苦着味剂就可以产生味觉反应，使人们避开有毒的苦味物质。类似但较少的情况是，酸味表明食物腐坏或者水果没有成熟。

人类可以容易地学会分辨相似的味道。例如，以葡萄酒鉴赏家（品酒师）和非专业人士为对照研究对象，当品尝各种有细微差别的酒时，两组人员表现出非常相似的反应。然而品酒师在脑岛和左半球部分的眶额皮层，还有双侧半球的背外侧前额叶表现出增强的激活，其中后者是对决策和反应选择这种高级认知加工比较重要的区域。

4.4 躯体感觉系统

躯体感觉不是简单的触知觉。它可以解释表明人的四肢位置（本体感受）的信号，以及人对温度和疼痛的感觉。

4.4.1 躯体感觉系统组成

躯体感觉系统负责处理触觉、痛觉和温觉等。感觉神经元的神经末梢含有许多感受器，它们专门负责侦测不同类型的躯体感觉信息。例如，一些感受器负责侦测低温或高温，而其他感受器负责侦测触觉、痒觉或痛觉。痛觉信息由伤害性感受器的特殊感觉神经元负责传递。其中一些能侦测一种或多种伤害性刺激，如超低温或超高温、过度的机械压力或危险化学品等。还有一些伤害性感受器对受损细胞释放的各种化学物质十分敏感。

信息处理发生于初级躯体感觉皮层内。每个参与处理这些信息的细胞中都有单根纤维从表皮下延伸至脊髓，继而上传至脑内。因此，这种细胞是神经系统中最长的细胞。相比人的其他感觉系统，躯体感觉系统更大程度上具有特化感受器的复杂阵列和到达中枢神经系统很多区域的大范围投射。

躯体感觉感受器位于皮肤下的肌肉与骨骼的连接处（见图 4.8）。触摸和压力被皮肤中的感受器，即微小体，编码为信号，其中包括对一般接触编码的梅克尔小体，对轻微接触编码的迈斯纳小体，和对深部压力编码的环层小体。鲁非尼小体传递温度信息。疼痛被疼痛感受器——一种特化的细胞编码。这种细胞有些有髓鞘，有些无髓鞘。有髓鞘纤维快速传递关于疼痛的信息。这些细胞的激活通常会即时产生行动。例如，当你碰到一个发烫的火炉，有髓鞘疼痛感受器触发一个使你快速抬手的反应，甚至在你还未意识到烫之前。无髓鞘纤维则负责紧跟最初灼伤后的持续时间较长的疼痛，并提醒你注意关照受损伤的皮肤。

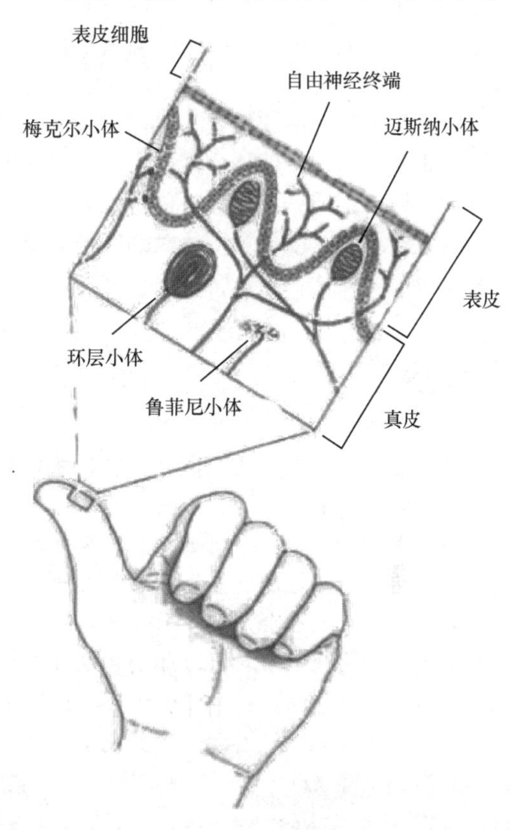

图 4.8 躯体感觉感受器

4.4.2 躯体感觉信息处理

躯体感觉感受器通过脊髓发送信号到大脑。这种上行或传入信号在脑干中经过突触传递，交叉到对侧丘脑，再投射到大脑皮层。就像视觉和听觉那样，到达大脑主要的外周投射均经过了交叉，也就是说，身体一侧的信息主要在相反一侧的半球得到表征。除了皮层投射，躯体感觉信息还被投射到很多皮下结构，比如小脑。

最初的皮层接收区域是初级躯体感觉皮层区，主要有第 1 躯体感觉区（S1 区）和第 2 躯体感觉区（S2 区）。S1 区具有身体的躯体定位表征，即所谓的躯体感觉侏儒图。躯体感觉侏儒图的皮层表征的相对大小对应躯体感觉信息的相对重要性。例如，皮层中手比躯干占据的面积更大，因为人们能用手主动地探测物体表面并十分精确地操纵物体。当眼睛被蒙住时，我们可以很容易地确认手上放着的物体，但如果物体滚过我们的后背，辨认就有很大难度。

躯体感觉细胞位于中央后回，顶叶的最前部，S2 区位于 S1 区的腹侧，躯体定位图在不同物种之间表现出很大差异。对于每个物种来说，在通过触摸感觉外部世界的过程中最重要的身体部位都具有最大面积的皮层表征。蜘蛛猿使用尾巴探索物体，比如食物或攀住树枝，所以皮层中的很大一部分负责表征尾巴。大鼠使用胡须探索外界，于是大鼠躯体感觉皮层的绝大部分都负责表征从胡须得到的信息。

次级躯体感觉皮层建立更加复杂的表征。例如，通过触觉，S2 区神经元可以编码关于物体纹理和大小的信息。有趣的是，由于投射穿过胼胝体，每个半球的 S2 区可以同时接收来自身体左侧和右侧的信息。这样当人用双手操纵一个物体时，关于躯体感觉信息的整合表征就在 S2 区得到建立。

位于肌肉和肌腱连接处的特化神经元提供了本体感受线索，本体感受有时被称作“第六感”，指的是人对于肢体位置及运动状态的感觉，感觉和运动系统表征关于肌肉和四肢状态的信息。肌肉的牵张感受器也称为肌梭，负责侦测肌肉长度的变化，并通过末梢神经将这些变化传递至脊髓。脑便利用传入的信号生成一个关于躯体相对位置的模型。例如，当一块肌肉被伸展时会发出信号，可以用于监测这个运动是来自另一人的推挤，还是来自我们自己的动作。

拓展阅读

联觉

联觉意为“联合感觉”，是一种感觉刺激触发另一种感觉的现象。物理学家理查德·费曼（Richard Feynman）就是“字符-色彩联觉者”，换句话说，当看到字母和数字时，他会感受到特定的颜色；而表现主义艺术家瓦西里•康定斯基（Wassily Kandinsky）则是“音调-色彩联觉者”，即将乐音与色彩联系在一起。除此之外，还有“镜像-触摸联觉”，指看到别人被触摸时，自己也会产生相应的触觉体验；以及“时间-空间联觉”，指认为日、月等时间单位在空间中占据着相对于人体的特定位置。人们曾经认为联觉发生的概率极低，但据估计，约 1%的人受此影响。一种理论认为，在脑发育过程中，一般情况下各不相联的几大感觉通路间一旦产生联系，便会触发联觉现象。另一种理论则称，联觉的发生是因为在感觉通路间存在过多的“串流”。

4.5 运动系统

什么是运动？在空间和时间上协调的肌肉收缩和舒张就是运动。运动是神经系统的主要功能之一，神经系统的主要工作是负责运动的计划与执行。运动涉及脑部和脊髓的多个部位，它们共同控制着身体肌肉。在帕金森病及其他运动障碍性疾病中，患者的运动系统均受到了损伤。

生成运动是神经系统的主要功能之一。所有动物包括人类，都必须依靠运动寻找配偶、找寻食物、躲避捕食者及逃离可能存在危险的环境。因此，脑内大量组织都负责计划与执行随意运动。人脑的运动系统包括部分大脑皮层、各种皮层下结构及脊髓。所有这些结构共同运作产生运动。

4.5.1 运动的类型

有关运动的争论，机械论者认为，所有的运动只是对内外界刺激的应答，否认任何自发活动。生机论者认为，一种神秘的自然力指引着行为。实际上，运动是在中枢神经系统的支配和调控下进行的，因发起中枢所在的部位和水平不同，运动被分为下意识的反射活动和有意识的随意运动。前者的中枢位于脊髓，运动是由位于脊髓的下运动神经元发起的，多属于本能性活动；后者的中枢位于大脑皮层，其运动神经元是上运动神经元。上运动神经元发起的最终由下运动神经元执行的是有意识的随意运动。小脑和基底神经核参与运动的修饰与策划，为上运动神经元提供信息，使运动的轨迹、力度、速度更加准确、精细与协调。行为是具有一定目的的活动，是大脑意识的一种具体体现。本能的活动可因物种的不同而异，是先天的；复杂和技巧性的随意运动可通过学习和锻炼获得。

1．反射运动

反射运动是机体通过中枢神经系统对内、外环境刺激做出的有规律的应答，例如，打喷嚏、膝跳反射、屈反射等。反射运动是一种基本的、简单的运动形式。它由特异的刺激引发，有着固定的神经回路，在短时间内完成，运动轨迹是固定的。反射运动中枢位于脊髓，基本不受大脑皮层意识的控制。

2．固有运动模式

固有运动模式是另一种简单的反射运动类型，又被称为“本能运动”。固有运动模式是遗传的、在中枢神经系统中预先编程的一种运动类型。固有运动模式与反射运动的区别在于：反射运动是由刺激引发的，运动强度与刺激强度呈密切关系；固有运动模式的行为十分刻板、固定，几乎是“全或无”的；固有运动模式有一整套神经元，其中一定有一个是指令性神经元，运动反应是按预定的程序运作的。例如，海蛞蝓的逃避行为，海蛞蝓体长 12 cm，一旦碰到它的天敌，就以长达几十秒的一系列固定运动模式做出逃避反应：先是缩回所有伸出体外的附件，包括触角和鳃，交替收缩扁平的背和腹部，做划桨样游泳运动，需要完成几个这样的动作循环，才能离开刺激点。用于实验研究的动物的固有运动模式还包括小龙虾的逃避反射、刺猬的蜷曲反射、海兔的缩鳃反射等。

3．节律运动

节律运动包括呼吸、咀嚼、行走等，它不同于反射活动和固有运动模式。它可以随意开始和制止，一旦开始，就不再需要意识的参与而自动重复，在整个节律性运动过程中，都会受到意识的控制。

4．随意运动

随意运动是为达到一定目的而指向一定目标的运动。它可因刺激或主观愿望而诱发，运动的方向、轨迹、速度、力度、时程均可随意控制，参与的神经结构广布于中枢神经系统，大脑皮层是其最高中枢。随意运动大多需要学习、练习，才可不断熟练和完善，一旦学会，也可下意识地快速完成。

4.5.2　运动的控制

神经信号使肌肉收缩产生张力，作用于骨骼使其围绕关节运动。收缩时使关节向同一方向转动（如关节弯曲）的肌肉群称为协同肌，向相反方向转动（如关节伸直）的肌肉群称为前者的对抗肌。即使是简单的运动，也需要许多肌肉的配合，进行协同收缩或舒张才能完成。例如，人体直立情况下进行快速屈肘运动时，肱二头肌收缩和肱三头肌舒张要同步进行；为了使肩关节保持稳固，其周围的肌肉需同时收缩；为了补偿屈肘运动引起的身体重心改变以防止倾跌，屈肘前需要调整躯干和下肢肌肉的张力。在进行快速屈肘运动前，肢体的位置、与动作有关的肌肉和骨骼的重量、有无外加负载等都是中枢神经系统为运动正确地“编程”所需要的重要信息。此外，中枢神经系统还需具有因意外的负载改变或运动受阻而随时改变运动参数的能力，这样才能完成预定的运动。

因此，在运动时，中枢神经系统必须对许多肌肉发出时间精确的指令，使它们根据运动的需要同时或依次收缩或舒张。中枢神经系统还需要发出适当的信号，控制运动的多种参数，如位移、速度、加速度、力度等，以适应完成各种类型运动的需要。例如，有的运动要求精确控制力度，如用手指拿起单薄易碎的杯子；有的运动则要求身体部位准确地到达一定的位置，如在键盘上打字。

中枢神经系统对运动的控制需要感觉信息。在运动发起前需要感觉信息，在运动发起后仍需要不断接受并整合处理所得到的感觉信息。与运动控制有关的感觉信息主要分为外源的和内源两大类：一类是视觉、听觉及皮肤感受器接受环境和体外的刺激而得到的感觉信息，提供关于运动目标的空间位置及运动目标与自身所在位置相互关系的信息。另一类是肌肉、关节、皮肤和前庭器官的传入冲动，提供关于肌肉长度、张力、关节位置、身体空间位置等自身状态等的信息。

从控制的工程学角度看，上述的快速屈肘运动属简单的运动，类似弹道运动。而弹道的运动控制方式是运动控制方式中最简单的一种（见图 4.9）：当所预测的结果被输入控制器，并且被转化为相应的命令递送到效应器后，效应器根据命令产生实际结果。这种控制方式也称前馈控制，即神经系统事先根据上述各种已得到的感觉信息尽可能精确地计算出下行的运动指令，待运动开始后即不再依靠反馈信息。

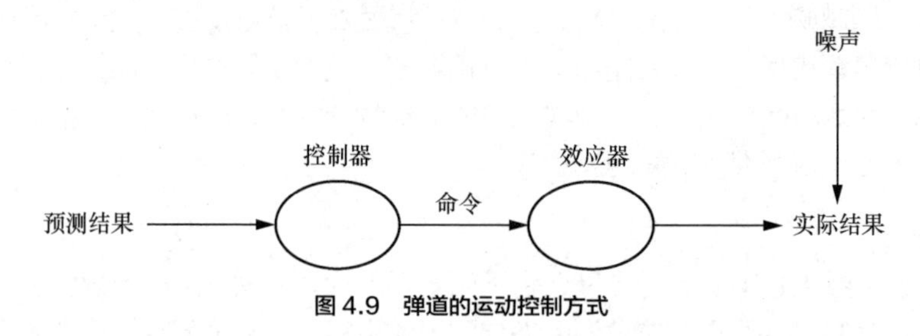

图 4.9 弹道的运动控制方式

人体运动系统的主要效应器是肌肉和其他与其相连的结构如骨骼和结缔组织等。在这一控制系统里，由于不具备来自运动的反馈信息，控制的精度取决于控制器对效应器的了解程度：控制器越了解效应器对于每个命令做出反应的方式，其控制结果也越好。由于对每一个预测结果都需要一个相应的程序来把它转化为合适的命令，这种控制需要一个类似于数据库的机构来储存这些不同的程序以应对不同的需要。

实际上，中枢神经系统对多数运动尤其是精确运动的控制，不仅在运动发起前需要各种感觉信息，而且在运动发起后仍需要不断接受并整合处理所得到的感觉信息。感觉反馈信息可以到达控制运动中枢的各个结构。在运动执行过程中，如果由于负载改变或遇到意外障碍等外界因素，或者所编的运动程序不正确，使运动偏离预定的轨迹或目标时，中枢神经系统又可以根据不断反馈至中枢的感觉信息及时纠正偏差，使运动达到既定的目标，这在工程学上被称为反馈控制。例如，当要搬抬物体时，中枢神经系统会根据视觉信息和经验，估计物体大小与质量，发出适当的肌肉收缩命令。如果估计错误，则或抬不起物体，或用力过大而失去身体平衡，此时肌肉的本体感觉等输入会很快向中枢神经系统提供负荷估计误差的信息，以便及时纠正。

图 4.10 所示的反馈控制与前馈控制不同，预期结果首先被发送到比较器，与感觉系统送来的实际结果（也称为实时结果）反馈信号进行实时比较，两者之间的差异信号被作为控制器的输入信号。控制器根据误差产生修正后的命令，通过效应器产生新的结果，以缩小误差。

这一新的结果又通过反馈回路送回比较器，并与预期结果进行新一轮比较，产生新的误差信号，如此反复，直到误差为零。如果还以篮球运动为例的话，这种控制方式相当于在眼睛的注视下，用手将球直接放入手臂能伸到的篮筐里。若无时间限制，几乎人人都可以做到百投百中。

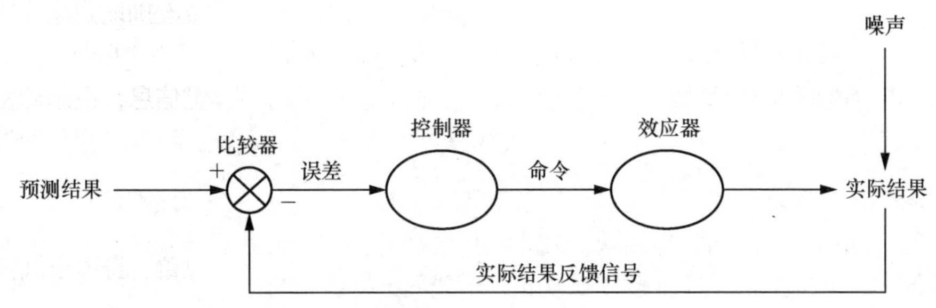

图 4.10 反馈控制

在计算机前工作几个小时之后，伸展一下手臂或活动一下颈部可能会让人感觉很好。令人感到惊奇的是，新研究表明，你所感觉到的并非是身体运动本身。相反你伸展肢体的主观感受可能是由运动意愿所产生的，而这种意愿是由与实际运动完全不同的脑部区域控制的。一个法国的研究团队根据他们的发现得出了这一结论。

研究发现，刺激脑部的某一部分会使患者产生想要活动某些身体部位的冲动，而刺激脑部的另外部分则会在志愿者不知情的情况下引起身体的运动。研究人员对与运动相关的两个脑部区域进行了研究，它们是后顶叶皮层和前运动皮层。研究发现，刺激后顶叶皮层会使某些患者想要运动他们的上肢、嘴唇或舌头，尽管它们实际上并没有做这些运动。如果增加刺激的强度，则会使患者认为他们实际上做了这些运动或说过话，而实际上并没有。相反刺激额叶的前运动皮层区则会刺激患者进行真正的口腔和肢体运动，而患者却没有自觉地发现这些运动。

4.5.3 运动神经系统

运动神经系统主要由额叶运动区域、基底神经节、小脑、脊髓、脑干等部分组成。

1. 额叶运动区域

额叶内包括几个专司运动的不同区域。其中辅助运动区参与计划运动，运动前区则负责编码执行某特定运动的意图，并根据感觉信息选择适当的运动。额叶后端的初级运动皮层含有贝茨细胞的大型神经元。该类细胞将长纤维伸入脊髓，并在其中与运动神经元形成突触，这样运动神经元就可以向肌肉发送信号。贝茨细胞的长纤维经由脑干从神经系统的一侧跨越到另一侧。因此，左、右脑半球分别控制对侧身体的运动。

2. 基底神经节

额叶皮层下的一组皮层下结构，共同构成了基底神经节。基底神经节参与多种功能，其中包括控制随意运动，且它们几乎只与大脑皮层相连。一种假说认为，基底神经节生成的各种运动模式都由大脑皮层执行。随后基底神经节在接收到各运动模式的结果反馈后，通过奖励刺激多巴胺信号，来强化最成功的运动模式。然而最近的研究表明，由于基底神经节能监测运动的变化，然后训练皮层执行最合适的选项，因此它们学习新技能的速度很快。在帕金森病和亨廷顿病等运动障碍性疾病中，病患的基底神经节均受到了损伤。

3. 小脑

位于脑干后方，通过整合感觉信号与大脑皮层运动区的信息，参与平衡、控制与协调运动。除此之外，小脑在掌握运动的时机与精度，以及运动学习方面也发挥着重要作用。学习一项运动技能首先需要投入大量的注意力，一旦习得这项技能，相关运动的执行就变得毫不费力，几乎下意识就能完成，这主要是因为相关运动已被编入小脑的运作线路。小脑的两大细胞（浦肯野细胞和颗粒细胞）之间的联系在人出生后会继续生成，因此幼儿需要时间去学习走路并完成精细的运动技能。

4. 脊髓

运动的终极指挥网络位于脊髓。人类的脊髓共分 31 个节段，每个节段都含有脊髓运动神经元。脊髓运动神经元位于脊髓后端，其纤维从椎骨间空隙的脊髓后端延伸出来，并与从脊髓前端延伸出来的感觉神经纤维捆绑在一起，形成周围神经。脊髓中的运动神经元接收初级运动皮层内运动神经元发出的信号，转而向肌肉发送信号以控制肌肉的收缩。运动神经元与肌肉通过一种专门的突触（神经肌肉接头）进行沟通。单个运动神经元与其控制的肌肉被统称为运动单位。脑部控制随意运动，并将执行运动的指令发送至脊髓，但脊髓可以在无脑参与的情况下发出简单的运动，即反射。

5. 脑干

脊髓神经回路接收大脑关于何时以及如何进行运动的关键指令。最近的研究表明，脑干中的神经元在理解动作控制的难题中发挥着重要作用。简单来说，大脑最末端区域的神经元控制着各种形式的运动，并决定如何执行运动。但是为什么揭示这些运动原则如此困难呢？识别脑干神经元特定功能的关键在于对细胞类型进行细致的分离。一项研究表明，脑干神经元定义的组是调节运动项目的重要方面。

实验表明脑干的确是具有明确身份的不同神经元的混合。脑干神经元被自身释放的神经递质分离。它们的不同之处也在于其在脑干中的位置、与脊髓神经元的连接，以及从其他大脑区域接收输入信息的不同。在脑干中可以看到，一群神经元能够引出一个完整的四肢运动过程，并且该运动与所有肌肉参与的自然运动没有区别，这是十分吸引人的。进一步的实验表明，在高速的自然运动过程中，也需要识别兴奋性神经元，即这种刺激能够引发运动。如果没有这些神经元，高速、高效的运动就不可能出现了。这些发现为更好地理解运动控制中脑干发挥作用的神经元基础提供了重要的证据。曾经脑干中不同的运动功能被混合神经元亚群的多样性掩盖。只要将它们分为这些亚群，就可以揭示它们的功能。

4.5.4 运动的神经行为原理

运动来自于每个神经元独有的节奏，负责指挥肌肉的神经元多达数十亿个，而且它们各有各的步调。人类的运动其实就像不肯按照统一节奏演出的乐队，神经元各自发出信号。曾有研究人员做出这样的猜想：有一些神经元专门控制动作的速度，另一些负责动作的方向，还有一些掌控动作的幅度。例如，同样是视神经元，有的负责对色彩进行编码，其他的主管形状、强度或方向。但科学家一直无法破解这种编码方式。美国斯坦福大学的科研团队完成的一项研究对此进行了一定的解释。科学家要求灵长类实验动物用手触摸一个点，同时对它们的运动皮层神经元的活动进行观测。于是他们意外地发现，无论动作的方向和幅度如何变化，同一个运动神经元的活动频率似乎总是遵循其特有的节奏，与运动没有直接的联系。

换言之，每一个负责指挥肌肉的神经元都是根据其内部机制的指示发出信号。应该如何解释肌肉一系列收缩与松弛动作的本质呢？神经元类似于发动机的阀门和活塞。每个零部件都按照自身的规则运动，单从零部件看不出车辆的运动情况，但是这些零部件的协同运动就能使车辆移动。可见，虽然神经元都是一些“个体主义倾向”极其严重的细胞，但它们却具有混乱中创造和谐的神奇能力。此外，这项研究还揭示了一个事实，即神经元传播信息的策略会随着它们的不同功能而变化。显然视神经元和运动神经元采用的策略是截然不同的。对于其他类型的神经元来说，可能也是如此。

4.5.5 拓扑映射

人体及外界的某些特性以一种高度有序的方式映射到脑部，这些所谓的“拓扑图”存在于脑部所有的感觉系统和运动系统内，形成于脑部发育期，对于信息处理至关重要。

20 世纪 20 年代，加拿大神经外科医生潘菲尔德（Wilder Graves Penfield）开创了一门新技术。他在患者清醒的状态下用电刺激其脑部，以此定位并移除导致癫痫病发作的异常脑组织，同时避免伤害具有语言和记忆等重要功能的周围脑组织。为此，他只在患者头皮进行了局部麻醉，打开患者头骨，暴露脑表面，继而以电极释放电流刺激患者的脑部。

他最重要的发现是，初级运动皮层区和躯体感觉皮层区具有人体的拓扑图。潘菲尔德发现，虽然脑结构的差异性使个体间存在微小差异，但这些拓扑图的整体组织结构基本都是一致的：人体在脑表面以一种高度有序的方式呈现，相邻的身体部位恰好映射到相邻的脑区内。如今尽管拥有了更先进的技术，但神经外科医生仍然会采用潘菲尔德这一开拓性的电刺激技术。除此之外，潘菲尔德发现了运动皮层区和躯体感觉皮层区的拓扑结构，这仍然十分重要，可用“小人”模型表示。

现代脑科学和神经科学已经证实，人类或动物运动大多数都是无意识状态进行的，每个动作、每种运动都未经大脑思考而决定。运动信号并不妨碍动物处理外部感觉信息。但是科学家仍然要探索这些信号对大脑有何益处。大脑在根本上是为了行动而演化出来的——动物为了四处移动才有了大脑，而感知也不仅是外部的输入，至少在一定程度上，行为随时调制着感知。感觉信息仅仅代表了一小部分需要被感知的环境。需要考虑动作、考虑身体相对于外部世界的状态，才能弄清楚环境到底是怎样的。

4.5.6 动作、知觉、模拟

各种心理研究表明，动作及其结果可以反过来影响我们的知觉，模拟过程在其中起到了关键作用。当我们感知某一事物时，便会将该事物储存于视觉记忆中。之后遇到类似的事物，便会触发这些记忆，使我们模拟之前的知觉，而之前的知觉会干扰我们当前对事物的知觉。例如，如果看到一幅彩色的香蕉图片后，马上去看黑白版本的香蕉图片，这就会影响我们对香蕉真实色彩的知觉，感觉黑白图片中的香蕉略带蓝色。

动作与知觉配合密切，并通过模拟联系起来。在看到一种物体后，脑会通过模拟对该物体适合采取的可能动作来准备使用它。看到杯子会模拟抓握的动作，看到锤子会模拟大力抓握，看到葡萄会模拟精细抓握。这些模拟还取决于物体相较于身体的位置——若定位正确，则能推进动作的模拟，若定位错误，则会妨碍动作的模拟，并会使物体看上去比实际距离更远，模拟过程也会干扰我们在产生物体知觉的瞬间执行其他不相干动作的能力。

拓展阅读

脑内小人

神经外科医生潘菲尔德在癫痫病患者意识清醒的前提下，用电刺激其皮层并记录其反应，从而将人体动作映射到脑部。他发现某些身体部位对应的运动皮层和躯体感觉皮层的面积不成比例。躯体部位对应的皮层区，其大小取决于该部位神经末梢的数量。手部和脸部是人体最为敏感的部位，内部的肌肉也比其余部位多。因此，手部和脸部占据了初级运动皮层区和躯体感觉皮层区的绝大部分区域。“小人”模型便体现了这一点，这个模型最早由潘菲尔德的秘书制作。

4.6 本章小结

本章主要介绍了基本的感觉系统和运动系统，包括视觉、听觉、嗅觉、味觉及躯体感觉。每一种感觉及运动系统都包括独特的神经通路和神经信息处理过程，通过神经通路和信息加工处理，感知觉及运动系统可以将人体外部刺激转化为可以被大脑解释的神经信号。通过本章的学习，一方面可以了解人体感知觉与神经系统的基本过程，以及在这些方面的一些新发现，比如脑干中负责高速运动的神经元。另一方面有助于从神经层面理解感知智能和行为智能的神经机制，从而为发展机器感知智能和行为智能奠定概念基础。

习题

1. 比较视觉系统和听觉系统的功能组织，每个系统必须解决的计算问题是什么？
2. 描述视觉信息的处理过程。
3. 运动包括几种类型？
4. 请描述一个人的多知觉共同作用的场景。
5. 感知觉对于运动控制的意义是什么？
6. 运动神经系统主要构成部分的功能是什么？
7. 感知觉和运动系统的拓扑映射原理是什么？

05

chapter

学习与记忆

本章主要学习目标：

1. 理解关于学习的理论和假说；
2. 理解关于学习的神经科学基础；
3. 了解记忆形成假说、记忆类型；
4. 了解有关记忆的神经和分子基础。

5.0 学习导言

脑赋予人类存储无尽信息的非凡能力，使人类能够获取新的技能、回想事实性知识和生活事件，以及从经历中吸取经验教训来调整行为等。学习与记忆是大脑最重要的两项功能。人们已就学习与记忆进行了上百年的广泛研究，并了解了学习与记忆具有的不同类型。

生物体为了适应不断变化的环境，要不断地从经历中获得新的经验并建立新的习惯，从经验中获得新的行为和习惯的过程就是学习。记忆是将学会的行为和习惯存储起来，即学习是经验的习得，记忆是经验的保持。从信息的角度看，学习是信息的接受和发展（中枢神经系统对接收的信息有一个筛选、分析、综合、联想等整合过程）；记忆是信息的存储和再现。学习与记忆的关系是双向的，先要学习，才会有后来的记忆；但学习不等于学会，记忆才能学会。没有记忆过程的参与，学习永远从零开始。

5.1 学习

学习是基本的认知活动，是经验与知识的积累过程，也是对外部事物前后关联的把握与理解的过程，以便改善系统行为的性能。

学习作为人类认知的一项重要内容和能力，很早就引起了哲学、心理学及神经科学等不同领域的关注。由于学习现象的复杂性，并没有统一的理论可以解释人类的学习能力是怎样形成的。

人类通过感觉、知觉、记忆、思维、想象等来获取对外界事物及其规律性的认识，这也是一种对知识的学习。早在古希腊时代，哲学家们就留下了对学习的精辟论述。古希腊哲学家苏格拉底怀疑肉体感觉的确定性，认为真理由灵魂获得，“纯洁无瑕的知识，亦即真理”。柏拉图认为，世界由理念（本质）世界和经验世界组成，知识的对象不是感觉经验的世界，而是由它们的本质构成的理念世界。

18 世纪的唯理论者主张，人类的知识来自于人自身的理性。德国哲学家莱布尼茨认为，认识主体并不是被动的，而是能动的。他相信，人的心灵是一种能够记忆的特殊东西，可以基于过去筹划未来。

学习可以通过对单个刺激的习惯化或敏感化而实现，也可以通过两个或更多刺激之间的联系而获得。古希腊哲学家亚里士多德早就指出，学习即联结，之后英国哲学家洛克提出了“联想”的概念，认为联想是观念的联合，“人们一些观念之间有一种自然的联合……除了这些联合之外，还有另一种联合，完全是由机会和习惯得出的”。

早在 20 世纪初，学习就成为随着心理学行为主义的发展而逐渐受关注的研究对象。如今学习依然是许多心理学领域（认知、教育、社会和发育等）关注的重点问题。

5.1.1 关于学习的心理学理论

19 世纪初到 20 世纪中期，由于缺少现代科学技术手段，关于学习的研究主要以心理学领域的理论与实验研究为主，各个时期的心理学及相关领域陆续提出的学习理论，主要包括以下几种。

1. 条件反射理论

19 世纪初，俄国生理学家巴甫洛夫进行了一系列实验，提出了条件反射理论。他进行了用铃声刺激引发狗唾液分泌反应的实验：每次给狗吃肉前总是按蜂鸣器，之后这声音就如同使狗看到肉一样，令它们流下口水，即使蜂鸣器响过后没有食物，也会如此。不过也不能无休止地欺骗下去，因为如果蜂鸣器响过后一直不给食物，狗对该声音的反应就会逐渐减弱，分泌的唾液也会逐渐减少。巴甫洛夫认为，条件刺激与无条件刺激在神经系统高级部位多次结合以后，仅条件刺激也能产生相同的反应。这就是动物进行学习的最基本方式之一。

2. 联结-试误论

美国心理学家桑代克开创了动物心理学和心理学联结主义。他认为，动物的学习并非基于推理演绎或观念，只是通过反复尝试错误而获取经验，其本质是在刺激与反应之间形成联结，因此，学习就是联结的形成与巩固过程。人类的学习方式从本质上来说也是一致的，只是更为复杂。

桑代克提出了联结-试误论成功的 3 个规律：①练习律——学习要经过反复的练习，有时一个联结的使用（练习）会增加这个联结的力量，有时一个联结的使用（不练习）会减弱这个联结的力量或使之遗忘；②准备律——联结的增强和减弱取决于学习者的心理调节和心理准备；③效果律——当建立了联结时，导致满意后果（奖励）的联结会得到增强，而带来烦恼效果（惩罚）的行为会被减弱或消失。

3. 赫布学习定律

1949 年，心理学家赫布提出一个简单而又意义深远的观点，以解释记忆在脑内具体是如何存储的，他假设："神经元 A 的轴突重复或持续地使细胞 B 兴奋，这两个细胞或其中一个细胞就会发生某种生长和代谢过程的变化，使得细胞 A 对细胞 B 的激活效率有所增加。"

这就是经典的赫布学习定律。它的精髓是：记忆形成依赖于神经元活动的协同性，当两个彼此有联系的神经元同时兴奋的时候，它们之间的突触连接将得到加强，这就是大脑记忆的神经基础。人工智能专家将其应用于实践，通过模仿神经元增强机器的学习能力。

之后蒲慕明又提出 STDP 的设想。他的研究表明，突触前放电先于突触后放电；使突触强化，而如果突触后放电先于突出前放电，则会使突触弱化。

现代神经生理学认为，突触可塑性是所有记忆的生理基础，即学习是神经元突触网络的构建过程。突触可塑性与条件反射理论也是一致的。这与不同神经元之间的突触连接生长特性一致，也符合关联性学习的基本特性。

4. 顿悟学习论

德裔美国心理学家柯勒是格式塔心理学的创始人之一，他率先对桑代克的联结–试误论提出反对意见。1913—1920 年，他对南非特纳里夫群岛黑猩猩的学习行为进行了系统研究，主要观察黑猩猩在面临困境时如何通过学习解决问题。他发现黑猩猩在几次尝试后安静下来，并通过认识环境中各事物之间的关系，迅速找到解决问题的方法，他将这一过程称为顿悟学习。

顿悟学习论认为，学习是一个在主体内部不断地构建完形的过程，是对知觉重新组织的过程，刺激与反应之间的联系不是直接的，而需要以意识为中介，学习是通过顿悟实现的。

5. 维果斯基的"文化–历史"发展论

心理学家维果斯基认为，人的高级心理机能并不是固有的，而是在与周围人的交往过程中出现的，因此，受到人类文化历史的制约；它们具有概括性和抽象性，通过物质工具（如门斧、计算机等）及精神工具（如各种符号、词和语言等）实现。他认为，人的思维与智力是借助语言等符号系统不断内化的结果，个体借此将外在的事物或他人的心智运作转变为自己的内在表征。因此，人类也可以通过“文化–历史”不断学习。

6．同化和顺应

瑞士心理学家皮亚杰认为，认知起因于主体与客体之间的相互作用——既依靠从经验中获得的知识，也依靠内部不断调整的认知结构。认知构建所包括的不是外部事务的一个个简单摹本，也不是内部预先形成的一个个主题结构，而是主体与客体相互作用而形成的一整套认知结构。

皮亚杰认为，认知的本质就是适应，包括同化与顺应两种方式，前者是指主体将环境中的新信息纳入并整合到已有认知结构（图式）的过程；后者是指当主体的图式不能适应客体的要求时，需要改变原有的图式或创造新的图式，以适应环境需要的过程。

7．认知结构迁移理论

美国心理学家奥苏贝尔于 1963 年提出认知结构迁移理论，认为一切有意义的学习都是在原有认知结构（或知识结构）的基础上产生的，必然包括以认知结构为中介的迁移，先前学习所获得的经验，通过改变原有认知结构（可利用性、可辨别性和稳定性）而影响新的学习。这实际上是新旧知识的同化问题。奥苏贝尔将学习分为机械学习和有意义学习，还分为接受学习和发现学习。

美国心理学家布鲁纳认为，人的认识过程是将新学得的信息与以前学习形成的心理框架（或现实的模式）联系起来，积极地构建知识的过程。他认为，学习是类别及其编码系统的形成过程，而迁移则是将习得的编码系统用于新事例，恰当的应用称为正迁移，错误的应用称为负迁移。

8．普雷马克的“祖母原则”

美国心理学家普雷马克通过对猴子的实验研究于 1965 年提出“祖母原则”：利用频率较高的活动来强化频率较低的活动，从而促进低频活动的发生。当孩子不喜欢做一件有益于其身心健康的事情时，大人可以通过设置“条件”引导孩子做这件事，如先吃蔬菜，就可以吃甜点。这是一种引导性的学习方式。

9．信息加工理论

20 世纪 50—60 年代，学习与记忆心理学研究进入“信息加工学派”为主导的时代。这一学派多以人为实验对象，研究一些比较复杂的学习记忆行为。20 世纪中期，信息论、控制论的产生、电子计算机的发明和应用影响了许多学科的发展，其中包括心理学，产生了认知心理学的信息加工学派。这一学派将心理过程看作一个信息处理与变换的过程，将心理活动完全从一个黑箱的行为主义学派的主导下解脱出来，着重了解外界事物的表征、符号变换的测量和时间关系。那时一些重要工作（如短时记忆的容量、记忆的流程图、工作记忆和长时记忆的网络结构等）都是研究学习与记忆心理学的重要成果。

科学技术的发展为研究学习与记忆问题提供了前所未有的条件与可能性。例如，fMRI 可以无损伤地探测被试者清醒状态认知过程中的脑内变化，虽然现在它的时空分辨尚待提高，但是这种手段提供了直接打开脑这一“黑箱”的方法。

5.1.2 学习的类型

通过对学习现象的长期观察和研究，可将学习总结为以下几种类型。

1. 非联想式学习

非联想式学习指单一刺激重复呈现引发的较为持久的行为变化，分为习惯化和敏感化两类。习惯化是指某种刺激重复呈现时，如果对个体并不重要，且刺激的新异性消失，则个体原先的应答反应逐渐消退的现象；敏感化是指反复的刺激导致响应逐渐放大的现象。

2. 联想式学习

联想是指高等动物由当前感知的事物想起相关事物的过程。联想式学习涉及两种或两种以上的刺激及响应连接，并进一步分为经典条件反射和操作性条件反射两类。条件反射是指人出生以后在生活过程中逐渐形成的后天性反射（在一定条件下，外界刺激与有机体反应之间建立起的暂时神经联系）。与此相对应的，非条件反射是指人生来就有的先天性反射。

如果一种刺激与另一种带有奖赏（或惩罚）的无条件刺激多次联系，则个体单独呈现该刺激时也能引发自动反应，称之为经典条件反射。

操作性条件反射理论认为，如果一个操作发生后，接着给予一种强化刺激，那么其强度就会增加。经典条件反射塑造有机体的应答行为（比较被动，由刺激控制），操作性条件反射塑造有机体的操作行为（代表有机体对环境的主动适应，由行为的结果控制）。

3. 主动性学习

主动性学习是指学习者可以控制自己的学习行为，知道自己懂得什么，不懂得什么，这样可以监控自己掌握的内容。

4. 玩耍

玩耍通常是指自身没有特别结果的行为，但却能改善未来相似环境中的行为（如捕食或逃避敌害），这在哺乳动物和鸟类中十分常见。玩耍的对象既可以是非生命的物体，也可以是同种的其他个体，甚至其他物种。玩耍一般见于幼小的动物，可能暗示与学习的关系。

5. 濡化与涵化

濡化是指人的价值观和社会准则被该社会成员传承或习得的过程。涵化是指不同民族接触引起原有文化变迁的过程，这种变化既可在群体层面发生也可在个体层面发生，如引起文化、习俗、社会制度、饮食、服装、语言及日常行为等方面的变化。

6. 情景学习

因一个事件而导致了行为的变化，称为情景学习。例如，“一朝被蛇咬，十年怕井绳”被蛇咬过一次后，对绳子甚至也会产生惧怕，这就是该事件被情景记忆记住的缘故。

7. 机械式学习

机械式学习是指不加理解、反复背诵的学习，只对学习材料进行机械识记。这种学习方式也得到了广泛的应用，如数学学习、音乐学习。有时机械式学习是理解式学习的必要前提。

8. 理解式学习

学习材料对学习者而言具有潜在意义，学习者头脑中具有同化新学习材料的知识，学习者具有学习的意向，称为理解式学习。这种类型的学习往往涉及一些复杂而综合的知识。

9. 迁移学习

想象一下，你正和朋友在一家新开的餐厅共进晚餐。你可以尝试以前没有吃过的菜肴，周围的环境对你来说是陌生的。然而你的大脑知道你有过类似的经历——细读菜单，点开胃菜，大口吃甜点，这些都是你外出就餐时曾做过的一系列事情。迁移学习就是使人运用已有的知识来解释新的经历或学习新的事物。

10. 其他

（1）加德纳对学习的分类

美国心理学家加德纳认为，智力并不是唯一的一元结构，它包括逻辑数学、语言、自然主义、音乐、空间、身体运动、社交和自知。加德纳将学习分为 8 个层次，即信号学习、刺激—反应学习、连锁学习、言语联结学习、辨别学习、概念学习、原理（规则）学习和解决问题学习。他还将学习分为 5 种类别，即言语信息、智慧技能、认知策略、动作技能和态度。

（2）安德森的心智技能观点

美国心理学家和计算机学家安德森认为，心智技能的形成需要经过以下 3 个阶段。

① 认知阶段——了解问题的结构（起始状态、目标状态及所需要的步骤和算子）。

② 联结阶段——用具体方法将某一领域的陈述性知识转化为程序性知识（程序化）。

③ 自动化阶段——将复杂的技能学习分解为对若干个别成分的法则的学习。

上述 3 个阶段又可复合为一个更大的技能学习过程。

（3）感知学习

感知学习是发生在感知水平上的学习，主要研究如何从低级传感器输入的原始数据中获取相关的抽象数据，研究从非结构与半结构信息到结构信息的转化方法，研究图像的语义描述及其快速提取技术，研究感知学习中的注意机制与元认知等。

（4）认知学习理论

认知学习理论认为，人的行为背后都存在一个相应的思维过程，行为的变化是可观察的，通过行为的变化也可以推断学习者内心的活动。在认知学习理论中，美国认知教育心理学家奥苏贝尔提出了有意义学习理论（又称同化理论），其核心思想在于，获得新信息主要取决于认知结构中已有的有关观念；意义学习通过新信息与学习者认知结构中已有的概念相互作用才得以发生；这种相互作用的结果导致了新旧知识意义的同化。加德纳提出的信息加工学习理论则将学习过程类比为计算机的信息加工过程，学习结构由感受登记器、短时记忆、长时记忆、控制器、输出系统组成，认知过程可分为选择性接收、监控、调节、复述、重构。在这个信息加工过程中，非常关键的部分是执行控制和期望。执行控制是指已有的学习经验对当前学习过程的影响，期望是指动机系统对学习过程的影响，整个学习过程都是在这两个部分的作用下进行的。

（5）内省学习

内省学习是一种自我反思、自我观察、自我认识的学习过程。在领域知识和范例库的支持下，系统能够自动进行机器学习算法的选择和规划，更好地发现海量信息的知识。

（6）内隐学习

内隐学习是无意识地获得刺激环境中复杂知识的过程。在内隐学习中，人们并未意识到或者陈述出控制自身行为的规则是什么，但却学会了这种规则。内隐学习具有以下三个特点。

① 内隐知识能自动产生，无须有意识地发现任务操作的外显规则。

② 内隐学习具有概括性，很容易概括不同符号的集合。

③ 内隐学习具有无意识性，内隐获得的知识一般无法通过语言系统表达。

拓展阅读

困惑的猫与饥饿的狗

操作性条件反射是一种学习形式，即根据结果调整行为。美国心理学家桑代克是研究操作性条件反射的第一人。他将猫关入箱子，观察它们为吃到箱外食物而尝试逃脱的过程。发现它们会尝试各种方法，直到偶然碰到能够打开箱门的控制杆。

猫每次重新被关入箱子，逃出的时间会越来越短，因为它们已经认识到，按下控制杆与有利结果之间存在联系。桑代克基于这些观察结果提出了效果律。该定律认为，任何会带来愉快结果的行为都可能被重复，而导致不愉快结果的行为则不会被重复。

随后心理学家斯金纳利用强化与惩罚的概念，更详细地解释了操作性条件反射。正强化通过奖励刺激强化行为；负强化则通过消除厌恶刺激强化行为。比如，如果大鼠每次按下控制杆后都会得到食物，那么食物会正面强化按下控制杆的行为。如果按下控制杆可使大鼠遭受电击，那么按控制杆的行为就会得到负强化。惩罚则会产生相反的效果，通过将行为与厌恶刺激联系在一起，削弱这种行为。

经典条件反射是另一种学习形式，由俄国生理学家巴甫洛夫偶然发现。他在研究狗的消化现象时，发现狗在得到食物前便会分泌唾液。在这个非常有名的实验中，他喂狗时会摇动铃铛。如此重复数次后，狗便学会了将这两种刺激联系起来，于是在听到铃响后便会分泌唾液。但如果听到铃声后并没有被投食，那么重复数次后，狗听到铃响就开始分泌唾液的条件反射便会逐渐消失。

操作性条件反射和经典条件反射均可用于调整人类的行为。比如，经典条件反射是厌恶疗法的基础。厌恶疗法可使患者认识到不良行为与不愉快刺激间的联系。酗酒者通常会被要求服下催吐药物，这样他们在喝酒时就会呕吐。希望如此反复多次后患者能将呕吐与喝酒联系起来，从而停止饮酒行为。

5.1.3 学习的神经学机制

1. 关于动物的学习能力研究

2000 年，诺贝尔生理医学奖获得者坎德尔（Eric Richard Kandel）找到了一种海生软体动物——海蛞蝓（海兔），用于研究学习与记忆。海兔属于低等动物，行为模式较为简单，整个神经系统只有 20 000 个神经元，它没有真正意义上的脑，仅由几个神经核团控制全身活动，而控制许多反射性行为的腹部神经节只有 2 000 个神经元，科学家研究清楚了它们的位置和功能，并予以标号，其腹部神经节中的个别神经元完全可用肉眼看清。

海兔背部的外套膜内有鳃和吸水管，触动外套膜或吸水管，会引发鳃部的收缩反射，称为缩鳃反射。这一行为可定量检测，鳃的面积可被容易地测定和记录。吸水管部分有 24 个感受神经元，而控制鳃部运动的神经元有 6 个，控制这一过程的神经回路也已研究清楚。所以海兔是一种很好的实验动物。通过海兔的研究，得到以下结果。

（1）非联合型学习

这类学习包括习惯化和敏感化两类，此时刺激类型比较单一，行为反应是鳃的收缩。

① 习惯化。如果用较弱的刺激重复性刺激吸水管，开始时鳃的收缩比较强烈，但随着刺激次数的增加，收缩程度逐渐降低，称为习惯化，图 5.1 所示为海兔缩鳃反射习惯化的神经回路，图中的三角形和圆形均表示神经元的神经突触。实验表明，10 次刺激即可产生习惯化，并保持数分钟。每天刺激 10 次，连续 4 天，习惯化可保持 3 周以上。

② 敏感化。如果对海兔的头部或尾部予以伤害性刺激，缩鳃反射就会增强，称为敏感化。海兔缩鳃反射敏感化的神经回路来自尾部感觉神经元，通过易化中间神经元作用到中间神经元和运动神经元的突触前，所以刺激尾部会增强中间神经元和运动神经元中递质的释放，从而使缩鳃反射敏感化，如图 5.2 所示。

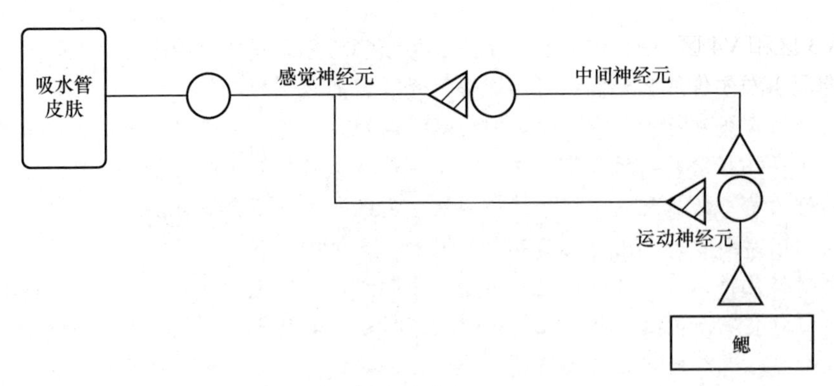

图 5.1　海兔缩鳃反射习惯化的神经回路

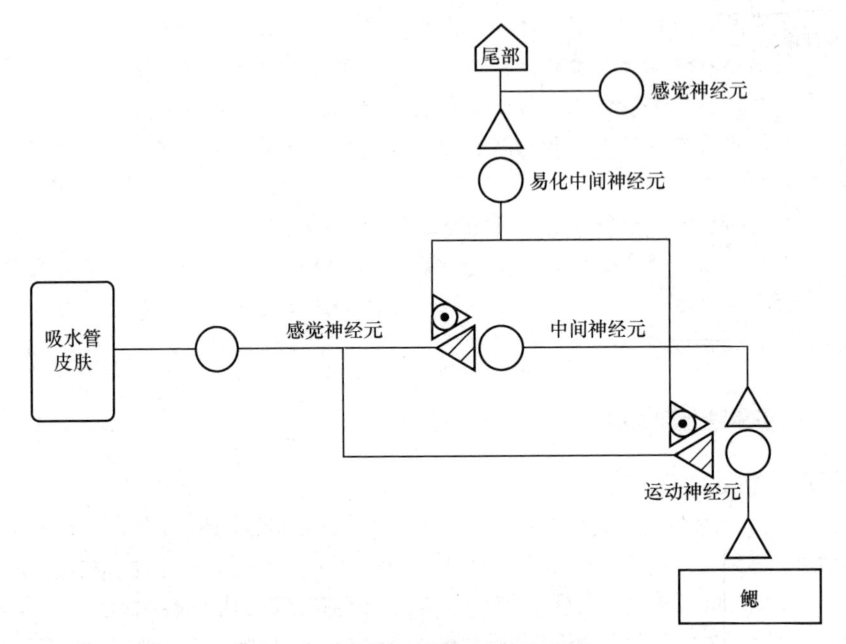

图 5.2　海兔缩鳃反射敏感化的神经回路

（2）联合型学习

此时刺激有两种，一种是弱非条件刺激，如吸水管的弱刺激产生习惯化，同时在头部或尾部给予另一种强电击，这种非条件刺激可引发强烈的收缩反射，于是，以后仅仅在吸水管上予以微弱刺激，也能引发强烈的缩鳃反射，如图 5.3 所示。

2. 人类学习的神经学机制

人的学习记忆机制远比海兔的复杂。其他动物一出生就具备了进食和觅食的本领，而人类婴儿则需要一切从头学起，先天的不成熟状态赋予了人类后天学习能力，通过学习，人类的神经系统会得到适当的完善，而且由于所处的环境不同，神经元的构成也是因人而异的。具体来说，当大脑通过感觉器官接收到一个全新的信息时，会发生什么情况呢？很简单，要么利用已经存在的突触连接，要么与原先分开的神经元接触以形成新的突触连接，从而为这一信息开辟一条专门的神经通路，这一过程称为连接发生。法国医学院院士乌达尔（Raymond Houdart）总结如下：学习与记忆的过程其实就是加强现有神经通路，并通过连接发生创建神经通路的过程。

例如，人的视觉陈述性学习与记忆过程涉及视觉皮层（V1 区）和更高级的视觉皮层

（V2 区、V3 区和 V4 区），信号又传送到颞叶，继而与边缘系统（海马体、杏仁核、内嗅、外嗅和旁海马）发生作用，然后传送至内侧颞叶、内侧丘脑、腹内侧额叶，整个神经回路如图 5.4 所示，而人的技巧性学习记忆的神经调控也涉及脑的许多部位和结构（见图 5.5）。

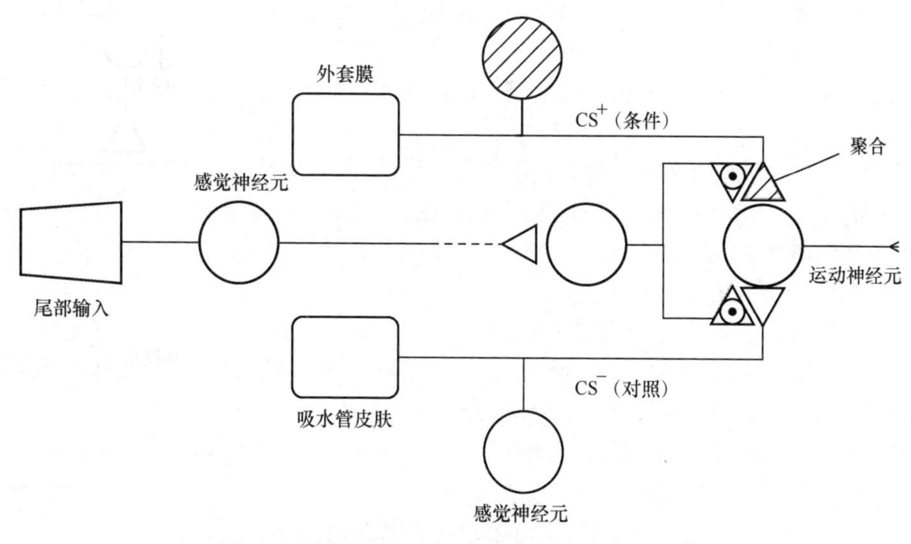

图 5.3 海兔缩鳃反射过程中联合型学习的神经回路

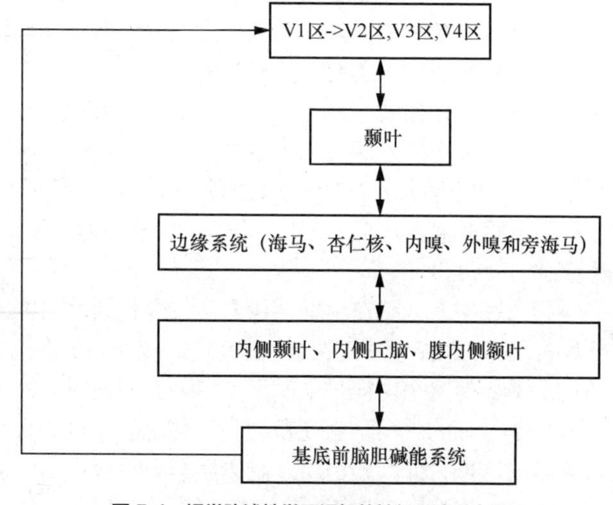

图 5.4 视觉陈述性学习记忆的神经回路示意图

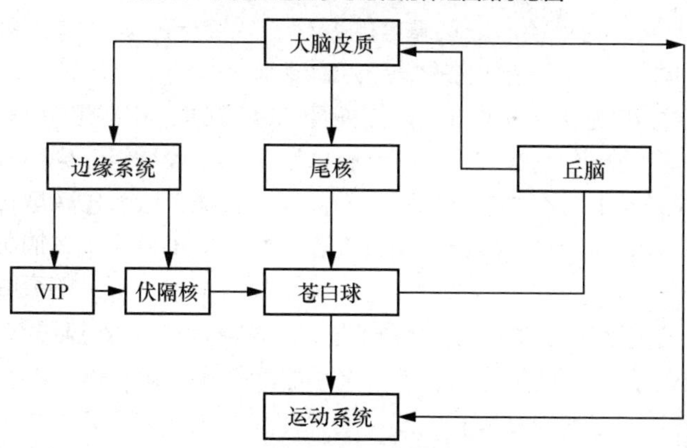

图 5.5 技巧性学习记忆的神经调控框图

人类的大脑是如何完成学习任务的？这方面的研究可以追溯到巴甫洛夫的经典条件反射实验。这一理论比较详细地描述了学习过程中神经突触在分子层面的变化，并得到了很多证据的支持。但并不是所有奖赏或惩罚人们都会记得，实际上大多数经历都会被遗忘。有时候，神经突触能否被一起激活，其实取决于很多因素，比如人们对某次经历的情感反应：这是不是一次全新的体验；这次经历是在什么时间和地点发生的；在这次经历中，人们是否有强烈的意愿去做相应的事情，以及投入度是否足够。随后睡觉时，我们的大脑会对这些想法和感受进行加工处理。

事实证明，仅仅增强神经突触是无法产生记忆的。为了形成连贯的记忆，整个大脑需要发生巨大的变化。无论是回忆昨天晚餐时与客人的对话，还是学会骑自行车等后天技能，大脑多个不同区域数以百万计的神经元都需要产生神经活动，形成情感、画面、声音、气味、事情经过和其他体验在内的连贯记忆。

因为学习过程涉及生活体验的很多要素，所以在这一过程中，除了突触变化外，必定也会有很多其他细胞活动的参与。这种认识也让科学家开始寻找新的方式，以理解神经信号如何在大脑中传输、处理和存储，进而使大脑完成学习过程。

研究发现，大脑皮层的灰质并不是唯一参与永久记忆形成的区域，大脑皮层下方的区域在学习方面也发挥着关键作用。

如果神经突触的增强不足以说明大脑在学习时发生的变化，那么在学习新东西时大脑中会发生什么？如今研究人员利用磁共振成像观察大脑结构。在仔细查看磁共振成像的结果时，研究人员注意到，具有某些特定高超技能的人与普通人的大脑结构存在差异，例如音乐家的听觉皮层会比其他人的更厚一些。对此，研究人员最初的推测是，大脑结构的细微差异使单簧管演奏家和钢琴家更善于学习音乐技能。但是后续研究证实，学习过程改变了大脑的结构。

能让脑组织发生改变的学习类型并不局限于一些重复的动作训练，例如演奏乐器。瑞士洛桑大学的神经科学家证实，如果医学生在考试前努力复习，他们大脑中的灰质体积就会增加，例如形成新的神经元和胶质细胞。另外，灰质中血管的变化、轴突和树突的生长和萎缩，也可能使灰质体积发生变化。

值得注意的是，在学习过程中，大脑在生理结构方面的变化速度可能比预期的更快。科学家发现，在玩电脑游戏时，新玩家围绕赛道跑 16 圈就足以使大脑的海马区发生变化。在游戏中，玩家经常用到导航功能，而这个功能与空间学习能力有非常密切的关系，因此与空间学习有关的海马区发生变化是合理的。科学家还发现，一些意想不到的大脑区域也发生了变化，包括没有神经元或突触的区域，如大脑白质。髓磷脂具有绝缘作用，能使电信号在轴突中的传输速度提高 50 ~ 100 倍。但是直到最近，科学家发现，髓磷脂可能在信息处理和学习中发挥作用。髓磷脂通过髓鞘的形成和厚度的变化使轴突上的多种信号同时达到运动皮层（控制运动的大脑区域），以促进大脑的学习，髓磷脂厚度的变化代表一种新形式的神经可塑性。髓磷脂的可塑性也能以另一种方式调控神经回路的功能和学习过程——调节脑电波的振动频率。在学习和完成复杂任务时，不同大脑区域中的大量神经元会协调运转，这也要求神经信号在庞大的神经元中以最佳速度传导。而神经信号能否以最佳速度传导，髓鞘是很关键的，当人们年龄较大时，大脑皮层会逐渐失去髓磷脂，这也是老年人认知能力下降并更难学会新事物的原因之一。

大脑是一个复杂的系统，这些新发现开始改变人们对大脑运行机制的理解。长期以来，髓磷脂一直被认为是轴突的惰性绝缘层，但现在科学家知道，这种成分能够调控神经信号的传递速度，在人们的学习过程中发挥着关键作用。在突触之外，研究人员正在完善对突触可塑性的认识，以便更全面地理解大脑在学习时发生的改变。

5.2 记忆

为记忆下一个无可争议的定义并不容易。DNA 发现者，英国生物学家弗朗西斯·克里克认为，记忆可以泛泛地定义为由经验引起的系统内部的变化，这种变化会导致以后的思想或行为发生改变。同学习一样，由于缺少现代科技手段，人类对自身记忆能力的认识经历了漫长的历史时期，对记忆的认识和理解主要集中于哲学、心理学、神经生物学等领域。我们首先回顾一下对记忆的认识历史。

5.2.1 对记忆的认识历史

亚里士多德在《论记忆》一文中指出："所有可以记忆的对象在本质上都是想象的对象，而那些必然包含想象的事物则是偶然成为记忆的对象……所产生的刺激要留下某种与感觉相似的印象，就像人们用图章、戒指、盖印一样。所以某些人由于残疾或年老，即使有强烈的刺激，记忆也不会发生，对他们就仿佛用刺激或图章去拍击流动的水一样；而另外一些人则由于类似于建筑物旧墙一般的磨损，或由于接触面的坚硬，印痕难以透入。由于这个原因，年幼者和年老者都没有好记忆；他们均处于一种流变的状态中，年幼者是因为他们在成长，年老者是因为他们在衰老。"

16 世纪英国哲学家霍布斯指出："正像我们眺望远方，但见一片朦胧，较小的部分无从辨别一样；也像声音越远越弱，以致听不清楚一样；我们对过去的想象经过一段时间以后也会淡化……这种渐次消失的感觉，当所指的是事物本身（我的意思是幻想本身）时，那我们就像我在前面所说的一样，称之为想象。但如果所指的是衰退的过程，意思是感觉的消退、衰老或成为过去时，我们就称之为记忆。因此，想象和记忆就是一回事，只是由于不同的考虑而具有不同的名称。记忆多或记住许多事物就谓之经验。"霍布斯认为，人的心理活动本质上只有两种——感觉与联想。

哲学家洛克 1690 年出版的《人类理智论》一书中肯定了亚里士多德的观点，即人的心灵在出生时如同一块白板，心灵从经验中获得有关推理和知识的所有原料。洛克是西方心理学史上首次使用联想一词的人，他认为联想是观念的联合，之后联想成为心理学中最常用的术语之一。

洛克认为观念有两个来源。一是来自感觉：外物刺激人的感官引起感觉，从而获得外部经验；二是来自反省：人通过一种内心活动——反省来获得内部经验。洛克建立一套联想主义理论，认为心理事件由联想规律控制，而意识中发生的一切由心理事件彼此之间的联系决定。

英国经验主义哲学家哈特莱则反对洛克的反省说，只承认感觉是知识的唯一源泉，认为人接受外界刺激而产生感觉，因感觉而产生观念，正是联想在感觉与观念之间搭建起了桥梁。他认为联想只有两种基本形式——同时联想和相继联想，且都遵循接近律。

在近代科学发展史中，德国心理学家艾宾浩斯的记忆遗忘曲线可被称为第一个定量结果，如图 5.6 所示。他让实验者背诵记忆若干组无意义的字母组，如 xwyz 等。全部记住后，每隔一段时间复述记住的字母组，将这个组数比例画在一个坐标中，发现记忆量是一条按指数规律衰减的曲线。

1973 年，英国生物学家布利斯和挪威生物学家勒莫发现的长时程增强（LTP），一直被认为是神经可塑性机理的重要发现和主要模型。其后 20 多年内，LTP 已经可在脑内多个部位被观察到，并有证据显示其与一些学习记忆有关。日本依藤正男发现了长时程抑制（LTD），这也是学习记忆的重要基础。1999 年，中国的钱卓、卓敏和刘国松发现，引入一个突变受体可以增强小鼠的学习记忆能力，创造出“聪明老鼠”——它具有同类小鼠无法比拟的智力：学东西学得更快，记忆维持得更久，对于新环境的适应能力更强。

(a) 艾宾浩斯

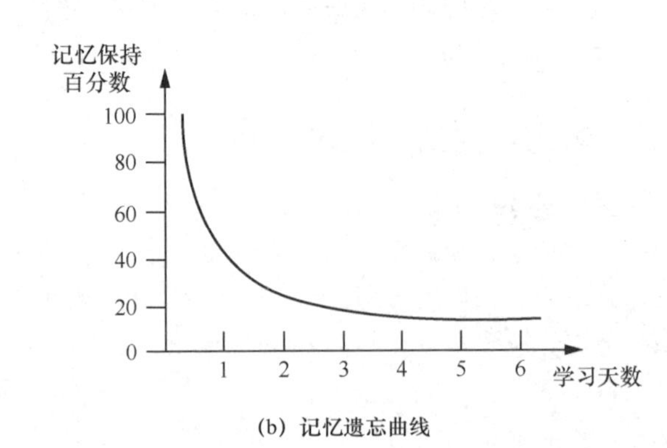

(b) 记忆遗忘曲线

图 5.6　艾宾浩斯与记忆遗忘曲线

5.2.2　关于记忆的假说理论

早期的记忆理论主要是许多心理学家从心理机制角度提出的各种记忆模型，比较典型的有以下几种。

1. 祖母细胞理论

关于神经元的概念及如何记录单个物体依然存在争议。美国认知科学家莱特文大约在 1969 年提出祖母细胞一词，意指一个假想的神经元，它可表述一个复杂而特定的概念或物体，当一个人“看见，或听到，或通过其他感官方式区别”一个特殊的实体（比如其祖母的照片）时，祖母细胞就会被激活。

猴子颞下回的神经元能选择性地识别手和脸，但一些对猴子来说十分重要的目标，如果实、颞下回的神经元并无反应。人类海马回中的细胞对认知范畴也会高度选择性地进行响应，如对人脸的高度选择性响应。

祖母细胞理论认为，人脑中存在一个（组）神经元，当某个特定的物体、概念（如祖母的头像）出现时，这个（组）细胞就会被激活，而失去负责对其编码的神经元时，就无法识别这个特定的物体概念（如祖母）。

祖母细胞理论与赫布的“细胞集群”学说基本类似，少数细胞也可唤醒这个细胞群体。此外，我们的大脑对外部事物的记忆都是后天形成的，因此用于记忆后天经历的特定事物，如识别祖母的细胞群也必定是后天形成的，不可能先天预设这些细胞在大脑中的精确位置。

2. 孔哈克的认知记忆假说

德国神经生物学家孔哈克认为，顶叶和颞叶的感觉联合区综合了来自触觉、听觉和视觉的信息输入，对记忆发挥着关键作用。首先，感觉联合区与额叶皮层具有紧密的双向连接；其次，感觉联合区具有重要的神经通路，下行到属于边缘系统的海马回和其他结构，从边缘系统又经中部丘脑核的神经通路投射到额叶皮层。

3．记忆的双层存储模型

20 世纪 60 年代后期，英国心理学家提出一种颇具影响力的存储模型，认为记忆由两种相关却不相同的存储系统组成，即短时记忆和长时记忆。根据该模型，记忆是信息在三个盒子间流动的结果，每个盒子代表一种记忆系统。首先，来自外界的信息进入感觉记忆。其次，得到注意的信息被传递至短时记忆。信息经复述后，即可由短时记忆转移至长时记忆。如未加以复述，短时记忆中的信息就会消失并被遗忘。

这种“双加工”模型之所以颇具影响力，是因为它解释了记忆功能的各种观察结果，如遗忘症患者为何能在患有严重记忆障碍的情况下，仍具有短时间内存储少量信息的能力。不过该模型过于简单化，因为它将短时记忆与长时记忆视作两种单一的机制，但其实这两种记忆各自包含不同的类型。因此，其他研究人员提出了工作记忆模型，以解释短时记忆的不同组成。

4．多重存储模型

美国学者阿特金森和谢夫林提出多重存储模型，认为长时记忆实际上由多个亚组分组成（如情景记忆和程序记忆），重复是信息最终转为长时记忆的唯一途径，而所有记忆都是以单一单位的形式进行存储的。

多重存储模型假设记忆是由相互分离存储的感觉记忆、短时记忆和长时记忆组成的。外部环境中的刺激首先进入感觉记忆，其特点是容量大，可记录所感觉到的所有信息。感觉记忆中的一小部分信息很快传递到短时记忆，但这种记忆非常脆弱，除非重复，否则大约 30 s 之内便会从记忆中消失，只有不断重复的短时记忆才能传递到长时记忆中。长时记忆容量非常大，保存着从几分钟到几十年的大量记忆信息。该模型假设，长时记忆是以语义形式编码的，因此记忆时间长，不容易丢失信息。

5．加工水平模型

与多重存储模型不同，加工水平模型认为，人脑的感觉从浅感觉到深意义不等（可分为物理、感觉、语义和自觉等不同水平）。可以以不同的水平加工外加刺激，而不同的加工方式对回忆效果产生不同的影响。与浅的感觉加工相比，深的意义加工将产生更久的记忆保持效果。

6．图尔芬模型

图尔芬模型将记忆机制的重点放在记忆存储材料的性质方面，并将记忆材料分为短时记忆和长时的程序记忆、语义记忆和情景记忆。情景记忆存储有关事件发生时间及事件联系的信息，与个人经历有关，是主观性的；语义记忆则是指组织起来的公共知识，偏向于客观性；而程序记忆是有关事件程序的知识，具有自动性。

7．工作记忆模型

还有更长一些的短时记忆，称为工作记忆，是由英国心理学家巴德利等人提出的。工作记忆的能力是有限的。例如，对于大多数人来说，能回忆出来的数字个数通常只有 6 ~ 7 个。某些脑损伤患者只有极小的数字记忆广度，除了他们听到的最后一个字母外，别的一概回忆不起来，意识却正常，他们的长时记忆可能并未受损。

在工作记忆模型中，工作记忆包含 3 个基本存储结构——中央执行器、语音环路和视觉空间模板。

8．构建假说

记忆表面上看似一种记录装置，事实却并非如此，因为诱导与维持记忆的分子机制非常动态，由不同的阶段组成，涵盖一个从数秒甚至到一生的时间窗口。

构建假说认为，记忆是一种构建过程，它允许个体模拟与想象将来的情节、事件和场景，因为将来并不是过去的精确重复，而将来场景的模拟需要一个可以借鉴过去的复杂系统，它以一种灵活提取和重组之前经验元素的方式——构建而非复制系统的出现。人们在编码或回忆信息时能构建信息，而当人们接收错误信息时，也倾向于错误记忆，称之为误导信息效应。

9. 并行分布加工模型

并行分布加工模型就是神经元模型，强调知识存储于基本单元之间相互联结的联系之中。对于记忆而言，这种模型的特点在于：①即使输入有误，系统也会发生作用；②可以利用部分属性进行回忆；③不同的线索具有不同的有效权值，在记忆中发挥的作用也不同。

10. 原型组织模型

作为更高层次的记忆模型，原型组织模型强调的是语义记忆的组织机制。该模型认为，人脑根据原型对知识范畴进行组织，这里的原型是指一种范畴的最典型事例。以原型组织知识范畴具有如下特点：①原型被当作范畴的样例；②原型能担当参照点的角色；③记忆启动后对原型的判断更快；④在语言分析中，原型可以直接替换句中的语法范畴名称；⑤原型具有相似范畴归属的普遍属性。正因为有这些特点，在认知加工过程的模拟研究中，这种模型存在较广泛的运用。

11. 认知地图模型

与原型组织模型一样，认知地图模型也是一种高层次的记忆模型，不同之处在于，认知地图模型强调的是记忆内容的心理整体表象。实际上，认知地图是用来编码和简化空间环境安排方式的一种心理表象装置，是人脑对空间环境的一种内部表征。这种整体表象的特点在于，在性质上认知地图既是模拟的，又是命题的，可以表征空间环境中的距离、形状和方向等各种信息。至于有意义的语义信息的提取，则有强调概念按照特征或属性进行组织存储的；也有理论强调语义记忆分为陈述性和程序性两类且所有高级认知过程均有相同支持系统的；更有强调心像计算理论的，将心像的表征分为表层影像表征和信息（语义与命题）表征两层，概念及其关系通过语义来表达。所有这些正是人工智能研究所关心的知识表示问题。

5.2.3 记忆的类型

基于感觉类型、记忆时长、信息类型及时间方向等，记忆被划分为各种各样的类型。按感觉类型分类，不同的感觉类型产生不同的感觉记忆。感觉记忆是指觉察到某个东西后所产生的瞬时（短于 1 s）记忆。人们能在观察到一个事物的一刹那记起它像什么，它不受认知的控制，是一种自动的反应。感觉记忆一般分为 3 类——映像记忆、听觉记忆和触觉记忆。其实，还应该加上嗅觉记忆和味觉记忆。

按记忆时长分类可分为短时记忆和长时记忆。按信息类型分类，记忆可分为地形记忆、闪光灯记忆、陈述性记忆和程序性记忆等。

1. 短时记忆

短时记忆是指不需要重复即可回想起来的能力，可持续数秒至 1 分钟（通常在 5 ~ 20 秒）。一般认为，短时记忆的容量非常有限，主要依赖于通过声音编码存储的信息，而较少通过视觉编码的信息。关于短时记忆的容量，通常是 7（±2）个元素。

阿特金森和谢夫林详细描述了记忆模块模型（见图 5.7）。信息首先被存储于感觉记忆中，被注意的事件将进入短时记忆。一旦进入短时记忆，如果事件被复述，则可以进入长时记忆。该模型指出，信息在每一个阶段都可能遗失，其原因可能是衰退（信息强度降低并逐渐消失）、干扰（新信息替换旧信息），或者两者的结合。这个模型明确提出了存在记忆的不同阶段，并且它们具有不同的特征。而且这个模型具有一个明确的顺序结构：信息从感觉记忆进入短时记忆，然后才能进入长时记忆。

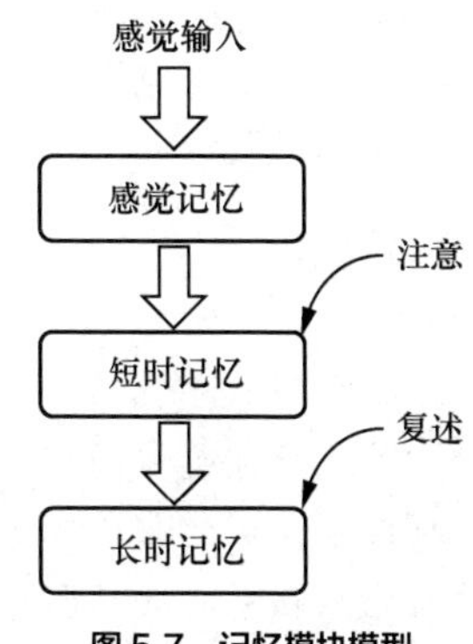

图 5.7　记忆模块模型

在接下来的几十年中，这一模型引发了心理学和神经科学中记忆研究领域激烈的辩论，分别出现了支持、挑战和扩展该模型的数据。一个关键问题在于，记忆是否需要在短时记忆中编码才可以存储到长时记忆中。从另一个角度看，用于保持短时记忆信息的大脑系统是否与存储长时记忆的相同。

2. 工作记忆

“工作记忆”一词表示一种脑部机制，可临时存储和操纵与手头任务相关的信息。该能力使人们能够高效地规划与执行日常行为。工作记忆对人类认知至关重要，可被看作是一种心理工作空间或脑的记事本，即用于存储和操纵少量有用信息的神经系统。它与注意密切相关，且存储信息的容量有限。

工作记忆概念的出现是为了扩展短时记忆的概念，并详细阐述信息在被保存的几秒或几分钟内的心理过程。这两个名词在记忆文献中有时是可以互换的，但是短时记忆与工作记忆稍有区别。工作记忆代表一种容量有限的，在短时间内保存信息（维持）并对这些信息进行心理处理（操作）的过程。工作记忆的内容可以源于感觉记忆的感觉输入（如模块模型所显示的），也可以从长时记忆中提取获得，并且后者成为一种重要的观点。在每种情况下，工作记忆包含可被使用和加工的信息，而并不仅是通过复述来维持，虽然这种维持方式是工作记忆的一个方面。

20 世纪 70 年代，心理学家巴德利指出，单一的短时记忆并不足以解释短时间内对信息的维持和加工。他提出一个具有三个子系统的工作记忆系统，即一个中央执行系统和两个参与不同类型信息的复述的子系统（语音和视觉）。中央执行系统是一个管理短时记忆储存的两个子系统（语音环路和视觉空间板）和长时记忆之间相互交流的命令控制中心。中央执行系统并不仅限于某种感觉形式，而是一个指导工作记忆加工的认知系统。

语音环路是工作记忆中对声学信息编码的一种假想机制（因此它是通道特异的）。语音环路可能包括两个功能：一个是对声音输入的短时声学存储，另一个是复述成分，参与短时间内默读复述并记忆视觉呈现的项目。

视觉空间板是一种平行于语音环路，且允许信息以纯视觉或者视觉空间的编码方式存储的短时记忆存储方式。支持该系统的证据来自于语言与视觉空间编码的分离。思路如下：如果两种编码是分离的，那么它们在工作记忆中不应该互相干扰；如果某些信息是以声学方式编码的，那么在保存间隔中出现的视觉空间任务就不应该影响它的成绩。研究的确发现，声学与视觉空间编码是分离的：从这些研究中浮出水面的是一种由一个中央执行系统和两个独立子系统（语音环路和视觉空间板）组成的工作记忆模型的概念，如图 5.8 所示。

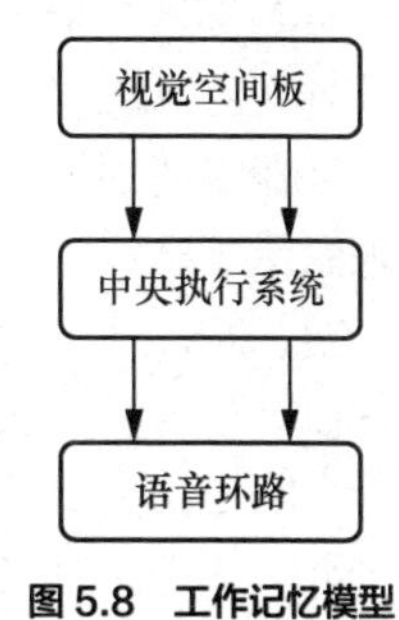

图 5.8　工作记忆模型

工作记忆的贡献主要在于它填补了短时和长时记忆之间具体关系的空白。而且工作记忆定义并不假设单一的短时储存，而是允许不同类型（语音和视觉）的信息短时间内分别以不同的方式编码。

拓展阅读

工作记忆测试极限

有关短时记忆的早期研究表明，大多数人的记忆广度大约不超过7个项目。但可在每一个项目中存储更多的信息，从而扩大记忆广度。一项早期的经典实验表明，工作记忆也存在时间限制。研究人员给受试者一组表格，表格分为3行，每行4个字母，共计12个字母。受试者看表格的时间只有约 50 ms，然后要尽可能多地回忆这些字母。结果平均每人只能回忆起每行的1个字母。如果受试者在看到字母前，已经被告知应注意哪一行，那么他们可回忆起这一行的所有字母。但如果在看完字母超过 1s 后，再告知受试者应注意哪行字母，那么受试者就只能回忆起每行的一个字母。这表明工作记忆与注意机制密切相关。

视空间工作记忆容量有限，因此会出现变化视盲这种有意思的现象。变化视盲是指人们注意不到场景的变化，如图中物体颜色或位置的变化，抑或物体的消失不见等。这类发现证实，工作记忆的容量被严格限制在4个项目以内。

3. 长时记忆

长时记忆是指信息经过一定深度的加工后能在大脑中长期保留的记忆。长时记忆能存储更多的信息，容量是难以估量的，几乎是无期限的（有时可终生持有）。长时记忆是语义或情景编码性质的。某些脑损伤的患者除了他们听到的最后一个字母外，别的一概回忆不起来，但却意识正常，可能长时记忆并未受损。

长时记忆不仅能产生活动的图像和声音，还能根据当时体验的相关观念来产生意义。长时记忆中的关键或参考点就是观念，其中有许多由普通的语言文字代表，而有些则不然。对于大脑从长时记忆库中召唤出的图像，若与之相关的事物很少，或根本没有，则这些图像只是记忆。如果具有图像相关的事物，尤其是受到情绪线路的共振影响时，则是回忆。

短时记忆与长时记忆似乎并非独立与平行的，而是以串行方式进行工作的，短时记忆是瞬时而易变的，一般可通过集中注意力与不断重复转化为长时记忆。

4. 陈述性记忆

陈述性记忆是对事实与知识的记忆。这种记忆主要依靠海马体和额叶皮层，可以更细地分为我们回忆自身生活的记忆（情节记忆），以及与生活中发生的事件无关却是事实的有关世界的知识（语义记忆）。

5. 非陈述性记忆

非陈述性记忆是在不需要有意回想先前经验，但先前经验又确实促进了行为表现的情况下表现出来的。

非陈述性记忆包括多种形式的知识，那些我们每天都能观察到的及通过适当设计的实验来揭示的知识。非陈述性记忆包括多种记忆形式，它们在外显记忆不存在的情况下，也可以被学习并保存下来。程序性记忆是非陈述性记忆的一种形式，它包括各种自动化技能（例如骑自行车）和认知技能（例如阅读）的学习。

陈述性记忆和非陈述性记忆是关键的区分。陈述性记忆是人们可以通过有意识的过程而接触（或访问）的知识，包括个人和世界知识。非陈述性记忆是那些我们无法通过有意识的过程而接触的知识，例如运动和认知技能（程序性知识）、知觉启动及由条件反射、习惯化和敏感化引发的简单学习行为。

知觉表征是一种在感知系统中发挥作用的非陈述性记忆模块。其中，物体和词语的结构和形式可以因先前的经验而启动。启动指由于先前接触过某种刺激，而对该刺激的反应或识别能力发生的变化。之前出现过的物体或者词语的形式（已启动的）比那些之前未出现过的形式（未启动的）更容易被识别（可以更快地识别它们）。

5.2.4 关于记忆的神经与分子基础

上述关于记忆的理论和类型划分等主要是从心理学角度试图说明人脑记忆活动的规律，而神经科学近些年也提出了很多学说，试图解释记忆的形成机制。人脑中的记忆记录着人的过往，在某种程度上，每个人的记忆定义了自己是谁。但是，这些零散的记忆在大脑中是如何存储的呢？记忆在大脑中的物质基础（记忆印记）又是什么呢？过去50年间，人们对学习和记忆过程背后的细胞机制的了解更加深入。现在人们普遍认为，学习和记忆均与神经元网络间的连接加强有关。

记忆是人脑神经活动的一种重要机制，也是人类高级思维活动得以进行的基础。目前神经科学研究已经证实，过去将记忆功能简单地定位于人脑特定部位（比如海马体）的观点是不正确的。实际上，人类记忆涉及的脑区神经活动十分复杂。普遍接受的观点为，记忆的神经活动关联大脑皮层的众多部位，广泛分布于整个神经系统，不同部位关系到记忆经验的不同方面，而这些方面反过来又通过深隐于大脑内部的某一特殊记忆系统相联系。记忆信息存储及物质基础一直是神经科学研究的热点，目前较有代表性的理论包括以下几种。

1. 突触长时程增强效应和记忆能力

1973 年，英国神经学家布理斯和挪威科学家洛默在实验中发现，家兔海马体的前穿质-齿状回通路在一串高频刺激后表现出突触反应的增强，当时他们通过测量该突触连接的兴奋性突触后电位的幅度和斜率，以观察突触传递效率的变化。当他对突触前纤维施加高频刺激时，突触后细胞对这些单脉冲的反应会增强很长一段时间，而当年在对兔海马体的研究中发现，当它这一系列刺激被接受后，后续的单脉冲刺激会在突触后细胞中激发增强，延长了兴奋性突触电位。他们同时注意到，这种突触传递的增强在离体实验中可维持数小时，而在在体实验中可维持几天到数周。他们将这一现象称为突触传递的长时程增强（LTP）。此后长时程增强被认为是记忆在脑中存储的主要神经机制。

海马体是学习、记忆神经机制研究的重点脑区。以大鼠的海马突触为例，其突触组织如图5.9所示。记录LTP的方法是放置刺激电极于孔状通路，并将记录电极放置在齿状回的颗粒细胞中（见图5.10）。首先呈现一个脉冲，并且测量相应的突触后兴奋电位（EPSP）。第一次记录的大小是在引发LTP之前的连接强度。接下来给予孔状通路一阵脉冲刺激；早期的研究大约采用100次/秒的频率，近期的研究则采用5次/秒的频率。在引发LTP之后，单一的脉冲被再次发送，并对突触后神经元的EPSP值进行测量。EPSP值在LTP被诱发后升高，表示更强的突触效应，如图5.10（a）所示。一个令人欣喜的发现是，当脉冲以缓慢的方式呈现时，相反的效应即长时程抑制（LTD）现象出现，如图5.10（b）所示。

为了产生LTP，突触后神经元必须在接收到兴奋性输入后被去极化；事实上，进入突触后神经元的抑制性输入降低了LTP。而且当突触后神经元被去极化后，LTP被阻止。相反地，当突触后抑制被阻止时，LTP被促进。如果一个通常没有强到可以诱发LTP的输入和一个流至突触后神经元的去极电流一同出现，LTP就可以被诱发。之后的研究发现，神经递质谷氨酸的一种靶受体在LTP过程中发挥着重要作用，它通过调控神经元阳离子通道的开闭而影响动作电位，进而控制突触的可塑性与记忆功能。关于 LTP 在细胞和行为水平记忆中的作用仍在研究之中。

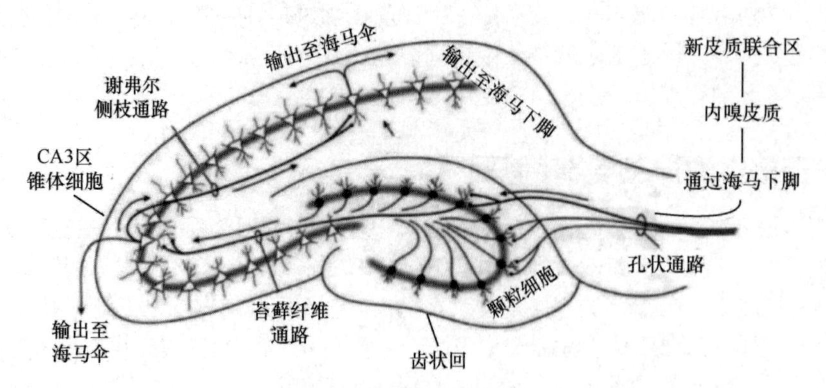

图 5.9　大鼠的海马突触组织

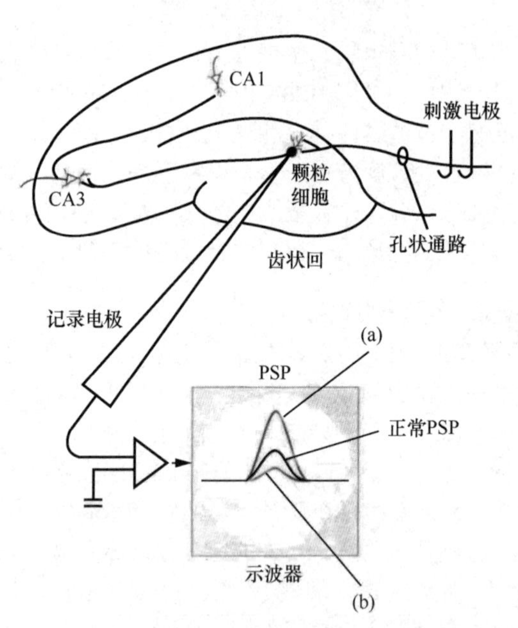

(a) 诱发 LTP 前后的反应模式（mV）；(b) LTD 中的反应模式

图 5.10　刺激和孔状通路中 LTP 研究的记录装置

在 2011 年发表的一项研究中，研究人员发现了一种名为 Npas4 的蛋白质，以前其被认为是由神经元活动引发的基因表达的主控制器，控制着 CA3 中神经元与海马体另一部分齿状回之间的连接强度。没有 Npas4 就无法形成长期记忆。

他们的研究确定了 CA3 中记忆编码的依赖经验的突触机制，并为选择性控制它的分子途径提供第一个证据。没有 Npas4，从齿状回到 CA3 的突触信息传递无法得到加强，并且老鼠无法形成事件的记忆。进一步的实验表明，这种强化是专门用于记忆编码的，而不是用于检索已经形成的记忆。研究人员发现，Npas4 的丢失并不影响 CA3 神经元从其他来源获得的突触输入。

研究人员还发现，Npas4 控制的一种基因可以对突触强度产生这种影响。plk2 基因参与缩小的突触后结构。Npas4 打开 plk2，从而减少突触大小并降低强度。这表明 Npas4 本身不会强化突触，但允许它们在必要时加强的状态下保持突触。没有 Npas4，突触会变得太强，无法通过进一步强化它们来诱导编码记忆。

科研人员还曾提出一种“神经元突触标记”的假说，即存在发挥长期记忆功能的神经元突触特定标记部位，但一直以来人们都没有发现可靠证据以证明这一假说。日本三菱化学生命科学研究所的研究小组采取将已知与记忆相关的蛋白质与可发出荧光的蛋白质相结合的方法，通过兔子模拟长期记忆的产生情况，以观察、记忆相关的蛋白质如何运动。结果发现，虽然与记忆相关的蛋白质可以通过突触进入神经元并散布到各处，但只有在具有特定标记的地方才能发挥记忆作用。此外试验还证明，位于神经元树状突触顶端的这个特定标记部位是一个小于 1 微米的突起，当神经元输入蛋白质时它还起到“开关”的作用。

拓展阅读

突触结构在大脑记忆中发挥着确定事件背景、确保记忆准确度的作用

在瑞士弗里德里希－米舍研究所等机构研究人员的一项研究成果中，研究人员观察实验鼠大脑结构变化时发现，如果实验鼠进入某个房间后遭到电击，它就会记住这一遭遇，再进入这个房间时就会表现出恐惧，而在其他相似但不同的房间中却没有这种表现。研究发现，在这个过程中，实验鼠大脑中相关神经元周围多出了许多突触结构。

不过实验鼠的记忆准确度只能维持较短的时间，在遭电击两周后，即使是进入相似的房间，它也会表现出恐惧，这说明被电击的记忆还在，只是大脑将相关环境混淆了。研究发现，这时其大脑中相关神经元周围的突触结构逐渐消失。

但如果再让实验鼠回到最初遭电击的房间，其相关突触结构会重新建立，记忆再次变得准确，再进入其他房间也不再表现出恐惧。研究人员据此认为，突触结构在大脑记忆中发挥着确定事件背景、确保记忆准确度的作用。

2. 神经回路学说

为了有效解释人脑记忆机制，研究人员提出了各种记忆理论。有一种记忆物质学说认为，不同分子结构的 RNA 和多肽是各种记忆的物质基础，但这种学说目前受到普遍质疑，取而代之的是神经回路学说。

神经回路学说认为，与记忆相关的主要现象都可以通过神经系统中的神经回路说明。其主要观点是突触的可塑性形成了记忆的基础。而特定的记忆与特定形成的神经回路相对应。

比如在闭合回路及与之相联系的网络中，神经冲动的循环和传播可以使神经兴奋持续一段时间，这一过程就是所谓的短时记忆。另外，神经兴奋的持续可能引起回路中突触出现某些结构或物质上的变化，从而改变突触结合的强度，结果导致兴奋结束之后，大脑中仍然留下了与特定记忆相对应的特定形式的神经元。这就是基于回路中突触可塑性变化的长时记忆。

后来，当我们回忆时，某一刺激线索诱导出的特定形式的神经元活动就会引起一次回忆活动。有时不同刺激线索引发脑内不同神经回路同时兴奋，结果可能使各自的神经回路形成某种联系，称为联合记忆。通过这种联合记忆，可以回忆起一连串的记忆，形成联想。

当然保持突触易于传递性质的物质变化是可逆的。如果突触处于不使用状态，便会随着时间的推移恢复原来的水平，此后再进入的刺激线索也不能使该回路重现，这便是遗忘。

3. SPI 记忆模型

在神经回路学说的基础上，再考虑并行分布式神经机制，就可以进一步认为，全部脑活动都可以看作是一种记忆活动过程，而不同的脑活动功能仅仅是因为记忆所处理的内容及发生记忆活动的脑区部位分布不同而已。于是记忆也可以看作是一种永不间断的编码、存储和提取的动态过程。这就是 SPI 记忆模型的学说观点。

该模型学说的核心假设是，不同脑活动之间的关系是过程特异的。系统之间的关系依赖于过程性质。首先，记忆不同功能的信息是以串行方式编码进入系统并依赖于整个神经系统的状况；其次，被编码的信息在涉及的脑区系统中是以并行方式存储的；最后，相应地在提取一个记忆信息时则以相对独立的方式进行，并不涉及无关的网络子系统。

这样人们就可以根据记忆的内容（涉及不同的脑活动功能）看待各种相对独立的记忆子系统，如短时记忆和长时记忆（包括程序记忆、语义记忆和情景记忆等）。至于记忆的失真、歪曲则主要是在编码过程中发生的。原因主要是人们主观上对所进行记忆活动产生影响的结果，也就是说，先前已经掌握的知识会因对新的记忆进行选择或添加产生的影响而导致记忆的失真和歪曲。

4．记忆的分子性质

自1940年以来，科学家一直认为记忆存储在由突触连接的神经元网络中。但最新研究显示，人类记忆具有实在的生化物质形式，彻底颠覆了原先的理论。记忆的物质形式就深藏在神经元的中心，也就是其细胞核中，并紧贴着DNA，它们是一些与表观遗传相关的分子。最近这些年，神经表观遗传学已逐步揭示了记忆的分子性质，加利福尼亚大学的实验室首次无可辩驳地证明了这一点。神经表观遗传指的是对神经元DNA的化学修饰。这些表观遗传记号无须改变DNA序列，就能控制双螺旋表达的方式，并构建大脑神经元的生化状态。实际上，正是这些表观遗传分子将人们的记忆忠实地印刻在神经元里，近期不少研究也充分证明了这一点。研究表明，在记忆过程中，共有三个分子反应发挥作用。

（1）DNA甲基化开启记忆

一旦记忆在人脑里形成，就会有无数甲基转移酶在相关神经元中得到激活。它们调节与基因相关联的蛋白质数量，从而修饰它们的“甲基化外观”。美国范德堡大学的斯威特率先证明，如果阻断这些酶的运作，大鼠就会丧失记忆力。

（2）DNA重构留存记忆

接下来轮到其他表观遗传修饰接力。其他表观遗传修饰通过锁定基因的表达状态，实现保存神经元感知的生化信息目标。乙酰化、磷酸化和其他手段能够修饰DNA所缠绕的组蛋白。证据在于，如果阻断小鼠身体中的这些修饰，它们记忆的留存至多不会超过数小时。

（3）非编码RNA维持记忆

所有这些控制神经元DNA的化学修饰要想持续生效，还需要非编码RNA的协助。它们的职责是指引新的“表观遗传记忆”，确保DNA的这些特定表观遗传构型得以维持，只是不编码蛋白质。

这些表观遗传学行为联合起来，在质量和数量方面双管齐下，极其精细地调控着DNA中的基因。所有这些行动组合在一起，形成不同层次的密码，将记忆锁在对应的神经元中。与此同时，生物学家弄清了表观遗传记忆如何在相邻神经元之间移动：通过传输蛋白质和RNA的囊泡。这种非接触交流模式的重要性被大大低估了。但是突触网络可塑性依然很重要。虽然记忆的长期静态存储是表观遗传学层面的，可是唤起记忆之类的动态机能仍然依赖突触的可塑性。事实上，由突触网络通过神经元的电位传导机制来处理信息，比通过神经元细胞核的分子机制要快得多。人类的记忆好像一个外接硬盘，里面存储了人们一生的照片，如果没有数据线，人们就无法保存（编码）或查看（唤起）这些照片。但是数据线只是人们与这些图像的物理记忆之间的纽带。如今神经表观遗传学可以让藏在数据线背后的分子显露出来。

拓展阅读

记忆的"举一反三"和"因地制宜"背后的神经生物学基础

神经科学家近期发现，每一段特定的记忆都储存在一群相对应的脑细胞中。例如，在海马体的齿状回中，每一段记忆会激活并最终储存于1%～5%的细胞中。这些细胞几乎是被随机选中，而细胞不同的排列组合可以存储成千上万条不同的记忆。利用光遗传、化学遗传手段，科学家证明，人为地激活特定1%～5%的细胞可以让小鼠立即回忆起相对应的某段记忆；相反地，抑制该群细胞可以阻断记忆。这些研究告诉我们，研究这1%～5%的细胞是进一步理解记忆的神经基础的关键。

然而一个未被解决的关键问题是，这1%～5%的细胞究竟是功能相同，还是有所分工？另外，这些细胞究竟发生了分子、细胞、环路层面的哪些变化，使得记忆能够被写入细胞？2020年3月，麻省理工学院、纽约上州医学院的研究工作发现，存储记忆的细胞具有不同的分工；其中，一群细胞使存储的记忆更容易推广到其他情况中（记忆泛化，类似于"举一反三"），而另外一群细胞则使该记忆更不容易被混淆而适当地被运用于特定情形中（记忆辨别，类似于"因地制宜"）。

那么，记忆到底是更泛化好，还是辨别性更强好呢？其实，记忆的泛化和辨别就像太极中的阴与阳，二者相互调和，缺一不可。记忆的泛化帮助人们在学习中触类旁通，将学到的知识举一反三，然而过分的泛化会造成"一朝被蛇咬，十年怕井绳"的窘境。同样的，适当的记忆辨别使人们能够明确分清记忆中不同的各种情形，从而因地制宜；过度的辨别却是有害的。因此，泛化与辨别需要平衡。而大脑选择由两群不同的细胞分工负责记忆的泛化与辨别，或许是使二者制衡协调的一种巧妙设计。

综上所述，这项研究的主要内容包括以下两点。

（1）记忆存储于特定细胞中；而这些细胞的功能不尽相同，有所分工（泛化与辨别）。

（2）细胞不同的功能来自于它们所经历的不同分子、细胞、环路的变化。

5.2.5 与记忆有关的大脑结构及区域

1. 海马体与记忆

一般认为（并无强有力的证据），外显记忆可能存储于新皮层中，但其产生或者准确地说短时记忆依赖于海马体。海马体及其邻近结构对事实、人物及事件的记忆形成具有重要作用。有人认为，海马体是日常生活中储存短期记忆的场所，而如果一个记忆片段（如一个电话号码或一个人）在短时间内被重复提及，海马体就会将其转存入大脑皮层，成为永久记忆。也就是说，海马体主管人类的近期记忆，如同计算机的内存，存入其中的信息如果一段时间不使用，可能会由于记忆容量的有限而被自动覆盖。在信息被传送至新皮层之前，对于一些新的、长程的、系列事件中一个事件的记忆编码要在海马体中存储几个星期。

1900年，俄国学者别赫捷列夫基于对一位有严重记忆紊乱患者的长期观察，首先提出海马体与记忆具有关联性。1953年，为缓解癫痫病情，美国患者莫莱森大脑双侧的海马体被切除了。这个手术成功地缓解了莫莱森的癫痫病症状，并成为脑科学史上有名的案例之一。通过莫莱森的案例，神经生物学家了解到，海马体对情景记忆的形成十分重要，而情景记忆包括记录事实和事件。另外，该案例还表明，不同的神经系统编码不同类型的记忆，海马体在形成和存储新的情景记忆中发挥了至关重要的作用。这些发现为人们了解空间和时间导航的神经机制提供了线索，并且说明了情景记忆和空间探索都涉及认知地图的形成和使用。

莫莱森的症状至少说明以下几点。

（1）海马回在一些记忆类型（情景记忆或自传记忆）从短时记忆转化为长时记忆的过程中具有重要作用。

（2）保存短时记忆和长时记忆的部位可能不同。

（3）有些类型的短时记忆可能并不需要在海马回中进行处理。

海马回的功能并不仅限于短时记忆的存储,它似乎也参与从短时记忆到长时记忆的转化。LTP 现象是最先在海马体中被发现的，也常常在这个结构中被研究。双侧海马体大范围损伤可能引发顺行性遗忘症，即无法形成并保持新的记忆。阿尔茨海默病患者的海马体是最先遭到破坏的脑区之一，早期症状包括记忆丢失和方向障碍等。

海马体对内隐记忆及记忆的整固均十分重要。海马体从皮层的各个部分接收输入（来自已经将信息加工了许多的次级或三级感觉区），再将其输出传送至脑的不同部位。

麻省理工学院神经科学家利根川进和罗伊（Dheeraj Roy）等一起提出了一些颠覆脑科学领域的基本假设。记忆的存储和提取是通过两条截然不同的神经环路实现的，而并非一直被认为的同一条。他的团队还发现，对一个事件的记忆是在大脑负责长时记忆和短时记忆的不同脑区同时形成的，并不是先在一个脑区内形成短时记忆，随后再转移到另一个脑区形成长时记忆。在海马体的脑结构中，产生记忆的神经环路并非事后进行回忆的神经环路。相反重拾一段记忆需要海马体下托中的另一条被科学家称为“迂回环路”的神经环路，它与负责记忆形成的主要环路是泾渭分明的。这些并行的环路能帮助人们快速地更新记忆。如果相同的海马环路被同时用于存储和取回，编码一段新的记忆将需要几百微秒。但是如果一条环路添加新的信息、另一条环路同时提取类似的记忆，那就有可能将过去的经验知识更快地用于处理当下的情况。两条环路的存在使动物可以只用几十微秒完成更新。这些差别在生死攸关的情况下是至关重要的，几百微秒的差别可能意味着从捕食者的爪下逃走或成为其晚餐。这种并行环路的模式还可以帮助人们极快地整合新信息和过去的记忆。

2. 杏仁核与记忆

附着在海马体末端的杏仁核是旧皮层（古哺乳动物脑）的另一个重要结构，它在情绪事件相关记忆的形成与存储中发挥着重要作用。杏仁核损伤患者的情感反应会发生显著变化甚至完全丧失。例如，刺激杏仁核首端会引发逃避和恐惧，刺激杏仁核尾端引发防御和攻击反应。对整个杏仁核的高频损伤会导致克鲁瓦—布伊综合征（Klüver-Bucy Syndrome，KBS）。KBS 患者最典型的症状为将任何看得到的东西塞进嘴里，或性欲亢进。最新研究显示，当在一个正常受试者面前展示恐怖画面时，将增加其杏仁核的活动。

早在一个多世纪以前人们就观察到，恒河猴颞叶皮层（包括杏仁核）损伤导致了其社会与情绪性行为的显著缺陷。杏仁核损伤的猴妈妈减少了对自己婴儿的母性行为，常常在身体上虐待或忽视它们。

赫布认为，任何被短期存储的记忆经过足够长的时间都可整固为长时记忆。但后来的研究证实这并不完全正确。研究显示，直接注射皮层醇或肾上腺素有助于近期经验的储存。刺激杏仁核也会产生同样的效应。这证明兴奋可通过影响杏仁核的荷尔蒙刺激来增强记忆，但过大或过久的压力（通过皮层醇）可能影响记忆的存储。

此外，情绪有时对记忆也会产生深刻影响。一般来说，一个事件或经历越是富于情感，就被记得越牢，这种现象称为记忆增强效应，而杏仁核损伤患者却没有这种效应。

3. 颞下皮层区与记忆

赫布理论认为，如果一条记忆痕迹只来自于一种感觉信息，它很可能位于与该感觉有关的皮层区。例如，若记忆痕迹只依赖于视觉信息，则预计它可能存储于视觉皮层。对猴子视觉分辨的研究与这一设想不谋而合。

（1）以猴为实验对象的研究

短尾猴经过训练可以获得视觉分辨能力。例如，它们能根据物体的形状分辨成对的物体，并能学会将某个物体与食物奖赏相联系。当猴子熟练掌握这种分辨能力后，会损伤它颞叶下高度有序的视觉中枢，即颞下皮层区（IT 区）（见图 5.11）。受损伤后，尽管猴子的基本视觉能力是完好的，它却不再具备视觉分辨能力。这似乎与动物不再能记住与奖赏相关的刺激形状有关。就此视觉特异性能力而言，记忆似乎存储于高度有序的视觉皮层。换句话说，颞下皮层区既是视觉中枢，也是记忆存储区。

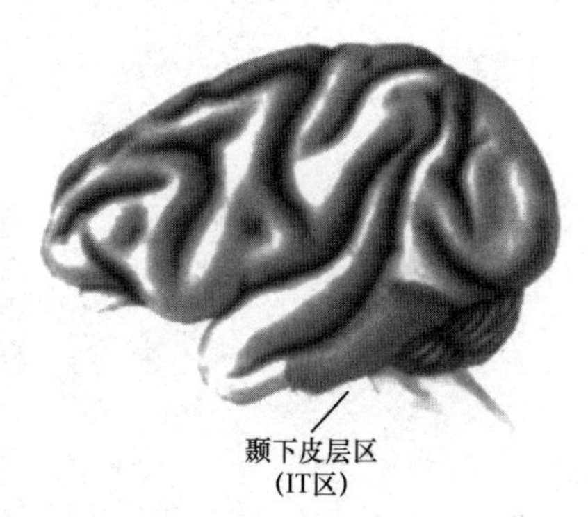

图 5.11 颞下皮层区

通过生理学实验记录单个神经元的反应，可以为颞下皮层区参与某类记忆的储存提供进一步证据。例如，记录颞下皮层区神经元的反应发现，它能编码对面孔的记忆。一个经典实验在猴子清醒状态下用一个电极记录其颞下皮层区神经元的反应。起初记录神经元对许多熟悉面孔（如该猴子经常碰到的其他猴子）的反应，神经元对其中一些面孔的反应会强于对另一些面孔的反应。当给猴子看陌生面孔时，出现了很有趣的结果。第一次见到陌生面孔时神经元对所有面孔的反应都很相似，且比较缓和。但看了几次后，神经元的反应发生了变化，有些面孔诱发的反应比其他面孔诱发的反应大得多。细胞对这些新异刺激的反应具有了选择性。当同一组面孔持续出现时，神经元对每种面孔类型的反应趋于稳定。我们能够推测，神经元反应的选择性是记忆（许多面孔）分布式编码的一部分。颞下皮层区反应的动力学特性支持了脑的皮层区既能加工感觉信息，又能储存记忆的观点。

（2）以人为实验对象的研究

研究人员通过 fMRI 来研究人，发现面孔特异性可激活大脑的一小部分区域。其他 fMRI 实验揭示了对一系列不同物体的特异性反应。例如，在一个实验中，受试者看到不同的鸟和车的画面。每个人都能认出一些鸟类和车型，但鸟类专家和轿车专家都善于识别他们各自工作对象的细节。他们看既有鸟又有车的图片时，大脑的反应是不同的。鸟类专家的外纹状视觉皮层被鸟的画面激活的程度比被其他物体（如轿车）强得多。相反轿车专家对车画面的反应特别强烈。

这种反应模式的含义引发了激烈的争议。一种可能的解释是，两类专家脑内不同的活动模式，反映了对区分各种视觉特征而高度发育的特异性的加工过程，而该加工过程对于区分特定的物体是必不可少的。很明显，鸟和车具有许多不同的特征——羽毛、金属外壳等。另一种解释是，外纹状视觉区编码了对鸟或车（甚至面孔）的记忆。我们暂不追究这种类型实验的反应到底是感觉还是记忆，但可看到，这一实验结果之前的观点是一致的，即皮层的同一区域对两种功能都会发生作用。

4. 内侧颞叶与记忆

在内侧颞叶，有一组相互联系的结构在陈述性记忆的巩固中发挥着重要作用。主要结构是海马体、附近的皮层及这些结构与大脑其他部位相连接的通路，如图 5.12 所示。海马体腹侧是 3 个重要的围绕着嗅沟的皮层区：内嗅皮层，它位于嗅沟的内侧顶部；嗅周皮层，它位于嗅沟的侧面顶部；旁海马皮层，它位于嗅沟的外侧。我们将内嗅皮层和嗅周皮层称为嗅皮层。

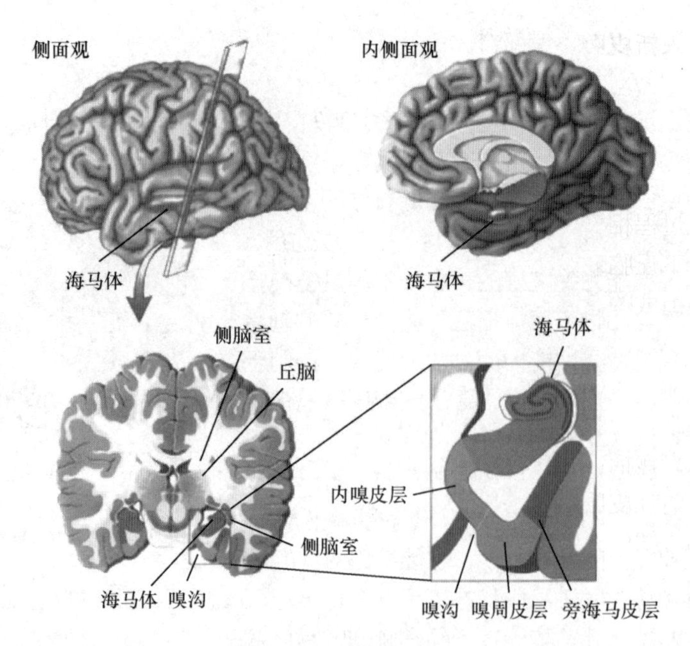

图 5.12 内侧颞叶结构

内侧颞叶接收大脑皮层联络区输入的信息，包括来自所有感觉模态的精加工信息。例如，颞下视觉皮层投射入内侧颞叶，但较低级视觉中枢，比如纹状皮层不是这样投射。

这意味着前者输入的是复杂的外界信息，可能是与行为有关的、重要的感觉信息，而不是反映简单特征（如亮-暗边界）的信息。输入的信息经嗅皮层和旁海马皮层到达海马体。从海马体输出的一条重要途径是穹窿，它绕过丘脑，末端终于下丘脑。

颞叶切除的后移效应表明内侧颞叶的一种或多种结构，对陈述性记忆的形成是必需的。若破坏这些结构，就会引发严重的顺行性遗忘。目前已对记忆形成必需的内侧颞叶内的特殊结构进行了大量研究。其中绝大多数均使用实验切除术，以评价切除颞叶的某些部分是否影响记忆。

由于短尾猴的大脑与人脑在许多方面都很相似，因此，研究人员经常用它们进行人类遗忘症的深入研究。它们经常被训练完成一项名为延缓性非匹配样本任务。在这类实验中，猴子面前放一张有几个凹槽的桌子。它先看到桌上的一个物体盖在一个凹槽上，这个物体可以是一个木块或粉笔擦（刺激物）。训练猴子移开物体找到凹槽中的食物。当猴子拿到食物后，它面前就会拉下一块幕布，让它一段时间内看不到桌子（延缓的时间间隔）。最后，让猴子再看到桌子时，桌上有两个物体分别盖着两个凹槽，一个与先放的物体一样，另一个是不同的。然后训练猴子移开新物体（不匹配的物体）以拿到食物。正常的猴子能相对容易地学会并执行这项任务，可能是因为这符合它对新事物的好奇心。2 次刺激之间的间隔有几秒到 10 分钟，猴子取不匹配刺激物的正确率达 90%。延缓性非匹配样本任务中需要的记忆被称为识别记忆，因为它需要判断以前是否见过某个刺激物。可以这么认为，如果动物能在几分钟的时间延缓后执行该任务，它一定对这一事物形成了长时记忆。

20 世纪 80 年代早期，美国某研究院的一系列实验表明，短尾猴两侧的内侧颞叶损伤后很难执行延缓性非匹配样本任务。内侧颞叶损伤的猴子为人类遗忘症提供了很好的模型。这些实验表明，嗅沟内及周围皮层、海马体一起对来自联络皮层的信息进行重要的转化。一种推测是，这些内侧颞叶结构将记忆引入皮层加以巩固。但是，除此之外，它们也可能作为必需的中间加工阶段。这些皮层区也可能执行其他任务。因此，记忆可能先暂时储存于内侧颞叶的皮层，再转入新皮层以便永久储存。

5. 间脑与记忆

内侧颞叶的损伤可能引发严重的遗忘，但脑内其他部位的损伤也可能破坏记忆。除颞叶外，另一与记忆相关的脑区是间脑。

与识别记忆过程相关的 3 个间脑区为丘脑的前核、背内侧核及下丘脑的乳头体。海马结构的主要输出是一束轴突组成的穹窿。这些轴突大部分投射到乳头体（见图 5.13）。乳头体内的神经元投射到丘脑的前核。从海马体到下丘脑、前核，再到扣带皮层形成一个环路。丘脑背内侧核也接受来自颞叶结构的传入信息，包括杏仁核和颞下新皮层，而且总是投射到整个前叶皮层的所有区域。

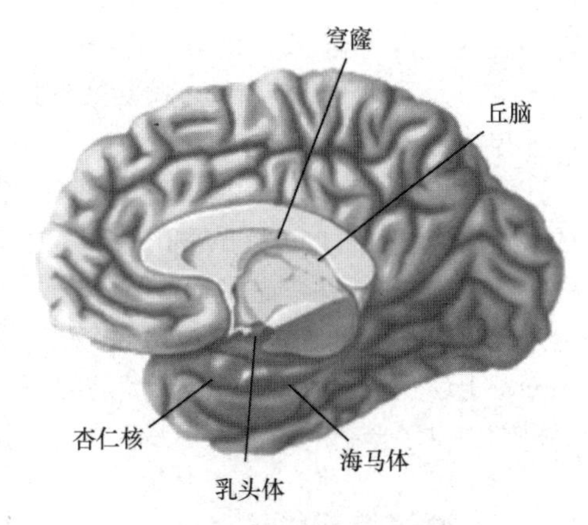

图 5.13 参与记忆的间脑成分

猴子丘脑中线部位大范围损伤，会严重影响其执行 DNMS 任务的能力。这些损伤还会破坏丘脑的前核和背内侧核，引发乳头体的逆行性退变。只限于背内侧核或前核的双侧损伤会产生明显的缺失，但较为缓和。还有少量数据表明，若只损伤乳头体，引起的缺失更缓和一些。

6. 额叶与记忆

大脑每时每刻的意识与已经归档存储于大脑中相关信息的瞬间检索结合起来，就形成了记忆活动。放射性氨基酸标记证明，前部额叶与海马体之间具有多种直接或间接的联系。记忆在海马体中暂时存储几周或几个月后再传给新皮层，以存储更长时间，记忆活动是在前部额叶进行的。用正电子扫描技术记录受试者观看一张卡片上的一个单词后联想另一个与之相关的单词时大脑皮层的活动区，发现前额叶脑区的活动最活跃。前部额叶与丘脑背内侧核具有往返性交互联系，可能是短期记忆的重要根源。前额叶有许多不同的记忆区，每个区都有各自特异的记忆性质。人前额叶的记忆区还具有编码语言和数学知识的功能。在实验中，当习惯的音乐中突然出现异常音调后的 1/3 s，人前额叶中会出现明显的正电位；而前额叶受损的患者脑内则不会出现这种反应。脑成像记录表明，空间视觉的认知过程是从枕叶后部开始，视觉信息先从外周达枕叶的矩状裂两侧，再传至后顶叶，最后进入前部额叶。

额叶损伤患者在应用知识和经验指导日常生活以采取适当的行为方面表现出严重的障碍。但是，此类患者通常保持完整的信息存储能力，通过常规的智力测试也看不出与常人有什么差异。新生婴儿（小于 8 月龄）的大脑皮层没有发育成熟，其反应与前额叶受损的猴子一样，似乎都是由过去的“眼见为实”转为现在的“心不在焉”。前额叶受损使患者不能利用外部世界变化的知识，也不能回忆起脑内存储的这类知识。

决定个体综合智力和行为需要调动存储在各脑区的记忆，并以整合后更高级的形式表现出来。这个高级的记忆整合中枢可能位于前部额叶皮层——进化最晚、联络最广、最能表现出个性和抽象概念的大脑皮层区域。“三思而后行”，前部额叶皮层的功能是产生意识来控制、激活或抑制其他脑区的神经元活动，决定中枢神经系统的最后输出。

5.3 学习与记忆的神经编码机制

在认知科学中，一个关键的问题是信息与精神体验是如何在脑中编码与表征的。科学家从神经编码的可塑性研究中获取了大量知识，但大部分此类研究都聚焦于单个神经元回路的简单学习，与此相比，对更复杂记忆案例（特别是需要存储事实与事件的陈述性记忆）相关神经元变化的认识较为欠缺。收敛—发散区可能是记忆存储与提取的神经元。

认知神经科学家认为，记忆是独立于内部表征的经验的保留、激活和重构。所谓内部表征意味着以这种方式定义的记忆包括两个组分，即在行为或意识层面的记忆表达及基础物理神经变化，后者也称为印迹或记忆痕迹。一些神经科学家和心理学家错误地将印迹与记忆等同起来，大致地想象持续的经验后效都是记忆，而其他一些人对“记忆只有被行为或思想显示才存在”的观点表示反对。

要理解大脑学习、记忆的功能原理，很重要的一点是了解外在事物信息在脑内的表征方式，以及这些表征信息在脑内的编码、加工和解码过程。自从发现神经动作电位以来，围绕神经动作电位以何种方式编码信息展开了大量研究，也提出了多种神经编码学说。尤其是最近几年，随着多通道体记录技术的突破，科学家可以在自由活动的动物脑内同时观察和分析几十、上百乃至上千个神经元的活动状况，这就为在神经元网络水平层面分析大脑的信息编码机制提供了全新的方法和手段。

5.3.1 神经编码学说

对当今神经科学研究来说，揭示神经元编码原理仍是较大的挑战。关于信息如何在大脑中进行编码人们提出了若干观点。第一种观点为脉冲发放率编码，认为脉冲序列的一阶统计量发挥着关键作用，而神经元类似于某种积分器，该理论包括祖母细胞学说、细胞集群假设、基本图形假设和同步振荡编码等。第二种观点为时间编码，认为信息不仅由神经脉冲序列的一阶统计量携带，也由其高阶统计量携带，神经元是某种脉冲放电的同时性检测器，其代表性观点有动态神经元群体假设。第三种观点认为，脑中不同部位可能采用不同的编码方式。其实从某些方面来看，这些学说的编码机制并不是互相排斥的，它们之间具有一定的互补性。

频率编码学说最先是谢灵顿于 1906 年提出的，这也是最早提出的有关神经编码的理论假设。谢灵顿认为，神经元就像一种“整合发放”装置，每个神经元整合树突和胞体的各种输入，然后产生脉冲式动作电位，而动作电位的产生频率则与神经元接受的输入信息有关。这一观点在 1926 年被神经学家阿德里安的实验证实，他们分离出了蛙皮肤感觉传入的单根神经纤维，并记录其动作电位，发现每一根神经纤维只对一种特殊类型的刺激产生反应（如压力、温度或者损伤等），而且其动作电位脉冲的放电频率与刺激强度呈相关性。1957 年，澳大利亚神经生理学家埃克尔斯为这一理论提供了进一步证据，他们发现，所有终止于脊髓的感觉传入纤维的放电频率都依赖于所施加刺激的强度。1996 年，谢灵顿等在猴子的躯体感觉皮层中也同样记录到了频率编码的神经元。在大脑运动皮层中也发现类似的运动神经元频率编码规律现象。这些实验结果显示，从简单的外周神经到高等动物大脑的高级皮层都存在类似的神经元频率编码机制。

按照频率编码模型，每个神经元通过改变自身产生动作电位的频率进行信息编码，动作电位频率的变化对应输入刺激的某种变化。这不可避免地引起人们的疑问，因为基于逻辑推论，仅仅依靠单个神经元的放电频率变化似乎不足以携带足够多的信息量。另外，频率编码学说是否适用于所有神经结构，也存在较大的疑问。从这一学说的发展史来看，它的最主要实验证据来源于对外周神经的观察，而外周神经系统与脊髓、海马体和皮层等中枢神经系统在结构上存在巨大的差异。在外周神经系统中，感觉信息的传递基本上是以一种平行的方式进行的。相反中枢神经系统内的神经元之间存在大量的汇聚、扩散和循环连接，形成了一个多层次的神经元；同时，在这种多层次的网络中还包含更复杂的前馈和反馈连接，因此，它比外周神经系统的单一并行系统要复杂得多，这也使得其信息编码和处理方式更趋复杂。这样单纯的单神经元频率编码理论在解释中枢神经编码机制方面就遇到了一系列问题。

当频率编码学说在解释中枢神经编码机制遇到障碍的时候，研究人员提出了时间编码学说。该学说指出，一个具有不同特性的刺激可由不同神经元的同时兴奋活动来编码。这些神经元的同步发放不仅与刺激有关，还与脑内区域脑电的伽马振荡相位有关，在不同相位的放电可以编码不同的信息。1995 年，有关实验进一步提出，在时间编码的过程中可以不需要频率编码，他们在猕猴的前额叶同时记录了两个神经元的放电活动，并对猴子进行行为训练，结果发现随着猴子对训练行为的日益熟练，这两个神经元的放电相关性明显增加，但放电频率则基本没变。同样的现象也在海马神经元中被观察到。一般认为，时间编码比频率编码能携带更复杂的信息。

另一种比较有影响的编码学说是群体编码理论，这一学说认为，中枢神经系统中的信息编码与处理在很大程度上是通过大量神经元构成的神经元群体的协同活动完成的。在功能相关的神经元群体中，神经元兴奋活动的相关性非常重要，虽然单个神经元的活动各有特点，但当给予相关刺激时，群体中的每个神经元通过某种相关性活动，与群体中的其他神经元相互协调，以群体神经元的动态活动和相互关系来实现对信息的编码和处理。而且这种神经元群体活动的相互关系并不是一成不变的，它会随着刺激输入的不同而随时发生变化和调整。群体中的一个神经元并不仅仅参与单一功能的编码，还可以随着刺激输入的不同，与不同的神经元群体组合，实现对不同信息的加工编码。已有一些研究为群体编码学说提供了实验证据。

群体编码最重要的特性在于它对信息的编码分布于群体中的多个神经元，因此其中单个神经元的损伤不会对整体编码过程产生太大影响。由于日益认识到群体编码在神经信息处理过程中的重要性，神经科学家正由早期专注对单个神经元活动的研究，逐步转向对神经元群体活动的研究。但在早期研究中，由于技术限制，一般只能先对多个神经元进行逐个记录，再进行离线神经元群体活动的重建。随着多通道体记录技术的完善，现在可以在动物清醒、自由活动的状态下，同时记录脑内局部区域上百个神经元的活动状况，因此在群体神经元的一些编码规律方面取得了一些有意义的进展。

5.3.2 海马体位置细胞与空间记忆编码

海马体作为参与学习、记忆过程的重要脑区，在空间记忆和情景记忆中发挥着重要作用，因此对海马体神经元在学习、记忆活动中的编码过程也展开了众多研究。1971 年，研究人员发现大鼠海马体中的某些神经元的活动具有位置选择性。将动物置于某一个熟悉的限定大小的区域内，当动物经过该区域的某些地方时，这些神经元的放电频率会明显增加，可达 20 Hz 以上，而在该区域的其他地方，这些神经元则很少甚至不会放电，研究人员将这类神经元命名为位置细胞。进一步的研究表明，这些神经元是海马体中的锥体细胞，其放电呈现复杂的簇状特征。一般情况下，当大鼠进入新环境几分钟后，海马体位置细胞的位置野就会形成，一个海马体位置细胞的位置野只覆盖环境中的部分区域，推测所有位置细胞的位置野可以覆盖环境中的所有区域，其中不同位置细胞的位置野有重叠现象。而且当动物所处的熟悉环境发生部分改变，或让动物在同一环境中执行不同任务时，位置细胞的位置野会发生重构。这种位置野的重构作用有利于动物形成对环境敏感的情景式记忆。

海马体的位置细胞主要分布于海马体的 CA1 区和 CA3 区，但同为位置细胞，CA1 区和

CA3 区的位置细胞特性有所不同。有证据显示，在同一环境中 CA1 区位置细胞的位置野小于 CA3 区的位置细胞。在熟悉的环境中，当部分环境因素发生改变时，CA1 区位置细胞的位置野会发生重构，其位置野中央区会发生移动，而 CA3 区位置细胞的位置野中央区在相同条件下并不会发生移动；而在新奇的环境中，CA3 区位置细胞的位置野中央区才会发生移动，这提示海马体的不同亚区在空间信息的处理过程中可能具有不同的作用。有观点认为，CA1 区的神经元可将内嗅皮层的当前信息与 CA3 区网络中已保存的信息进行比较，其作用是探测环境中的新异事物，而 CA3 区的神经元在当前信息与以往信息不同时才会被激活，编码新的环境信息。

对海马体位置细胞的研究还表明，海马体位置细胞的冲动发放不仅与位置有关，还与海马体局部脑电振荡信号的周期相位有关，这提示位置细胞的活动具有复杂的时间动态特性。当大鼠沿线性轨迹跑动经过某一位置野时，位置细胞的放电与脑电的 θ 波振荡相位有关，而且还存在一种相对的相位移动现象，这种相位移动反映大鼠在位置野中的相对位置。研究人员还发现，大鼠在线性轨道环境中运动时，位置细胞的放电时相和瞬时放电频率分别编码大鼠经过位置野的距离和速度。最近还有研究显示，海马体的位置细胞与海马体 LTP 具有相关性，海马体内在通路 LTP 的变化可以导致海马体位置细胞原有位置野的改变、新位置野的形成及位置细胞放电先后顺序的重新排列。

对海马体位置细胞的研究目前已积累了大量的研究资料，可帮助人们了解海马体在空间记忆信息处理过程中的一些神经元编码机制，但由于位置细胞位置野的形成需要一个过程，测量神经元的位置野时需要动物在环境中多次重复运动，使运动轨迹覆盖整个环境，再离线对神经元在整个环境中的放电状况进行统计，因此不便于开展对海马体神经元实时编码机制的研究。

5.3.3 海马体神经元网络与情景记忆编码

海马体的另一个功能与情景记忆有关，人们每天都会处理大量的事件，这些事件不会随着时间的流逝而消失，而能够在一段时间被回忆起来，这说明我们大脑的某个区域存在一个存储暂时发生事件的区间，这个区域可能位于什么位置呢？动物实验再次将这个功能区域指向了海马体。海马体狭长的结构通常被理解为记忆的黑胶录像带，将最近发生的情景按照时间和空间连成一串，并且可以随时读取和回放。

海马体里的齿状回就是这一过程产生的基础。这个区域新细胞的生成速度是所有成熟脑区中最快的，这样方便编码大量新生的事件记忆。

海马体神经元网络与情景记忆编码研究的核心问题之一，就是要了解记忆信息在大脑神经元水平方面的实时编码原理。大量研究显示，大脑中的海马结构尤其是海马体的 CA1 区，是形成情景记忆的关键区域，并在实验中观察到，单个的海马体神经元就能对空间信息、嗅觉信息等外部刺激做出反应。但研究发现，单个神经元水平上的反应具有较大的随机可变性，因此人们推测，为了获得信息编码的稳定性，脑内记忆信息的编码可能需要大量单个神经元的协同活动。运用最新的在体多通道记录技术和巧妙的实验设计，科学家对情景记忆在海马体 CA1 区神经元网络的实时编码模式，以及这种编码模式的组织原理和内在机制展开了深入研究。

根据人自身的经验，即便只经历一次，大脑也能对一些惊吓事件（如剧烈地震、坐过山车、鲨鱼攻击等）产生强烈的情景记忆。当给予小鼠一系列惊吓刺激（如背后冷风、地震摇晃、自由跌落等）后，也能使小鼠产生强烈的情景记忆。林龙年和钱卓等人记录了海马体 CA1

区群体神经元在小鼠遭受惊吓刺激时的放电变化，发现惊吓刺激能改变海马体 CA1 区神经元的放电模式，且这种改变与惊吓事件的特性及发生环境密切相关。比如，当分别给予小鼠背部凉风、自由跌落、地震摇晃等单次惊吓刺激后，尽管在同时记录到的 260 个 CA1 区神经元中有相当一部分未对任何一种惊吓产生反应，但仍有相当一部分神经元的放电频率发生了动态变化。基于神经元反应持续时间的长短，可以将惊吓刺激引起的神经元放电频率的动态变化分为四种主要模式：短时增加、短时降低、长时增加和长时降低，其中短时变化持续的时间一般不超过 250 ms，而长时变化最多持续 40 s 以上。

进一步对神经元反应的选择性研究显示，有的 CA1 区神经元对三种惊吓刺激都产生了反应，而另外一些神经元只对某种惊吓刺激产生了反应。更重要的是，还有一些 CA1 区神经元对两种不同类型的刺激都产生了反应，有的反应相同，有的反应则不同，这反映了海马体具有对不同皮层输入信息的整合功能。这种神经元反应的选择特异性提示海马体 CA1 区可能在神经元水平上以神经元集群的不同活动模式编码惊吓事件。

拓展阅读

记忆编码前海马体的神经发放活动可预测随后的记忆

据推测，内侧颞叶的编码活动是由刺激（后起活动）引起的，并可以预测随后的记忆。然而一些独立的研究表明，先发活动也会影响后继记忆。该研究调查了癫痫病患者在完成一项连续识别任务时记录的刺激前后的单神经元和多神经元活动的作用。在这项任务中，单词被呈现为一个连续的系列，并循环重复。对于每一个单词，患者的任务是决定它是新颖的还是重复的。研究发现，当单词为新单词时，海马区的刺激前神经发放活动可以预测单词后来被重复时的随后记忆。编码过程中的后起活动也可以预测随后的记忆，但仅仅是刺激前活动的延续。在海马区，刺激前神经发放活动的预测作用比其他三个脑区（杏仁核、前扣带和前额叶皮层）强得多。此外，新单词编码前后的刺激前活动和刺激后活动并不能预测新单词的记忆性能，即将单词正确地归类为新单词，而在检索时前后的神经活动并不能预测重复单词的记忆性能，即正确地将单词归类为重复。因此，预测作用仅仅出现在编码时的刺激前活动（及其后发性的延续）与随后的记忆之间。综上所述，早发性海马体活动并不能反映一般的觉醒或注意力，而只是反映了“注意编码”机制。

迁移学习是如何发生的

神经学家的一项新研究发现，当发生与过去事件类似的新事件时，存储先前经验的抽象记忆的海马体神经元会被激活。研究人员现在已经确定了编码整体经历的不同部分的细胞群。这些存储在海马体中的记忆块在每次发生类似经历时都会被激活，并且与存储特定位置详细记忆的神经代码不同。研究人员认为，他们在一项针对老鼠的研究中发现的这种“事件代码”可能会帮助大脑解释新的情况，并通过使用相同的细胞代表相似经历，从而学习新的信息。编码大量经历的细胞网络可能对“迁移学习”这种学习方式很有用。研究人员正在努力寻找可以编码这些特定知识片段的细胞群。

5.3.4 大脑的认知地图功能

1. 大脑认知地图的发现历史

动物无论是回巢还是觅食，都需要认路，而对于这种至关重要的能力的起源，一直以来存在众多争议。这一类任务被称为导航。海马体的主要功能是帮助人们在现实生活中导航，也因此而得名“大脑的 GPS”。海马体可分为齿状回、CA3、CA2 和 CA1 四个区域。

美国心理学家托尔曼最早在 1930 年前后就提出了大脑认知地图的假说。此前人们猜想动物通过对运动路径中不同刺激物产生的反应和记忆来辨识方向。例如，在大鼠走迷宫的实验中，研究人员曾认为，大鼠通过记忆从起点到终点途中的一系列“转折点”走出迷宫。托尔曼彻底推翻了当时的这种主流观点。他发现，有时候大鼠会选择抄近路或是绕道。如果大鼠通过记忆一系列转折点走出迷宫，那就完全无法解释这种“抄近路”的行为。他大胆猜想，大鼠的大脑产生了关于迷宫空间几何结构的“地图”。

但对此的争议在接下来的几十年中从未停止。1971 年，英国伦敦大学的奥基夫在实验过程中发现，在海马体中存在一种特殊的细胞，当大鼠经过封闭空间中的某个特定位置时，这些细胞就会兴奋，经过另一个位置时，另一些细胞就会兴奋，这种神经元故此得名“位置细胞”。将所有这些位置细胞整合起来，刚好形成一幅能反映真实空间不同位置的地图。更为神奇的是，通过读取大鼠海马体不同位置细胞的兴奋状态，奥基夫能够正确判断出某一时间大鼠在封闭空间中所处的精确位置。1978 年，奥基夫和纳德尔认为，位置细胞是托尔曼提出的认知地图中不可缺少的一部分，是认知地图的物质基础。

20 世纪 80 年代中期和 90 年代初，美国纽约州立大学南部医学中心研究人员就发现了一种神经元，每当大鼠面向某一个固定方向时，这种神经元就会被激活，被称为“头部方向细胞”。

位置细胞位于海马体中的 CA1 区，这个区域位于海马体中信号传导通路的末端，由这种解剖学结构而得出的一种假说认为，位置细胞不是直接接收外界传来的位置信息，而是从海马体其他区域中获取相关信息。挪威科学家莫泽夫妇研究发现，位置细胞并不依赖于海马体内部的信号传导，而是通过紧邻海马体的“内嗅皮层”获取信息，它是连接海马体与“新皮层”的媒介。

2. 大脑的导航机制

莫泽夫妇发现内嗅皮层中被激活细胞的兴奋性竟然遵循着一种特定的规律。同一个“内嗅皮层”神经元会在大鼠经过几个不同位置时被激活，而这几个位置在空间上恰好构成六边形的六个顶点，于是将这种细胞命名为“网格细胞”。与位置细胞不同，网格细胞提供的不是关于个体位置的信息，而是距离和方向。有了它们，动物不用依靠外界环境中的刺激因子，仅靠自身神经系统对身体运动的感知，就能知道自己的运动轨迹。

不同区域产生的网格不尽相同。在靠近内嗅皮层背侧的区域，也就是接近内嗅皮层上部的地方，网格细胞将空间划分为更紧凑的六边形形成的网格。而从内嗅皮层的背侧向腹侧，随着网格细胞越来越靠下，它们对应的六边形会一级一级地逐步变大。变大过程是阶梯式的，每一级代表内嗅皮层的一小块区域，而每一级内网格细胞对应的六边形大小都是一样的，如图 5.14 所示。

网格细胞位于海马体蓝色区域，当动物经过区域中的特定位置时，一个网格细胞会被激活，这些位置形成了六边形。

图 5.15 中，左侧黑色线条是老鼠运动轨迹，红色是与位置重叠的脉冲。右侧是颜色编码映射图，显示相同细胞放电率的分布，色标尺从蓝色（不放电）到红色（最大放电率）。

2008 年，莫泽夫妇在大脑的内嗅皮层中发现了另一种神经元。每当大鼠靠近一堵墙、空间边界或任何障碍物时，这种细胞就会被激活，故此得名“边界细胞”（避障）。边界细胞可以计算大鼠与边界的距离（相当于激光雷达），之后网格细胞可以利用这一信息估算大鼠走了多远的距离，在此后的任意时间，大鼠都可以明确自己周围哪里有边界，边界距离自己有多远。

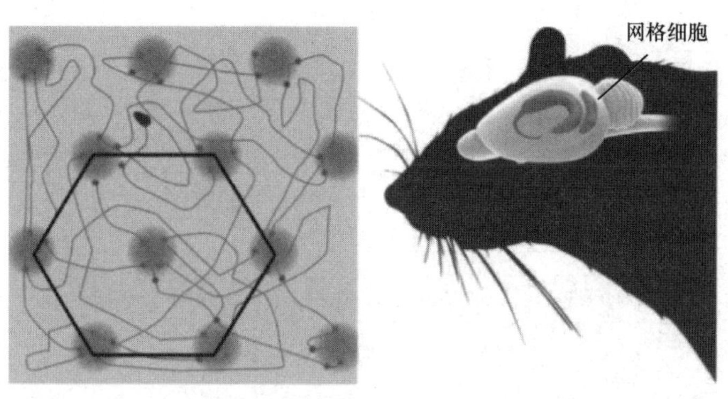

图 5.14 网格细胞形成六边形区域

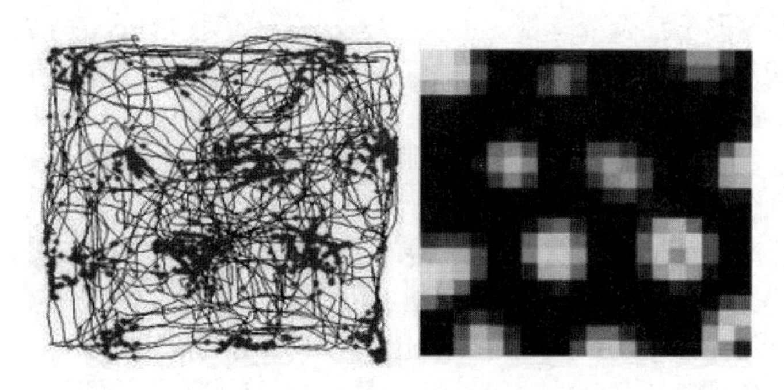

图 5.15 老鼠运动轨迹与颜色编码映射图

2015 年，莫泽夫妇又发现反映动物运动速度的“速度细胞”，且不受动物所处位置和方向的影响。这种“速度细胞”的放电频率会随动物运动速度的增加而加快。速度细胞和头部方向细胞一起为网格细胞（信息融合）实时更新动物运动状态的信息，包括速度、方向及到初始点的距离。

位置细胞是哺乳类动物大脑产生认知地图的关键，随着网格细胞的发现，现在已经了解，内嗅皮层中的多种细胞（如网格细胞、头部方向细胞、边界细胞、速度细胞等）各司其职，会将各种信息传递到海马体的位置细胞并加以整合，让动物知道自己从哪里来，身在何处，又去向何方。但这还不是哺乳类动物导航机制的全部。

大脑海马体中导航系统的功能绝非仅限于帮助动物从 A 点移动到 B 点。除了从内嗅皮层内侧获取关于动物的位置、距离、方向等信息外，海马体还会记录出现在特定地点的物体——一辆车或一根旗杆——和发生于那个地点的事情。因此，位置细胞构建的空间地图所包含的信息不单是个体所处的位置，更有个体在特定位置经历的各种细节。这与托尔曼的认知地图的概念不谋而合。关于动物经历的细节信息一部分源自内嗅皮层外侧的神经元。物体和事件的细节与动物的位置信息一起储存在记忆中，所以当动物从记忆中提取位置信息时，在那个特定位置出现的事物或发生的事情也会同时被记起。大脑各种导航细胞的信息流转如图 5.16 所示。

其中，头部方向信息输入决定平移方向，速度信息输入决定移动的距离，速度细胞和头部方向细胞一起为网格细胞实时更新动物运动状态的信息，包括速度、方向及到初始点的距离。位置细胞则对应覆盖的区域。上述几种细胞协同工作，使动物或人类无论身处何处都能及时确定自己的位置，并在环境中规划自己的行动方向和路线，形成一个内在的认知地图，其他脑区可以读取这个地图，进而指导个体在环境中的运动。

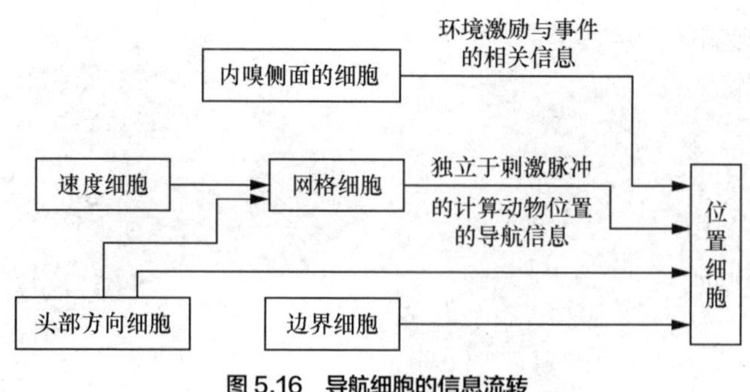

图 5.16　导航细胞的信息流转

2020 年 8 月，奥地利科学与技术研究所的科研团队通过深入研究小鼠大脑 GPS 系统中的单个神经元，发现海马齿状回的颗粒细胞可以过滤并放大其接收的空间信息。

海马体从上级神经元接收大量的信息，而这些信息只有一部分与空间相关，海马体需要筛选出与空间相关的有用信息并传输给下游脑区。

因此，海马体需要一个敬业的守门人。这个守门人角色很可能由海马齿状回的颗粒细胞承担，因为这类细胞是海马体接收上游信息的第一站。该研究组一共记录了近百个颗粒细胞，为该领域提供迄今为止最大的数据库。他们发现，在小鼠探索新环境时，接近一半的颗粒细胞会接收到有关空间信息的信号，但只有接近 5%的颗粒细胞能成功地将接收的有关空间信息的信号传输到下级神经元。所以，颗粒细胞发挥海马体守门人的功能。

然而颗粒细胞不仅参与筛选信息，还参与信息的加工与整合。该团队还发现，颗粒细胞接收的空间信息是广谱的，但是输出的空间信息却是选择性的。

该研究表明，颗粒细胞参与从多个位置到单一位置的空间信息转换。通俗来说，颗粒细胞就如同翻译机一样，可以将外语翻译成中文。

近一半的颗粒细胞会接收有关空间信息的信号，但只有 5%左右的颗粒细胞能成功地将接收的相关空间信息的信号翻译出来并传递给下游神经元。为什么齿状回会有这种独特的设计呢？为什么大部分颗粒细胞不直接用于编码当前的信息呢？研究人员认为，海马体是将大部分颗粒细胞预留下来，等它们完全成熟后编辑将来的信息，从而避免相似信息的互相干扰。研究不仅提供了大脑 GPS 工作的内在机制，还突出强调了单个神经元强大的计算能力。

5.4 本章小结

学习与记忆是大脑的重要功能。它之所以如此重要，一方面是因为在某种程度上，每个人的自我意识和对外界环境的认知都取决于大脑的所学和所记。人脑的记忆不仅是一个单纯的信息储存系统，它将每个人丰富而又繁杂的经历完整地组织在一起，使我们在芸芸众生中成为一个独一无二的个体；而一旦像阿尔茨海默病患者那样丧失记忆，我们也将失去自我，从而丧失与这个缤纷世界联系的纽带。另一方面，学习和记忆的作用不仅体现在个体身上，对整个人类社会而言，正是依靠每个个体的学习与记忆能力，人类社会才能以代代相传的方式积累文化知识，从而推动社会进步。

习题

1. 描述不同类型的记忆并比较它们之间的区别。
2. 关于记忆的突触理论与神经回路理论有什么区别和联系？

3. 阐述关于记忆的神经和分子基础。
4. 海马体对记忆的作用是什么？
5. 描述海马体和前额叶的联系及其对记忆的影响。
6. 与学习有关的脑结构主要包括哪些？各自的作用是什么？
7. 阐述关于学习和记忆的编码机制。
8. 阐述学习和记忆与认知智能的关系。

06

chapter

注意与决策

本章主要学习目标：

1. 学习和了解什么是注意及注意的神经机制；
2. 学习和了解注意对知觉的影响和作用；
3. 学习和了解决策的神经机制及其对认知的作用。

6.0 学习导言

在日常活动中，每时每刻都有大量的信息需要大脑分析和处理。除了加工各种感觉器官输入的感觉信息以外，大脑还要控制躯体的各种运动。此外，大脑本身复杂的思维活动也会产生大量的内部信息。生活经验和常识告诉人们，一心不能二用。这说明在任何时候，大脑对信息处理的能力都是有限的。巨大的信息量与有限的信息处理能力之间的矛盾决定了大脑需要集中资源去处理眼前重要的信息。那么，大脑如何根据行为的需要选择性地加工有关信息？

此外，根据当前对外界刺激的感知和以往获得的经验，人们往往需要根据行为目的做出分析、判断和选择，并采取一定的行动。每个人每天都要做出各种大大小小的选择和决定。大脑是如何根据各种外部输入和内部存储的信息做出比较和决定的?以上这些问题属于注意与决策的范畴，是大脑的高级认知功能。可以说，注意影响着所有信息在大脑中的加工过程，而决策过程产生的决定影响着人们的各种行为。

对感觉信息加工进行调节的注意信号是由感觉系统之外的高级联合皮层区域产生的，包括额叶和顶叶的一些区域及皮层以下的结构。不同区域在注意的产生和控制中发挥着不同的作用；同时，它们彼此之间又有着密切的联系，形成了一个注意控制网络。除了与注意控制有关以外，这些大脑区域中的某些区域还参与了其他功能，比如工作记忆和眼动控制。此外，这些区域中的一些部分也参与了决策。决策是介于知觉和行为之间的一个过程。一个决定的产生基于一系列子过程，其中包括对感觉信息的整合、对各种选择主观价值的权衡及情绪因素的影响等。本章主要学习和了解注意的心理和神经机制，以及大脑决策的神经机制。

6.1 注意的概念

大脑依赖于注意这一认知功能来解决有限的信息处理能力与巨大的信息量之间的矛盾。早在一个多世纪以前，心理学者就已经认识到注意在信息加工中的这种重要作用，但是，对其神经机制的了解则经历了漫长的历程。归功于现代实验技术的发展，目前人们对注意调节感觉信息加工的神经机制已经有了相当的了解。自上而下的注意调节信号通过选择性地增强或抑制神经元的反应，以及动态地改变它们的反应特性，保证与行为相关的重要信息在大脑中得到有效的加工和表征。

6.1.1 注意的含义

“注意”是个很常用的词，包括很多含义。一般而言，注意是指全神贯注于某些事物而忽略其他事物的过程。它是觉知的看门人，人们只有先注意到某事物，才会感知到它。但人们注意的最大限度只包括四类事物，且脑的注意机制具有高度选择性。

19 世纪 90 年代，美国心理学家詹姆斯在《心理学原理》一书中是这样描述注意的：“每个人都知道注意是什么。那是若干可能同时存在的目标或思路之中的一个以清晰的形式占据了思想。意识的本质是集中与专注。这意味着放弃处理某些事情，从而有效地处理其他事情。”更明白地说，注意就是以牺牲与行为无关信息的处理为代价，使当前与行为直接相关的重要信息占有大脑的主要处理资源，从而获得最有效的加工和表征。

但在神经科学中，该词特指一种脑部机制，使得人们能够在忽略其他非相关事物的同时，处理相关输入、思想或动作。注意可分为“随意注意”和“反射性注意”。前者指有意识地关注某些事物的能力，后者指不由自主地对某些事物产生注意的过程。

6.1.2 注意的研究与鸡尾酒会效应

研究人员对注意的关注已有百余年。詹姆斯最早认识到注意的关键特性，指出人们可以有意识地控制注意的焦点，但控制注意的能力非常有限。大约在同一时期，德国医生亥姆霍兹进行了研究注意现象的早期实验。

在暗室中，亥姆霍兹紧盯着一块写有众多字母的屏幕中央，并提前设置注意的关注位置。当电火花短暂照亮屏幕时他发现，自己可以感知到这个位置上的字母，尽管自己的视线并没有离开屏幕中央。亥姆霍兹偶然发现了“内隐注意”，即用眼角余光感知事物的能力。这与“外显注意”不同，后者指的是将视线转移至特定方向的过程。

自此大约 50 年后，研究人员才取得有关注意机制的实验证据。1953 年，英国认知科学家谢里研究了被称为“鸡尾酒会效应”的现象。该效应指在嘈杂混乱的环境下，人们能够将注意力集中在一个对话之中，而忽略其他对话和噪声。

在一个嘈杂混乱的鸡尾酒会中，为什么人们能够集中于某个交谈呢？因为对话双方的距离特别接近，所以交谈具有更强的醒目性。虽然一个声音很大的说话者显然有可能吸引人们的注意，但日常经验表明，最大的声音输入并不总是最成功地被知觉。实际上，听者在鸡尾酒会上的目标之一就是克服环境中较为喧嚣的声音输入的影响，以便将注意集中在自己感兴趣的对话上，不管与我们对话的声音多么轻柔。

不需要竖起耳朵，不需要乐队降低音量，也不需要其他来宾噤声，你就可以通过听觉选择性注意来实现这个目标。通过选择性注意，你就可以在嘈杂的噪声中捕捉到感兴趣的信号，同时在难以应对的社交情境中保持风度。不过更有趣的是，如果你发现正与你对话的人有一点无聊，还可以考虑继续盯着与你讲话的人，但同时注意另一个对话。这么做相当于你在使用听觉内隐注意来偷听别人的谈话，而且如果你够小心的话，可能只有你自己知道这一点。

鸡尾酒会效应代表了那些使认知心理学家对注意发生兴趣的现象。谢林通过用耳机向正常被试者的双耳输入相互竞争的语音刺激（双耳分听）来研究这种效应。在不同条件中，他要求被试者注意并同步逐字复述一只耳朵听到的内容，同时忽略输入另一只耳朵的相似刺激。他发现，当不同的语音分别输入至两只耳朵，并要求被试者只追随其中一只耳朵的输入时，他们无法报告非注意耳听到的语音刺激的任何细节。这一结果使谢林和其他研究者意识到，将注意集中于一只耳朵会导致注意耳的输入被加工得更好，而对于非注意耳的输入加工可能会退化或降低。

然而对于输入信息的加工何时受到调节而导致鸡尾酒会效应，目前尚不清楚。是否存在某些仅允许部分信息获得加工的门控机制？这种门控存在于知觉加工流程的什么位置？对这一主题的思考引出了心理学中最具争议的问题之一：选择性注意效应发生在早期吗？也就是通常所说的，在进行广泛的认知加工之前，还是出现在晚期？即信息已经被分析，但更高层次的加工（例如与信息的语义编码相关的过程或行为控制相关的过程）还没有进行的时候。更重要的是，选择这一现象本身暗示，在输入人脑的信息中能被加工的数量是有限的。

几年后，另一位英国心理学家唐纳德·布罗德本特提出了影响深远的选择性注意的“瓶颈”理论，来解释这些现象。该理论认为，脑的信息处理系统是一个容量有限的信道，只有一定数量的信息可由此通过。该信道起着闸门的作用：被注意到的信息可进入脑内，从而得到脑的处理；被忽略的信息则无法通过该通道。他还指出，这种闸门机制受意识控制。

6.1.3 注意的类型

当需要将注意转向某一目标时，人们可以通过转动身体、头部或眼睛去注视并注意该目标。这种注意通常被称为明显的注意。然而人们也可以有意识地将注意转向某一目标，而不用移动身体或眼睛，这称为隐蔽的注意。由于不需要其他额外的反应动作，隐蔽的注意是一种快速而隐蔽地将注意力转向重要目标的反应机制，同时也提供可以同时注意不止一个目标的能力。比如，篮球运动员在准备传球时，其视线可以停留在某个队员身上，但是其注意力却可以隐蔽地集中于周围的其他队员，然后出其不意地将球传给其中的某个人。隐蔽的注意是研究注意的神经机制的通用模型，因为在该情况下，影响神经元活动的因素可以缩小到注意的对象或者注意的状态。

根据不同的行为目的，注意的对象包括不同的类型。例如，注意可以转移并集中于某一特定的空间位置，称为基于空间的注意。此外，注意还可以集中于某一特定的物体目标，称为基于物体的注意；也可以集中于物体的某一特征，比如衣服的颜色、质地或者款式，这称为基于特征的注意。在研究中，通过精心设计的实验，可以将各种不同类型的注意区分开来。然而在自然情况下，多种类型的注意往往是结合在一起的。

除了注意的表现形式多种多样以外，注意的起因也可以不同。我们能够根据自己的目的，自觉地转移注意去处理某些信息，这称为内源的注意，或者是自主的注意。此外，意外的、新奇的、有潜在危险的，或者是特别突出的刺激，也可以转移人们的注意，称为外源的注意或是非自主的注意。例如，当我们聚精会神地阅读时，突然听到有人叫自己的名字，我们的注意会被不自主地吸引过去。

以上所列举的注意形式都是将注意集中于某一特定的对象，统称为选择性注意，也是通常所说的注意。然而在某些情况下，大脑会处于一种持续警惕的状态，不一定有具体的注意对象。这也可以认为是注意的一种形式，称为警惕性注意，或者持续的注意。例如，去机场接一个朋友，当大量旅客出来时，我们除了会将视觉注意快速地在人群中转移以外，还会处于一种高度警惕状态，以防错过要接的客人。再例如，在交通繁忙的公路上，汽车司机需要随时保持警惕状态（但不一定有特定的注意对象），这样才能有效避免交通事故的发生。有学者认为，选择性注意与持续的注意体现出大脑注意系统中不同子系统的功能。

6.1.4 注意模型

20 世纪 50 年代中期以来，随着认知心理学的兴起，人们重新认识到注意在人脑信息加工中的重要性，并提出了若干注意模型。其中有代表性的是注意的过滤模型和衰减模型，它们属于知觉选择模型。这两种模型将注意机制订位于信息加工的知觉阶段，在识别之前实现信息选择。与知觉选择模型形成对照的是反应选择模型，它认为注意的作用不是选择刺激，而是选择对刺激的反应。该模型认为，所有信息都可以进入高级处理阶段，但只有最重要的信息才会引起中枢系统的反应。这两类模型的侧重点不同，知觉选择模型强调集中注意，而反应选择模型则注重分配注意。两者争论的焦点是注意机制在信息加工中的位置。注意的中枢能量模型就是在这一背景下产生的。该模型的理论基础是信息系统的有限加工能力。它避开了注意机制在信息加工中的位置这一难题，使知觉选择模型和反应选择模型的实验结果在形式上得到了统一，但缺点是没有揭示注意涉及的信息加工过程。

随着脑成像技术和神经生理研究的迅速发展，使得将注意网络从其他信息处理系统中分离出来成为现实。利用正电子断层扫描和功能磁共振成像技术，可以较精确地测量完成特定的注意任务时大脑各区域脑血流的变化（rCBF），从而确定各个注意子网络的功能结构和解剖定位。20 世纪 80 年代初期，美国心理学家特里斯曼提出的特征整合模型将注意和知觉加工的内部过程紧密地结合起来，并用“聚光灯”形象地比喻注意的空间选择性。根据这一模型，视觉处理过程被分为两个相互联系的阶段，即预注意和集中注意阶段。前者对视觉刺激的颜色、朝向和运动等简单特征进行快速、自动的并行加工，各种特征在大脑内被分别编码，产生相应的“特征地图”。特征地图中的各个特征构成预注意的表象。预注意加工是一个“自下而上”的信息处理过程，并不需要集中注意。特征地图中的各个特征在位置上是不确定的，要获得物体知觉就需要依靠集中注意，通过“聚光灯”对“位置地图”进行扫描，把属于被搜索目标的各个特征有机地整合在一起，实现特征的动态组装。1989 年，心理学家格雷指出，集中注意可以引起与被注意事件相关的神经元的同步发放，同步发放通常表现为 40 周左右的同步振荡。这一发现为注意的特征整合模型提供了神经生理证据。

根据已有的研究结果，美国心理学家波斯纳将注意网络分为三个子系统：前注意系统、后注意系统和警觉系统。前注意系统主要涉及额叶皮层、前扣带回和基底神经节。后注意系统主要包括上顶皮层、丘脑枕核和上丘。警觉系统则主要涉及位于大脑右侧额叶区的蓝斑去甲肾上腺素到皮层的输入。这三个子系统的功能可以概括为定向控制、指导搜索和保持警觉。

6.2 选择性注意模型

6.2.1 注意选择性

注意与知觉密切相连，因为人一般不会感知到自己不是有意识地去注意东西。虽然早在百余年前，人们就已经了解到注意具有高度选择性，但直到最近，注意选择性的真实面目才显现出来。过去十年来发表的研究表明，集中注意可使人们完全忽视在别人看来十分明显的景象和声音。

“看不见的大猩猩实验”最早是在 1999 年进行的，它是注意选择性最充分的证明。研究人员为受试者播放一段两队篮球“运动员”的视频，并要求受试者密切注意运动员，记下他们传球的次数。短片播放到一半的时候，一个打扮成大猩猩的人出现在屏幕中，他走到 6 个球员中间，面对镜头捶打胸膛，然后离开。但令人吃惊的是，研究人员发现，许多受试者都没有注意到这个人，因为他们的注意力都集中在运动员的动作上。

这种看不到眼前明显事物的现象称为“无意视盲”。2012 年，另一组研究人员证实了听觉方面的“无意失聪”现象。他们让受试者看着计算机屏幕上的十字形。每个十字形由一个绿色的长条和一个蓝色的长条组成，且其中一条稍长。研究人员要求受试者指出哪个长条是蓝色的或者哪条稍长。其中，第二个任务稍难一些，因为这需要受试者集中更大注意力来查看两个长条细微的长度差别。

受试者在实验过程中头戴耳机。在任务过程中，耳机偶尔会发出声音。任务过后，受试者会被问到是否听到了声音。研究人员发现，受试者在执行较难的任务时，更不易听到耳机中的声音。这表明无意效应可在感觉间转移。换句话说，专心致志执行视觉任务，会使人意识不到声音的存在，反之亦然。这对日常生活也会产生显而易见的影响。例如，过马路时发短信会让人察觉不到汽车驶来的声音。但这种效应也存在潜在的好处，例如，专心工作可有助于人们忽略分心的事物。

魔术师擅于操控观众的注意焦点来增强戏法的效果。例如，他们知道人们喜欢追随他人的目光，这种现象称为“联合注意”。利用这种现象，魔术师用自己眼球的运动转移观众的视线，让他们注意不到自己暗中进行的小把戏。同时，他们也深谙意外物体的突然出现能转移人的注意力，且会立即吸引人的注意。因此，从帽子里变出一只兔子或飞鸽，常被用作转移观众视线的手段，同时也为魔术师的暗中动作争取到了机会。

6.2.2 选择性注意模型

英国实验心理学家布罗德本特提出了一个关于注意的模型，以解释以类似鸡尾酒会效应为对象的研究结果。他提出信息加工系统的概念，这一概念包括感觉输入在内的脑对数据的整个加工过程，这个过程被认为是一个容量有限的阶段，只有一定量的信息能够通过这一阶段（见图 6.1）。在这一模型中，大量有可能进入更高层次加工的感觉输入不得不经过筛选，以保证仅允许最重要或被注意的事件通过。布罗德本特将这一机制描述为一个门控机关，这个机关会为被注意的信息开放，而向被忽视的信息关闭。所以，他认为信息选择发生在信息加工的早期。由此可见，早选择的理论认为，被选择进入更高层次加工或作为无关信息拒绝前，刺激不需要经过完全的知觉加工。

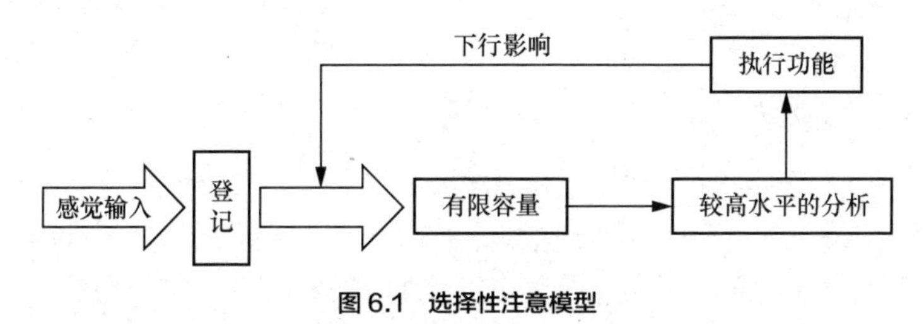

图 6.1 选择性注意模型

布罗德本特的选择性注意模型可以解释谢林实验中发现的加工局限及类似现象，但并不是所有数据都能用这种严格门控机制解释。谢林和一些同时代的研究者发现，一些进入非注意耳的信息可以捕获注意，特别是当它们包含对被试者来讲具有高优先性的信息时。例如，当自己的名字被输入非注意耳时，被试者通常能够报告出来。非注意输入这一概念让很多人相信，所有信息都得到了加工，无论它们在随后的加工中是被注意还是被忽视的。

晚选择模型假设被注意的和被忽视的感觉输入都同等地被知觉系统加工，直到获得语义（意义）水平的编码和分析。所以，会通过选择过程决定信息是否接受进一步的加工，或是否在知觉中获得表征。这一观点暗示，注意过程并不能通过改变刺激被感知觉系统加工的方式影响知觉。相反选择发生在信息加工过程的更高阶段，这些阶段包括对特定刺激是否应该获得进入知觉的机会，是否应该被编码入记忆，是否应该触发一个反应的决策（决策在这里指一种非意识过程，而不是观察者角度进行的有意识决策）。图 6.2 展示了早选择与晚选择过程中相互区别的加工阶段。

布罗德本特提出的严格的早选择模型完全不承认被忽视的信息有获得语义层面编码或分析的可能性。考虑到具有高度优先性的信号可以从事先设定的非注意感觉输入源突破出来，这个最初的严格早选择模型需要一些调整。因此，研究者对晚选择和早选择模型进行了修改，承认非注意通道中的信息也有达到较高加工阶段的可能，只是信号强度会大大减弱。如果这些信息达到足够高的加工阶段，使其获得语义或类别性编码（例如，作为“椅子”，而不仅仅体现为椅子的低水平感觉特征在视觉系统引发的神经元发放），它们就有可能导致注意在语义编码的加工完成之后转移（选择）到非注意耳的输入方面，从而使这些信息能够进入知觉。

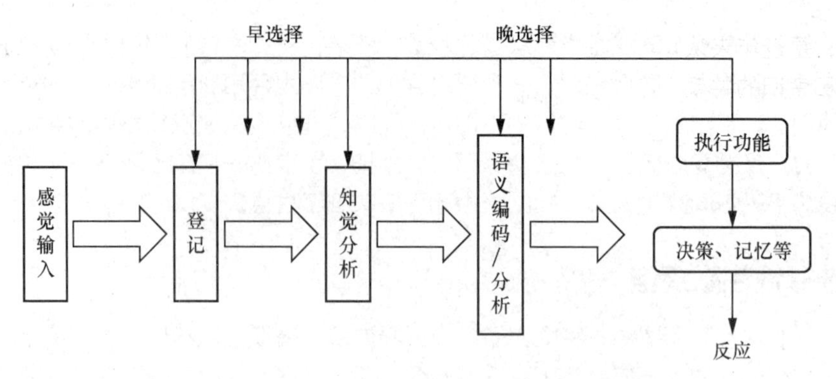

图 6.2 信息加工的早选择与晚选择

关于空间注意还有一种广为接受的“聚光灯比喻”，它将空间注意比作大脑内部的一盏聚光灯。处于注意聚光范围之内的刺激可以被有效处理，并且注意的“聚光灯”可以在视野范围内任意移动。

6.3 知觉与注意

6.3.1 知觉的形成需要选择性注意的控制

可以在一定程度上认为，对感觉信息的加工是由相应的感觉系统通过“硬件”完成的，不同的感觉神经元负责处理不同的刺激属性。例如，不同视觉皮层区域的神经元对不同的图形特征具有选择性，从而编码不同的图像信息，比如图形的边界、物体的颜色、运动的方向和速度等。感觉神经元的这种基本反应特性不依赖于大脑的内部状态，或者说不受高级认知功能的影响。在清醒和被麻醉的动物中，感觉神经元的一些基本反应特性通常没有明显的区别。然而大脑对感觉信息加工的目的是使外界刺激能够进入我们的知觉，并将某些重要的信息暂时或长期地保存在记忆中。那么，什么因素决定了感觉刺激最终能够进入我们的知觉？

大脑的注意力机制在视觉信息处理研究中已成为一个重要分支。视觉注意力机制是人类视觉特有的大脑信号处理机制。人类视觉系统能够在复杂场景中通过快速扫描全局图像获得需要重点关注的目标区域，也就是一般所说的注意力焦点，而后对这一区域投入更多注意力资源，以获取更多所需关注目标的细节信息，而抑制其他无用信息，这个过程称之为视觉选择性注意。

这是人类利用有限的注意力资源从大量信息中快速筛选出高价值信息的手段，是人类在长期进化中形成的一种生存机制，人类视觉注意力机制极大提高了视觉信息处理的效率与准确性。

人类的视觉注意过程包括两个方面：由刺激驱动的自下而上的视觉注意过程和由任务驱动的自上而下的视觉注意过程。图 6.3 形象化展示了人类在看到一幅图像时是如何高效分配有限的注意力资源的，其中被亮斑覆盖的区域表示视觉系统更关注的目标，亮斑中深颜色部分表示对目标增加的关注度，颜色越深，关注度越高。很明显对于图 6.3 所示的场景，人们会将注意力更多地投入人的脸部、文本的标题及文章首句等位置。

事实上，对视知觉的研究揭示了许多有趣的不易发现的现象。例如，对视觉景物中某些即便很大的变动，有时也是注意不到、察觉不到的，称为“改变盲”。此外，由于没有注意，我们可能感知不到视觉景物中某些显而易见的特征，称为“疏忽盲”。对这些视而不见的现象的研究，是近年来认知神经科学中一个比较热门的话题，对其深入了解有助于人们认识注意与知觉和意识的关系。

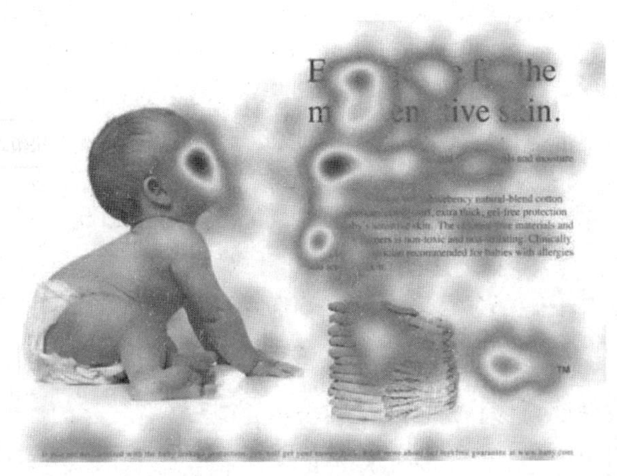

图 6.3 人类的视觉注意力

注意从多个方面对人们的感知功能发挥着决定作用。对物体特征整合的过程，即把物体各种不同的特征结合起来，以形成对该物体完整的感知，往往需要注意的控制。另外，知觉学习即训练使感觉系统分辨能力显著提高的现象，也离不开注意的控制。

6.3.2 注意对感觉信息加工进行调节的机制

注意之所以能够影响人们的知觉，是因为注意能够调节感觉中枢对信息的加工过程。现代实验技术的发展使直接研究注意的神经机制成为可能。人们不仅可以从完成各种任务的猴子身上记录任何大脑区域中单个神经元的放电，而且可以通过功能磁共振成像和其他脑成像技术测定大脑各区域在处理各种任务时的活动。从 20 世纪 80 年代开始，有关注意可以调节视觉神经元反应的现象不断在两条视觉通路的高级皮层区域被揭示。然而对于注意是否也能调节初级视觉皮层神经元的反应，一直存在争议。一种观点认为，初级视觉皮层和皮层以下的视觉中枢是纯感觉性的，其活动仅仅由视觉刺激驱动，几乎不受选择性注意等高级认知功能的调控。但是，过去十多年的研究进展表明，注意影响着各级视觉中枢对图像信息的处理，包括初级视觉皮层甚至是皮层以下的外膝体。

概括地说，注意通过调节各级神经元的活动影响人的认知功能。注意具体调节视觉神经元的活动机制大致如下。

1. 注意可以提高神经元敏感性

根据视觉刺激的对比度，视觉系统可以动态调节神经元的兴奋性，这称为对比增益控制机制。在一定的对比度范围内，如果提高视觉刺激的对比度，刺激的强度会明显增加，这表现在神经元对刺激的反应会增强。选择性注意对神经元反应的调节作用与对比增益控制非常相似。如果将注意集中于某一刺激，与没有注意时相比，神经元对同一刺激的反应也能明显增强。这种相似性表明，注意的一种作用机制是增加被注意刺激的有效对比度。通过直接比较注意与非注意条件下细胞反应与刺激对比度的关系，这一推测在视觉腹侧通路中的 V4 区和背侧通路中的 MT 区都得到了证实。在注意条件下，细胞反应与刺激对比度的关系曲线向低对比度方向平移。因而，注意条件下的低对比度相当于非注意条件下的高对比度。由此引出的一个问题是，对于同样的视觉刺激，主观感觉的对比度在注意条件下是否高于非注意条件下？这是一个曾经悬而未决且具有争议的问题。一项心理物理学研究通过巧妙的实验证明，与不被注意相比，注意确实可以使低对比度刺激的表观对比度提高近一倍。这些结果表明，注意对视觉信息加工的调控机制与视觉系统本身的对比增益控制机制具有密切联系。

实验表明，注意某个视觉刺激除了可以使细胞对该刺激的反应增强以外，还可以使邻近细胞的放电更同步。细胞放电同步性的加强也起到增强被注意刺激信号的作用。此外，注意不仅可以增强神经元对刺激的反应，在不存在刺激的情况下，如果注意视野中的某个位置，视觉神经元的自发放电水平会明显增加，功能磁共振成像揭示的视觉皮层活动也会增强。在没有外部刺激驱动时，这种空间注意会引起神经元基线活动上移的现象，可能直接反映了自上而下的注意调控信号。其可能的生理学意义在于，对于那些感受野位于被注意位置处的神经元，空间注意可以使它们的敏感性增加。如果随后有刺激出现在该位置，则这些神经元的反应性会增强。

2. 注意可以改变多个刺激竞争皮层表征的能力

自然的视觉景物中往往同时存在很多视觉刺激。在这种情况下，选择性注意和加工与行为有关的刺激更具有生理学意义。早在20世纪初，以德国心理学家韦特海默为代表的格式塔心理学者通过研究图形上下文之间的相互作用，总结出一套知觉组织规律。概括地说，在许多图形元素存在的情况下，对于那些满足邻近性、相似性和连续性等规律的图形元素，它们在知觉上很容易被结合在一起，成为一个完整的视觉目标。

从自下而上的加工角度来说，人之所以能够感知某个外界的刺激，是因为该刺激能够引起感觉皮层的兴奋活动，即获得了皮层的表征。然而当有多个刺激同时存在时，它们之间会竞争皮层的表征，其结果往往是相互抑制神经元的反应。这种图形上下文之间相互竞争的机制普遍存在于各级视觉中枢。在竞争皮层表征的过程中，某些视觉刺激由于具有特殊性，能够获得比其他刺激更多的皮层表征，因而具有比其他刺激高的显著性，比较容易被感知。但是如前所述，视觉的加工和形成不仅取决于自下而上的刺激过程（包括不同刺激间的相互作用），而且受自上而下的注意的调节。选择性地注意某个不显著的目标，或者选择性地注意多个目标中的某一个，可以强化该目标在皮层的表征，使其更加显著，从而在与其他刺激的竞争中获得足够的皮层表征，而进入知觉。所以，某一视觉刺激在知觉方面的显著性除了受图形元素之间相互作用的影响之外，还取决于选择性注意的调节作用。注意调节神经元反应的这种竞争机制得到了电生理实验证据的支持。

拓展阅读

注意力如何帮助大脑感知物体

科学家发现，注意力可以穿透大脑中损伤视觉感知的“噪声”。

长期以来，科学家一直认为，对特定物体的注意力可以通过放大特定的神经元活动和抑制其他神经元的活动（大脑“噪声”）来改变感知。2019年2月，科学家证实了这一理论，他们展示了来自神经元的太多背景噪声是如何干扰集中注意力并导致大脑难以感知物体的。该研究结果将有助于改善视觉假肢的设计。

当刺激出现在我们面前时，它会激活一群神经元，这些神经元对刺激具有选择性。在刺激引发的反应之上是神经活动的低频大波动。之前的研究发现，当人们的注意力转向刺激时，这些低频波动会被抑制。神经信息处理的理论模型表明，这种波动会损伤感知，而注意力通过过滤这些波动来改善感知。为了直接验证这一观点，研究人员使用光遗传学的前沿技术，这种技术可以通过将激光照射到光激活的蛋白质上来影响神经元的活动。研究小组使用一种针对动物大脑视觉区域的低频激光刺激方案来产生低频反应波动——注意力抑制的正是这种神经波动。他们测量了这对动物检测电脑屏幕上视觉刺激方向微小变化能力的影响。正如该理论预测的那样，增加的噪声会损伤感知能力。该项研究证实，注意力在很大程度上通过抑制这种协调的神经元放电活动发挥作用。这也是增加背景噪声会损伤感知的理论观点首次得到验证。

这项工作打开了一扇通往神经代码的窗户，并将成为人们理解感知背后神经机制的一部分。而对感知神经语言具有更深入的理解对于构建视觉假肢至关重要。

6.4 大脑的注意系统

研究大脑的注意功能需要区分两种不同的过程。一种过程是，注意产生的调节信号是如何对信息加工进行调控的。在上一节中，以注意对视觉信息加工的影响为例对此进行了详细的介绍。在这一节中，我们将介绍另一种过程，即大脑中的注意信号是由哪些结构产生和控制的。

大脑对各种感觉信息的原始加工过程依赖于解剖层面相互独立的、不同的感觉系统和皮层区域。然而对不同感觉皮层的活动进行调节的注意信号却有着共同的起源，即大脑的注意系统，也称为注意网络。已有的证据表明，注意系统在解剖层面独立于所有感觉信息处理系统。它由具有不同功能但又相互联系的网络或子系统组成。一般所说的注意系统主要是指与感觉信息选择有关的网络，它本身由功能和解剖方面部分分离的网络组成。广义地说，注意系统的功能除了包括对感觉信息进行选择外，还包括维持大脑的警惕状态，以及与注意控制有关的一些执行功能。因此，有的学者将整个注意系统划分为包括选择性注意网络在内的三种主要网络，即定向网络、警惕网络和执行网络。下面介绍这些网络的功能、其对应的神经解剖结构，以及注意系统与工作记忆、眼动控制系统的关系。

6.4.1 定向网络

定向网络的功能是对感觉信息进行选择，可以说是狭义概念上的注意系统，或者说是选择性注意网络。它与各种类型的选择性注意都有关，包括隐蔽和明显的注意、外源和内源的注意、基于空间和基于特征的注意等。目前认为，对感觉信息加工进行调节的注意信号就是由该网络产生的。大量对脑损伤患者行为观察的资料及脑成像、电生理的实验资料表明，对感觉信息进行选择的大脑结构包括顶叶皮层和额叶皮层中的某些区域，以及皮层下的某些结构，如上丘和丘脑等。定向网络的功能受基底神经节释放的乙酰胆碱的调节。

心理物理研究表明，定向网络对某一刺激的选择过程可以分为三个步骤：注意与先前目标的脱离、注意的移动及注意与新刺激目标的结合。这三个步骤是由不同的大脑结构控制的。顶叶皮层负责将注意与先前的目标脱离：上丘的作用是将注意转移到新的目标；而丘脑枕则与注意和新目标的结合有关。至于注意转移的始发信号，则认为是由前额叶皮层产生的。

有学者进一步将对感觉刺激进行选择的网络划分为两个部分分离的网络。其中一个网络为背侧顶叶额叶网络，包括内顶叶皮层和上额叶皮层的区域。该网络与自主（内源）的选择性注意有关。另一个网络，即腹侧顶叶额叶网络，包括颞侧顶叶皮层和下额叶皮层。该网络主要位于右侧大脑半球，专门负责非自主（外源）的注意，与自上而下的注意选择无关。

6.4.2 警惕网络

警惕网络的功能是产生并维持大脑的警惕状态。大脑进入警惕状态可以是内源的，即由某种行为动机支配；也可以是外源的，即受到某种外界示警信号的刺激。警惕网络主要包括位于右侧大脑半球的背外侧前额叶皮层和下顶叶皮层。除了乙酰胆碱以外，该网络的活动还受脑干蓝斑核中去甲肾上腺素能神经元的调节。这表明，警惕注意与由脑干网状结构控制的大脑的激动状态有一定联系。目前认为，大脑右半球的背外侧前额叶区主要参与产生并维持内源的警惕状态，而下顶叶皮层则与内源和外源的警惕注意有关。

警惕网络与前面介绍的定向网络都主要位于右侧的大脑半球,在解剖层面有一定的重叠。因而，右侧顶叶受损的患者不仅在注意转移方面存在障碍，而且在较长时间内维持警惕状态也存在困难。但是，从认知角度来说，这两个网络的功能是不同的，而且有不同的神经递质介入。

6.4.3 执行网络

执行网络负责的一类控制功能统称为大脑的执行功能，其中包括抑制不适宜的习惯性反应、解决冲突、检测错误、分配注意资源、切换任务、筹划行动方案、处理陌生的刺激等。与执行功能有关的区域包括：前额叶中的某些区域，如背外侧前额叶皮层和眶额叶皮层、位于大脑半球内侧的前扣带皮层、位于额叶的辅助运动区、皮层下的部分结构，如基底神经节和丘脑等。其中，前额叶被认为在执行控制中发挥着特别重要的作用。多巴胺在执行控制中具有一定的作用。各种导致额叶功能障碍的情形，比如衰老、创伤、中风、痴呆、精神分裂、注意缺乏症等都会导致执行功能缺陷。

执行功能的范围非常广泛，它们协同控制着大脑的各种认知过程。在此我们只提及与注意密切相关的几个功能，如对冲突的处理、对错误的检测和对习惯反应的抑制等。

目前，对自上而下的注意信号的产生过程尚未完全明确。根据现有的证据，一种推测的理论模型是：前额叶皮层负责产生反映当前行为目标的执行控制信号。该信号到达上顶叶皮层，引起上顶叶皮层的瞬时兴奋。这种瞬时的兴奋能起到开关信号的作用，引起包括内顶叶皮层在内区域的持续兴奋，从而产生具有倾向性的注意信号。这种选择性的注意信号逆着感觉信息传入的通路，调节感觉信息在感觉皮层中的加工过程。

6.4.4 注意系统、工作记忆与眼动控制系统

大脑的许多认知功能之间往往存在相互联系，而且与这些功能对应的解剖结构也有一定程度的重叠。本章介绍的注意系统与工作记忆、眼动控制系统三者之间就具有明显的重叠。

工作记忆是指大脑能以在线的方式暂时存储和使用某些与当前任务处理有关的临时信息。就选择性地注意和处理某一空间位置或刺激特征而言，有关空间位置或刺激特征的信息需要暂时存储于大脑中。功能磁共振成像、电生理及损毁实验的证据表明，大脑的前额叶与工作记忆有关。具体地说，腹侧的前额叶皮层与物体特征的工作记忆有关，而背侧的前额叶皮层则与空间位置的工作记忆有关，二者被认为是前面提到的视觉腹侧通路与背侧通路在额叶的延伸。除了与工作记忆有关以外，前面已经介绍过，前额叶也是大脑注意系统的组成部分之一。

转移注意既可以通过隐蔽的方式，也可以通过移动眼睛的方式。在日常生活中，人们更多的是通过快速眼动，将重要目标成像于视网膜上分辨率最高的中央凹，以便仔细观察。大脑皮层中与眼动控制有关的区域包括外侧内顶叶皮层和额叶眼动区等。如前所述，这些区域与选择性注意有密切关系。上丘是皮层以下的眼动控制中枢，而上丘的一些神经元也与隐蔽的注意转移有关。目前关于注意转移存在一种被普遍接受的理论，即“运动前理论”。该理

论认为，注意的转移是由控制快速眼动的神经元介导的，隐蔽的注意转移只是快速眼动执行之前的一个步骤。除了与注意转移和眼动控制有关外，外侧内顶叶皮层和额叶眼动区的神经元也具有工作记忆的功能。这些结果表明，注意、工作记忆和眼动控制网络三者在选择性加工视觉刺激方面都发挥着重要作用，具有部分重叠的神经基础。

6.5 大脑决策与神经机制

6.5.1 决策的意义

简单地说，决策是指对各种可能性进行思考，直到做出决定或得出结论的过程。严格地说，决策是指在评估可选选项的风险和回报后选择最佳做法的过程。人们每天都要面对无数选择，如早餐吃什么，下班后是否与同事一起去酒吧等。

通过对感觉信息的选择性注意，大脑可以有效地感知与行为相关的外界信息，并将一些信息转化为记忆存储。此外，根据对外界输入信息的感知，人们有时需要采取确定的行动。例如，司机开车接近一个十字路口时，如果发现交通灯已经变黄，他需要决定是加速冲过去，还是减速停下来。决策被认为是介于感觉信息加工和行为反应之间的一个过程。如果有多种选择的可能性，大脑需要根据行为目的、所掌握的信息或证据，以及过去的经验进行综合分析和判断，并且需要对各种选择可能付出的代价及可能得到的利益进行推测和比较，然后选择其中的一种方案。这是对大脑决策过程的简单概括。

有的决策过程相对比较简单，如交通灯变黄时是加速还是减速；而有的决策过程则显然没有那么容易，如为有疑难杂症的垂危病人制订治疗方案等。然而不管是何种决策过程，大脑都是以类似的方式做出最后的选择。对各种信息的整合及对得失的判断共同决定着大脑有可能做出何种决定。以司机开车接近变黄的交通灯为例，他需要根据对车速和距离的感觉进行估计，同时结合记忆中交通信号由黄变红所需要的时间，判断能否在信号变红之前穿过马路，从而决定需要加速还是减速。假如情况稍微复杂一点：此时旁边有一辆巡逻的警车已经减速停下来。那么，除了对感觉信息的综合判断以外，如果考虑到可能会被警察罚款，司机可能会自觉减速，将车停下来。假如情况再稍微复杂些：此时车上有一位生命垂危的病人需要立即送医院。那么司机很可能将被罚款的可能性抛到一边，加速冲过去。从这个例子可以看出，决策的过程具有很大的动态特性，在不同情况下，人们对同一事件进行处理的决定可能会完全不同。最终会做出何种决定取决于对外部和内部信息的整合。外部信息包括各种感觉刺激的输入；而内部信息可以是过去的经验、对各种选择主观价值的估计及决策者的情绪因素等。

在实验研究中，通过对人和动物行为反应的观察，人们可以推知决策过程做出了何种决定。最简单的决策过程可以说是根据某种感觉信息对刺激特征做出判断和选择的过程，称为知觉决定。例如从两个苹果中挑选出较大的一个。知觉决定虽然相对比较简单，但是对其神经机理的探索有助于人们对一般决策机制的了解。

神经科学还凸显了情绪的作用，挑战了决策是一种纯理性过程的传统观点。本质上，所有选择都是在评估了可选选项的风险和回报后做出的经济决策。神经科学正着手阐释这些过程背后的脑部机制。

6.5.2 决策的神经机制

在感觉系统对刺激编码的过程中，不同感觉神经元的反应携带了感觉信息的不同成分。

由于知觉决定主要取决于对感觉神经元携带信息的整合，因而，某些感觉神经元的反应在一定程度上反映了人或动物的最后行为反应，即决定。但是，这种简单的相关性并非表明感觉皮层本身直接参与了大脑的决策过程。决策信号与感觉信号之间的重要区别在于，感觉信号因感觉刺激的出现而产生，并随感觉刺激的消失而终止；而决策信号不完全取决于感觉刺激，而代表着最终的选择决定。此外，决策过程中需要对各种感觉信息进行整合，并且对各种可能的选择性进行比较，在此过程中逐渐形成最后的决定。因而真正代表最后决定的决策信号应该在时程方面反映这种决定逐渐形成的过程，即随时间积累的过程。

前面介绍了大脑的注意功能，还有与注意控制密切相关的执行功能。事实上，大脑的这些功能及负责这些功能的区域在决策过程中也发挥着重要作用。例如，外侧内顶叶皮层与注意转移、工作记忆和眼动有关，而近几年的研究表明，LIP 也参与感觉信息的整合及知觉决定信号的形成过程。

猴子单细胞记录的实验表明，在将感觉信号转化为知觉决定信号，进而转化为眼动执行信号的过程中，与快速眼动控制有关的区域，包括 LIP、额叶眼动区、上丘及背外侧前额叶皮层，都具有与 LIP 类似的信息整合功能。这些结果表明，这些区域一同参与了将感觉信号转化为决定信号的过程，并控制最后的行为反应（快速眼动）。

最近的一项功能磁共振成像研究也表明，大脑左半球的背外侧前额叶皮层（DLPFC）可以整合用于知觉决定的不同感觉信息。实验中所用的视觉刺激是房子或面孔的图片。有的图片清晰容易辨认，而有的经过噪声处理后不容易辨认。受试者的任务是指出刺激图片中的内容是房子还是面孔。已有的证据表明，大脑的腹侧额叶皮层中有两个不同的视觉区域，它们分别对房子（Parahippocampal Place Area，PPA 区）和面孔（Fusiform Face Area，FFA 区）敏感。当刺激图片是清晰的房子时，PPA 区的活动较强，而 FFA 区的活动较弱。反之，当刺激图片是清晰的面孔时，FFA 的活动较强，而 PPA 的活动较弱。在这两种图片清晰的情况下，两个皮层区域的活动差别非常明显。然而如果图片是模糊的房子或面孔，那么这两个区域的活动都较弱，而且差别很小。该研究的新发现在于，在受试者辨认图片时，DLPFC 的活动与 PPA 和 FFA 的活动强度之差是相关的。也就是说，当感觉信息指示的证据明显时（清晰的面孔或房子），DLPFC 的活动比证据不明显时（模糊的面孔或房子）要强得多。此外，DLPFC 的活动与受试者的正确判断率也是相关的。这些证据表明，DLPFC 可以同时比较不同视觉皮层区域输出的、携带不同图像特征的信息，在知觉决定中发挥着重要作用。在该研究中，只有左边的 DLPFC 具有这种信息整合功能。而前面提到，猴子单细胞记录的研究表明，具有类似信息整合功能的区域还包括 LIP、额叶眼动区和上丘。这种差异可能有几种解释。其中的一种是，由于猴子需要通过眼动执行知觉决定，因而除了 DLPFC 外，在控制眼动区域也观察到了与决定有关的信号。而在该功能磁共振成像实验中，人受试者通过手指按键表明知觉决定。如果进行类比推测，与手指运动控制有关的前运动区也应该包含与决定有关的信号，但是实验中却没有观察到。对此也有一种可能的解释：猴子的决策系统相对比较简单，从知觉到决定实质上只是准备特定的运动反应；而人的决策系统可能更为抽象与复杂，它与运动的准备和控制系统在功能方面可能是分开的，从而在将感觉、决定和行动联系起来的过程中具有很大的灵活性。但是，真正解释这种差异还需要进一步的实验证据。

事实上，从信息整合的角度来说，当决策过程需要考虑包括各种感觉信息在内的信息来源时，DLPFC 被认为发挥着关键作用。此外，DLPFC 也是与执行控制和工作记忆有关的主要皮层区域之一，而工作记忆在大脑决策过程中是不可缺少的，比如暂时维持有关各种选择的信息及它们之间的关系等。

6.5.3 高效的大脑决策机制

1. 神经元先于主观意识做出决策

神经元发出信号的速度非常快，使人的反应快于人的主观意识。它们能够代替我们，在人们意识到自己已经做出选择之前，就做出合理的决定。这个令人困惑的现象是由法国科学家科研中心里昂认知科学研究所于 2004 年发现的。当时研究人员在 15 名受试者面前设置了一个简单的按钮，要求他们想按下时就按下。这样做出按钮决定的是他们自己。这个实验中还有一点很重要，就是他们可以借助计时器准确地将自己做出按按钮决定的确切时刻记录下来。与此同时，研究人员通过脑电图观测他们负责激发动作的神经元的电活动情况。结果发现，受试者们上报的决定按下按钮的时间比大脑决定按下按钮的时间晚数百毫秒。神经元甚至不等人们进行有意识的思考就擅自做出了决定，而且速度极快。实验中，从神经元激活到动作实施，之间隔了一秒左右。这是非常短暂的时间，因为参与其中的神经机制非常复杂：感觉神经元对环境进行辨认，回忆以往决定的后果，对每种备选决定的得失进行电子编码，权衡利弊，选择动作，然后激发运动神经元进行实施。在短短零点几秒的时间内，数十万个神经元创造并交换了数百万条信息。这样一个浩大的工程，每时每刻都在人们大脑中悄悄进行着，要是没有神经元超快的电信号系统，这根本是不可想象的。

2. 大脑具有两套决策系统

科学家曾猜测，哺乳动物大脑中具有两套决策系统，它们以不同的速度应对不同的状况。英国科学家的研究支持了这一观点，并认为古老、快速但不怎么精确的大脑区域产生的进化压力帮助形成了进化史上新近形成的反应慢但更精确的大脑皮层。比较人类与爬行动物的大脑可以发现，它们非常相似，不过哺乳动物具有大型的外部皮层，存在于早先出现的皮层下大脑区域外围。磁共振成像扫描显示，皮层下区和外皮层均参与了决策。那么为什么大脑需要这两套决策系统？更古老的皮层下系统是否是多余的？如果真是多余的，那么将来人类的大脑是否会因它的萎缩而变小？研究人员建立了模拟理论模型，其中令皮层下系统进行快速但模糊的反应，而外皮层系统广泛收集信息，速度较慢。结果显示，当威胁水平高的时候（比如受到危险动物的攻击），具有不精确但快速的反应系统非常有用；而当处理不常出现的状况或具有许多相互矛盾线索的复杂情节时（如社交情境），外皮层系统就会显得更有用。随着生活越来越复杂，决策之前收集信息的益处对早期大脑产生了一种进化压力，这可能导致哺乳动物外皮层的快速形成。所以，如果人类生活的世界继续充满野兽和飞驰的汽车等危险因素的话，保留皮层下系统仍然具有进化益处，将来在人脑中就不太可能萎缩。

最近的研究表明，两种独立的脑回路是决策过程的关键。一是负责评估风险和回报的神经系统，由生成多巴胺的中脑神经元，以及腹内侧前额叶皮层、额极皮层和眼窝前额皮层三处额叶皮层构成。二是由背外侧前额叶皮层与前扣带回构成的网络。背外侧前额叶皮层与前扣带回在认知控制即识别错误及保持、转移注意力等任务方面，显得十分重要。

3. 神经连接强度决定决策模式

一个国际小组最新研究发现，人们在深思熟虑或不假思索两种决策模式之间的转换能力，取决于大脑中两个区域的神经连接强度。研究人员发现，在需要做出决定时，有人可以在不假思索和深思熟虑两种决策模式中根据不同条件快速转换，而有的人却总是感到左右为难。科学家此前并不清楚究竟是什么原因造成这种个体差异。荷兰阿姆斯特丹大学的比特・福特斯曼和英国、德国及澳大利亚等国的研究人员设计了两个试验，分别要求受试者对一些简单问题进行判断。两个试验中，前者要求确保准确率而没有时间限制，后者则要求尽快做出决定而无须考虑正确率。试验过程中对受试者大脑不同部位的扫描结果显示，大脑皮层的某一特殊区域和大脑深处的另一特殊区域的神经连接强度，对受试者在两种决策模式中切换的能力具有巨大影响。研究人员打比方说，具有较强的连接强度好比是具有更多车道的高速公路，更容易实现超车，即思维模式的切换。这一研究结果显示，大脑内部构造的不同会对人们的决策能力造成影响。

4．决策结果进行权衡和监测的神经基础

决策过程受感觉信息的影响，这在知觉决定中尤为突出。但是，决策的过程也受其他因素影响。其中一个非感觉性的重要因素是，执行某一选择决定有可能付出何种代价及得到何种回报。

在对若干种可能的选择进行利弊权衡时，过去决策和尝试中获得的得失经验发挥着较大的影响作用。因而在研究决策的神经机制时，不应该也不可能将某次决定的过程孤立地取出来。从另一个角度来说，一个完整的决策过程应该包括执行决定过程中或以后对产生的结果进行监测和自我评价的过程。特别地，在实验研究中，受试者在反复尝试中进行选择决定。在这种实验条件下，更应该认为决策是一个反复的过程，前面尝试的结果影响着后面尝试中的决定过程。

为了能够在不断变化的环境中生存，动物具备对自己的行为结果进行估计和评价的能力，以便相应地改变自己的策略和行为，从而更好地适应周围的环境。因而各种选择在主观上反映出来的价值，或者执行某种决定而获得的奖励，无疑是决策过程中的重要因素。广义地说，奖励可以指各种利益的获得，是决定动物各种行为动机的重要正面因素。大脑中多巴胺神经元的活动与奖励具有密切联系。从解剖层面看，顶叶和前额叶联合皮层中的一些区域所处的位置很适合将奖励与行为联系起来，因为这些区域接受感觉皮层的输入，同时向运动控制中枢投射，并且直接或间接地通过基底神经节中的纹状体与中脑多巴胺系统相互连接。大量实验证据表明，这些皮层中的很多区域都与对奖励的编码有关，其中包括眶额叶皮层、背外侧前额叶皮层、内侧前额叶皮层、前扣带皮层、后扣带皮层和外侧内顶叶皮层等。这些区域的神经元对奖励的编码各有不同的形式。与奖励有联系的感觉刺激、对奖励的期待、最终有无得到奖励及奖励的幅度等都可以反映在这些区域某些神经元的兴奋活动之中。这些对奖励的编码所产生的神经信号影响着包括决策在内的多种过程和行为，因为它们决定了大脑对主观价值的衡量。

除了参与编码和奖励有关的信息以外，前扣带皮层在决策过程中还具有其他重要作用。在有多种可能性供选择时，这些可能的选择之间往往存在矛盾冲突，比如开车接近变黄的交通灯时是加速还是减速。此外，对存在冲突的可能性进行选择时，可能会导致错误的决定。前扣带皮层可以检测存在冲突的行为反应。类似地，在选择决定的过程中，如果存在相互冲突的可能性，前扣带皮层及与其相邻的内侧上额叶回的活动会增加。此外，如果在执行选择的行为反应中出错，造成负面结果，也会引起前扣带皮层的活动。根据已有的电生理、脑成像和脑损伤的研究资料，目前认为，在决策过程中，前扣带皮层还可以编码某行动会出现哪些预期的结果，以及该行动是否会导致错误；而且根据对某一行动预期的收获和采取该行动需要付出的代价，前扣带皮层也可能参与了编码某一个行动是否值得执行。

除了前扣带皮层外，眶额叶皮层也是决策过程中对结果进行利弊权衡的另一个重要区域。此外，在对某一选择的结果进行衡量时，前扣带皮层和眶额叶皮层的活动之间存在密切的联系。

拓展阅读

多巴胺赋予人瞬息之间做出决策的能力

法国医师兼哲学家梅特里认为，大脑像肝脏分泌胆汁一样分泌思想。

想象一下吃自助餐时，你本来看中了一个汉堡，却在最后一秒又瞄上了一块牛排，迅速夹了一块到盘子里。美国圣地亚哥索尔克生物研究所的科学家发现，也许是多巴胺赋予人在瞬息之间做出决策的能力。科学家在研究小鼠行为后指出，多巴胺可对人们在短时间内采取行动或做出决策的可能性产生重大影响。科学家指出，多巴胺可以精确控制人们在短时间内做出的决策，只要测定制订决策前大脑中的多巴胺水平，便可以准确判断决策结果。此外，改变小鼠大脑中的多巴胺水平还可以影响其所做的决策。研究人员认为，若能恢复帕金森病、强迫症患者及用药成瘾者大脑中的多巴胺机制，或许可以帮助他们更好地控制自身行为。这是人们在实现该目标之路上取得的重大进展。

记忆对价值决策影响的多重机制

许多决策需要灵活的推理，这依赖于推断、概括和深思熟虑。一些新的发现表明，因在长期记忆中的作用而闻名的海马体，有助于基于价值的灵活决策。一项 2020 年 4 月发表在《认知科学趋势》的研究成果针对记忆在决策中的作用提供了新的见解，并表明即使在乍看之下根本不依赖记忆的情况下，记忆也可能影响决策。揭示记忆在决策中的普遍作用对于我们定义记忆及其方式提出了挑战，这表明记忆的主要目的可能是指导未来的行为，而存储过去的记录只是指导未来行为的一种方法。

动作与能动作用，自我与他人

随意运动的生成是脑的一项主要功能。在规划某个动作时，脑会生成一种正演模型，预测该动作的感觉和行为结果，然后将其与实际结果作比较。预测与结果的高度吻合是能动作用的关键。能动作用会给予人们一种掌控自身行为的感觉，也是自我意识的关键组成部分。我们还会模仿他人的动作，来推论其行为与意图，这种能力称为“心理理论”。

最近的一项脑扫描研究表明，对自己及他人决策的预测误差会被编码在前额皮层的不同区域。研究者让受试者执行简单的价值决策任务，或模拟他人行为以预测自己在同样任务中如何表现，并在受试者进行这些任务时扫描他们的脑部。这些任务不仅要预测他人的动作，还要预测自己最终可获得的奖励。模拟动作中的预测误差越大，背外侧和背内侧前额叶皮层的活动就越强。同样，模拟奖励中的预测误差越大，腹内侧前额叶皮层的活动就越强。

6.6 本章小结

注意和决策等认知功能的神经机制是认知神经科学的热点和难点。目前的研究分别着眼于某一认知功能的某一方面或子过程，而且一种研究的趋势是将某一认知功能越分越细，比如注意到底有多少种形式，以及它们是否各自有其对应的神经活动和控制区域。虽然这种思路有其意义，但是相反的思路也很重要。本章中讲到，额叶和顶叶的某一区域可以参与多种认知和执行功能；反过来，某一功能往往有多个区域同时参加。这表明，这些区域及功能之间具有密切联系。要最终了解大脑认知功能的完整机制，需要综合考虑不同区域、不同子过程及不同认知功能之间的相互作用。当前研究表明，要形成完整的理论来解释注意、决策乃至整个大脑的认知功能是一项无比艰巨的任务。近年来，神经科学发展迅速，有助于人们更深入地理解脑与认知。

习题

1. 通过鸡尾酒会效应描述大脑注意机制的作用。
2. 注意的认知模型有哪些？分别有什么特点？
3. 注意的类型有哪些？
4. 注意对知觉的影响有哪些？
5. 描述大脑的注意系统。
6. 影响决策生成的因素有哪些？
7. 描述大脑决策的神经机制。

07 chapter

语言

本章主要学习目标：

1. 了解语言作为一个复杂系统的意义；
2. 了解语言的起源和进化理论；
3. 学习和理解语言的脑与神经机制。

7.0 学习导言

语言是人类区别于其他动物的一个重要标志。借助语言人类可以进行交流，可以谈论过去并畅想未来。语言是人类交流的重要手段，反映了人脑的高级功能。在形式的多样性、内容的丰富性和结构的复杂性等方面，人类语言都大大超越了动物使用的交流符号。人脑是如何支持语言这一复杂的高级认知功能的呢？这个问题对于揭示人脑智能之谜具有特殊而重要的意义。

脑与语言的关系是人脑奥秘的核心问题之一。早在一百多年前，人类就发现语言加工的重要脑区：布洛卡区和威尔尼克区。通过脑功能成像，人们对语言加工涉及的神经中枢有了更全面和深入的认识。这些对人类揭示语言区的真正意义、语言的本质及语言的进化和起源等问题具有重要的启示。

语言研究对人工智能具有重要意义：第一，语言是一个自然的交互界面，“善解人意”绕不开这个界面；第二，语言的背后是一套知识，语言的学习和表示，与一般知识具有共性；第三，语言是一个窗口，通过对人类语言的观察，可以侧面了解人脑内部产生的推理和表示。

7.1 语言复杂系统

语言是最复杂、最有系统而应用最广的符号系统。语言符号不仅表示具体的事物、状态或动作，也表示抽象的概念。

语言通常分为口语和文字两类。口语的表现形式为声音，文字的表现形式为形象。口语远较文字古老，个人学习语言也是先学口语，后学文字。

目前，世界上仍在使用的语言有 6 912 种，其中最大的是非洲的尼日尔-刚果语系，共包括 1 514 种语言。在这些语言中，汉语和英语是世界上使用最多的两种语言，也分别是图形文字和拼音文字的代表。汉语以其独特的词法和句法体系、文字系统和语音声调系统而显著区别于印欧语言，具有音、形、义紧密结合的独特风格。

值得注意的是，虽然存在不同的语言形式，但它们都表达同样的意义，这是人们进行交流的根本保证。从这个意义上讲，语言形式只是语言的外壳，而语义才是语言的内核。

语言是以语音为外壳、以词汇为材料、以语法为规则而构成的体系。概念是反映事物的特有属性的思维形态，概念与语词有密切的联系。概念的产生和存在必须依附于语词。语词之所以能够表示各种事物，是因为人们头脑中有相应的概念。所以，语词是概念的语言形式，概念是语词的思想内容。

语言的成分主要包括语音、由语音组合而成的单词、由单词组合而成的短语、由短语组合而成的句子。所有这些成分都势必与大脑系统相连，它们共同驱动着人的嘴、耳、人对词语和概念的记忆、人的话语计划，以及当新话输入时人们用于更新知识的心智资源。

通过数学方法研究语言，寻找语言结构的形式、模型和公式，使语言的语法规则能像数学符号和公式一样具有系统化、形式化的特点，并可以生成无限的句子。美国语言学家乔姆斯基于 1956 年提出语言的形式文法，为语言信息处理建立了理论基础。

7.2 语言起源与进化

7.2.1 语言与人类智力

自然界的许多动物都能借助自己发出的声音进行信息沟通和交往，然而只有人类具有真正的语言。既然猴子、猩猩都有能力以声音传讯，为什么其他猿类没有朝这个方向演化，发展出它们自己的复杂语言？它是在灵长类动物交往行为的基础上逐渐进化的，还是通过人脑解剖结构的突然变化而自发产生的？语言与脑如何相互作用、共同演化？由于脑不会形成化石，语言的起源及语言在人脑进化中的作用问题很难找到考古学方面的直接证据，因而被称为“最难的科学问题”之一，是人类学家、语言学家、心理学家所关心的核心问题。

200 万年前的地球上，曾经有几个原始人支系同时生存于非洲大陆，最后只有一个存活了下来，也就是现代人类的祖先。据考证，250 万 ~ 300 万年前，人类的先祖便开始创造口头语言。大约 20 万年前，能人初步完成了这一创造。

根据考古学家对头骨化石的研究，手语、初期口语的创造和运用使能人发生了具体进化，主要体现在以下方面。

（1）主管语言的左脑大于右脑。

（2）左额叶附近凸起的布罗卡区与语言的运用有直接关系。

（3）颅底开始弯曲，这有利于发出人类语言特有的某些普通的元音。

随着手语、声语的发展，能人的智慧日益进化，能人的自控水平越来越高，并积累了丰富的创造信息工具的经验，成为与口语工具结合的智人。

由智人进化为能有效自知自控的现代人，又经过了约 10 万年。智人虽然已创造了较丰富的词汇，但尚无语法可循，人类的思维和对事物的表述仍然处于低层次。例如，看到一个人打死了家兔，朋卡族印第安人就这样说：

“人，他，一个，活的，站着的，故意打死，放箭，家兔，它，一个，动物，坐着的……”

散乱的语言是无法进行有效的自知创造的。语法的创造和形成又经历了艰难的过程。

在这一时期中人类不断创造词汇并发展语言技巧，使自知自控和自主创造水平发生了重大进化。直立人和之后的早期智人，渐进掌控肺和发声器官、嘴唇和舌头，或许还借此逐步改善讲话能力，整个过程就像是演化形式的牙牙学语。

在进化过程中，大脑除了在额叶部位具有巨大的增量外，组织结构还在许多其他方面发生了变化。早期从考古学角度，研究者对语言的产生机制做出了一些推测。人脑语言区是随语言的发展而发展的。语言区的强大可以从外观上看出来。语言区多在人脑的颞叶，随着语言区的增大，大脑额叶的面积迅速增大。猿类额叶的表面积占脑总面积的 17% ~ 20%；早期智人为 21% ~ 25%；晚期智人为 27%，接近现代人的水平（28%左右）。与此同时，额叶慢慢隆起，额角增大。

美国加利福尼亚大学生理学教授戴蒙德（Jared Diamond）及其他专家认为人类智能出现大跨越式发展。所谓大跨越，就是人类祖先在相对短的数百万年的进化历史过程中，就出现了直立行走、制造复杂工具、产生语言等一系列其他猿类望尘莫及的能力，在智力上远超其他猿类。

语言的出现是类人猿进化为人的重要标志之一。如果大跨越式发展前夕，人类已经演化到了“只欠东风”的关口，那么“东风”就是改变人类祖先的发声道，为语言的演化铺路。

之后创新的本领才能油然而生，将人类从传统中解放出来。所以，戴蒙德认为，促进大跨越式发展的“东风”使人类的“原始型”发声道变成了“现代型”发声道，从此人类能够更精密地控制发声道，创造更多的语音。

7.2.2 人类语言产生的原因

人类语言产生的原因主要存在以下几种观点。

1. 语言能力就是使用工具的能力

语言和工具应该是同时在 240 万年前出现的。还有人认为，语言产生于 200 万年前左右。这个时候原始人类的大脑经历了迅速的扩展，特别是与语言有关的区域。

2. 控制语音的解剖构造

就像一只手表能够准确计时是因为所有零件都是精心设计的，人类的发声道依赖许多构造与肌肉的精密配合。科学家认为，黑猩猩不能发出寻常的人类母音，是受解剖构造的限制。人类具有 50 种音素，从而能组合成 10 万个词汇和无数的句子，而猿类的颅底是平的，只能发出 12 种音素；人类的喉位于喉咙的下部，而猿的喉却位于喉咙的高处，今天人类婴儿出生时仍重复这一过程，喉位于喉咙的高处，18 个月以后才开始向喉咙的下部靠拢。根据化石推断，能人喉的位置等同于现在 6 岁的儿童，已具有初步的语言能力。从而带动了生活各方面的显著发展，宣告了由原始人属向人过渡期的结束。

3. 发音系统的进化

一些研究者从人类发音系统进化的角度提出，语言起源于 30 万年前。这时人类的喉经历了一个退化的过程，即位置变得比其他动物更低。这似乎不符合一般自然选择的规律（喉的位置变低大大增加了食物进入气管的概率）。研究者认为，这种进化的目的是产生语言。

4. 动物的发声行为

关于语言的起源问题，许多人从自然选择的角度来探讨。一个最简单的假设是，人类的语言是从动物的发声行为进化而来的。动物的发声行为蕴含着丰富的含义和感情色彩，而不只是简单、无意义的声音。例如，猩猩会发出各种不同的声音，当危险降临或发现食物时，它们发出的声音明显不同。因此，动物的发声行为似乎是人类语言的雏形。但是，动物的发声器官与人类的语言器官具有很大差别，刺激动物的左侧额下回不会对其发声行为造成影响。这表明人类的语言可能与动物的发声行为无关。另一个影响较大的假设认为，人类的语言是从动物的体势动作演化而来的。猩猩虽然没有类似人类的口头语言，却有着丰富的体势语。同时，人类的手势语与口语、书面语言一样，也具有丰富的语法结构和完善的交流功能。早期接触手势语的儿童能够像获得口语一样毫不费力地获得手势语。虽然猩猩的脑没有专门控制发声行为的部位，但是对体势动作的控制却非常精准和完善。特别是猩猩大脑中的 F5 区与人脑的布罗卡区相似，都是控制体势动作的关键部位，刺激该部位会对其体势动作造成严重影响。近年来的研究还发现，镜像神经元不仅存在于猩猩的 F5 区，也存在于人脑的布罗卡区。这种神经元可能与动物和人类的模仿行为有直接关系。人感知其他人发出的语音时，也会激活并说出该动词有关的脑区。这些证据都表明，语言可能起源于动物的体势动作。但体势动作和有声语言的关系是什么？是从体势动作演化为有声语言，还是两者并存？有声语言如何成为人类语言的主要形态？如何从只能发出声音过渡发展到真正创造出语言，这些都是科学难题。

5．语言的基因机制

脑的进化过程中可能会出现一些异常，某些进化过程中的缺陷会通过遗传保留下来，并以基因表达的形式对现代人类的语言能力产生影响。例如，KE 家族的每一个成员都受到语言障碍的困扰，基因 FOXP2 的变异是导致这个家族语言缺陷的首因。研究还发现，这个基因的异常与很多语言障碍有关，如口吃和阅读困难。这两种障碍都是不分种族、地域和文化而普遍存在的。研究表明，基因 FOXP2 的表达使基底神经节的突触可塑性得到增强，并强化树突之间的连接，从而对语言加工和语言学习产生广泛而重要的影响。因此，基因 FOXP2 可能在语言形成和发展过程中发挥了重要作用。但是，确定语言障碍与基因的关系存在很多困难，不仅需要从大量的基因库中寻找，还要与复杂的语言行为建立联系。因此，仍需继续进行大量的研究。

但由于不存在所谓的语言化石，上述观点都不足以解释语言的产生。直到最近，经过上述学科及生物遗传学、认知神经科学等领域专家的共同努力，对这一问题的探讨出现了新的认识。

第一，认知神经科学对语言加工神经机制的研究表明，可能并不存在专门负责语言加工的中枢。布洛卡区和威尔尼克都不只是负责语言的加工。相反它们参与很多认知过程。特别是布洛卡区，除语言加工外，注意控制、工作记忆和执行功能等很多高级的认知功能都需要这个区域的参与。另外，虽然这两个区域在体积上存在显著的左侧优势（这被一些研究者认为是其专门负责语言加工的另一个证据），但这种解剖特征并不是人脑独有的，它在一些高等动物如猩猩的大脑中也存在。这些对语言加工存在专门语言器官的观点提出了挑战。

第二，虽然人类语言与动物交流之间存在显著的差异，但在很多地方也存在连续性。很多以前认为是体现了人与动物本质区别的差异，现在看来界限并不是非常明显。比如，上面提到的人类发音器官（喉结）的进化并不是人类特有的，并且某些动物也具有使用工具的能力。基于这些发现，研究者对语言能力的界定进行了简缩，提出最核心的语言能力是递归，而并不包括以前人们认为的“感知-运动”和“概念-意图”等成分。但最新研究揭示布谷鸟也能掌握复杂的递归结构。与此同时，另外一些研究者坚持认为很多认知加工都是人类语言特有的。

第三，语言基因的研究也为人们认识语言的起源提供了很多启示。比如，研究者对一个存在语言障碍（主要是语言产生障碍）的家族（KE 家族）进行研究发现，这个家族的部分成员在 FOXP2 基因方面出现了变异。这似乎表明 FOXP2 基因是控制语言，特别是口头语言产出的重要基因。这是人类发现的第一个与语言加工有关的基因。这个结果刚发表时，一些研究者非常兴奋，认为人类找到了语言进化的生物基础。但随后进一步研究发现，这些患者除了语言障碍外，还存在运动控制障碍。FOXP2 基因的变异不仅会导致额下回（传统的布洛卡区）的结构和功能缺陷，还会同时导致皮层下的尾状核（属于基底节的一个部分）和小脑异常。额下回、基底节和小脑是运动控制的主要中枢。一方面，这个发现可以很好地解释患者在言语产出和其他方面的困难。另一方面，这也说明 FOXP2 基因并不是语言基因。与这个观点一致，比较心理学的研究发现，动物和人在这个基因的构成和表达方面非常相似，动物 FOXP2 基因也会影响感觉信息加工、感知运动整合及负载运动的控制等功能。

这些突破性发现不断更新着人们对语言本质及语言产生的认识。研究者开始考虑，语言的产生是否得益于一般认知能力的发展，而并不是由于语言专用器官（包括特殊脑区）的发展？

7.3 语言的脑机制

人类语言的独特性也表现在人脑的功能和结构上。最早对语言的脑功能定位的实证研究来自对失语症患者的尸体解剖。1861 年，法国医生布洛卡向科学界公布了一个影响深远的发现：大脑左侧额下回盖部、三角区及前脑岛的损伤会导致语言能力严重丧失。这个部位随后被称为“布洛卡区”。不久之后，另一位医生威尔尼克又报告了两例左侧颞上回损伤的患者，其口语理解能力严重受损，而口语产生能力则未受影响。这个脑区即“威尔尼克区”，如图 7.1 所示。威尔尼克还假设一个反射弧，它连接着存储单词声音表象的颞上回和支持单词发音的额下回。虽然现在人们对这两个区域的认识已经大大加深，但这两项经典的研究对语言神经机制的影响持续至今。

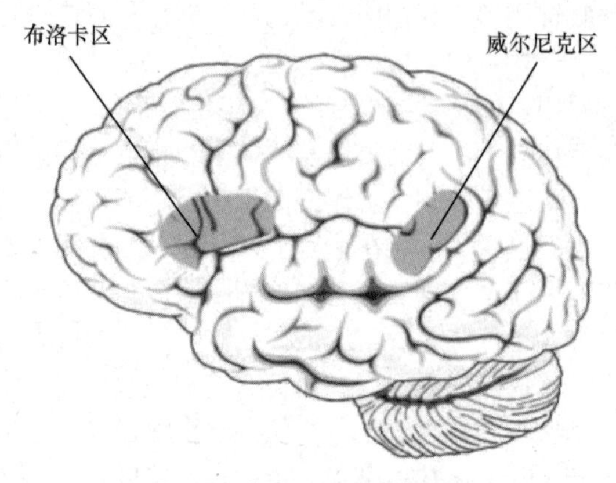

图 7.1 布洛卡区和威尔尼克区

科学家还发现，连接这两个脑区的弓形束在语言中也具有重要作用。由弓形束连接的布洛卡区和威尔尼克区构成了人类的基本语言神经元。

语言脑功能区的研究经历了一段漫长的道路，并在其历史进程中逐渐形成了两个最主要的研究方向，一是研究语言和思维活动的脑功能一侧化问题，二是探讨语言与思维的双脑协同机制。

语言活动的脑功能一侧化，即大脑的一侧半球主管语言活动。布洛卡、威尔尼克等人关于语言活动与大脑之间关系的早期发现揭示了语言活动是大脑左半球的特有功能，而右半球则是“沉默寡言”的。对于这种观点，英国神经病理学家杰克逊当时指出，左半球损伤时，并不是全部语言功能都丧失殆尽，那些尚能存留的、有限的语言表达能力应属于右半球的功能。有关人类裂脑的研究总结指出：右半球对空间进行综合，左半球对时间进行分析；右半球着重视觉的相似性，左半球着重概念的相似性；右半球对知觉形象的轮廓进行加工，左半球则对精细部分进行加工；右半球将感觉信息纳入印象，左半球则将感觉信息纳入语言描述；右半球善于进行完整性综合，左半球则善于进行语音分析。因此，语言和思维活动的脑机制，既不是未分化的“整体功能”，也不是绝对的一侧半球的功能，而是在机能分工前提下大脑两半球协同活动的结果。

1991 年，研究人员在此基础上提出了新的语言信息处理模型。听觉输入的语言信息由听觉皮层传至角回，然后至威尔尼克区，再传到布洛卡区。视觉输入的语言信息直接从视觉联合皮层传至布洛卡区。对一个词的视知觉与听知觉是由感觉模式不同的通路相互独立处理的。这些通路各自独立地到达布洛卡区，以及与语言含义、语言表达相关的更高级区域。大脑中语言处理通路的每一步工作机理都有待深入研究。

角回在威尔尼克区上方，顶、枕叶交界处。这是大脑后部一个重要的联合区。角回与单词的视觉记忆有密切关系，在这里可以实现视觉与头脑感觉的跨通道联合。角回不仅将书面语言转换为口语，也可以将口语转换为书面语言。当看到一个单词时，词的视觉信号先从视觉初级到达角回，再转译成听觉的形式。同样，在听到一个单词时，威尔尼克区接受到的听觉形式先被送到角回，再作处理。因此，切除角回将使单词的视觉意象与听觉意象失去联系，从而引发阅读障碍。这种患者能说话，能理解口语，但不能理解书面语言。切除角回还将引起一时的失语症，由于看到物体和听到物体声音之间失去联系，因而这种患者不能理解词语的意义。其他人的研究也表明，角回部位存储着语法和拼写规则。

近年来，心理语言学家和神经科学家采用脑成像等技术进一步研究语言的脑神经机制，结果发现，语言的加工厂广泛分布于脑的不同区域。表 7.1 列出了与语言有关的脑区定位与功能。

表 7.1　与语言有关的脑区定位与功能

脑区	定位	功能
初级运动皮层	中央前回 Brodmann 4 区和 6 区	将来自布洛卡区的信息转变为运动活动，产生言语
布洛卡区	左侧第三额下回后部 Brodmann 44 区和 45 区	将来自威尔尼克区的信息处理为相应的言语运动程序，再传到头面部运动启动唇舌、喉肌的运动而形成言语
弓状纤维	一束将威尔尼克区与布洛卡区相连的白色纤维	将信息从威尔尼克区传向布洛卡区
初级听觉皮层	颞上回后部 Brodmann 41 区和 42 区	接收和分析听觉信息
威尔尼克区	颞上回后部 Brodmann 41 区和 42 区，以及部分邻近的 22 区	听觉联合皮层分析来自初级听觉的输入信号，将这些信号与存储在记忆库中的信息进行匹配，并翻译它们的意义。该区对复述和理解都很重要
角回和缘上回	构成顶叶的前下部，位于听觉、躯体感觉和视觉联合皮层的交界区	
视觉联合皮层	位于初级视觉皮层前，枕叶和顶叶的 Brodmann 18 区和 19 区	对初级视觉信号进行分析
胼胝体	连接两个半球的纤维	联系每一半球的相同区域
外侧裂周区	环绕外侧裂周围的区域	包括布洛卡区、弓状纤维和威尔尼克区
交界区或分水岭区	大脑前动脉与大脑中动脉分布交界区，或者大脑中动脉与大脑后动脉分布交界区	此区受损可以引发经皮层性失语，经皮层性失语的共同特点是复述不受损，因为威尔尼克区仍然与布洛卡区保持联系

拓展阅读

大脑控制语言产生的方式

类似霍金这样的人可以考虑他们想说什么，但是因为肌肉麻痹而不能说话。为了交流，他们可以使用能够感应人的眼睛或脸颊运动的装置，一次拼出一个字母。然而这个过程是缓慢而不自然的。科学家通过开发大脑机器接口来解码大脑发送给舌头、腭、嘴唇和喉咙（发音器）的命令，以帮助这些完全瘫痪的人更直观地交流。如果一个人只会说单词，脑机接口就可以转换为语音。新研究通过解锁大脑编码语音新信息的过程，有助于创建语音-大脑机器接口。科学家发现，大脑控制语言产生的方式与控制手臂和手部运动的方式类似。

这一发现还可能帮助患有其他语言障碍的人，如儿童及成人中风后出现的言语失用症。

在言语失用症中，个体难以将言语信息通过大脑翻译为口语。

7.4 视觉解码与阅读加工

从心理语言学的角度看，阅读是语言加工的次级过程，是听觉语言加工的发展。首先，文字是人类历史上相对较新的发明，距今大约有 6 000 年的历史；其次，虽然随着社会的发展，阅读能力也逐渐成为个体生存和发展的重要能力之一，但是阅读并不是人类必需的能力；最后，阅读能力的发展具有很强的教育痕迹，目前尚未发现阅读能力获得存在关键期的证据。前面提到，世界上存在很多种不同的文字体系，这使得阅读加工具有很强的文化特征，大大影响了阅读加工的认知神经机制。

7.4.1 阅读加工的词汇与亚词汇通路

根据经典的双通路模型，阅读可以经由两条不同的通路实现：一条是词汇通路，也称提取通路；另一条是亚词汇通路，也称聚合通路。阅读首先从词汇的视觉特征分析开始，通过视觉分析识别单词中的每个字母及其大小、位置、颜色等。经过视觉分析，视觉词汇转换为一个抽象的字母形式，这种抽象的字母形式独立于字母的形状、字体和大小等属性。

视觉输入词典中包括所有熟悉词汇的抽象视觉表征，熟悉的词的抽象字母形式将在这里得到进一步加工。如果输入的抽象字母串与其中存储的某个表征吻合，那么该词就被识别了。但到这个阶段，词汇还未被理解。词汇的理解及与其他词汇的联系需要在信息通过语义系统后才能实现。对于不熟悉的词汇或假词，它们并未存储于视觉输入词典、语义系统及言语输入词典中，那我们如何读出这个词的语音呢？英语存在形音转化规则，由于这个过程发生在亚词汇水平，因此这条通路也称为亚词汇通路。

在英文阅读过程中，形音转换并不都是规则的，如 int 和 pint 中 int 的读音就不同于它在 hint 和 mint 中的发音。这就造成了不规则词阅读困难，也就是规则性效应。除了规则性效应以外，还存在频率效应，即高频字的阅读速度快于低频字。频率和规则性之间存在交互作用，即规则性效应只在低频字中出现，高频字不存在规则性效应。为了解释这个现象，研究者假设阅读发展过程经历了一个从亚词汇通路到词汇通路转换的过程。传统的双通路模型被改进为双通路级联模型（Dual-Route Cascade Model，DRC）。这个模型认为，这两条通路并不是互相独立的，非此即彼的。相反阅读中这两条通路共同激活，且相互竞争，速度快的那一条通路赢得竞争。根据这个模型，规则性效应是因两条通路的竞争造成的。随着阅读经验的增加，高频字加工的词汇通路就越来越快，而亚词汇通路产生的干扰则越来越小，甚至消失。

上面的阅读模型是一种功能模块模型。即将每个认知过程模块化，并通过特定的模块联结实现复杂的语言加工过程。联结主义或分布式并行加工（Parallel Distributed Process，PDP）模型却强调用功能联结的观点来解释字词加工的过程。联结主义的观点认为，复杂的字词加工过程可以通过有限几个认知成分（形、音、义）的广泛联系得以实现。同时，在联结主义模型中，并不存在词汇和亚词汇水平加工的区别。

近年来，对阅读加工神经机制的探讨逐渐升温，其核心是探讨阅读是否存在两条神经通路。研究者主要进行以下比较：①真词阅读和假词阅读；②词汇/语义判断和语音判断；③不规则词汇阅读和规则词汇阅读。在每组比较中，前者更多地依赖词汇通路，而后者更多地利用形音转换通路。这些研究揭示，词汇通路的阅读可能更多地依赖梭状田回，而亚词汇通路更多地依赖颞顶联合区，包括颞上回、角回和缘上回。同时，额下回在两条通路中均被显著激活，并存在进一步的功能细分。

7.4.2 梭状回与整体字形识别

脑功能成像对语言加工的一个重要贡献是发现了梭状回及相邻的颞下回区域参与了阅读。这个区域有丰富的血管分布，不容易因梗死而造成损伤。因此，脑损伤研究中很少报道这个区域，经典的语言加工神经模型中也不包括它。从解剖层面看，这个区域不仅同视觉皮层联系紧密，也与海马体和海马旁回等记忆脑区相邻，因而其在视觉字词加工中的作用引起了研究者的广泛兴趣。

前面提到，词汇阅读的一个重要阶段是形成与视觉特征无关的抽象字形表征。很多研究发现，字形的识别与左侧梭状回有关。研究人员采用脑成像的方法研究字形加工的脑机制，他们发现，在被动注视任务中，真字激活左侧外侧纹状体的中部区域，而加工辅音字母串和假字时这个区域不会被激活。由于区块设计方法容易造成被试者在加工字母串和真词时注意水平的差异，研究者同时使用区块设计和事件相关设计来研究这一问题。结果同样发现，真词比辅音字母串更多地激活了左侧梭状回中部，同时与呈现的视野无关。也有研究者发现，这个区域负责抽象字形的表征，而与字母的形状、大小、颜色甚至大小写无关。同时，这个区域的激活随年龄的增加而增加，阅读障碍儿童在该区域的激活强度显著低于正常儿童，说明该区域的激活与阅读能力相关。由于词汇通路的阅读比亚词汇水平的阅读更有效率，所以梭状回对于快速、自动化的阅读加工非常重要。基于这些结果，研究人员提出梭状回为视觉词汇识别区的观点，认为这个区域的形成与长期的阅读经验有关。

7.4.3 额下回激活与阅读加工自动化程度

很多关于阅读的研究都观察到左侧额下回（布洛卡区）的激活。最新研究发现，这个区域存在功能上的进一步分工，即额下的前部（BA45/47）更多地负责语义加工，而后部更多地负责语音加工（BA44/6）。通过经颅磁刺激的方法研究发现，TMS 作用于额下回前部会导致语义加工障碍，而作用于后部则会导致语音加工困难。但这里的语音加工并不限于特定的感觉通道，很多听觉呈现的语音任务（包括音位检测、语音分割、音节计算、押韵判断等）也激活了这个区域。

在阅读加工中，研究者认为，额下回后部参与亚词汇水平的形音转换，而额下回前部参与词汇水平的阅读加工。由于很多研究采用非常复杂的阅读任务，如押韵判断等，因此难以确定这个区域的激活是否由形音转换过程引起。命名是一种有效的研究形音转换的任务（虽然它也受到言语产出的干扰）。采用这种任务研究者发现，额下回后部区域在激活模式上与梭状回存在显著差异：虽然所有的词都会激活梭状回，但只有假词和低频词会显著激活额下回，高频词在这个区域产生的激活不明显。另外，额下回损伤的患者一般不存在单个词汇命名的障碍。这些结果表明，额下回并非必然参与阅读加工，它的参与程度取决于阅读的自动化程度。

研究者采用人工语言训练的方式直接检验这个假设。他们训练被试者读一种人工语言。经过两个星期的训练，被试者掌握了这门语言的读音，但远远没有达到和母语一样的自动化程度。被试者在轻声阅读母语高频词时，额下回后部都没有被激活；相反在加工新语言时，两个任务都显著激活了这个区域。在被动阅读任务条件下，额下回后部的激活强度与个体掌握这门语言的熟练程度存在显著的正相关。由于被动看的任务并不涉及言语产出，这个结果支持了额下回负责形音转换的观点，但其是否参与决定于阅读自动化程度。另外，还有一些研究发现，额下回的激活存在规则性效应：不规则词的激活强度显著高于规则词；同时，也存在规则性和词频的交互作用，即高频词并不存在显著的规则性效应。这些结果表明，词汇和亚词汇水平的冲突是导致额下回激活的一种重要机制。

总之，对额下回与阅读间关系的研究表明，很多因素（包括单词的规则性、任务的复杂性等）都会影响额下回的激活。对这些问题的进一步研究有助于揭示额下回在阅读中的功能。

7.5 语义与句法加工

在言语理解中，经过视觉与听觉的感知觉解码后，语言加工的最终目的是获取语义，而口头言语的产生是从语义提取开始的。当前研究者几乎一致认为，不同的语言形式都连接于一个共同的语义系统。对于短语和句子，意义的获得还需要进一步的句法分析。

7.5.1 分布式表征语义系统

从认知心理学的角度看，研究者提出了很多语义系统的表征和组织模型。如有研究者认为，语义系统是以命题形式表征的；也有研究者从进化的角度提出，语义是根据感知觉的形式表征的。更多研究者认为，语义的表征存在以上两种形式，每种形式适用于不同的信息。在语义之间的组织方面也存在着很多不同的理论，包括层次网络模型、扩散激活模型、命题网络模型，后来发展为 ACT 模型，以及特征比较模型等。

众所周知，一个物体的知识或者一个概念涉及很多方面。如对于“马”这个概念，相关的知识包括它的视觉信息（如形状、大小、颜色）、动作（如跑、走）、声音（如马嘶、马蹄声）、抽象知识（如类别、习性、功能、地理分布）及情景记忆（如何时何地骑过马）等。另外，有关“马”的知识不是一次习得的，而是随着经验逐渐累积的。因此，很难想象这么多知识是按照单一的形式组织起来的，也很难想象单个神经元能表征所有信息。事实上，20 世纪 70 年代后的神经心理学和脑功能成像的研究都表明语义是分布式表征的。

人脑的不同区域负责不同特征的表征。其中，腹侧的颞枕联合区负责表征物体的形状，颞叶外侧表征物体的运动，而腹侧前运动皮层表征与使用工具有关的运动。在颞叶区域，语义表征也存在前后差异。其中前部（包括颞极）表征物体的个体属性，后部则表征物体的类别属性。这里我们举几个例子就此问题进行讨论。

当前研究较多的一个问题是人造物和生命类概念大脑皮层表征的差异。“工具”和“动物”分别为这两类概念的代表。从功能-特征的区分来看，“工具”更主要的是根据它们的功能进行区分，而“动物”更多地根据它们的视觉特征进行区分。研究发现，工具概念的加工（词汇命名、产生动词、看图片）更多地激活了腹侧前运动区。并且想象如何使用工具也会激活这个区域。同时，在腹侧视觉表征区，两类概念也存在不同的表征区域。

另一个主要问题是动词与名词的表征差异。对脑损伤患者的研究发现，布洛卡区受损的患者会出现提取和加工动词困难，而颞叶损伤的患者更多地出现加工名词障碍。脑成像研究也发现动词与名词加工的差异，如加工动词能比加工名词更多激活前额叶；同时，产生动词能更多地激活左侧颞中回、额下回和右侧小脑，而产生颜色词能更多地激活颞下回。

不同的动作概念在大脑中存在不同的表征。动作由身体的不同部位产生，包括嘴、手、脚等。在中文中，与不同器官联系的动词具有不同的偏旁，“⻊”对应脚，如踢；“扌”对应手，如摘；“舌”对应舌头，如舔。这些不同动作概念的表征与大脑运动皮层控制这些动作的皮层代表区之间存在相当的重叠。命名与手有关的动词会激活控制手运动的大脑皮层区域，而命名与脚有关的区域会激活负责控制脚运动的区域。这表明，人们对各种动作的理解很可能依赖于相关皮层区域的激活。

7.5.2 句法加工的认知神经机制

句法是连接单个词汇组成句子的规则，它是语法的一部分。后者一般还包括词法，即词形变化和造字规则，如复数、过去式、名词形式、复合词等。句法加工是一个非常复杂的过程。它存在不同的心理成分，并对应不同的大脑区域。

在探讨句法加工的认知神经机制之前，有必要区分言语产出和言语理解（视觉和听觉）过程中的句法加工。从表面上看，言语产出的句法加工是一个编码的过程，根据言语产生模型，个体根据所要表达的意思选择适当的语法形式；相反在言语理解中，语法结构已经存在，个体需要分析句法结构。目前尚不清楚编码和分析两种句法加工是否存在不同的认知和神经机制。从经济性原则出发，如果一个系统能够完成这两项任务，就不需要存在两个系统。同时，句法复杂的句子不仅理解困难，产生也困难，表明可能存在一个句法加工系统。目前脑损伤的证据还比较模糊，很多脑损伤患者同时存在产生和理解句法的障碍，但也有患者只存在句法产生困难，而不存在句法理解障碍。因此，这个问题还有待进一步研究。由于目前绝大多数的研究集中在句法理解方面，下面也只限于介绍该方面的研究发现。

脑损伤和脑功能成像研究则揭示了句法加工的空间定位。这些研究发现，左侧额下回（布洛卡区）和颞叶前部参与了句法加工。目前尚不清楚额下回参与句法加工的机制。句法加工必然包含工作记忆的成分，而 BA44/45 是工作记忆的一个重要神经结构。虽然复杂的句子会导致额下回更多的激活，但复杂的句子也需要更多的工作记忆。一些研究者认为，存在一个共同的工作记忆，支持所有言语的加工。另一些研究者发现，一些病人工作记忆能力很差，但是还保留着理解复杂句子的能力。因此，至少在言语理解中存在一个独立的句法工作记忆成分。

除了布洛卡区，另外一个导致句法加工障碍的损伤部位处于颞上回前部（BA22）、颞极之后和威尔尼克区之前。正常人加工句法时，这个区域也会被激活。但目前对这个区域的功能也尚未了解。这个区域并不是传统的语言加工区域。由于这个区域是负责记忆的区域，因此可能与语言结构的记忆有关。

语言加工的神经机制受到语言特征的影响。与英文不同，汉字的加工更多地激活了右侧视觉皮层和额中回（BA9）。汉字阅读由于不存在亚词汇通路，负责这个过程的颞顶联合区并不参与。但汉字和英文都激活了左侧额下回和梭状回，表现出跨语言的一致性。中英双语者的两门语言存在共同的语义系统，并较少受到学习起始年龄的限制。相反句法学习与加工则存在明显的关键期效应。语言经验的积累会塑造第二语言的皮层表征。

另外，句法加工与语义加工之间存在较强的交互作用。总的说来，由于句法的复杂性和研究方法的限制，揭示句法加工的认知和神经机制的工作才刚刚起步。当前研究发现，句法加工包括一个早期的自动化成分和一个晚期的句法纠正成分。同时，从脑功能定位来看，左侧额下回和颞上回中部是句法加工的重要位置。相信随着研究的不断发展，人们会逐渐揭开句法加工的神经机制奥秘。

总之，语言的加工包括听、说、读等多种形式，经由不同的感觉运动通道和认知过程，同时也涉及不同的神经机制。听觉词汇的加工首先需要进行语音解码，大脑的左右初级听觉皮层分别负责时间和声谱信息的加工。通过这个阶段，语音信息得以识别，并经由腹侧和背侧两条通路实现语义的通达和言语运动的表征。相反言语产生需要根据概念选择适当的词条，经过句法编码转换为表层结构，并通过发音系统表达出来。言语产生是一个增量的过程，前后阶段在时间上存在重叠，保证了及时的监控。言语产生需要复杂的运动控制，在人脑中由大脑皮层、基底节和小脑等脑区共同实现。阅读加工是将视觉文字转换为语言表征的过程。拼音文字的加工可以通过词汇和亚词汇通道完成，前者涉及梭状回和额下回，后者涉及额下回和颞顶联合区。阅读的熟练程度决定了额下回的参与程度。

在人工智能领域，与人类语言最直接的人工智能技术是自然语言处理与语音识别。2022年12月，OPenAI推出的聊天机器人ChatGPT将机器语言处理、运用和表达能力推向了前所未有的高度。ChatGPT已经能够基于大语言模型灵活地处理多种任务，包括聊天、写作、编辑、计算等。语言是人类文明进化发展的媒介和手段，而ChatGPT已经可以像人类一样灵活地运用语言交流、表达并处理各种问题，因此，ChatGPT这类以大语言模型为基础的人工智能系统的智能水平将超出人类想象。

7.6 本章小结

语言的起源和产生原因一直是与人类有关的诸多科学难题之一。语言与人类的智能和思维形成具有密切关系。语言是进化的产物，也是人类区别于其他近亲的重要特征。语言的发生与脑的结构、脑区有很大关系。大脑通过听、说、阅读等不同途径来加工和处理语言信息。理解上述这些问题，对于揭示语言促进人类思维和智能形成的机制具有重要意义。由人类语言能力启发的自然语言处理是人工智能的重要领域。随着神经科学、语言学等多学科对语言研究的不断深入，人类对语言机制的认识和应用也将促进智能语言处理技术的进步。

习题

1. 语言的起源和进化过程大致是怎样的？
2. 关于人类语言产生的原因有哪些假设？
3. 负责语言的主要脑区有哪些，各自的功能是什么？
4. 海马回在语言产生中具有什么作用？
5. 阐述与语言有关的脑区位置和功能。
6. 阐述句法加工的神经机制。
7. 简略阐述语言与心智的关系。

情绪

本章主要学习目标：

1. 学习和了解情绪与情感的基本概念；
2. 学习和了解关于情绪的心理学理论；
3. 学习和了解与情绪相关的主要脑结构；
4. 学习和理解情绪与认知功能的关系。

8.0 学习导言

情绪包括爱、恨、憎恶、高兴、羞愧、忌妒、内疚、恐惧、焦虑等感觉。但是这些感觉的确切定义是什么？要了解情绪的定义，只要想象一下没有情绪的生活。没有我们每天经历的潮起潮落，生活将苍白而乏味。毫无疑问，情绪的表达是人性的重要组成部分。但是，它们是来自我们身体的感觉信号，还是大脑皮层活动的扩散形式，或是其他内容？要回答这些问题具有意想不到的困难，导致神经科学领域有关情绪究竟是什么的各种理论的发展。人工智能对情绪的模拟和研究还处于起步阶段。事实上，现阶段人工智能依靠计算机代码和程序并不能使机器具有与人类同样的情绪或情感。

本章主要探讨情绪的神经基础。在最简单的观念中，情绪的研究可转变为传入-传出问题。大多数引发情绪反应的刺激来自人的感觉。情绪的行为表现由躯体运动系统、自主神经系统和下丘脑的分泌控制。虽然情绪体验的机制更难掌握，但是一般都认为大脑皮层发挥了关键作用。

8.1 情绪与情感的基本概念

8.1.1 定义

情感是人类主要的动机因素，与人类的记忆和学习系统直接相关，并影响人的联想、抽象、直觉和推理，引导人们的注意力，帮人们做出决策。情感还在沟通中发挥着关键作用。情感智力（Emotional Intelligence，也称情绪智力、情感智慧等）一词于 1964 年出现。它常见的定义是能识别情感（包括他人和自己的情感）、产生和适应情感，以及为达成目标或解决问题而应用情感信息的能力。拥有这些能力的前提是区分不同的情感。

为什么情感智力会在哺乳动物的生活中发挥关键作用？根据心理学和神经科学的研究结果，情感是智能行为的重要组成部分，并且在一系列不同的认知、感知和身体进程中发挥着关键作用。在整个人类的进化过程中，情感帮助人类生存——“战或逃反应”就是一个例子。

难以想象如果缺少情绪与情感，人类生活将是多么可怕，但要从心理学、神经科学的角度为情绪下一个科学的定义还是一件困难的事情。从 19 世纪至今，心理学家和认知神经科学家经过不懈的努力与探索，总结出以下大多数人所承认的概念：

情绪是瞬息万变的心理与生理现象，反映了机体对不断变化环境的适应模式。人的情绪很容易反映在表情上，如图 8.1 所示。从心理学层面来说，情绪是对客观事物的态度体验和行为反应，为人和动物共有。这个概念主要包括三个方面的内容：生理唤醒、主观体验（如喜悦、悲伤和愤怒等）及外在表现（面部表情、身体姿态、动作等）。相关文献中还常常出现情感、感情、心境等与情绪相近的名词，有时未进行严格区分，但它们的意义还是存在一定的区别。

“情感”一词常被用于表示内心体验，其中的“感”字有感受之意，因此经常用于描述那些具有稳定、深刻社会意义的体验和感受，具有稳定性和持久性，是构成个性心理品质的稳定成分。较高级的社会性情感包括道德感、理智感。

“情绪”一词主要是指个体的交互作用过程，特别是脑内的神经活动具有较大的激动性、情景性和暂时性。情绪与情感是相互依存、不可分离而又有所区别的。情感是对感情性过程的内在体验与感受，情绪表现具有明显的冲动性和外部特征。

图 8.1　人的各种情绪

“感情”是一个更为宽泛的词汇，是情绪与情感的总称，综合反映人的情感状态及愿望、需要等感受倾向。它既可以指情绪的表达、表现，又可以表示主观情绪体验，有时还意味着与生理需求相关的内驱力。

不同的情绪状态可以通过心境、激情、应激等词描述。

“心境”指的是某种持续、微弱的情绪状态，它像背景一样为人的各种心理活动渲染上一层情绪色彩，对心理活动的过程产生影响。

“激情”是一种强烈的、爆发性的、瞬时的情绪状态，常伴有明显的身体和生理反应。激情可以是正性或负性的，所谓“大喜大悲”就是对激情的一种描述。

“应激”是指人体在应对环境刺激时自身所发生的、身体的、生理的和心理的变化。那么，能引发个体应激状态的生活事件和环境条件就是应激源。适当的应激对于提高人体的抵抗力和免疫力具有积极意义。

8.1.2　情绪的演化

恐惧和愤怒等基本情绪帮助人类祖先生存下来。在一个四处隐藏着饥饿捕食者的世界里，恐惧的能力非常有用。一旦出现危险信号，它可以使人迅速做出反应：逃！愤怒也是一样，只是它会让机体进入战斗状态而不是准备逃跑。

惊讶和厌恶的情绪也比较容易解释。惊讶可以帮助人对新刺激产生反应。当出现意想不到的事物时，惊讶的反应迫使人们停下来仔细观察。他们的眉毛耸起、眼睛睁大，以尽可能多地观察新情况，身体随时准备旋转方向。同样，厌恶的能力也是有用的。

快乐和痛苦这两种基本情绪的进化原理较为复杂。它们的演化是为了促使人们从事或者避免某些行动。自然选择并没有赋予人类直接思考基因如何才能更好地遗传这一问题的能力，而是赋予了人类感受快乐的能力，又使人类的快乐体验和那些有助于基因遗传的事情联系起来。

因此，在考虑情绪的演化时，人们必须考虑每种情绪反应的所有要素。只注意内部感觉是不够的，还必须考虑面部表情和其他信号。达尔文是第一个强调这些信号重要性的人，在其著作《人类和动物的情绪表达》中，达尔文考察了很多情绪信号在漫长进化过程中的连续性。达尔文对这些信号很感兴趣，认为它们能有效地证明人类是从其他动物进化而来的。例如，当人害怕时，毛发会竖起来，他认为这是从祖先处继承的特点，那时他们浑身上下都长着浓密的毛发，害怕时毛发就会竖起，就像猫一样。

恐惧、愤怒等情绪表达的进化原因很容易理解。然而人们在悲伤时为什么流泪这一问题让进化论者很困惑。表达情感的泪水是人类的独特现象。

既然人类是唯一在悲伤时哭泣的动物，这种情绪表达一定是在相对较近的年代，也就是人类从猩猩谱系中分开后才出现的。

快乐、痛苦等基本情绪则出现得晚一些，但也有很长的历史了，因此不只是人类才会产生这种情感。证明其他动物也会感到悲伤可能更难，但是大象就会产生这种情感。对包括人类在内的所有哺乳动物来说，恐惧和愤怒等基本情绪是由一组被称为边缘系统的神经结构调节的。这些结构包括海马区、有色带环绕的脑回、前丘脑及扁桃形结构。这些结构位于脑中央，处于新大脑皮层的神经组织之下。顾名思义，新大脑皮层是近期才进化出来的。虽然鱼类、两栖动物、鸟类、爬行动物也有新大脑皮层，但是哺乳动物的新大脑皮层更大，它完全包住了边缘结构，这一点是哺乳动物与其他脊椎动物在脑结构方面的主要差异。美国神经科学家麦克莱恩认为，哺乳动物的脑进化主要体现于新大脑皮层的扩展，而较早的边缘结构变化较少，当然也不是完全保持不变。

如果恐惧等基本情绪完全由边缘系统调节，那么爱和内疚等高级认知情感就主要在大脑皮层中生成。这就意味着高级认知情感的进化比基本情绪更晚，随着高级哺乳动物的出现，新大脑皮层开始扩展，在此之后高级认知情感才出现。换句话说，高级认知情感的存在不会超过 6 000 万年，事实上还有可能更短，而脊椎动物的脑及基本情绪自形成已有约 5 亿年的历史，远远长于高级认知情感。

情绪是身体的反应，但感觉是对这些情绪的主观感知，也是人们能够调节内部状态的原因。情绪本身是一种自我意识和自我参照，因为对外部变化的适应性反应需要在个体及其环境之间进行某种功能上的区分。这种反应、适应和生存的情感能力是进化过程中的重要组成部分，因此也是生命中重要的组成部分。情绪本质上是行为的同义词——一种生物利用身体对环境做出反应的方式。在这种情况下，情绪是生命必需的，而更复杂的情绪会对环境中可能危及生命的变化做出更广泛的反应。

8.1.3 情绪评定的标准

无论是诱发情绪的刺激材料类型，还是被试者实际的情绪体验，都涉及情绪评定的标准。目前主要存在两种标准，它们基于两种对立的情绪理论：基本情绪论和情绪维度论。

1. 基本情绪论

基本情绪论认为，情绪的发生具有原型形式，即存在数种泛人类的基本情绪类型，每种类型各有其独特的体验特性、生理唤醒模式和外显模式，其不同形式的组合形成了人类所有的情绪，从个体发展角度看，基本情绪的产生是有机体自然成熟的结果，而不是习得的。美国心理学家艾克曼描述了 6 种基本表情：高兴、愤怒、惊讶、厌恶、悲伤、害怕。也可以将人类情绪分为兴奋、惊奇、痛苦、厌恶、愉快、愤怒、恐惧、悲伤、害羞、轻蔑和自罪感 11 种。艾克曼的开创性研究为基本情绪论奠定了基础。

2. 情绪维度论

情绪维度论认为，几个维度组成的空间包括人类所有的情绪，情绪维度论将不同情绪看作逐渐、平稳的转变，不同情绪间的相似性和差异性根据彼此在维度空间中的距离来显示。比较公认的维度模式是如下两个维度组成的二维空间。

（1）效价或者愉悦度，其理论基础是正、负情绪的分离激活，即正、负情绪各自具有特定的大脑加工系统。

（2）唤醒度或者激活度，是指与情感状态相联系的机体能量的激活程度，唤醒的作用是调动机体的机能，为行动做准备。

3. 情绪刺激数据库

美国某研究所情绪与注意研究中心与佛罗里达大学编制了 3 套情绪材料系统，分别为国际情感图片系统、国际情绪数码声音系统和英语情绪词系统。3 套系统中的所有材料都被赋予了愉悦度、唤醒度和优势度值，自问世以来，被广泛运用于情绪研究中。优势度是指在场景中被试者感觉自己居于支配或被支配地位，支配的感觉越多，优势度的分值越高。罗跃嘉课题组参照以上体例，编制出中国情感图片系统、中国人面孔表情数据库、中国情感数码声音系统和汉语情感词系统。中国情感图片系统包括 852 幅图片，采用具有中国国情的图片，特别是在面孔、环境等方面。在大量收集各种声音刺激的基础上，中国情感数码声音系统精选出 453 个声音，并取得了愉悦度、唤醒度和优势度数据。例如，国歌和中国民乐的愉悦度非常接近（分别为 7.94 与 7.98），但两者的唤醒度却明显不同（分别为 7.86 与 4.46）。

汉语情感词系统以现代汉语常用词词典中的 31 187 个双字词作为原始母体选材量，结合国家语言文字委员会提供的中文词库，抽样出 6 000 个双字词，采用随机和有规律相结合的抽样方法，形成统计样本；结合现代汉语词典选取 2 000 个现代汉语双字词，再从中随机分层抽取名词、动词、形容词各 500 个，作为评定用词；最后将这 1 500 个双字词进行愉悦度、唤醒度，优势度和熟悉度 4 个维度的评定。

不管是图片、声音还是文字，由于每个材料具有愉悦度、唤醒度、优势度的定量分值，这为情绪研究带来了极大的便利。例如，可以方便地从数据库中提取出愉悦度>6 的正性材料或愉悦度<3 的负性材料。

8.2 情绪理论

8.2.1 情绪的生理理论

当人们突然遭遇危险，例如看见一只熊时，一般认为人是先害怕后逃跑。但早在 19 世纪 80 年代，美国心理学家詹姆斯和丹麦心理学家朗格就不约而同地推翻了这种情绪先于生理反应的传统观点，提出生理反应引发情绪的经典理论，又被称为詹姆斯-朗格理论。该理论认为，情绪刺激引发生理反应，而生理反应进一步导致情绪体验的产生。“情绪刺激”是指能引发情绪反应的物理刺激，如“熊”的视觉刺激，而不是情绪本身；而“情绪体验”是指人主观感受到的情绪状态，如“怕”。当人看见熊时，第一反应是跑，然后当人开始意识到自己的肢体反应时，才感到害怕。换句话说，这一连串的反应顺序是“先跑后怕”，而不是“先怕后跑”。

8.2.2 情绪的中枢神经系统理论

美国生理心理学家坎农及其学生巴德对詹姆斯-朗格理论提出质疑。坎农-巴德理论认为，情绪体验和生理变化是同时发生的，两者都受丘脑的控制。当人看见熊时，首先是丘脑被激活，再由丘脑发出神经冲动，同时激活大脑皮层和下丘脑。大脑皮层产生情绪的主观体验，下丘脑引发肢体唤醒并产生逃跑行为。生理反应与情绪体验之间的关系是“又跑又怕”。

8.2.3 情绪的多水平理论

20 世纪 90 年代起出现了情绪的多水平理论，提出认知系统中意义的表征具有不同水平，因此同一刺激在不同水平上具有不同的情绪意义。其中比较典型的是图式、命题、联想和类比表征系统（Schematic, Propositional，Associative & Analogical Representational System, SPAARS），它被广泛用于解释不同的情绪体验。

SPAARS 系统中不同的名字代表不同的水平，产生不同的情绪体验。

类比表征系统涉及对环境刺激进行基本的感觉信息加工。命题系统不涉及情绪因素，只包括对外界和自我的信息。在图式系统中，来自命题系统的事实与来自个体近期目标的有关信息结合在一起，生成一个针对情境的内部模型，从而引发情绪反应。联想系统主要反映情绪系统的功效。同一事件在图式水平上被重复加工，会形成一些联想表征，将来再遇到同一事件，系统就不需要根据目标信息和命题信息的加工来建立模型以产生相应的情绪，此时相应的情绪会被自动引发出来。例如，蜘蛛恐惧症者看到蜘蛛就会立即感到害怕，即便他们知道通常情况下蜘蛛是无害的。根据 SPAARS 的观点，幼时形成的对蜘蛛恐惧的图式分析为以后的联想水平表征奠定了基础，使将来再遇到蜘蛛时自发地产生恐惧，而无须再消耗资源进行命题水平和图式水平的分析加工。

8.2.4 情绪的认知理论

20 世纪 50 年代，美国心理学家阿诺德提出情绪的评定—兴奋理论。阿诺德理论认为，情绪产生的基本过程是刺激情景—评估—情绪，刺激情景并不直接决定情绪的性质，从刺激出现到情绪的产生，中间要经过对刺激的估量和评价。对于同一刺激情景的评估不同，引发的情绪反应也不同。情绪刺激经过丘脑被送到大脑皮层，在大脑皮层上得到评估，形成一种特殊的态度。这种态度通过将冲动传到丘脑的交感神经，将兴奋发放到血管或内脏，产生的变化使其获得特定的情绪感受。该理论首先将认知因素引入情绪理论。

美国心理学家沙赫特和辛格也强调认知因素对情绪的重要性，认为生理唤醒及对其的认知解释是特定情绪产生的两个必要因素。他们进行了一系列的经典实验来证实沙赫特-辛格理论，其中一个实验是将被试者分成三组，为第一组被试者注射肾上腺素（一种会引发心悸、手抖、脸发烧等现象的激素），为第二组被试者注射生理盐水（安慰剂），为第三组被试者注射镇静剂。然后让三组被试者观看闹剧电影，结果第一组被试者认为电影非常有趣，表现出愉快的情绪；第二组被试者没有感到愉快；第三组被试者的情绪反应介于前两组之间，根据沙赫特-辛格的理论，电影中的笑料使第一组和第三组被试者将自己的生理唤醒解释为愉快的生理反应，于是产生了愉快的情绪体验。

另一个实验是为三组被试者都注射肾上腺素，然后向第一组被试者真实地说明注射肾上腺素后会出现的反应；向第二组被试者说明注射后身体会发抖，手脚有点发麻，没有别的反应；对第三组被试者不做任何说明。再让注射后的被试者分别进入两种实验情景休息，一种是愉快的情景（观看滑稽表演），另一种是愤怒的情景（回答冗长并涉及隐私的问卷），结果发现，第二组和第三组被试者在愉快的情景中体验并表现出愉快的情绪，在愤怒的情景中体验并表现出愤怒的情绪，而第一组被试者则在两种情景中都未发现愉快或愤怒的情绪体验和表现。这说明情绪体验不是由生理唤醒单独决定的，因为三组被试者的生理唤醒状态相同；情绪体验也不是由环境因素单独决定的，第一组被试者并未在不同的环境中体验到相应的情绪，因为他们将自身的生理反应解释为药物的作用。

这些实验结果一致证明了认知在情绪产生过程中的重要作用。以熊为例，当人在野外看见熊时，如果认为熊对自身的安全构成了威胁，就会将自身的生理唤醒解释为害怕；当人在动物园看见熊时，如果认为不存在安全问题，会将同样的生理唤醒解释为高兴或惊讶。

美国心理学家拉撒路认为，认知评价对情绪体验具有关键作用，刺激的最初加工是进行情感或“感觉”估计——好的或坏的、安全或危险等，并发生在情感反应之前，以下为具体的评价形式：①初级评价，将周围情境看作是积极的、有压力的或与幸福无关的；②次级评价，根据个体可以利用的情境资源进行评价；③重新评价，刺激情景及相应的应对策略得到监控，必要时修改初级评价和次级评价。

8.3 情绪的神经生物学基础

关于情绪的心理学理论的争论要点在于情绪的产生中意识与无意识过程的相互关系，以及周边器官的状态（如心跳加快）对意识过程的反馈作用。要解决这些争论最终需要研究并了解情绪的神经生物学基础，过去的 20 年间对周边自主神经系统及中枢神经系统内部与情绪有关的脑区有了更深刻的认识。现在知道，下丘脑在整合与协调周边神经系统的反射方面发挥着重要作用。大脑皮层尤其是眶额皮层及扣带脑皮层，是情绪的主观感受的处理中枢。而杏仁核则是联系这两者的关键中枢。图 8.2 所示为与情绪有关的大脑区域。关于效价或正负情绪的分离，存在中枢神经系统的脑成像和外周神经系统的证据。

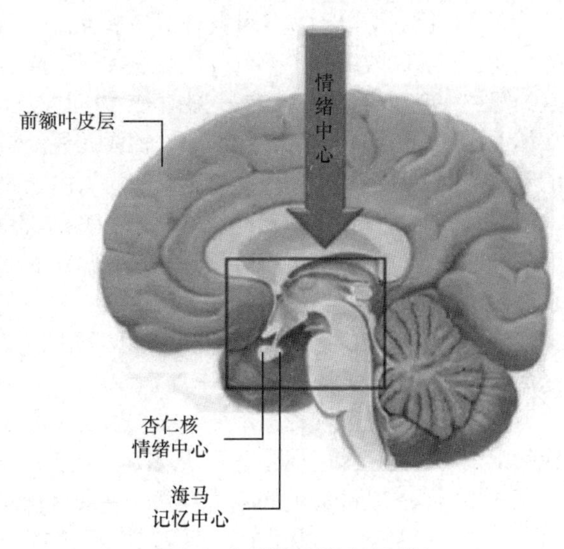

图 8.2 与情绪有关的大脑区域

脑成像研究对于正负情绪是否具有特定的大脑加工系统，是否具有各自左、右半球优势的差异，证据不一致。有研究人员在被试者观看正性和负性图片的同时进行磁共振扫描，结果发现，情绪图片激活了双侧额叶、前扣带回、杏仁核、前叶及小脑。负性图片的激活区主要位于右半球，而正性图片则表现出左半球的优势。但是，也有研究人员综合分析了 10 年间 65 项不同脑成像的研究结果发现，没有充分和一致的实验证据支持正负情绪加工的半球差异，因此他们认为情绪活动的半球差异很复杂，具有较强的区域特殊性。图 8.3 所示为压力和正常状态下的脑半球状态。

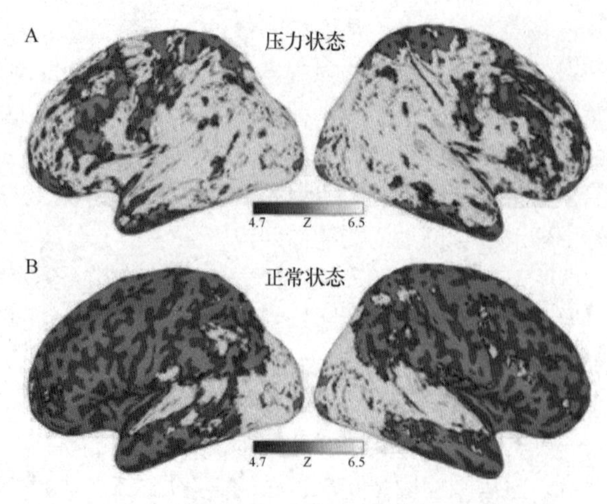

图 8.3　压力和正常状态下的脑半球状态

8.3.1　边缘系统与情绪

20 世纪早期，已经确认下丘脑在调控自主神经系统方面发挥着至关重要的作用，Cannon 及 Bard 首先提出情绪是由下丘脑控制的理论。它主要包括以下三点。

（1）下丘脑持续评价环境中各种与情绪相关的刺激。

（2）下丘脑通过控制脑干表达情绪。

（3）情绪的主观感觉即情感，是通过下丘脑投射到大脑皮层完成的。

这一理论的部分论点在 20 世纪 30 年代被下丘脑电刺激试验证实。实验发现，刺激下丘脑的不同核团，可以引发各种各样的自主反射。例如，心跳速度的改变、血压的改变、肠胃的蠕动、膀胱的收缩等。部分反应明显类似于情绪的表达，如愤怒或恐惧。美国神经解剖学家帕佩兹 1937 年将前脑中的一些脑区（包括扣带脑皮层、旁海马区、海马体及下丘脑中的乳头体）加入与情绪有关的神经环路，帕佩兹理论强调海马体对情绪的重要性，支持这一理论的临床证据主要包括：狂犬病毒感染的病人由于海马回受损而表现出情绪的极端不稳定。

美国神经系统科学家麦克莱恩深化了帕佩兹的理论，他进一步将隔区、伏核（基底神经节的一部分）、眶额皮层和杏仁核加入帕佩兹提出的神经环路，称之为边缘系统。早期的比较解剖研究者认为，新皮层是哺乳动物特有的，在人类和灵长类中尤为发达。推理、思维、记忆及问题解决被认为是新皮层的功能，而由古皮层及皮下神经核团组成的边缘系统被认为是用于完成较低级的进化行为——情绪。

边缘系统的概念在提出不久就被人质疑，加拿大神经心理学家米尔纳等在 20 世纪 50 年代中期发现，海马体受损会导致认知功能特别是长期记忆的缺失，这与麦克莱恩等提出的古皮层与高级认知功能无关的说法矛盾，后来有研究人员发现，杏仁核（而非海马体）发挥着联系大脑皮层及下丘脑的作用。到了 20 世纪 70 年代，科学家发现，非哺乳类动物也存在较为简单，但与新皮层相似的脑结构，使新皮层与古皮层的区别逐渐变得模糊。将边缘系统笼统地称为情绪的结构显得过于简单。边缘系统概念本身的定义在不断发生变化。具有讽刺意味的是，边缘系统这一概念正是因这种模糊性而存活至今，从结构及解剖学而言，边缘系统本身的含义常常并不确定；但从功能角度上说，情绪的神经通路在较大程度上独立于认知的神经通路，将边缘系统理解为情绪通路也未尝不可。

8.3.2 前扣带回与情绪

前扣带回位于大脑内侧面，如图 8.4 所示。关于前扣带回功能的一个重要观点是：认知信息与情绪信息的加工是分离的。其背侧认知部分位于布罗德曼分区（BA）24b-c 区和 32 区，嘴腹侧情感部分分布于嘴侧 24a-c 区和 32 区，以及腹侧 25 区和 33 区。根据来自细胞构筑、脑损伤和电生理研究整合的数据，结合不同的连接模式知识及脑成像研究，观察到这两个部分是可以区分的。

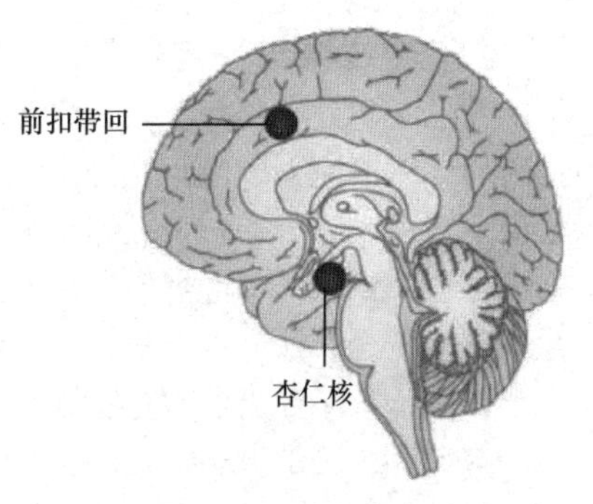

图 8.4 前扣带回与杏仁核

认知亚区是分布式注意网络的一部分，它与外侧前额叶皮层（BA46/9 区）、顶叶皮层（BA7 区）及前运动区和辅助运动区相互连接。背侧认知亚区通过影响感觉或反应选择（或两者）调节注意或执行功能，包括竞争监测、复杂运动控制、动机、新奇、错误监测、工作记忆和认知任务的预期。而情感亚区连接杏仁核、伏核、下丘脑、前部脑岛、海马体和核联额皮层，并输出至自主系统、内脏运动系统和内分泌系统。前扣带回的情绪亚区主要参与情绪和动机信息的评价及情绪反应的调节。

8.3.3 杏仁核与情绪

1. 杏仁核与情绪体验

人类如何体验、处理和运用情感?神经影像学的研究揭示了有关人类和一般哺乳动物的生理结构如何处理情感的重要信息。情感是一个多面、复杂的现象，但与之一贯相关的生理结构是杏仁核。研究表明，杏仁核与大脑内的其他物质高度连通，与大脑边缘系统等部分直接或间接地分别向内和向外投射。人们认为杏仁核能够评估环境刺激，将注意力转移到情感相关的特征上。这些情感关联的形成称为情感学习。杏仁核很可能存储“刺激-情感”的反应模式。此外，情感唤起会引发去甲肾上腺素的神经调节剂的分泌，继而增强记忆力和学习效果。有关杏仁核（及情感）在注意力和记忆中作用的证据支持了这样的观点：情感对于评估环境及识别在环境中生存下来所需的重要刺激（如需要进食）是至关重要的。总的来说，研究揭示了大量证据，证明杏仁核（及情感）在大脑神经的决策过程中是一个关键的核心。

过去几十年的研究成果显示，杏仁核与情绪行为具有极为紧密的关联。杏仁核是边缘系统理论的一部分。在人类及其他灵长类动物中，杏仁核的损毁经常引发情绪低落及性行为异常活跃且无目的性。一系列研究揭示了杏仁核与情绪具有以下三方面的关系：对情绪状态的表达极为重要；对认知其他动物表达的情绪很重要；对于情绪的学习不可或缺。

杏仁核对情绪性刺激的认知也极为重要。恐惧及快乐的面孔刺激会在人类杏仁核中产生不同的激活水平，让被试者观察一系列具有不同情绪强度（极度恐惧、一般恐惧、中性、一般愉悦、极度愉悦）的面孔，同时测量其脑区域性血流量的变化。结果发现，被试者的左侧杏仁核与刺激面孔的恐惧度呈正相关。杏仁核的两侧区域都受到忧伤面孔刺激的激活。让被试者观看短暂呈现的面孔图像，其中瞬间呈现的具有情绪表达的面孔被随后的中性面孔所覆盖，因而被试者汇报没有观察到任何具有情绪表达的面孔，但是相对于中性刺激，具有短暂情绪表达的面孔刺激（包括具有快乐或悲伤表情的面孔）都激活了双侧的杏仁核。电生理记录也支持杏仁核对情绪认知的重要性，杏仁核中的细胞可以选择性地被某些有特定情绪表达的面孔激活。

杏仁核区域受损的患者可以从一系列照片中指认出特定的人，但不能判断甚至是他们最熟悉的人的情绪表达，例如面孔是否有快乐或悲伤的表情。因此，杏仁核在社会认知，尤其是认知他人的情绪表达方面是不可或缺的。

2．杏仁核与情绪条件反射

在细胞与分子层面，对于情绪研究进展最大的是杏仁核的神经环路与惊恐条件反射相关的研究。形成惊恐条件反射的实验基本范式是将动物置于笼中，然后释放一个起初在情绪上处于中性的刺激（如一个短的音调），随之呈现一个负性的刺激（如足底电刺激）。这里的音调是条件刺激，而电刺激是非条件刺激。重复几次刺激，起初中性的音调也能导致动物产生防御性行为（如逃跑或战栗）及自主神经系统的反应（如血压及心跳频率的变化）。

杏仁侧核接受来自所有感觉系统的刺激。对于听觉刺激而言，美国神经科学家勒杜等人的研究证明，杏仁侧核接受来自丘脑内膝状体的一个直接输入，同时接受一个来自听觉大脑皮层的间接输入。杏仁侧核及杏仁中央核的损毁会延迟甚至阻断惊恐条件反射的形成，因此一般声音所引发的惊恐条件反射必需这两个核团。杏仁基底核及基底副核也接受外部感觉刺激，特别是来自腹侧海马区的输入，动物不仅对听觉刺激产生条件反射，也对学习发生的场所产生恐惧。杏仁基底核及基底副核的毁损可以破坏这种情境性条件反射，表明它们对情境性条件反射的形成非常重要。杏仁中央核与运动系统紧密相连，对惊恐反射的表达起作用。杏仁中央核被毁损后，即使是在惊恐条件反射已经形成的情况下，动物也不再表现出对条件刺激的生理反应。

杏仁侧核中的细胞会对疼痛刺激产生反应，而且其中部分细胞也会被听觉刺激激活。这种条件刺激与非条件刺激在杏仁侧核中的聚合为条件反射的形成提供了良好的条件。在条件反射形成的过程中，杏仁侧核的细胞对条件刺激的反应发生变化（增强或变弱），而且这种变化稍早于条件反射的形成，由于杏仁侧核中的细胞反应潜伏期短（小于 20 ms），而且获得条件刺激反应需要的试验次数少（小于 10 次），因此条件刺激被认为直接来自内侧膝状体，这种反应的可塑性被认为形成于杏仁侧核，而非听觉皮层或杏仁核的其他区域。与此一致的是，动物的杏仁侧核对于声音刺激表现出长时程增强效应，因而这一区域的长时程增强效应现象提供了长时程增强效应与自然学习相关的直接证据。

杏仁核在情绪方面的作用并不限于恐惧的产生与惊恐条件反射。它在情境性条件反射方面也具有重要作用，其中杏仁底核及基底副核尤为关键。杏仁核在正性的愉悦情绪反应中也可能发挥作用，当把中性的条件刺激（音调）和奖赏性的非条件刺激（事物）结合在一起呈现时，动物也能够形成音调和食物味觉刺激的条件反射，而损毁杏仁底侧核也能破坏这种联想学习。

8.3.4　具有先天情绪价值的刺激及其生理基础

人的一生中大多数令人难以忘怀的具有情绪色彩的刺激与事件起初并无任何情绪价值，例如自己支持的球队赢了球。这类事件的情绪色彩显然是人类后天习得的。然而这些外部刺激具有天生的情绪价值，而且它们在其他刺激的情绪获得方面发挥着重要作用。所有的感觉系统都可以感知具有特定先天情绪值的感觉刺激。来自各个感觉通道的可以产生痛感的刺激，例如强光、强烈的噪声、过热、过冷及对皮肤的电刺激都能引发负性的情绪。一些刺激并不产生痛觉却同样会产生负性的情绪，例如苦味的化学分子、恶臭的气味及饥饿等，还有一些刺激可以产生正性的情绪，例如甜味分子、一些特定的气味、温暖柔和的触觉和性行为的完成。一些刺激本身较为复杂，但依然具有较强的、先天性的情绪意义。在过去几十年间以上所有刺激都被行为神经研究者作为非条件刺激来训练动物，而有关这些刺激的情绪价值的神经生物学研究直到最近才展开。为何苦味让人痛苦并试图躲避，而甜味让人愉悦而想获得呢？

这些刺激在与情绪有关的脑区具有不同的表征。很多运用生理学及脑成像的研究发现，前扣带皮层与痛苦及不愉悦的感觉紧密相关。它的损毁会降低痛觉刺激下不愉悦感受，而生理记录显示，痛觉刺激可以导致此区域内细胞活动的提高。电刺激则可以引发痛苦的感受，而前额皮层则和视觉、嗅觉及味觉的奖赏性及愉悦感相关。跨突触神经示踪的研究表明，甜味受体细胞及苦味受体细胞在味觉系统的各个阶段都可能出现大致分离的投射，表明这些刺激的情绪价值是通过从受体到皮层的先天神经连接实现的。

拓展阅读

奖励与动机

脑内存在一种专门的奖赏系统，激励着人寻求食物和水等生存必需品。这些要素使人们感到愉悦，也因此促使我们重复获得这种愉悦感的动作和行为。

饥饿和口渴等动机状态对应着身体的生理状态。下丘脑（“主腺体”）控制着摄食行为和体温调节，并与内分泌系统一起协调脑部活动；脑内奖赏系统（由中脑、边缘系统及大脑皮层内的结构构成）则为每种奖励赋予价值和级别。这些决定了我们肯为某种奖励付出多少努力。我们会为高级别奖励分配大量资源，而只为较低级别的奖励分配较少的资源。成瘾药物可挟持奖赏系统，而动机会受到某些精神疾病的影响。

中脑边缘系统是脑内奖赏系统的主要组成部分。它由中脑内生成神经递质多巴胺的神经元构成，这些神经元的轴突延伸至中脑腹侧被盖区，并与该处细胞形成突触。腹侧被盖区的神经元会投射到边缘系统内的伏隔核。这些细胞被激活后，会释放多巴胺，从而使人产生愉悦感。伏隔核内的神经元传出的轴突，形成前脑内侧束，前脑内侧束会延伸至额叶内的眼窝前额皮层区。这部分脑区为不同奖励赋予价值，并预期每种奖励的奖赏效应。

所有愉悦的经历都会促使中脑神经元释放多巴胺到伏隔核内。因此，该脑区常被称作“快乐中枢”。从事有回报的活动可为人们带来快感，并使人们认识到，这些活动可巩固自身对特定目标的喜爱，并加强对能获得预期回报场景的记忆。这一切都强化了可获取奖励的行为模式，使人们更有可能在将来重复这些行为，这对人们的生存大有裨益。

快乐分子

人脑内含有约 50 万个可生成多巴胺的神经元。这些神经元位于中脑内，形成两种神经通路。一种是中脑边缘系统通道，也就是奖赏通路。通路内的一些细胞将轴突从黑质延伸至中脑腹侧被盖区；反过来，腹侧被盖区的一些可生成多巴胺的神经元又被投射到前额皮层区。

黑质纹状体通路内的细胞从黑质被投射至纹状体，且与运动的生成有关。帕金森病患者的黑质纹状体通路会退化，从而导致典型的运动症状。左旋多巴（L-dopa）可被脑细胞利用生成多巴胺，从而减轻这种症状。

多巴胺因其在奖励方面的作用还被称作“快乐分子”，但它也会编码不愉快的经历。在前额皮层内，多巴胺还与注意和工作记忆有关。

8.4 情绪与认知

8.4.1 情绪与注意

情绪与注意的关系可以从两个相反的思路分析：一个是情绪对注意施加的影响，另一个是不同注意状态对情绪活动的作用。情绪刺激可以吸引更多注意投入，从而占据信息知觉的优先地位。在经典的视觉搜索任务中，随着分心物数目的增加，搜索到目标物所需的时间也会延长，这是一种序列注意加工过程，但如果以情绪性刺激为目标物，搜索成绩又体现出一定的并行加工特点。在空间定位任务中，当靶刺激呈现在情绪线索同侧时，反应时间比呈现在对侧时要短。可见，情绪信息无论是作为目标还是线索，都能增强注意，促进认知加工。情绪对认知活动的影响也可以通过“前注意”这一途径实现。例如，在注意瞬脱范式中，情绪信息能够突破注意瞬脱规律的限制而被被试者察觉。注意瞬脱是指视觉刺激成串呈现，对于前一靶刺激的知觉将削弱对随后第二个靶刺激的知觉，但是当第二靶刺激为情绪项目时，这种注意瞬脱现象大大减轻，这也意味着情绪加工似乎可以“自动”进行。它不受注意资源多寡的限制，可以独立于有意识觉知而存在。这一假说在得到众多实验支持的同时也面临着挑战和质疑。首先，加工活动中没有意识参与，只存在理论和方法学的争议，导致大批实验结果可疑。其次，从逻辑上讲，情绪信息的功能在于吸引注意以便得到更充分的加工，如果这种加工可以完全“自动”进行，那么有什么必要进行注意资源的竞争?如果通过竞争实现了注意增强乃至有意识觉知，这一过程还能被称作自动加工吗？最后，有实验发现，只有在资源充足的情况下，对情绪面孔发生响应的脑区（包括杏仁核）才能正常工作。因此，情绪活动究竟是自动过程还是控制性过程，仍有较多的争论。

关于注意状态对情绪活动的影响，许多研究实际上已经将概念转换为“不同意识状态下的情绪加工特点”。这类研究的结果可以归结为一点：有意识条件下的情绪加工与无意识条件下的加工存在质的不同。无意识信息引发的情绪活动多为自动和未加矫饰，而有意识知觉到的信息往往因为回避、抵制乃至排除等作用而只能引发较低的效应。例如，在一项采用情感启动范式的研究中，以情绪词为启动刺激，当启动项为无意识呈现时，它对目标词（象形文字）意义的判断具有启动作用，而有意识呈现的启动刺激则未观察到这种效应。不同意识条件下情绪活动的结果存在差异已是确凿无疑的事实，而其中经过了怎样的过程才造成这样迥异的结果，即不同意识条件下情绪加工的心理、生理机制有何不同，是很有趣的问题。

在情绪与注意交互作用的心理、生理机制方面，一般认为，注意对输入信息进行选择，重要内容优先得到加工，而对干扰刺激的加工则被抑制，这样保证了最有效地配置心理资源。有关刺激重要性的信号从何而来?刺激的情绪内容正是一种重要的指示信号。它在很大程度上调节着注意指向的方向和集中的程度。对心理机制的研究需要依据实验结果进行较多的理论推导和分析，而神经成像技术的发展对生理机制的研究则较为直观和客观，也为心理机制的分析提供了有力证据。在情绪与注意交互作用的神经机制研究中，报道最多的是杏仁核这一结构。在信息加工过程中，呈递到各级加工场所的情绪价值能够被迅速地甚至是前注意地登记在案，杏仁核在其中起到了关键作用。它通过对感觉和联合皮层的直接神经投射，增强对情绪内容的表征，从而吸引更多的注意。杏仁核也可以通过较为复杂的腹内侧前额叶–背外侧前额叶交互作用过程调节认知目标，从而将注意资源引向情绪信息的表征，使其得到更充分的认知加工。右背外侧前额叶是重要的注意控制系统，它能够维持刺激的任务相关表征，有效地引导注意以保证任务完成。这里注意，选择的内容并不直接取决于刺激的情绪分值，而是根据它们对实现行为目标的重要性大小，而内侧前额叶（包括前额皮层和扣带回在内）与杏仁核及右背外侧前额叶之间都存在密切的信息联结，它可以接收来自杏仁核的情绪信息，也可以将由背外侧额叶编码的执行优先顺序反馈到杏仁核，增强或抑制当前情绪活动。通过杏仁核–腹内侧前额叶—背外侧前额叶环路的信息沟通，有效引导注意方向，合理配置心理资源。目前对神经机制的研究还较为浅显，脑功能成像只能提示某些脑、神经结构与某种情绪活动有关，其中信息传递的过程，相互间复杂的兴奋、抑制作用，各个结构在整个信息加工体系中的地位，以及情绪系统与认知系统的关系等问题，尚不清楚。

8.4.2 情绪与记忆

情绪与记忆的交互作用包含两个层面的含义：①记忆信息本身包含情绪内容；②情绪状态下记忆功能的改变。有情绪色彩的刺激比中性刺激更容易被记忆，这是由于刺激唤醒了情绪，而非情绪刺激本身的重要性促进了记忆。愉快的情绪通常会比不愉快的情绪记得更牢，因为它们包含了更多的背景细节，进而帮助了记忆。但是过于强烈的情绪会损伤同时发生的其他事件的记忆。

内侧颞叶结构在情绪和记忆的交互作用中占据重要地位。杏仁核是进行情绪记忆最重要的脑结构，此处的中性刺激会根据与其成对出现的负性刺激获得负性特征。海马联合对情境记忆是必不可少的，它控制了被人类称作“回忆”的东西，即按意愿想起曾发生的事件。杏仁核和海马联合不是两个独立的记忆系统，当处于某种情绪状态时，两个系统进行着精细而重要的交互作用。杏仁核能够调节海马体依存性记忆的编码和保存，当情绪刺激发生时，海马联合又能通过将刺激的情绪意义变为情境表征而影响杏仁核的反应。大脑皮层特别是前额叶在情绪对记忆的调节中发挥着作用。例如，在对不同表情面孔编码的研究中，右侧 PFC 的激活预示了对面孔的记忆与表情无关，而左侧 PFC 的激活却与有表情面孔的成功编码有关。可见，右背外侧前额叶在非语言材料的成功编码中发挥作用，左 DLPFC 是记忆与情绪加工进行整合的地方。正性情绪背景下，记忆编码激活了内叶结，当再认此背景下记忆的项目时，海马体和内侧前额区被激活;负性情绪背景下，记忆编码激活了前额叶向杏仁核的神经传导，再认时，尾状核被激活。不同情绪背景下的记忆是由不同的大脑回路完成的。

情绪如何影响记忆？神经心理学发现带有情绪色彩的刺激确实能影响记忆的编码，英国心理学家艾森克提出的加工效能理论就是建立在工作记忆系统存在的假设基础上的，是焦虑等负性情绪对认知过程影响的重要理论，大量实验证明，焦虑对认知的影响是工作记忆受损引发的。焦虑者会过多地关注自己的强制思想、担忧和负面认知等焦虑反应，这种与当前任务无关的反应会分散个体的注意力，从而消耗有限的工作记忆资源，导致要么降低正确率，要么增加反应时间——认知效率低，进一步研究发现，不同类型的情绪（负性、中性）对工作记忆的影响可能不同，特定情绪对不同类型工作记忆（词语、空间）的影响也可能存在差异。但导致这种选择性影响的机制还不清楚，这可能与情绪和认知加工所卷入的脑区有关，如负性情绪和空间工作记忆都存在右半球优势，故而产生相互影响。也可能并非脑区的重叠，而是对某种认知资源的竞争，如注意资源，负性情绪占用了大量的注意资源，而这种注意资源在空间工作记忆中发挥着重要作用，因此造成空间工作记忆功能受损。可见情绪与工作记忆之间的交互作用也十分复杂，了解它们之间的关系有助于了解情绪与认知的关系。

8.4.3 情绪与执行功能

大脑额叶（特别是前额叶）是执行功能的重要物质基础。特定的情绪状态可能对执行控制过程（如注意转换、工作记忆刷新、抑制和计划）产生特异性影响，这是由于执行功能和情绪都是一种调节认知和行为的控制系统。与控制有关并同时涉及执行功能和情绪的子系统可能是两者发生交互作用的关键。执行功能负责对各种具体的认知加工过程进行控制和协调，是大脑最高级的认知活动。情绪活动是大脑皮层和皮层下中枢共同作用的结果。其中，皮层下中枢（如丘脑、下丘脑、边缘系统和网状结构等）占有重要地位，这方面已有大量证据，而大脑皮层特别是前额叶则起着主导性作用，相关的研究较少，且存在较多的争议。前额叶损伤患者有时出现抑郁情绪，可能是由于相关前额叶皮层受损而导致的原发性情绪障碍，也可能是患者在意识到自己心理功能的退化后，继发了抑郁情绪。

情绪状态对执行控制过程的影响存在一致性。一些研究者从注意或认知资源模型出发，认为无论何种情绪状态都会占用一定的资源，而对执行认知过程产生不利影响。另一些研究者从情绪的动机层面出发，认为一种特定的情绪往往通过简单地增加或减少介入某一复杂认知任务的意愿实现，因而对执行控制过程的影响相同。神经计算模型从神经生物学的机制出发，认为积极的情绪可以提高大脑特别是前额叶的多巴胺水平，从而提高个体在复杂认知活动中的成绩，这种影响同样具有一致性。

新近研究发现，情绪状态会对执行控制过程产生不一致的影响。这可能是影响强度的不同，也可能是影响方向的不同。

8.4.4 情绪与决策

情绪与决策过程之间存在着相互影响。人们在决策过程中，对各种选择进行考虑时，在最后做出决定时，以及决定执行的过程中，常常会伴随各种不同程度的情绪反应，比如担忧、焦虑、期待、失望、沮丧或兴奋等。反过来，情绪因素也会对决策过程产生影响。正面的情绪因素可能会导致过高估计有利因素和过低估计不利因素。另外，在正面情绪因素的影响下，决策者也倾向于愿意花较长的时间进行思考比较，并采用比较复杂和周密的策略等。相反负面的情绪因素可能导致人们草率地做出决定。

大脑边缘系统中的一些结构，包括前扣带皮层、眶额叶皮层、杏仁体和岛叶等，与情绪有直接关系。而前面提到，这些区域中的前扣带皮层、眶额叶皮层在决策中也发挥着重要作用。情绪和决策功能之间的密切关系突出地表现在腹内侧前额叶区域（包括眶额叶皮层）的功能方面。对于该区受损的患者，其智力及一般的认知功能（比如学习、语言、工作记忆和注意等）都正常，但是他们在日常生活中的决策和策划能力却严重受损。例如，花了几小时考虑去哪家餐馆吃饭，但最后还是无法确定。此外，患者在决策中的选择也不再是根据哪种选择对自己有利。随着这些决策功能出现障碍，患者对情绪的表达和对情感的体验也会出现异常。例如，让正常人觉得非常尴尬难堪的局面，患者则体会不到。这些观察表明，情绪因素对于决策选择具有重要作用。

根据长期对患者的观察和实验研究，美国神经学家达马西奥提出了躯体标记理论，强调情绪因素在决策中的重要作用。根据该理论，在决策过程中，每一种可能的选择都有意识或无意识地与一定的情绪因素联系在一起（基于过去的经历和体验），而各种情绪的变化会使躯体处于特定的状态，即形成特定的躯体标记。躯体标记理论获得了一些实验证据的支持，但是还存在着争议。例如，根据躯体标记理论，即便决策者在意识上不清楚各种选择的利弊，无意识的躯体标记也可以引导决策者做出比较有利的选择决定。然而，新近研究对此观点提出了质疑。因而，躯体标记理论还有待进一步的实验验证。

拓展阅读

最后通牒博弈

从传统上来讲，经济学家认为决策是一个理性的过程，人们通过系统性地权衡每个选项的相对风险和回报，然后在可选选项中选择能将利益最大化的行动方案。这一传统观点又称作效用理论，但它忽视直觉和情绪的作用。神经经济学是一门新兴的跨学科研究领域，结合经济学、行为心理学及神经科学的方法，致力于解决经济学家对决策认识的不足之处。

最后通牒博弈是研究决策的神经科学家及经济学家的最爱，通常涉及下列场景或某种变体。在最后通牒博弈中，你会拿到 20 英镑，并提出如何与朋友分享的建议。朋友可选择接受分配建议，并拿走属于自己的部分；也可选择拒绝，这样你们两人什么都得不到。根据效用理论，提议者应提议分配给朋友最低金额，比如 1 英镑，然后将剩余金额留给自己。而朋友也应该接受该分配建议，因为尽管所得金额非常少，但聊胜于无。但事实上，提议者分配的金额往往高于最低金额，并拒绝分配给对方过低的数额。这可能是出于同理心，也可能是为他人着想的能力。这种结果进一步凸显了情绪在决策中的作用。

1981 年的一项经典实验证实了情绪和直觉在决策过程中的重要性。实验表明，框架现象，即以不同方式表述相同问题，会影响我们的选择。在实验中，两组受试者被要求想象美国正准备应对致命疾病的暴发，一组需从两种方案中进行选择：方案 A，可让 600 人中的 200 人获救；方案 B，有 1/3 的概率可让 600 人全部获救。另一组也获得了两种方案：方案 C，可让 600 人中的 400 人丧命；方案 D，有 1/3 的概率可让 600 人丧命。

从统计学上讲，方案 A 和 C 完全相同，方案 B 和 D 完全相同。然而第一组受试者中有近 3/4 的人选择了方案 A，而第二组受试者中有近 3/4 的人选择了方案 D。问题的表述方式影响了受试者的决定：从积极的角度描述结果时，如可获救人数，人们通常会选择较为安全的选项；而从消极的角度描述结果时，如预计死亡人数，则人们通常会选择风险较高的选项。

另一项对脑损伤患者的研究进一步证实了情绪在决策方面的重要作用。人们常说，金融市场是由贪婪与恐惧驱使的，其实个人财务也是一样。大多数人都厌恶损失金钱，因此做财务决策时也会尽量降低损失风险。2010 年，研究人员研究了两名十分罕见的脑损伤患者。这两名患者的杏仁核因脑损伤而出现了硬化与坏死。杏仁核与情绪，尤其是恐惧的处理有关。杏仁核受损的患者几乎感觉不到恐惧，因此在实验中完成赌博任务时，会做出风险非常大的财务决策。

8.5 本章小结

情绪是瞬变的心理与生理现象，包括生理唤醒、主观体验和外在表现。基于维度论的情绪评定标准，本章提供了情绪实验需要的实验材料。经典的情绪理论已经开始将情绪与生理学、生物学相结合。以 SPAARS 系统为代表的多水平情绪理论更是强调情绪与认知的关系。边缘系统可理解为情绪的神经通路，特别是扣带前回对情绪认知尤为重要，而杏仁核则是联系它们的关键结构，并在情绪学习中发挥作用。情绪与认知的相互关系近年来已成为本研究领域的热点，例如注意负偏向、情绪和记忆的交互作用、情绪对执行功能的影响等。而心境障碍脑机制的研究对于焦虑、抑郁等疾病的防治具有重要意义。对于人工智能领域而言，理解情绪的生理和神经机制，开发可用于人机自然交互的人工情感模型也十分重要。

习题

1. 简要描述情绪的基本定义。
2. 关于情绪的心理学理论有哪些？
3. 杏仁核在情绪中主要起什么作用？
4. 情绪对认知的影响主要体现在哪些方面？

09 chapter

脑、心智与认知

本章主要学习目标：

1. 学习和了解神经元对人类智力形成的作用；
2. 学习和了解心智产生的脑区域；
3. 学习和了解心智的产生与脑、躯体的关系。

9.0 学习导言

第一个智人是如何产生智能的，迄今还是未解之谜。智能产生有许多假说，与基因、生物（直立行走、脑的大小和结构）、劳动（狩猎、群体协作）、使用工具、地理资源、语言、文化等都有复杂的关系，语言文化多样性促进智力发育，通过熟食摄入增加能量获取以促进智能进化。随着环境的改变，人类仍在进化着。智人产生以后，生物意义上的进化非常缓慢，而文化和文明则飞速发展。在人的大脑结构和大小并没有多少变化的情况下，人类智能则表现出强大的适应性。人类智能创造了文明，文明飞速进化使人类能更好地适应自然社会，成为这个世界上最强大、最优秀的物种，文明进化是生物进化的一种继续，也是人类智能与动物智能的最显著区别。

人类探索生命意义的核心问题是需要了解人类自身——我们是谁，我们的心智如何工作，我们能不能变革，什么是正确的和错误的。这正是认知科学发挥关键作用的地方：帮助哲学认识它的重要性和用途。认知科学通过赋予人们关于概念、语言、原因和感情的知识发挥这种作用。由于人们所想、所说和所做的一切事情都依赖于自身心智的工作，认知科学是关于人类自我知识的一种最重要的手段。

9.1 身体觉知

我是谁？我是如何成为我的？自我认同是一种复杂的现象，由人格、记忆、性别认同及身份认同等多个部分组成。自我的核心是大多数人习以为常的身体和人们对身体的觉知。

存在主义哲学家认识到，自我与身体联系密切。神经科学也开始认同这种观点。现代研究已揭示身体识别的神经基础，并表示这种身体觉知是自我认同的核心组成部分。

关于身体觉知的研究始于百余年前。通过研究数十名身体觉知受到干扰的患者，科学家发现，他们的右顶叶均受到了损伤，从而断定脑内这一部位含有一种关于身体的动态表征，或者一个关于自我的模型（称为“身体图示”）。现代研究结果表明，脑的确会编码身体的多种表征，并且身体觉知由两个相关但不相同的部分组成，即身体感知和能动作用。这两部分可各自被扭曲或操纵，但都对自我意识至关重要。

9.1.1 身体感知

人们通常会觉得自己是处在身体内部的，并且认识到身体是属于自己的。这是因为脑可以区分哪些属于自我，哪些不是，从而产生身体觉知的一个组成部分——身体感知。但身体感知有时也会被扰乱，如离体体验（“自我”意识短暂地离开肉体）、躯体妄想痴呆（患者否认肢体属于自己）及身体完整性认同障碍（患者强烈渴望切除自己健康的肢体）等。

不过身体感知的扭曲并不仅限于精神疾病，在日常生活中这种扭曲也时有发生。任何参与人的身体的有意运动的物体都被囊括进了该自我模型中。现在研究已经证明，人如果经常使用某些工具，脑就会将这些物体加入身体表征。换句话说，在长期使用某物体后，脑会将该物视作“自我”的一部分。这就解释了为什么盲人能用盲杖进行“感觉”。而将来，最终会出现新一代的假肢，脑会将其识别为身体的一部分。

身体觉知是通过多感觉整合实现的。实际上，脑整合了三种类型的身体感觉输入，分别为视觉信息、触觉信息和本体感受信息（与肢体的空间位置有关)。枕叶负责处理视觉信息，躯体感觉皮层负责处理触觉和本体感受信息。三者在顶上小叶得到整合，从而生成身体的动态表征，即身体图示或身体意象。

这种表征是身体在脑内的一种心理图像，人就是通过这种图像感知身体的。身体感知障碍会改变脑内的表征，反过来脑内表征的变化也会引起身体感知的显著改变。比如，身体图示与实际体型之间的差异可导致认知失调，产生痛苦情绪；另外还可能引发厌食症、躯体变形障碍或易性癖等疾病。

9.1.2 能动作用与自由意志

能动作用是身体觉知的另一个组成部分,指人们控制着自己的身体并对行为负责的感觉。能动作用取决于脑内生成的正演模型，这个模型可以预测动作的结果。例如，想开灯时，脑就会预测，你会伸手去触碰墙上的开关，听到“咔哒”一声后，会看到屋子亮起来。之后，脑会将这些预测与实际情况进行比对，二者的吻合会给你一种自己的行为尽在掌控的感觉。

对于其内在机制的研究则表明，脑常常会扭曲时间知觉，从而产生能动的感觉，让人们感觉一切尽在自己掌控之中。一些实验表明，人们感觉到的随意运动的发生时间要迟于真实的发生时间，而人们感觉到的动作结果的发生时间则要早于真实的发生时间，这样人们就会觉得动作的意图及结果是同时发生的。

其他研究还发现，脑颠倒了事件的发生顺序，这样在动作实际发生前的一瞬间，人们就感觉到了动作的作用。在事件发生与人们感知其发生之间存在 80 毫秒左右的延迟，这是因为脑需要时间去处理信息。这些研究结果表明，脑会重新调整事件的发生时间，从而使其与人们的预期保持一致。

能动的感觉之所以重要，是因为它引发了“自由意志”的意识体验，并且通过证实执行动作的那只手是属于自己的，促进了身体感知的形成。不过，能动的感觉在某些情况下也会被扰乱。例如，在异己手综合征这种罕见的精神疾病中，患者会否认自己控制着某个上肢的动作；精神分裂症患者则经常将自己的思想和行为错误地归因于外部的支配力量。

拓展阅读

双眼可信吗?

对脑内感觉输入的简单操纵就可产生错觉。错觉会改变身体表征，并扭曲对自我的感觉。在橡胶手错觉中，人们从一只假手上获得了触觉体验。具体做法是：让受试者以同一种方式同时触碰橡胶手和真手，并在此期间让他注视橡胶手。这样就会创造出感觉差异，脑部因而会产生错觉，认为橡胶手属于身体的一部分。这也表明视觉是身体感知中最重要的感觉。

换体错觉与之同理。两人面对面站着，都戴着头戴式摄像头显示器。摄像头与对方的显示器相连，这样两人都能从第三者的视角（对方的身体里）观察自己的身体。当两人被同时触碰时，二者会感到这种感觉来自于对方身体。

9.2 人类智力的基础——神经元

网络在我们生活中无处不在，人类每天都在使用由公路、铁路、海路和航路构成的错综复杂的交通网络。网络甚至能够以我们无法直接接触的形式存在，例如万维网、电网及无数星系构成的宇宙，而我们身处的银河系也不过是无边无际星系网络中的一个渺小节点。然而就复杂性而言,这些网络几乎没有哪个能够比得上我们颅骨内的脑网络系统。新兴学科——网络神经科学向我们展示了一幅大脑不同区域的神经元连接的图谱，这些连接的充分协调和相互作用，使我们产生了思想和意识。

9.2.1 层级化神经元

人类智能涉及意识、感知、知觉、知识、学习、记忆、理解、联想、情感、逻辑、辨别、计算、分析、判断、决策等多种信息加工过程和相对独立的功能要素，这些要素其实是大脑神经系统各个区域功能的描述。科学家借助脑成像技术大致了解了一些负责这些功能的较大的区域。每一个区域经常需要由几个相距遥远的区域构成的网络协同运作，才能实现大脑区域与精神能力之间的联系。

每一个区域对应神经元网络，其相互作用相互联系形成了复杂的脑神经系统。每个神经元网络是由许多神经功能柱构成的，神经功能柱又是由成千上万的神经元构成的，神经元又是由神经胞体、突触等组成的，等等。因此，智能在很多方面呈现了系统的层级结构特征。为了破译大脑运行的规律，神经科学家深入这些大区域内部，研究充斥其间的各种不同“族群”的神经元。这样必须了解每一个神经元的特性，根本问题在于，神经元是如何对从较小的相邻神经元到大脑区域的每一个层次产生影响的？

近些年，随着神经科学受到的关注度越来越高，这些图像显示一些大脑区域在进行脑活动时会“亮起来”。例如，耳朵旁的颞叶区域与记忆有关，而脑后的枕叶区域则专门负责视觉。科学家已经了解人脑不同区域对应不同的功能，但是目前还不知道这些区域如何通过相互作用造就每一个个体。网络神经科学就是为了研究这些联系而建立起来的，该领域的研究也巩固了特定大脑区域会执行特定活动的观点。科学家现在可以利用大脑成像得到的数据，构建由点和线组成的模型图。图中的节点是构成网络的基本单元，例如一个神经元或一座机场；线则连接着各个节点。研究这些网络在大脑中的相互作用，可以提升人们对认知功能的理解并更好地诊断抑郁症等精神疾病。

神经元是如何成为认知能力的基础的？要理解这一点，我们首先想象一下乐团演奏交响乐的情景。直到最近，神经科学家基本上还是在独立研究单个大脑区域的功能，相当于乐手单独演奏铜管、打击乐器、弦乐和木管乐器。在大脑中，这种分层式的研究方法可以追溯到柏拉图时期。简而言之，就是以庖丁解牛的方式在关节处对目标进行分割，再研究剩下的各个独立的部分。

如今网络神经科学家已经开始破解这些谜团。他们正在研究大脑的各个区域是如何嵌入由不同区域组成的庞大网络的，并通过绘制区域之间的连接图来研究每个区域在大脑神经元中的作用。这种研究主要包括两种方法，首先检查大脑的结构连接，这相当于为大脑这个管弦乐队装备好不同的乐器。这是创造音乐的必要基础，乐器种类也限定了所能演奏音乐的范围。乐器固然关键，但它们仍然称不上音乐。换句话说，就像一组乐器称不上音乐一样，一个神经连接结构也并不能代表大脑功能。

其次，活跃的大脑是由大量神经元组成的管弦乐队，它们以特定的模式一起活动。我们聆听大脑“音乐”的方式是检测大脑区域之间活动的相关性，因为这表明它们是否在协同工作。这种方法主要检测脑区间的功能连接。我们通常认为，这一类连接能够产生大脑的音乐。如果两个区域会同时产生波动，则认为它们具有功能上的联系。这种音乐就像法国号或中提琴发出的声音一样重要。在大脑中，音乐的音量可被认为对应于大脑区域中脑电信号的活性水平。

不过在任何时候，大脑内的某些区域都会比其他区域更活跃。我们或许听过这样的说法：人类只使用了大脑容量的一小部分。事实上，整个大脑在任何时候都是活跃的，只不过执行特定任务时，部分脑区会特别活跃。大脑的这种运作方式并不意味着你只使用了一半的认知潜能。事实上，如果你的整个大脑同时处于非常活跃的状态，就好像所有的乐队成员都在尽可能大声地演奏一样——这样的场景只会制造混乱，而不能成为交响乐。

9.2.2 模块化神经元

正如乐队可以根据乐器种类被分为不同的区块，大脑网络也可以被许多节点分隔为不同的模块。所有动物的大脑都是模块化的，就连线虫的大脑——仅由 302 个神经元构成的网络也具有模块化结构。同一个模块内节点之间的连接会更紧密，而不同模块间节点的连接要相对弱一些。

大脑中的每个模块都具有独特的功能，就像每种乐器在交响乐中都扮演着不同的角色一样。最近研究人员对大量研究进行了一次评估分析——其中包括针对 83 项不同认知任务而进行的 1 万多项 fMRI 实验，结果发现不同的任务对应不同的大脑网络模块。一些模块用于注意力、记忆和内省思维，另一些模块则专门用于听力、躯体运动和视觉。

这些感觉和运动认知过程会涉及单个或几个相邻的模块，但大多数情况下，它们都属于同一模块，研究人员还发现，一个模块内部的运行过程不会激发其他模块产生更多活动，这是大脑模块化处理中很重要的措施。想象一下这样的场景：如果乐队中的每个音乐家都必须根据别人的行为来改变自身的演出节奏，那么整个乐队就会失去控制，当然也不会产生美妙动听的音乐，而大脑的信息处理过程也是相似的，每个模块都必须能在大体上独立运作。

交响乐的完成需要乐器之间的配音，保持相同的步调。同样的，尽管大脑模块在很大程度上是相对独立的，但一个模块生成的信息必须与另一个模块的信息整合。如看一部电影，如果只有视觉模块参与，而没有情绪控制模块的帮助，整部电影就会索然无味。因此，为了完成众多的认知任务，各模块必须经常一起工作。在大脑中存储一个新电话号码的短期记忆任务需要听觉、注意力和记忆处理模块的合作。为了整合并控制多个模块的活动，大脑会使用“中枢节点”将大脑的不同模块连接在一起。

在连接和整合大脑活动方面发挥关键作用的模块，它们的连接范围可以延伸到多个脑叶。例如，额顶叶控制模块横跨额叶、顶叶和颞叶多个脑区。从演化史上看，这个模块是相对较晚发展起来的。与人类亲缘关系最近的灵长类祖先相比，人类的额顶叶控制模块特别大。它类似于管弦乐队指挥，会在大量的认知任务中变得活跃。额顶叶模块可以确保大脑多个模块的步调保持一致。它与需要人们主动执行的功能密切相关，包括决策、短期记忆及认知控制等一系列独立过程，控制这些行为对人类发展出复杂策略并抑制不当行为具有重要作用。

另一个高度互联的网络是凸显性模块，它与额顶叶控制网络相连，会参与注意力和刺激反应相关的行为。例如，当你看到蓝和红两个字，并被要求确定字的颜色时，你会对红色反应更快。而当你对绿色做出反应时，凸显性和额顶叶网络会同时被激活，这一过程中你必须克制将这个绿色的字读成“蓝”的倾向。

最后，默认模块也与额顶叶控制网络相互重合。它包括许多中枢节点并与各种认知任务有关，包括内省、学习、记忆提取、情绪处理、推断他人心理状态，甚至赌博。至关重要的是，如果破坏了这些富含中枢节点的模块，将会扰乱整个大脑的功能连接，并导致广泛的认知困难。

9.2.3 灵活转换的网络状态

美国伊利诺斯大学心理学教授巴贝（Aron Barbey）的一篇论文研究成果指出，大脑越容易形成和改变其连通性以适应不断变化的需求，其效果越好。他的理论认为，大脑的动态特性——关于它是如何连接的，以及这种线路如何随着不断变化的智力需求而变化——可能是人脑智能的最佳预测者。科学家一直认为，大脑是模块化的，不同的区域支持特定的能力。但巴贝研究表明：大脑背部枕叶内的大脑区域确实可以处理视觉信息，但是解释它所看到的东西需要整合来自其他大脑模块的信息。为了识别一个对象，人脑也必须对它进行分类，这并不仅仅依赖于视觉，还需要概念性的知识和信息处理的其他方面，这些都是由其他大脑区域支持的。随着模块数量的增加，大脑中呈现的信息类型变得越来越抽象和普遍。科学家一直在努力理解大脑如何组织自己，并试图确定执行这个功能的结构或区域。例如，前脑皮层（大脑前部的结构）在人类进化过程中已经得到大大扩展。因为已知这个大脑区域支持几个高阶功能，比如规划和组织行为，科学家已经提出，前额皮层是驱动一般智力的主要区域，但实际上，整个大脑的结构及低级、高级机制之间的相互作用才是普通智能必需的。大脑模块提供了构建更大的“内在连接网络”的基本构件。每个网络包括多个大脑结构，当一个人从事特定的认知技能时，这些大脑结构会一起被激活。例如，当注意力集中于外部线索时，前额网络会被激活，当注意力集中于相关事件时，突出网络会被激活，并且当注意力集中于内部时，则进入默认模式网络状态。

人脑神经元由这两种类型的连接组成，而这两种连接被认为支持两种类型的信息处理。在该研究中，将编码先前知识和经验的途径称为“晶态智力”，指后天学会的技能、语言文字能力、判断力、联想力、抽象逻辑思维及知识经验等认知能力。晶态智力决定于后天的学习，与社会文化有密切联系。有适应性推理和解决问题的技巧，非常灵活，称为“流体智力”（Fluid Intelligence）。流体智力是一种以生理为基础的认知能力，如知觉、记忆、运算速度、推理能力等。流体智力是与晶态智力相对应的概念，流体智力随年龄的老化而减退。晶态智力涉及强大的连接，这是经过短则数月长达几年的磨合而形成的、通信效果良好的神经通路结果。流体智力涉及更弱、更短暂的连接通路，特别是在大脑解决独特或不寻常问题时会形成。该研究指出，人脑不是建立固定的联系，而是不断更新我们以前的知识，这会导致形成新的联系。大脑越容易形成并改变其神经元的连通性，以适应不断变化的需求，效果就越好。

虽然研究人员早已知道灵活性是人脑功能的一个重要特征，但直到最近才有这样的想法：灵活性为人类智能提供了基础。通用智能既需要灵活地到达附近，易于访问的状态——支持晶态智力，还需要能够适应难以进入的状态，以支持流体智力。巴贝及其同事们认识到，通用智能并不是来源于一个单一的大脑区域或网络。新兴的神经科学证据反而表明，智能反映了网络状态之间灵活转换的能力。

9.2.4 个体化大脑连接模式

科学家研究发现，大脑连接模式存在类似指纹的作用，可以用于区分不同的个体。比如，对于有些人种，他们的特定脑区之间具有强大的功能联系时，就会拥有更广泛的词汇库，表现出更高的流动智力，这一能力有助于解决新问题，并延迟满足感。他们往往会受到更多的教育，对生活的满意度也更高，同时拥有更好的记忆力和注意力。而同样的脑区之间，那些功能联系较弱的人，流动智力则较低，出现药物泛滥史、注意力不集中等现象。

科学家随后发现，可以通过中枢节点的特定连接模式解释上述研究结果。如果你的大脑含有一些较强的中枢节点，连接着非常多的模块，那么这些互相连接的模块肯定有一些事是各自分开并拥有独立功能的。功能性连接强大的中枢节点越多，你将在一些任务方面表现得越好，比如短期记忆、数字、语言或社会认知等。简而言之，你的思想、癖好、感觉、缺点和心理优势都是由一个统一、完整的网络造就的，而大脑用特定的组织方式编码这个网络，也就是说，大脑这个交响乐团合奏产生的“音乐”产生了独一无二的你。

大脑的同步模块既能构筑你的特质，也能帮你持久地保留这些特质，它们演奏的乐曲似乎总是相似的。在人类连接组项目中，志愿者参与各种各样的任务，包括短期记忆、对他人情绪的认知、赌博、语言、数学、社会推理，以及让大脑走神，这些研究的结果同样证实，同步模块始终会保持相似的活动。

有趣的是，在所有这些不同的活动中，网络功能连接方式的相似性比预期更高。这一点也能用乐团类比解释，我们的大脑不会在解数学题时弹奏贝多芬的曲子，而在休息时上演风格完全不同的嘻哈音乐。我们头脑中红的交响乐是由一位指挥家控制的固定风格的音乐。这种一致性源于大脑中的物理通路。这些通路决定功能连接的配置方式，就像乐队指挥不让低音鼓演奏钢琴的旋律一样。当然大脑的音乐不可避免地会发生变化，就像管弦乐队会编排新曲目一样。物理结构连接会在几个月或几年时间内发生变化，而当一个人在不同脑力任务之间进行切换时，不同模块之间的功能联系也会在几秒内发生变化。

现在人们对大脑组成和网络结构的重要性已经有了一个基本的了解，但这只是开始。可以说，一个人当下的大脑就是它的精神状态，可以认为是由过去的状态汇编而成，并可用于预测未来的状态。当神经科学家了解了大脑功能的所有原理和某人大脑的一切细节情况后，科学家就可以推测这个人的精神和思想状况。

拓展阅读

人脑具有个体特征

瑞士苏黎世大学神经心理学教授扬克通过研究确定，人类的大脑结构是具有个体特征的。没有两个大脑是完全一样的，遗传因素和个人体验会在大脑中留下印记。

30 年前，人们曾经认为人脑没有或者只有很少的个体特征，那时通过大脑解剖学特征进行个体识别是无法想象的。这一发现显示，遗传和非遗传因素的结合不仅影响大脑的机能，还影响其解剖学特征。这项研究以近 200 名健康老年人为对象，在两年时间内对其进行了 3 次磁共振成像脑部扫描。研究人员评估了超过 450 项大脑解剖学特征，包括脑容量、脑灰质和脑白质的数量及大脑皮层厚度。作为个人体验似乎能够影响大脑解剖学特征的一个例证，职业音乐家、高尔夫球手或棋手在支撑自身专门技能的大脑区域都具有特定的特征。同时，短期体验似乎也能改造大脑。例如，如果一个人的右臂两周保持静止不动，那么大脑负责控制这只手臂区域的大脑皮层厚度就会减小。研究人员认为，这些对大脑产生影响的体验与基因组成相互作用，这样年复一年，每个人都会形成完全个性化的大脑解剖学结构。

9.3 心智从何处来

9.3.1 大脑是心智的一环

你的心智落脚于何处？大多数人会说在大脑中。人们都认定思维这一人类最伟大的能力，必以最复杂的器官，即大脑为中心。

神经认知科学家安东尼奥·达马西奥认为，大脑的存在是为了在有机体内部管理生命，当我们以这种观点为滤镜来观察脑功能的大多数方面时，心理学的某些传统分类，如情绪、知觉、记忆、语言、智力和意识中那些奇特而神秘的问题就变得不那么奇特和神秘了。

大脑持续不断地变化着，一刻也停不下来，从而形成了令人惊叹的心智。作为有意识的生物，人们的视觉、听觉、触觉、嗅觉、味觉，人们的痛苦、欢乐，换言之，人们的表象正是由映射模式构成的。人们躯体内部及周围所有的一切，无论是具体还是抽象的，无论是真实存在的还是先前存储于记忆中的，都作为大脑的瞬时性映射，成了心智中的表象。

表象即对客体的物理性质、时空关系及动作的表征。当心智的表象与外部世界或体内发生的活动相对应时，它们是由逻辑相互联系的，遵循着物理定律和生物定律。总之，客体与躯体产生了物理上的相互作用，在这一过程中，躯体与大脑也发生了变化，这些变化就是表象的基础。大脑除了在各种不同的位置构建丰富的映射之外，还必须使这些映射以连贯的集合体形式相互关联。

人类推理依赖于多个大脑系统，与推理相关的系统是在不同神经组织层面协同工作的，而非只存在于一个“推理中心”中。从前额叶皮层到下丘脑，再到脑干，高级“脑区”和低级“脑区”互相合作，共同完成推理的过程。

拥有心智意味着有机体已经生成了可以形成表象的神经表征，表象通过思维过程进行处理，并最终通过帮助有机体预测未来、制订计划并选择下一步行动来影响行为。这里暗含着神经生物学的核心：神经回路中的学习创造了生物性修饰过程并构成了神经表征，这些表征产生了心智中的表象。上述过程中，神经回路在细胞体、轴突、树突和突触层面发生了看不到的微观结构变化，并最终形成神经表征，这些表征又产生了每个人自身体验到的表象。大致来看，大脑的全部功能就是知晓躯体其余部分、大脑本身及有机体所处环境的状况，由此有机体与环境之间可以获得最适于生存的协调。

9.3.2 与心智有关的脑区域

1. 大脑前额叶

脑的哪些部分负责心智，哪些部分与其无关呢？这个问题很棘手，但却符合情理。150多年来，围绕脑损伤结果开展的研究提供了一些证据，科学家已经可以利用这些证据初步描绘该问题答案的轮廓。尽管某些脑区对于主要脑功能具有重要作用，但并不涉及基本心智的产生。另一些脑区则在基础而必不可少的水平上参与了心智的产生。其他某些脑区协助了心智的产生，涉及表象生成和再生成的任务，以及对表象流的管理，例如对表象的编辑和连续体的创造。

达马西奥推测，来自四肢和躯干的躯体感觉刺激的全部心理表征，都是由位于脑干上部的神经核团、来自脊髓和迷走神经两处的信号组装而成的。

脊髓对心智产生的整体功能来说并不是必需的，但只要脊髓的作用存在，就能被意识到。当脊髓出现横断损伤后，患者不会感觉到疼痛，但会表现出与疼痛相关的反射。这意味着在脊髓水平上仍然会产生组织受损的映射，但信号不会被向上传递到脑干和大脑皮层了。

同样的情况无疑也适用于成年人的小脑。小脑对动作协调和情绪调节具有重要作用，还参与了技能的学习和回忆，涉及技能发展的认知方面。但目前所知，小脑与基本的心智产生无关。海马体也同样如此。海马体对新知识的学习具有重要作用，通常也会涉及一般的回忆加工，但是如果海马体缺失，基本的心智产生就不会受到影响。小脑和海马体都能协助表象和运动完成心智加工和连续体加工。另外，还存在几个涉及运动控制的皮层区域，可能在心智加工过程中也有助于连续体的形成。当然这对于心智的完整功能来说是至关重要的，但对基本的表象产生来说，却并不是必不可少的。

当转向大脑皮层时，就截然不同了。许多事实表明，位于大脑最前端的大脑前额叶对人的智力发展十分重要。人类的前额叶皮层几乎占人脑新皮层的 1/3。可以说，前额叶是最高水平的脑区，它与中枢其他部位具有非常广泛的神经联系，身体的各种信息最后都汇集到前额叶。而且进入前额叶的信息是经过中枢许多部位加工处理或整合（分析、归纳、概括、抽象等）后的信息，因此，前额叶对信息进行最后阶段的处理。

目前已知的前额叶功能主要包括四个方面：①对注意力的控制；②具有短时记忆功能；③对情绪和动机具有调控作用；④具有预见性和组织规划方面的功能。可以说，前额叶是人体有目的、有计划的行为活动的发动者与组织者。从大脑前额叶的功能可以看出，它对人的思维活动与行为表现具有十分突出的作用，显然是与智力密切相关的重要脑区。有人提出，大脑前额叶是创造性思维的关键部位或称为“创造性的器官”。大脑前额叶受损的人没有能力发起并实现有目的、有计划的行为活动，也就没有什么创造性可言。

对于人们在心智中所目睹和操纵的表象来说，毫无疑问，大脑皮层的好几个区域都参与了这些表象的产生。而另一些并不涉及表象形成的皮层则似乎在推理、决策和行动过程中参与了对表象的记录和操纵。早期的视觉、听觉、躯体感觉、味觉、嗅觉皮层就像大脑皮层的海洋中出现的一座座岛屿，它们当然会创造表象。在完成任务的过程中，这些岛屿得到了两种下丘神经核团的帮助：从周围系统传入输入信号的中继核及使大脑皮层的大部分区域产生双向联结的联络核。

这一主张得到了有力的证据支持。如果人的感觉皮层出现严重损伤，会极大影响该区域的映射功能。例如，双侧早期视觉皮层受损的患者会变成“皮层盲人”，再也无法产生详尽的视觉表象，不仅是在知觉时如此，在回忆时也常常如此。他们可能会保留一部分残余的视力，也就是所谓的盲视。在这种情况下，无意识线索为动作提供视觉引导。其他感觉皮层出现重大损伤后也会出现类似的情形。大脑皮层的其余部分尽管并未参与表象的形成，但也参与表象的构建和加工，也就是对早期感觉皮层中形成的表象进行记录、回忆和操纵。

除了大脑皮层，对于心智起源，神经学家列举了三种证据来源。第一种来源于岛叶皮层受损的患者，第二种来自先天缺失大脑皮层的儿童，第三种则与脑干的一般功能有关，尤其是与上丘的功能有关。

2. 岛叶受损后的痛苦和愉悦感受

关于人的情绪，大脑的岛叶皮层显然参与了大范围的感受加工，伴随情绪而产生的感受、表达愉悦或痛苦的感受都会囊括其中，后者简称为躯体感受。然而感受与岛叶具有联系的有力证据被用于证明所有感受的基础都只出现在皮层水平，岛叶皮层被大致等同于早期的视觉或听觉皮层。但是，正如视觉皮层或听觉皮层的损伤并不会导致视力或听力消失一样，即便双侧岛叶皮层从前到后完全受损，感受也不会完全消失。

达马西奥和同事反复观察到，双侧岛叶受损的患者能对各种刺激产生痛苦或愉悦的反应，并明确地报告自己一如既往地感受到了情绪。在极端的环境温度下，患者会报告不舒服；面对枯燥无味的任务时，他们会不高兴；当请求被拒绝时，他们会恼怒。这些基于情绪感受的社会性反应并未受到影响。颞叶前部受损是疱疹的伴随性症状，这会严重影响患者的自传体记忆，但即便是面对无法辨认的亲人和朋友，患者与他们之间的依恋仍然存在。此外，实验操纵可以使患者的感受体验发生明显的改变。

据此有理由认为，如果双侧岛叶皮层不存在，那么痛苦和愉悦感受是由“孤束核”与“臂旁核”的两个脑干神经核团产生的，它们是躯体内部信号的理想接收器。在正常个体体内，这两个神经核团通过丘脑的专用神经核将信号传递至岛叶皮层。换句话说，虽然脑干神经核团能够产生感受的基本水平，但岛叶皮层会产生分化程度更高的感受，最重要的是，岛叶皮层能将这些感受与认知的其他方面联系起来，这些方面是基于大脑内其他部分活动的。

这些神经核团之间的相互联结，非常适合产生复杂的表征。区域间的基本联结使其能胜任产生表象的职责，而产生的这些表象就是感受。而且由于这些感受是心智构建过程中的早期基础性步骤，对维持生命具有重要作用。

3．大脑皮层缺失患儿的表现

由于各种各样的原因，新生儿可能在出生时拥有完好的脑干结构，但其端脑结构却缺失了很大一部分。除了大脑皮层以外，无脑畸形患儿的其他脑结构也受到了损伤，大都无法生活自理。然而这些患儿并不是植物人。相反他们是清醒的、有反应的，能够与看护人进行沟通并与外界互动，他们的不幸提供了一扇难得的窗口，让科学家发现，当大脑皮层不存在时，某种心智仍然能够产生。

这些可怜的孩子是什么样的呢？由于脊柱缺乏肌张力且四肢处于痉挛状态，他们的动作相当受限。但他们的脑袋和眼球能够随意转动，也能产生面部表情。正常幼儿在看到玩具或听到某种声音时会微笑，患儿们在面对这些刺激时也会微笑；被挠痒痒的时候，他们甚至会大笑，表现出一种正常的欢乐。他们会皱眉并回避令人痛苦的刺激，会趋近自己渴望的物体或情境。例如，他们会朝地板上有阳光照射的光亮处爬行，待在这个光亮处晒太阳，获得温暖。这些孩子对刺激具有恰当的情绪反应，并能将感受外在地表现出来。和研究人员的预测一致，在晒太阳时，他们看起来很愉快。

毫无疑问，这些患儿为心智加工提供了一些证据。同样，也有理由认为，他们欢乐的表情与感受状态是相关的，这种表情能持续好几秒甚至好几分钟，并与他们受到的刺激具有因果对应关系。他们可能也具有有意识心智，尽管极不发达。这些患儿可能具备的感知、感受和情绪程度相当有限，最重要的是，它们实际上与更宏大的心智并不存在联系，这种心智仅可能产生于大脑皮层。

4．上丘的重要作用

上丘是中脑的一部分，该区域与中脑导水管周围灰质紧密相连，并与孤束核及臂旁核间接相连。人们已经知道，上丘与视觉有关。但这些结构对于心智加工和自我加工的潜在作用却鲜有人问津。上丘分为 7 层。1 ~ 3 层为“浅”层，4 ~ 7 层为“深”层。浅层结构的所有传入与传出联结都与视觉有关，最主要的第 2 层负责接收初级视觉皮层和视网膜传来的信号。这些浅层结构形成了对侧视野的视网膜映射。

除了对视觉世界的映射外，上丘的深层还包含了听觉和躯体信息的空间位置映射，躯体信息映射来源于脊髓和下丘脑。视觉、听觉和躯体感觉这三种映射是以空间形式存储的。也就是说，一种映射中的信息，比如视觉信息，与另一种有关听觉或躯体状态的映射信息是对应的，它们以这样精确的方式堆叠在一起。来自视觉、听觉和躯体状态方面信息的堆叠使高效的整合成为可能，脑的其他各处都没有这样的特性。这种整合的结果通过相邻的中脑导水管周围灰质及大脑皮层进入运动系统，从而变得更加重要了。

上丘对于心智具有重要贡献，在支持这一观点的证据中，上丘产生了伽马波的电振荡，人们认为这种现象与神经元的同步激活有关。德国神经生理学家辛格指出，这种现象与连贯性知觉有关，甚至可能与意识有关。迄今为止，上丘是大脑皮层外唯一一个已知的产生伽马波的脑区。

9.3.3 大脑皮层构建映射模式

生物神经组织构成模式中的某些东西是至关重要的，也具有同样的物理化学性质，但并不能实现像人一样的智能。当然人脑组织中的某些东西对智能是必要的，但只考虑物理性质是不够的，就像砖头的物理性质不足以解释建筑一样。达尔文认为脑分泌心智，而当代哲学家塞尔（John Searle）认为，脑组织的物理化学特性以某种方式产生了心智。

心智的产生具有高度的选择性。整个中枢神经系统和某些区域并未完全参与加工，有些区域参与了但并未起到主导作用，有些区域则承担了主要工作。有些承担了主要工作的区域产生了详尽的表象，另一些则产生了简单而基础性的表象，例如躯体感受。所有参与心智产生的区域都具有高度差异化的互联性模式，其信号整合可能非常复杂。

产生心智的区域必须存在大量的相互联结，从而产生普遍的循环性，实现高度复杂的信号交叉。对大脑皮层而言，皮层与丘脑之间的相互联结将这一特征增强了。“循环”指的是信号不仅会在信号链上向前移动，还会回到起点，回到信号链条各要素产生之处的神经元集合。皮层中产生心智的区域也会从各种皮层下核团接收大量输入，某些核团位于脑干，某些位于丘脑。它们通过神经调节剂和神经递质对皮层活动进行调节。

最后，信号传递的特定时机也很重要。只有这样，当信号在大脑中进行加工时，同时到达周围感觉探测器的同一刺激的各元素才能被集合在一起。要想产生心智状态，小型神经元回路必须具备非常特别的行动方式。例如，有些小型回路神经元的放电频率增强就代表某种特征的出现。有些共同工作的神经元集合的同步放电说明这些特征是组合在一起的。

辛格及其同事最早通过猴子证明了这一点，他们发现，参与同一个物体加工的不同视觉皮层区在 40 Hz 波段上出现了同步活动。这种同步可能是通过神经元活动的振荡实现的。当大脑形成知觉表象时，与这一知觉有关的不同区域的神经元在高频伽马波段表现出同步振荡。换句话说，大脑除了在各种不同位置构建丰富的映射之外，还必须使这些映射以连贯的集合体的形式相互关联。

许多研究都证明，大脑中的映射模式与形成这些映射的真实物体具有相关性。例如，在猴子的视觉皮层中，圆环或十字等视觉刺激的结构与其激活的运动模式可能具有强烈的相关性。尽管这些都是在其他区域帮助下完成的，但人类体验到的心理状态不仅与各个脑区的活动相对应，更与多个区域中大规模循环信号传递的结果相对应。在心智产生的背后，存在某种解剖结构的特异性，在全体神经元的复杂性中，存在某些精细的功能分化，这就是心智的神经基础。

整体而言，在解剖结构方面，大脑皮层与丘脑和脑干相互作用，在使人保持清醒并帮助选择注意目标的同时，在丘脑、脑干的相互作用下，由大脑皮层构建了一种映射模式，从而形成了心智，还协助产生了“核心自我”。事实上，丘脑、脑干和大脑皮层是有意识心智的铁三角，丘脑对有意识心智铁三角的所有组成部分都具有作用。一组丘脑核团对清醒具有极为重要的作用，并联结了脑干与大脑皮层。另一组丘脑核团输入的信息被用于组建皮层表象，剩下的丘脑核团协助产生整合作用，如果没有这种作用，将无法产生包括自我心智在内的复杂心智。

大脑皮层利用存储在其巨大记忆库中的对过去活动的记录，构建关于一个人的“自传体”自我，即将人类生存的物理环境与社会环境的经验都纳入其中。大脑皮层为人类提供了同一性，使人类能够形成有意识心智。

9.4 心智、大脑与躯体映射

在将意识视为心智与大脑研究的核心问题之前，身心问题是与其紧密相关的另一个问题，是学术领域的争论热点。从笛卡儿、斯宾诺莎到当今的哲学家、科学家，这一问题以不同形式呈现在他们的思想中。产生映射的大脑具有一种能力，能够将躯体作为心智加工的内容纳入加工过程。得益于大脑，躯体自然成了心智的一个主题。

9.4.1 躯体与大脑紧密相连

神经元负责生命及体内其他细胞的管理，这需要通过双向信号传递来实现。神经元通过化学信号或肌肉的兴奋而作用于其他躯体细胞，但要想完成任务，它们必须具备某种动机。可以说，这种动机正好来自于它们将要作用的躯体。

在简单的大脑中，躯体仅仅通过向皮层下核团传递信号就足以起到推进作用了。神经核团具备了“倾向性的专业知识”，这种知识不需要详尽的映射表征。但在复杂大脑中，产生映射的大脑皮层以一种清楚、明确的方式详尽描述了躯体及其活动，因此，大脑的主人就具有了各种能力，例如对肢体形状及其空间定位进行“想象”的能力，或是“想象”手肘受伤或胃痛的能力。大脑本质上作用的最终表现形式是将躯体引入心智，它具有一种与躯体有关的动机性态度。

人类的大脑就像一个天生制图师，制图工作的起点是对大脑所属躯体进行映射，不仅视觉图形能形成映射，大脑参与建构的每一种感觉模式都可以进行映射。只要是与躯体结构有关的模式普遍适用于神经映射模式。无论大脑外部有什么，大脑神经元都能模拟这一切，换句话说，大脑能够对大脑以外的物体和事件的结构进行表征，包括躯体的动作及成分，例如四肢、发音器官等。

大脑与躯体的关联对于解决身心问题、揭开意识的谜团都是不可或缺的。躯体映射遍布各处、详尽无遗，它不只囊括我们通常认为的躯体，即肌肉骨骼系统、内部脏器和内环境，还包括嗅觉和味觉的黏膜层、皮肤上的触觉元件、耳朵和眼睛，这些特殊的感知机制存在于躯体的特定位置，是躯体收集情报的秘密岗哨。这些机制在体内分布广泛，位置特殊。古老的躯体和神经探测器结合在一起，构成了躯体边界。来自外界的信号必须跨过这一边界，进入大脑。它们不可能简单直接地进入大脑。由于这种奇妙的布局，躯体外界的表征只能经由躯体本身进入大脑，也就是要经过躯体表层。躯体与周围环境相互作用，导致躯体内部发生变化，并由大脑进行映射。心智通过大脑了解外部世界，但大脑只有通过躯体才能知晓一切。大脑以一种整合的方式对躯体进行映射，从而成功形成了构成自我的关键要素。我们将会看到，躯体映射是解释意识问题的关键。躯体与大脑的紧密联系对理解生活中的其他核心问题也至关重要。这些问题是自发产生的躯体感受和情绪感受。

大脑本质上的作用是将躯体引入心智。总体而言，当思维与现实世界存在交点时，思考确实会更有效。这一事实告诉我们，思维不仅仅是大脑内部的一个虚无缥缈的过程。精神活动不止于脑。事实上，大脑只是处理系统的一环，系统中还有我们的身体和这个世界的一切。

达马西奥将这些反应称作躯体标记（Somatic Marks），源于希腊语中“体”（soma）一词，意即身体。重点在于，人们不应将心智作为只会在大脑中进行耗时抽象运算的信息处理器。大脑、身体和外部环境一同致力于记忆、推理和决策。除了大脑之外，知识的传播还要经由整套系统才能完成。思维不止活跃于脑内的舞台，还负责调动存储在大脑、身体及世界各地的知识，以成就智慧的行动。换句话说，心智并非附属于大脑的一部分。恰恰相反，大脑是心智的一环，大脑及其他相关部件都是受心智操控，用于处理信息的工具。整个世界包括你我的身体在内，像内存卡和外接存储器一样扩充了我们的知识库，否则我们将更茫然无知。

心智存在于身体并为躯体而存在，如果未在演化过程中、个体发展中及当下发生的躯体和大脑的交互，我们的心智不会是现在这个样子。心智首先必须与躯体有关，否则就不能作为心智而存在。

9.4.2 大脑如何产生躯体映射

就大脑而言，躯体不仅是客体，也是大脑进行映射的首要对象，是其关注的首要焦点。用“躯体”这个词来指代“身体”，而不会把大脑考虑在内。大脑当然也是身体的一部分，但它具有特殊的地位。作为身体的一部分，大脑能够将信息传递至身体的其他部分，而身体的其他部分也能将信息传递给大脑。

从发育早期开始，躯体的生理结构与功能方面的信息已被印刻在了脑回路中，形成了永久的活动模式。换句话说，脑部活动重塑了某种版本的躯体，并将其永久地保存下来。大脑对躯体的异质性进行模拟，这是大脑关注躯体的突出表现。最后，大脑不仅能以或多或少的忠实程度形成对实际出现状态的映射，还可以改变躯体的状态，甚至戏剧性地模拟出未出现的躯体状态。

躯体与大脑的交流是双向的，既从躯体到大脑，又从大脑到躯体。然而这两种方向的交流却并不对称。从躯体到大脑的神经和化学信号使大脑形成了关于躯体的多媒体纪录片，躯体的结构和状态一旦发生重大改变，就会向大脑发出警报。所有躯体细胞浸润在内环境中，内环境表现为血液中的化学成分，它也会向大脑发出信号，这种信号传递不是通过神经实现的，而是通过直接作用于大脑某些部位的化学分子。因此，传递至大脑的信息范围极为广泛。

一方面，关于躯体过去的状态及各种即时变化，大脑一清二楚。如果要产生某些修正性反应，改变威胁生命的不良状态，对即时变化的了解是非常关键的。

另一方面，从大脑传递到躯体的同样是神经和化学信号，包括改变躯体状态的命令。躯体告诉大脑：这是我应该形成的模样，而这是我现在的模样。大脑告诉躯体做些什么来维持稳定。在需要的时候，大脑也会告诉躯体如何形成情绪状态。

在清醒状态下，我们很少处于完全静止的状态，躯体的空间构造会不停改变，躯体表征在大脑中的映射也会发生相应的改变。

为了准确控制运动，躯体必须持续不断地向大脑传递骨骼肌收缩状态的信息。这就需要高效的神经通路。与传递来自内脏和内环境信号的神经通路相比，这种神经通路在演化上更为现代化。这些通路的终点是对肌肉状态进行感知的脑区。

实际上，大脑中持续不断地产生着关于躯体状态的各种映射，一开始，这些映射是由大脑传递到躯体的信号引发的。大脑通过神经和化学通路与躯体交流，这一点与躯体传递至大脑的情形相同。躯体和大脑持续不断地进行着相互作用。大脑中的想法导致躯体产生情绪状态，而躯体改变了大脑内的情形，从而改变了想法产生的基础。与心理状态对应的大脑状态导致了特定躯体状态的产生，而后大脑中形成了对躯体状态的映射，并将其纳入当前的心理状态。在这个系统中，大脑方面的微小改变也会对躯体状态产生重要影响，如激素的释放；同理，躯体方面的微小改变，比如补牙，一旦形成映射并被知觉为剧痛，将会对心智产生重要影响。

9.4.3 模拟躯体状态的“替代机制”

大脑持续不断地形成躯体各个方面的映射，各种数量庞大的相关信息进入了有意识心智中，这一点已经得到了证实。在我们并未意识到发生的一切的情况下，大脑就能对躯体的生理状态进行调节，为了达到这一点，大脑必须知道不同躯体部位的各种生理参数。这些信息必须是及时的、不间断的，才能实现理想化的控制。

达马西奥首次提出“替代回路”假说。“替代回路”假说将负责产生特定情绪的大脑结构与形成情绪对应的躯体状态映射的结构联系起来。例如，负责产生恐惧的杏仁核与负责产生共情的腹内侧前额叶皮层就必须与躯体感觉区域联系起来，比如岛叶皮层、次级躯体感觉皮层、初级躯体感觉皮层，以及对当前躯体状态继续进行加工的躯体感觉联合皮层。这些联系确实存在，从而使“替代回路”机制的实现成为可能。

近年来，更多支持该假说的证据浮出水面，其中一项证据来源是关于镜像神经元的系列实验。在这些实验中，脑部被植入电极的猴子将会观看研究者执行各种不同的动作。当猴子看到研究者移动手部时，与猴子自己手部运动相关的脑区神经元会被激活，如同执行该动作的是猴子，而不是研究者。但事实上，猴子并未动弹。研究者将具有这种性能的神经元称为镜像神经元。

事实上，镜像神经元从根本上来说就是躯体中的“替代机制”。从概念上来说，嵌入这些神经元的网络所实现的功能，正是达马西奥假设的“替代回路”系统：大脑形成的躯体映射对并未在机体内部实际产生的躯体状态进行了模拟。镜像神经元模拟的躯体状态并不是主体自身的躯体状态，这一事实更增强了这种功能相似性的效力。如果复杂的大脑能够模拟他人的躯体状态，当然也能模拟自己的躯体状态。已经在机体内出现过的状态应当更容易被模拟，因为现在负责对它进行模拟的躯体感觉结构正是之前对它进行映射的同一结构。达马西奥认为，如果没有出现适用于大脑自身机体的替代系统，就不会出现适用于他人的替代系统。

在“替代回路”和镜像神经元的运转之间，可能存在一种功能相似性，参与该加工的大脑结构的性质强化了这种相似性。对于“替代回路”来说，达马西奥假设位于情绪区域的神经元，例如负责共情的前运动—前额叶皮层与负责恐惧的杏仁核的神经元，能够激活通常情况下对躯体状态进行映射的区域，然后产生动作。对人类来说，这些区域包括中央沟、顶盖和脑岛皮层中的躯体运动复合区。所有这些区域都具备双重躯体运动功能：它们具有感知作用，能对躯体状态进行映射，也能参与动作执行。总的来说，猴子的神经生理学实验就揭示了这么多。这些研究结果与人类脑磁图研究和功能性成像研究的结果是一致的。

对镜像神经元的解释，强调了在这种神经元的作用下，我们能通过使自己处于类似于他人躯体的状态，来理解他人的动作。当目睹他人的动作时，大脑将他人的躯体状态当作是我们自己在运动，这多半不是通过被动的感知模式实现的，而是对运动结构进行了预先激活，也就是做好了执行动作的准备但并不执行动作。在某些情形中，它甚至是通过实实在在的运动激活来实现的。

这一系统是从更早期的“替代回路”系统发展而来的，复杂大脑长期利用这一系统模拟自身的躯体状态。这个系统具有显而易见、立竿见影的好处：能够迅速而节能地激活特定躯体状态的映射，这些映射反过来又能与相关的过去知识和认知策略联系在一起。最终替代系统被应用于他人身上并大获成功，因为他人的躯体状态代表了他们的心理状态，得知躯体状态，我们便能够获得同样显而易见的社会性利益。总之，达马西奥认为躯体内的“替代回路”系统正是镜像神经元的前身。

有机体的躯体能够在大脑中进行表征，这对自我的产生非常重要。但大脑对躯体的表征还具有另一种重要影响：由于我们能够描述自己的躯体状态，就能更轻松地模拟他人的躯体状态。我们在自身的躯体状态及其重要意义之间建立了一种联系，而对他人躯体状态的模拟使我们能为其赋予相似的重要意义。很大程度上，“共情”一词所指的各种现象正是基于这种设置。

9.5 脑与认知

9.5.1 认知概念

认知是指人们获得知识或应用知识的过程，或者为了一定的目的，在一定的心理结构中进行的信息加工过程。与感知信息涉及感觉器官和神经处理过程不同，认知是人脑对接受外界输入的信息进行加工处理并转换为内在的心理活动，进而支配人的行为的过程。

认知无论是对哲学、心理学，还是认知科学及人工智能，都是一个基础的、重要的而又复杂、困难的科学研究对象，上述认知的定义来自普通心理学。此外，包括哲学、脑科学和神经科学、人工智能等交叉学科的研究形成了认知科学。

哲学家对于认知的理解非常宽泛，认为人类所有活动都可以看作是认知过程，这个过程涉及记忆、推理、判断、决策等活动。从古希腊到现代的哲学家几乎都对认知现象进行过思考，并提出了一些重要的哲学思想，如亚里士多德的认知“目的论”、笛卡儿的认知“预示论”、洛克的认知“观念论”、哈特莱的认知“实在论”、休谟的认知“实证论”、康德的认知“先验论”、现代的认知“计算论”等。

美国心理学家浩斯顿等人将认知归纳为 5 种主要类型：①认知是信息的处理过程；②认知是心理上的符号运算；③认知是问题求解；④认知是思维；⑤认知是一组知觉、记忆、思维、判断、推理及语言使用等相关活动。心理学历史上的行为主义学派曾长期坚持认为，只运用客观的实验和行为方法研究客观的可观察行为，后来发展的认知心理学则认为，应该运用信息加工观点来研究认知活动，就是将人脑与计算机进行类比，将人脑看作计算机的信息加工系统，这种理论实际上受到了人工智能的影响。

脑科学和神经科学比较关心的问题是脑和中枢神经系统作为一种特殊的物质系统，是怎样生长出认知能力的。人工智能认为，认知是系统生成智能的基础，因此希望理解清楚认知的机制，为人造系统生成智能打下基础。人工智能要达到类人智能程度，必须在认知方面有所突破，只是到目前为止，人工智能还停留在感知智能层面。

9.5.2 认知控制

执行功能是指脑的控制系统，它使人们能够组织思想和行为、安排任务的优先次序和规划，以及进行决策等。其中一些能力的发展贯穿了整个童年和青少年时期，并可用于准确预测个体今后发展的多种结果。

“执行功能”是心理学和神经科学领域的术语，有时又被称作认知控制，具体是指监督与协调其他高级心理机能的多组分体系。这一涵盖性术语用于描述注意、心理灵活性、计划、解决问题、文字推理、工作记忆，以及在不同任务间切换的能力。

执行功能源自现代心智的进化，而现代心智与前额皮层有关——相较于最近的灵长类祖先，人脑的前额皮层要发达得多。执行功能所涉及的过程，对指导目的性行为及处理新情况的能力都十分重要。

19 世纪中叶，铁路工人菲尼斯·盖奇在一次意外中额叶受损，从而导致决策能力受到了影响。自此人们便认识到了前额皮层对于执行功能的重要性。随后研究人员对第一次世界大战中额叶受损的士兵展开了调查研究。研究表明，他们很难掌握新的任务。最终人们就相关的研究得出结论：执行功能对于抽象的高层次思维十分重要。

20 世纪 60 年代，心理学家鲁利亚提出，额叶负责编程、监督并调节人们的行为。近来这一颇具影响力的观点被重新系统地表述为“监督注意系统模型”。根据该模型，执行功能包括含多个协调目标和行为交互子系统。其中一个子系统会在处理常规场景时被激活，并监督竞争脑内资源的自动反应，选择最合适的反应并抑制其他反应。而当人处于非常规的情境时，监督系统便会启动，根据需要转移注意力，以生成适当的新反应，并根据需要抑制和激活自动反应。

2001 年，另一个重要的模型出现了。该模型基于脑内的信息处理是一种竞争过程的观点。该模型认为，前额皮层负责监督注意、记忆、情绪与运动等多个脑内系统的活动模式，并保持那些实现当前目标和行为所必需的模式。为此前额皮层在感觉输入、内部状态与动作输出之间建立彼此的映射，并在适当的神经通路内放大活动，以便执行当前任务。这在映射较弱或不断变化即遇到新情况时尤为重要。

拓展阅读

斯特鲁普效应

斯特鲁普效应是指干扰因素会增加反应时间。例如，受试者被要求念出表示颜色的字，或说出字的颜色。有时字义与字的颜色是一致的，如用黑色墨水写的“黑”字；而有时字义与字的颜色是不一致的，如用红色墨水写的“黑”字。当被要求说出字的颜色，而字义又与之不一致时，受试者的反应时间往往会更长。在这种情境中，我们通常会下意识地将这个字念出来。但为了给出正确的反应，受试者必须抑制这种强烈但不太相关的自动反应，选择正确的反应——微弱但与测试要求的相关性较强。20 世纪 30 年代，斯特鲁普首次描述了该效应。该效应因而得名斯特鲁普效应，且自此被用作执行功能的测试之一。

9.5.3 具身认知

1. 身体、环境和脑

关于感受和推理，以及大脑与躯体之间的相互联系，都支持这一观点：有机体的角度对从整体上理解人类心智是必需的，心智不仅必须从非物质领域转移到生物组织领域，而且还需要与一个完整的、整合了躯体和大脑的有机体相联系。此外，还需要与物理环境和社会环境充分互动。

达马西奥设想的具身心智，并不放弃那些构成灵魂和精神的最微妙层次上的运转。正是灵魂和精神，加上尊严和人性，才形成有机体展现出的复杂性和独特性。

根据传统观点，脑是主控制器，将关于外界的抽象表征转化为对身体下达的指令，从而生成思想和行为。但根据新的理论，思想和行为是脑、身体和环境间动态交互的结果，而非仅由脑部生成。

人们通常认为，脑这种器官会处理对外界的知觉，并将其转化为心理表征，然后用这些心理表征来指导思想和行为，从而控制人的行为。换句话说，脑可以处理抽象信息，人们将外界的知识储存于记忆系统内，而记忆系统则独立于动作和知觉存在。

具身认知假说则是一种不同于传统观点的全新理念。该假说认为，身体、环境和脑构成了一个更大的系统，其中身体和环境对于人们思想、情感和行为的形成至关重要。因此，人们的心理表征是“具身的”，也就是说，是以身体状况及身体与环境相互作用为基础的。如此这般，身体和环境就与脑内的感觉和运动系统紧密相连。

具身认知的观点源自欧陆哲学。康德认为心灵与肉体虽不同，但却密切相关。他还认为人们思考的能力取决于身体的各种属性。在康德看来，身体动作是思考、回忆和联系心理表征所必需的。近两个世纪后，海德格尔提出，人们通过与外界互动体验世界，其中思考包括实践。类似地，庞蒂认为，身体不只是知觉的对象，对知觉本身也至关重要。

2. 隐喻基础

早期的具身认知理论家强调身体对思维过程的影响。他们称，语言与身体知觉密切相关，我们使用的隐喻就源自我们的身体。因此，我们对外界的体验基于各种隐喻思维，而这些隐喻思维又建立在我们运用身体与外界进行互动的方式之上。类似地，我们经常借助运动或空间位置来表达情绪。积极的情绪通常与向上运动相关，我们可以说自己精神“高”涨，或觉得自己就像“站在了世界之巅”；而负面思想则与向下运动相关，比如，感觉心情“跌入了谷底”。

这种观点得到了大量研究的支持，证明身体状态的确在很大程度上影响或直接引发了心理状态。例如，自己手捧一杯热咖啡比手捧一杯凉咖啡时，觉得别人更友好；想起坏事情要比想起好事情后，更可能去洗手。这类研究表明具身隐喻思维（友爱是温暖的、不道德行为是不洁的、道德行为是洁净的、重要主题是有分量的）的重要性。

不过一些研究人员指出，这些研究只是冰山一角，而且没有找出真正的具身认知。他们认为，行为是脑、身体与外部环境间动态交互的结果，而非仅仅与脑和身体有关。这种观点强调了动作、知觉及模拟过程（重现动作和知觉的过程）的重要性。脑的心理表征不再抽象，而与人们体验的事件密切相关，并依赖于它们。

9.5.4 认知灵活性

个体所处的环境是不断变化的，往往做完一件事很快就要转做另一件事，人们的大脑由此进化出高度的灵活性功能，即认知灵活性。作为认知控制的核心组成部分，认知灵活性指的是根据不断变化的环境和内部需求准确、快速地调整人们的思维和行为的能力，它使人们能够有效地将认知资源从先前的任务分配到当前的任务，并迅速将注意力转移到与任务相关的信息上。显然认知灵活性功能的高低与个体的学习能力、工作效率密切相关，因此研究认知灵活性的心理与神经机制是心理学与认知神经科学的重要科学问题之一。研究表明，认知灵活性与额顶脑区的激活，以及额顶脑区和刺激加工脑区的相互作用密切相关。不过额顶脑区和刺激加工区之间自上而下和自下而上的连接如何促进认知灵活性尚未可知。陈安涛等采用事件相关功能性磁共振成像技术，运用动态因果模型分析和格兰杰因果分析等方法对这一问题进行了深入研究。功能性磁共振成像数据分析表明，在典型的认知控制脑区，即额叶-顶叶皮层、视觉刺激加工脑区，任务转换较之任务重复，均造成显著激活。

随后该研究运用动态因果模型分析发现，任务转换（认知控制需求较高）时额顶脑区与视觉皮层的连接度更高；相对地，任务重复即认知控制需求较低时，额顶脑区与视觉皮层的连接度更低。进一步的格兰杰因果分析表明，在任务转换（需要更高需求的认知控制）信息流动主要是额顶脑区向视觉皮层的占有优势。综合动态因果模型分析和格兰杰因果分析的结果可知，在需要更高认知控制时，大脑从额顶脑区向视觉区域施行了更多自上而下的控制。这一结果表明，认知控制在实现其功能时通过控制脑区（指挥者）向刺激加工脑区（执行者）施加了更大的影响，这些影响可能包括发布指令、实现更强的抑制、进行某种调节等加工（影响的具体类型有待进一步研究），保证大脑能够有效地实现认知灵活性功能。

最后，该研究发现，从后部顶叶皮层到视觉皮层自上而下的影响及对它的灵活神经调节（任务转换—任务重复）的个体差异可以预测行为转换代价。该研究表明额顶脑区和刺激加工区之间的相互作用，特别是从前额叶皮层到视觉皮层自上而下的影响，对灵活性认知表现尤为重要。

9.5.5 社会关系认知地图

前文介绍了脑的导航机制，指出海马体在生物导航中的作用。研究人员将海马体对结构性信息的学习拓展到导航之外的一般任务，作为认知推理的基础，认为海马体可以抽取具体事件外的结构性信息，而这部分信息是可以泛化到各种不同任务的，比如一般性推理。

从现实物理空间到抽象概念隐含一个推论：大脑是怎样展示人际关系或社会关系的。“个体”这个概念浓缩了很多不同的信息，当我们看到一个人的照片或听到、看到这个人的名字时，编码这个“个体”的海马细胞会被激活，开始放电，尽管每次的具体细节可能不同。例如，美国科学家发现了“詹妮弗·安妮斯顿神经元”，这些细胞对安妮斯顿的照片、名字和声音都很敏感，遇到这些信息时会产生强烈的反应，因此，弗里德认为这些海马细胞负责编码特定个体的相关概念，而不是表征某种具体的细节特征。

还有一些海马细胞可以追踪社会场景中个体在物理空间中的位置，这些细胞被称为“社会位置细胞”。海马体某些区域（如 CA1 和 CA2）的神经环路对这样的社会记忆具有重要作用。对这些区域进行电刺激，或者抑制神经元的活动，可以增强或降低动物识别其他个体的能力。

在人类中，海马体受损通常不影响人们对某个人脸部的记忆。但是，这个人的脸部及其行为之间的关系会被破坏，进而丢失。这说明，海马体并不是简单地记录了一张脸或者其他个体特征，而是将不同的社会特征联系在了一起。

除了识别特征，海马体活动也可被用于追踪社会等级关系。具体体现在人们应对不同社会等级的人时做出的行为，比如老板和员工的需求往往会得到不同的对待，这是因为他们具有不同的社会地位。在整个社会空间中，人与人之间的关系好比一些几何坐标，这些坐标由个体之间的等级关系和从属关系决定。

科学家近些年的研究发现，就像物理空间一样，海马体将社会信息组织成了类似地图的形式。通过编码多维空间中点与点的关系，海马体就像监控物理空间位置一样，也监控着人际社会关系的动态发展。

人们可以通过同一个地图系统进行空间和时间探索，也可以用于推导、记忆、想象甚至处理社会关系，这表明人们对这个世界进行建模。这个世界中充满了现实和抽象关系，城市街道的道路地图和充满相关概念的认知地图则帮助人们理解这个世界。地图可以提取、组织和存储相关的信息，可将一个熟悉街道上新开的咖啡店很容易地置入一个已经存在的空间地图中。新概念也很容易与旧观点相关联。一个新相识的个体也可以重塑人们的社会关系空间。

这种内在地图可以让人们通过自己的大脑模拟各种可能性，进而做出预测。人们可以很容易找到问题的解决方案，也就是找到“捷径”，这个系统同样可以使人们在交通堵塞时找到一条迂回道路或快捷通道。现在，人们才发现这个系统中的各种各样的性质和能力。认知地图，这个存在于人脑中的心智地图，不仅可以帮助人们在现实物理空间中找到捷径，还能让人们对生命本身进行探索。

9.6 语言与心智

9.6.1 语言是人类交流的特殊手段

语言产生的目的是交流。除语言以外，人和动物广泛使用多种途径进行交流。除了人们熟悉的蜜蜂跳舞、大猩猩使用手势以外，研究者还不断揭示出动物之间很多有趣的交流手段。

例如，动物专家发现，变色龙变换体色不仅是为了伪装，另一个重要作用是实现变色龙之间的信息传递；鲸以放屁的方式沟通；松鼠发出声音来传递敌人到达的信息，并且其他动物如鸟类也能听懂一些松鼠的语言，因此也能从中受益。

但是，人的语言和动物的交流手段之间存在明显的区别。首先，动物使用的符号基本上是遗传的，而人类语言在很大程度上是后天习得的；其次，人类语言具有产生性，即通过一定的规则（如语法）产生无穷尽的内容，而动物使用的交流符号却是非常有限的；再次，人类的语言交流可以超越时间和空间的限制，即交流并非此时此刻的情形，而动物的交流则不具有这一特点；最后，动物使用的符号系统更新非常缓慢，主要由基因决定，而人类语言符号的变迁则相对较快。但值得注意的是，虽然以前研究者认为，上述差异体现了人类语言与动物交流之间的本质区别，但随着对动物交流认识的不断深入，相关的观点也在不断更新。例如，早期研究者认为，动物的交流手段都是先天遗传的，只有人是通过学习来掌握具体语言符号的，如词汇，但后来发现，小鸟唱歌与人的语言获得一样，也是后天习得的，并且存在关键期效应。

语言是人们表达思想和情感的媒介，但并不等同于思想和情感本身。词语不仅是存储在人类头脑中有关世界的事实，它们已经被编织进了这个世界本身的因果结构中。多数时候人类不是靠查字典或向他人询问的方式学习生词，实际上，人们通常是从具体的语境中习得生词的。不过无论是怎样学到的，它必定会在大脑中留下一些痕迹。词义似乎都是由存储在人脑中的信息组成的，这些信息就是能够定义一个词汇基本概念的信息。对于一个指称事物的具体词汇来说，这个信息就是它所指称的那个意象。

语言理解多在多层面进行，而绝不是对一个句子进行直接句法分析即可。人们的词语和语言结构展现了物理现实和社会生活的抽象概念、思想、感情及那些人类本性中的通过语言方可理解的其他东西。

世界语言学家和认知心理学家，哈佛大学名誉教授平克介绍了以下几种观点。

（1）人类心智可以通过多种途径认识同一个指定场景。

（2）每一种认识都是围绕这几个基本理念，例如“事件”“原因”“改变”“意图”等建立起来的。

（3）这些概念可以隐喻地扩展到其他领域。

如今，人们通过 ChatGPT 之类的大语言模型支撑的聊天机器人已经可以与机器自然地交流，语言成为人与人、人与机器、机器与机器之间相互交流的媒介，这将促进人类文明与智能机器的深度融合，发展出全新的文明形态。

9.6.2 语言对于思维形成的作用

语言对于思维的形成具有一种十分特殊的作用，它是人脑与思维的连接中介，思维是人脑的机能，但是人脑的生理结构与思维迥然不同，前者属于结构，后者属于机能，在结构与机能之间具有一个转变环节。脑科学、心理学研究之所以至今不能从脑的生理活动中找到思维的形成过程，原因就在于没有抓住脑与思维的联系中介。语言的特点在于它不是脑的生理成分，而是由外部群体提供的可变换信号系统。语言在脑中以相应的脑电信号存在，是电信号的内容。脑生理结构为硬件，语言为软件，在硬件软件中又组编着各种感性材料，这种组编活动就是思维。只有硬件的脑生理结构没有活动于其中的语言，不会形成思维。思维不包括脑的生理结构，却不得不包括脑内语言活动。语言的特殊性在于它既是结构成分，又构成机能因素，具有两重性、中介性。

人类的语言文字是客观世界中具体信号（如铃声、灯光等，为第一信号）的抽象信号，称为第二信号，凡是以词语为信号建立的大脑神经联系就属于第二信号系统。第二信号系统是在第一信号系统基础上发展与完善起来的，是人脑特有的产物，语词作为抽象信号对人类具有条件刺激作用，是人类高级神经活动的特征。语言不仅是单纯的信息交流工具，也是一种具有积极作用的认知功能，因为语言的功能单元——词汇本身已是对客观事物的抽象和概括，具有概念性质，它已经是抽象思维和认识事物本质的开端。

在人类认知中，语言认知处于非常特殊的地位。

1. 语言区分了人类认知和动物认知

语言的发明是人类进化的关键一步。自从使用表意的符号语言和文字以来，人类的经验就可以形成知识，积淀为文化，从此，人类的进化不再是动物基因层面的进化，而是语言、知识和文化层面的进化。某种意义上，ChatGPT 使得机器智能的进化不再是代码技术层面的进化，而是语言、知识和文化层面的进化。人类文明进化与机器智能进化将在语言层面开始相互促进。

2. 语言使思维成为可能

人类的语言能力表现在，它主要通过隐喻的方法产生和使用抽象概念，并在抽象概念的基础上形成判断，进行推理。应用判断和推理，人类可以进行决策并具有丰富多彩的思维，包括数学思维、物理学思维、哲学思维、文学思维、历史思维、艺术思维等。人类社会的一切都是应用语言和思维的结果。

20 世纪最重要的语言和思维关系的理论假说“沃尔夫假说”是语言形成思维的观点，它由两个部分构成：一是语言决定论，指语言决定非语言过程，即学习一种语言会改变一个人的思维方式；二是语言相对性，指被决定的认知过程因语言不同而不同，因此，不同语言的主体以不同的方式进行思维。沃尔夫假说在人类五个层级认知的理论框架下得到完美和完全的解释。

研究人员基于人类脑部活动模式证明了语言与颜色认知具有直接关系。向 17 名研究对象展示多对涂有颜色的方格，要求他们回答每对方格内的颜色是否相同。方格内的颜色有红、蓝等“容易命名”的，也有“难以命名”的。进行问答的同时，研究人员利用磁共振影像扫描器对研究对象进行大脑扫描。研究结果显示，研究对象就两类颜色进行辨认时，均会引发脑皮层主管辨认颜色部位的活动，但在辨认“容易命名”的颜色时，比辨认“难以命名”的颜色时能够更明显和强烈地激发脑部主管词汇检索部位的活动。换言之，某种颜色在某种语言中是否有独立命名，与语言检索和颜色认知密切相关。

语言可能影响思维和认知的假设最先由语言学家沃尔夫在 1956 年提出，却一直未得到确切证据证实或否定。这项研究结果为“沃尔夫假说”提供了神经机理的实质证据。

3. 语言和思维形成知识，知识积淀为文化

非人类动物只能由每一代和每一个体重新开始积累经验，其进化只能是基因层面的进化。人类知识绝大部分来源于前人创造和积累的间接知识，其进化不仅仅是基因层面的进化，更重要的是知识的进化。自从人类发明并开始使用语言文字，人类历史的发展可以说是日新月异，而在此之前，人类的进化与其他动物一样，是以千年、万年为单位的。也就是说，语言加速了人类的进化历程，同样，ChatGPT 这样的人工智能技术也将加速机器的进化历程，衍生出机器独有的知识、语言甚至文化。

9.7 脑智能模型

9.7.1 脑信息处理模型

1. 脑信息系统组成

脑神经系统之所以能够从事各种信息运作，首先在于脑本身是一种能够承载信息的特殊物质形式，一种极为奇异独特的信息载体，只有在这种物质形式上才能产生、表示、记录、加工、存取和消除意识（精神）这种最高形态的信息，涌现出相对物质运动具有独立性的意识运动，进行最复杂、最丰富多彩的信息加工。因此，神经元本质上是一种高度复杂的动态信息载体系统，自然界信息和信息载体进化的一个重大步骤是出现神经系统这种信息载体，能够将外部世界物质运动的信息转化为由神经信号携带的信息，即神经信息，最终进化出脑神经系统。神经信息的出现代表着信源和载体分离达到新水平，动物通过神经系统接收和携带外部世界的信息而不改变外部世界，却能够对这些信息进行加工处理。人脑是大自然进化出来的独一无二的物质形式，它唯一的功能是进行信息运作（包括信息运作的一切可能形式）。

神经元处理信息的效率极高。神经元之间电-化学信号的传递，与一台数字计算机中 CPU 的数据传输相比，速度是非常慢的，但因神经元采用并行的工作方式，使大脑能够同时处理大量的数据。脑信息系统主要由三个子系统组成，如图 9.1 所示。

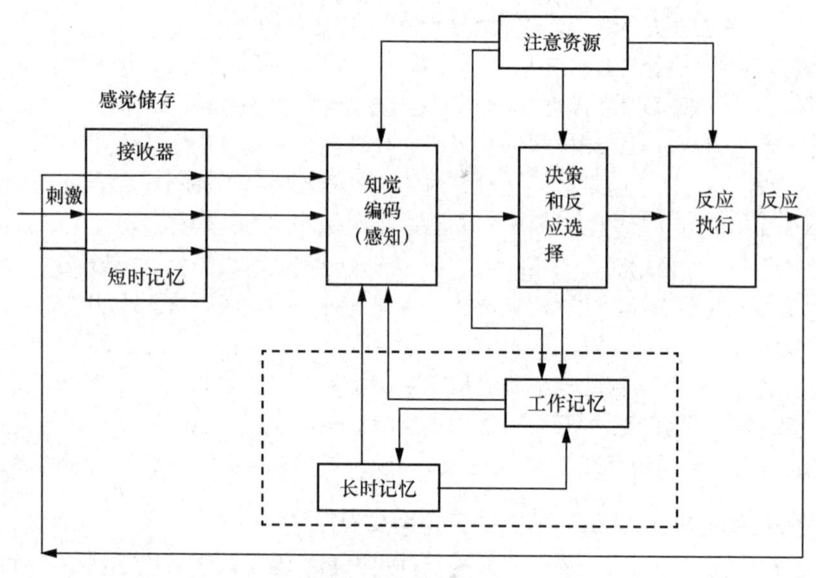

图 9.1 脑信息系统组成

（1）感觉系统。人的信息处理的第一个阶段是感觉。在这一阶段，人通过各种感觉器官接收外界的信息，再将这些信息传递给中枢信息处理系统。

（2）中枢信息处理系统。人的认知系统接收从感知系统传入的经编码后的信息，并将这些信息存入本系统的工作记忆，同时从长时记忆中提取以前存入的有关信息和加工规律，进行综合分析后做出反应决策，并将决策信息输出到运动系统。

（3）反应（运动）系统。它执行中枢信息处理系统发出的命令，产生人的信息处理系统的输出。

大脑无时无刻不在预测未来，并根据观察到的事实调整预期。通过这种方式，大脑的信息处理中心根据感觉器官接收到的信息不断调整内部模型。脑的工作分为无意识和意识两大部分。无意识是不知不觉的大脑活动，而意识是经过思维的过程。无意识包括本能，它是先天具有的，是生命最基本的内驱力，它决定了智能的基本朝向。而其他无意识则是后天形成的。人脑的一个显著特性是不愿“有意识”地做重复的事情。它会自发地将重复性工作和经验转交给无意识支配，以腾出精力处理新事情。如果这种无意识支配的工作继续重复下去，人脑会自发地将这种支配工作转化为本能，为了适应这个过程，它还会改变身体的生理状况并将其遗传给后代。这可以一定程度上解释人体结构和大脑的进化过程。

神经元层面的大脑基本上是一个化学系统，神经元之间产生的电压实际上也来自化学物质，除了进出神经元的离子流外，在细胞内部繁忙而封闭的世界中，不停发生着无限量的化学反应。在这些化学反应中，有一些会决定细胞对信号的反应方式，但这些事件并没有直接“电能”的对应而只是信息活动。这一点与电脑硬件的机械式电路活动是完全不同的。另一方面，生命的信息系统在大脑中的活动是一个自组织过程，系统的有序结构和功能是自发形成的，所以大脑的功能活动方式是自发的，是一些不必依靠外界指令为大脑信息活动编码的并组成各种模式的自组织过程，也不一定要根据算法运转。因而，神经元并不是独自分离且不变的硬件，因为神经元的活动方式还包括类似可以编码的软件模式，在信息层面上调控着物质层面的活动。

2. 符号信息系统

人脑硬件的生理功能活动主要是通过化学信号和电信号的形式进行的。但是，精神层面的信息活动都依靠编码程序将各种信号组成不同模式的图像，再形成各种不同层次的概念。换句话说，精神思想都是依靠信号形成各种信号图像作为信息载体进行活动。信号图像成为所有智能信息储存及交流的基本工具。大脑的思维活动都是在信号图像的操作运算中进行的。例如，最简单的心算就涉及数字信号图像和运算信号图像。人脑的智能信号包括以下两大类型。

（1）语言图像信号。这是大脑内部信息操作运算活动（思维活动过程）的主要信号系统，大脑将所有外部传递进来的信息经过处理转换为各种语言图像，并组合成各种不同的概念。运用语言信息的能力是大脑的先天性功能，但是一定要配合外部传递进来的信息（非遗传信息）信号，才可以进行语言信号功能的正常发育、运算和操作。

（2）语言图像信息。大脑主要依靠各种语言图像符号向外界表达大脑内部的语言图像信息，这些符号包括以下两种。

① 动物机体器官符号，就是动物大脑通过改变身体器官的形态而直接或间接构成各种符号，例如，人脑通过发声器官，直接将思想（语言信号）用日常语言（语言符号）表达出来。身体器官符号包括声音语言、身体姿态、面部表情和肢体符号（各种手语、手势、旗语等）。

② 人工符号，就是大脑通过物理、化学过程将物质或能量创造成为信息载体而形成的各种符号，包括声、光、电信号等能量波动符号，刻画或书写在物体上的各种文字、符号、图画等，直接认识外界物质不同形状和结构组成的各种形态符号。

9.7.2 层次模型

大脑皮层是人脑产生人类智能的至关重要的部分。尽管大脑皮层上没有任何标记，但大脑皮层上的神经元具有明显的功能区域划分，例如视觉区域、听觉区域、触觉区域、语言区域、联合区域等。这些几乎具有相同解剖结构的区域分布于皮层，主管感官或者思维的某一方面的功能，形似一幅地图。这些功能区域之间没有明确的界线，却按照一定的分支层级结构排列。低级区域通过特定的连接方式向高级区域传递信息；高级区域则用另一种方式向低级区域反馈信息。众多区域在一个复杂层级结构中相互联系，通过彼此之间不断地交流反馈信息产生人的“智能”及“智能行为”，如图 9.2 所示。在层级结构中，低级区域产生更具体的信息，其改变速度也更快，包括的细节更多；高级区域则与之相对，形成更稳定的空间不变性，改变也相对缓慢得多，表达的则是更高层的语义对象。

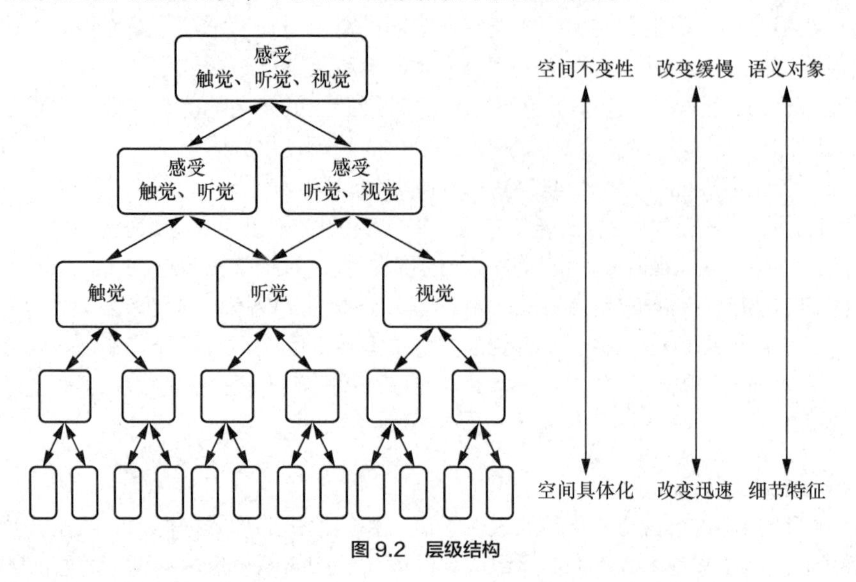

图 9.2　层级结构

由此可以梳理出大脑皮层信息处理的过程：由低层区域感知、处理信息，向高层区域传递；高层区域处理多个低层区域的输出信息并做出判断；信息在不同层级区域间传递与反馈。这样的基本原则对于智能算法、智能机器的设计和实现具有重要的启示与指导作用。

9.7.3　人的智能活动模型

实际上，人的智能是由人的整个信息系统支撑的：当人面对具体的问题、问题的环境和预期目标的时候，首先通过自己的感觉器官获得关于问题、环境、目标的信息（称为“生信息”），并通过神经系统将这些信息传送给思维器官，在思维器官中，这些信息首先经过非认知的预处理（如排序、分类、过滤、去除冗余及进行某些必要的数值计算和简单的逻辑处理等）变成有序的便于利用的“熟悉信息”，然后通过认知将信息转化为相应的知识，并在此基础上将知识激活为能够满足约束、解决问题、实现目标的智能策略，进而通过神经系统将智能策略传送到效应器官，这里将智能策略转化为相应的智能行为，通过这种智能行为的作用实现对问题的求解，在满足约束条件下实现预期的目标。人的智能活动（信息–知识–智能）过程如图 9.3 所示。

人类的智能活动是一个完整的过程。这个过程中任何一个子系统的失效都可能使整个过程失败；这个系统中任何一个子系统的损坏都可能最终导致整个系统失败，各个子过程及系统中各个子系统又担负着各自不同的任务，这些不同任务之间相互联系、相互作用、相辅相成，缺一不可，这是整体论的观点。

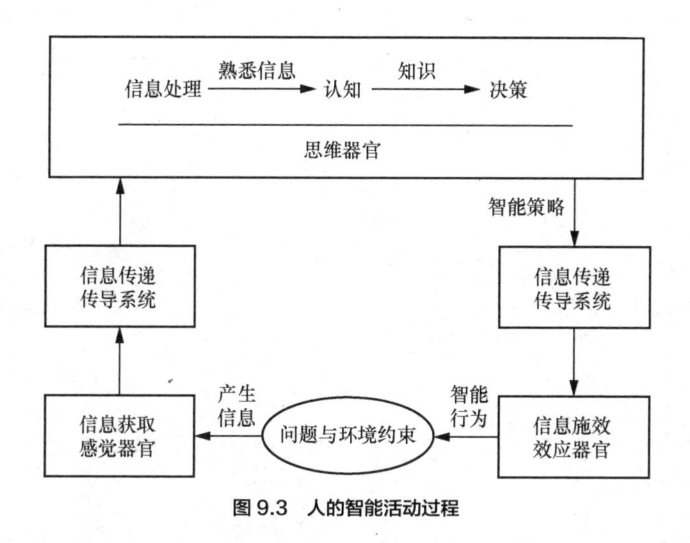

图 9.3 人的智能活动过程

9.8 本章小结

人的心智是如何产生的，一直是一个巨大的谜团。在心理学、神经科学、脑科学、认知科学等不同领域成果的不断揭示下，心智的奥秘逐渐呈现在人们面前。现在人们了解到，人的心智与脑区、神经元、躯体及环境都有着紧密关系。心智是认知的基础。从认知控制到社会关系认知地图，传统的理论与新的科学发现让人们进一步了解人的认知智能机制。本章从身体觉知、智力的神经元基础、心智、大脑与躯体的关系、认知、语言等多方面解释心智与认知智能机制，虽然不能完全解释认知的产生机制，但可以使我们认识到人的认知机制的复杂性。

习题

1. 如何理解身体觉知?
2. 作为人类智力基础的神经元主要呈现出哪些特征?
3. 为什么说大脑是心智的一环?
4. 与心智有关的脑区包括哪些部分?
5. 如何理解心智与大脑的关系?
6. 如何理解大脑产生躯体印记?
7. 如何理解心智与认知的关系?
8. 社会关系认知地图是如何产生的?

10 chapter

意识

本章主要学习目标：

1. 学习和了解心理学、哲学层面关于意识的含义；
2. 学习和了解意识的神经科学基础；
3. 学习和了解关于意识产生的理论。

10.0 学习导言

意识也许是人脑最大的奥秘和最高的成就之一。人类自古以来就很关注意识。然而所谓意识是每个人主观上产生的“内心活动”。尽管数百年来，哲学家对此已做出了各种猜测，近来神经科学家也开始研究，但我们仍旧不太清楚意识究竟是什么，以及脑是如何生成意识的。所以，要从科学的角度客观地分析意识是一件很难的事。但也正因为如此，意识一直是现代科学难以涉足的“未知疆土”，不断吸引着更多人关注。

美国加州理工学院的下条信辅教授对意识的解释是：“意识本身就没有明确的定义。也就是说，各研究者在从各自的立场理解意识，并用各自不同的方法推进研究。”

意识问题是目前尚未解决的重大问题之一。几个世纪以来，人们从没有终止对意识问题的探索。意识与生命、意识与智能、意识与行为之间的关系复杂难解，但又是揭开生命、智能之谜的一把钥匙。对意识的理解不仅有助于人们理解自身的存在，对于创造真正的人工智能具有更特殊的意义和作用。本章主要学习有关意识的定义、意识的脑和神经基础，以及不同学科关于意识的研究理论和模型。

10.1 意识的含义

10.1.1 不同领域对意识的理解

意识对人们来说是一个既神秘又熟悉的概念。在日常生活中，人们经常提到并在不同意义上使用它。日常生活中，人们对意识的理解更多地停留在躺在沙滩上闭着眼睛享受温暖阳光的微妙感觉，或是“大漠孤烟直，长河落日圆”那种对壮美大自然的感动。这些都是人类具有意识的结果。但意识究竟是什么?

一般认为，意识是人对环境及自我的认知能力，以及认知的清晰程度。研究者还不能给予它一个确切的定义。哲学家约翰·塞尔通俗地将意识解释为：“从无梦的睡眠醒来之后，除非再次入睡或进入无意识状态，否则在白天持续进行的知觉、感觉或觉察的状态。”

从学术意义上看，《大辞海》关于意识的一般解释是：“意识是人脑的机能，是人所特有的对客观现实的反映。”广义地理解，“意识”是指与物质相对的活动的结果，用作名词，如知识、思想、观念等。狭义地理解，“意识”是指人的认识活动，用作动词，如“意识到”，所谓“意识到”也就是“认识到”。

意识是多个学科的研究对象。哲学家、医学家、心理学家对于意识的概念理解各不相同，迄今尚无定论。

哲学中意识是高度完善、高度有组织的特殊物质——人脑的机能，是人所特有的对客观现实的反映。意识也可作为思维的同义词，但其范围更广，包括感性和理性阶段，思维仅指理性阶段。辩证唯物主义认为，意识是物质高度发展的产物，是存在的反映，又对存在起着巨大的能动作用。

医学意义上的意识是指“神志清晰状”或“醒觉状态”。在精神医学上，意识是指病人整个精神活动的清晰程度和清晰范围。在精神医学中，意识又区分为自我意识和环境意识。在临床医学中，意识是指病人对周围环境及其自身的认识和反应能力，分为意识清楚、意识模糊、昏睡、昏迷等不同意识水平。正常人在清醒的时候，意识是明晰的，神志清楚，能正确地识别和理解时间、地点、人物、事件，能对周围环境的作用做出相应的、合适的、有目的的、能动的反应，是正常人的一种高级认识活动。

心理学意义上的意识是指赋予现实的心理现象的总体，是个人直接经验的主观现象，是对外部环境和自身心理活动，例如感觉、知觉、注意、记忆、思想等客观事物的觉知和体验。

生物学意义上的意识是指人的视觉、听觉、触觉、嗅觉、味觉等各种感觉信息，经脑神经元逐级传递分析为样本，由丘脑合成为丘觉，并发放至大脑联络区，使大脑产生觉知，即意识。

10.1.2 意识的主观性与客观性

每个人每时每刻都在真切地体验周围的客观世界，产生感觉、图像、欲望、梦境、思想、精神、信念。人们可以通过内省确认这种过程的真实存在，但因为人的体验形成的是各自的内在感受，而一个人无法准确知晓他人的感受，也难以猜测此刻别人正在想什么，每个人的意识具有一定的主观性、私密性、封闭性和不可预测性。因此，意识的最重要特性就是主观体验或主观性。

关于意识主观性，美国生物学家埃德尔曼（Gerald Maurice Edelman）认为，“当你进入无梦的深度睡眠，或深度麻醉和昏迷时，你就会失去它。当你从这些状态中恢复时又会重新得到它。在清醒意识状态下，你体验到一个整体的场景，包括各种感官反应——视觉、听觉、味觉等，以及想象、记忆、语调、情感、意愿、自主感、方位感等。处于意识状态是一种整体体验，你在任何时候都不会只意识到一件事情而完全排除其他事物。但是你能将注意力稍微集中到仍然为整体的场景的不同方面。在很短的时间里，场景就会在某方面发生变化，虽然仍然是完整的，却变得不同了，产生出一个新的场景。不同场景体验的数量显然是无穷无尽的。转换似乎是连续的，但它们的具体细节是独有的，是第一人称的主观体验”。每个人都知道自己对颜色、冷暖、疼痛的感觉，以及自己的心情——喜、怒、哀、愁等。这些以特殊方式与精神状态相关联的完全私密的感觉经验被称为“感质”。“感质”虽也具有物理属性，但却是主观产物。一个正在欣赏蓝天白云的大脑中会出现怎样的现象意识，别人永远不得而知。人类应该具有相似的主观体验，但人类也许永远无法知晓蝙蝠的主观体验，因为人类与蝙蝠的身体结构相差太大。

但是意识又不仅仅是主观的，意识的物质性是毋庸置疑的，它的客观存在基础是大脑中的神经活动，可以说意识是客观事物在大脑神经元中的主观映射。人类的意识会因大脑的结构或化学变化而改变，因而它必定是一个类似脑这样的物理结构中的生物化学过程。

实际上，对意识的最大争议在于意识既是主观的，也是客观的。它不至于主观到成为一个独立的存在，即它绝不可能脱离客观存在而运行。其一，它依赖于经验及留存的相关记忆；其二，它需要对客观世界的感知能力；其三，它需要相应的生理基础与行为机制。

意识主观性与客观性的根本矛盾还在于物质与意识的关系。英国物理学家约翰·丁达尔（John Tyndall）曾说：“从脑的物理到相应意识事实的过渡是不可想象的。承认一个确定的思想与一个确定的分子作用在人脑中同时发生，我们却不具有这样一种智力器官，也明显不具有这种器官的任何初级形式，它可以使我们通过理性过程从一个过渡到另一个。”也就是说，由大量原子组成的人脑为什么具有意识、快乐和悲伤呢？哲学家大卫·查默斯（David Chalmers）提出了一种离奇的设想：对意识的解释依然是一个很难的问题，如果我们不假设意识是物质世界的一个基本属性，就无法解释脑是如何产生意识功能的。他主张，世界的根本存在不是心也不是物，而是信息，而信息具有两种性质——物质和意识。这实际上是一种变形的二元论，只是将信息与物质世界等同起来。辩证唯物主义认为，意识是人脑的机能和属性，是社会中的人对客观存在的主观映像。这种主观映像具有感觉、知觉、表象等感性形式，也具有概念、判断、推理等理性形式。但是，无论是查默斯的设想，还是辩证唯物主义哲学的认识，都无法解释大脑这种客观性物质中是如何出现具有主观性意识的。横亘在物质与意识之间的鸿沟正是科学要跨越的目标。

拓展阅读

你的感受与朋友的感受一样吗？

假设你面前有一个苹果，你会具有苹果是红色的这一“感受性”。让我们试着考虑一下，现在的科学可以将这个过程解析到什么程度。

当光照射到苹果上时，一部分被吸收，另一部分被反射。被反射的光到达我们的视网膜时，我们就可以看到苹果。从苹果反射回来的光波长大多为 700 nm。视网膜上有多种视细胞，其反应强度与光的波长相对应。

当看到苹果时，对波长为 700 nm 的光反应较强的视细胞接收光并开始活动（向大脑发送信号）。然后，被送到大脑的信号从枕叶开始经过颞叶或额叶，分别处理颜色、形状、位置、动作等各个要素。到此为止的过程都可以得到相对充分的解释。问题是接下来的步骤。经过以上处理而产生的电信号或化学信号是如何产生红色的感觉并到达你的意识的呢？

苹果反射的光本身是没有“红色的感觉”的，而脑内被处理传递的信号也只是单纯的电信号或化学信号，所以应该也没有“红色的感觉”。那么我们是如何清晰感受到“红色”这种“感受性”的呢？

让人头疼的是，因为感受性是每个人主观的感受方式，所以即使我们要回答这个问题，也很难像其他科学研究那样，用某种客观的方式对此进行测量。例如，你感觉到的“红”与你朋友感觉到的一样吗？这大概没有办法确认。这也是“意识难题”之所以“难”的原因之一。

10.2 哲学和心理学对意识的探索

由于早期心理学是哲学的一个分支，因此，意识也是早期哲学家讨论的话题。随着心理学从哲学中独立出来，意识也成为心理学关注的问题。

10.2.1 哲学对意识的探索

1. 近代哲学对意识的思考

17 世纪，英国哲学家洛克将意识定义为“一个人对进入自己心灵的东西的知觉”；以法国哲学家笛卡儿为代表的唯心主义认为，精神与肉体是两个完全不同的实体；以荷兰哲学家斯宾诺莎为代表的唯物主义则质疑笛卡儿的二元论。这一论战延续了三个半世纪，非但至今毫无定论，且随着探讨的深入，所要解决的问题反而更为复杂化了。

近代众多哲学家从物质与意识关系的角度定义意识，并探究意识的来源和属性，得出了不同结论，除了笛卡儿的二元论，巴克莱主张“存在就是被感知”，将意识作为世界的本原；霍布斯洛克等则认为，意识是物质的产物；狄德罗、拉美特里等则明确指出，意识是人脑的机能和属性；德国古典唯心主义哲学家提出并以思辨的形式阐发了意识的能动性问题；费尔巴哈不仅提出人脑是意识的生理基础，还初步涉及意识的社会根源问题；马克思和恩格斯在批判地继承前人认识成果的基础上对意识的起源、本质、作用给出了辩证唯物主义的阐释。

马克思主义哲学认为，意识是物质的产物，是人脑的功能，是物质的反映。

2．现代哲学对意识的思考

英国科学哲学家波普尔提出了“三个世界”的设想。世界Ⅰ是物理对象（包括人脑）和自然状态的总体；世界Ⅱ包括所有的主观知识和意识状态；世界Ⅲ是客观意义上的知识总体，是包括语言在内的整个人造的文化世界。这里的物质世界与意识（或心灵）世界是相互独立的实体，这与笛卡儿的二元论一致，但承认心灵与物质的互动，并交换信息。三个世界的设想更像是一种信仰而非实证。

哲学家丹尼特指出：“心灵的核心特征就是意识，这是一种看上去比任何其他东西更为‘精神性’和非物质性的‘现象’。”以丹尼特为代表的很多现代分析哲学家声称，意识只是一种幻觉，因为他们认为，意识的存在与他们所坚信的、机械的物质宇宙无法完全兼容。但大部分学者均认同意识的存在，并尝试理解意识与能被科学描述的客观世界之间的联系。

哲学家与神经科学专家实际上将意识分为两大类：“取用意识”和“现象意识”。这一区分是美国哲学家布洛克于 1995 年提出的。他认为，凡是可被用以驾驭理性思维、行为，或能对文字或肢体语言进行组织的精神状态都取用于意识范畴。与之相对，构成经历、体验的种种则属于现象意识。为了便于理解，不妨这样说：当整页文字从屏幕上一闪而过时，观察者能够从中捕捉到若干字符，那就是取用意识；而同时产生的满满一页文字的感官印象则属于现象意识。

哲学家阿姆斯特朗（David Armstrong）指出，“内向感知过去被称为内省或内省觉知。因此我们不妨将第三种意识称为内省意识。这是一种对自身心灵正在进行的活动和所处状态像感知一样的觉知……内省本身也是一种精神活动，内省自身也可以成为内省性觉知的对象”“没有内省意识，就不可能察觉到自身的存在，我们的自我就不会对自身称其为自我，因而可以理解为什么内省意识会成为任何精神存在的一个条件，甚至任何存在的条件”。内省意识就是所谓的“自我意识”。

人头脑中的“内省意识”正是人反思（或准备这样做）的事情。自我反省经常被认为是为了传递一个人精神生活的主要知识。而经验或其他心理像是一个人拥有的某个事情的“现象意识”。比如味觉和视觉这样的感性经验，痛、痒这样的感觉经验，等等。

从这一区分来看，取用意识具有功能性质，可能在认知方面起到一定作用，因此处于认知神经科学研究的可及范围之内。然而现象意识难以表达，仿佛用“感质”打造，它的作用也不好理解。法国哲学家柏格森沿袭德国哲学家胡塞尔的观点认为：“任何物质现象、大脑活动都休想与情绪的无限丰富性具有共同外延；即便是最微不足道的精神现象都是那样深不可测，超出神经解剖的解释范围。”对于“现象主义者”来说，这一局限性是由意识的本质决定的，与研究者是否掌握高精尖方法及手段无关。

10.2.2　心理学对意识的探索

自 1879 年现代心理学建立以来，意识就成了心理学的主要研究对象。

现代心理学界对意识的理解分为广义和狭义两种。广义的意识是指大脑对客观世界的反应，这体现了心理学脱胎于哲学的一种特殊学术现象，而狭义的意识是指人们对外界和自身的觉察与关注程度，现代心理学中对意识的论述主要是指狭义的意识概念。

广义的意识概念认定，意识是赋予现实的心理现象的总体，是作为直接经验的个人的主观现象，表现为知、情、意三者的统一。

知是指人类对世界的知识性与理性追求，它与认识的内涵是统一的。

情是指情感，即人类对客观事物的感受和评价。

意是指意志，即人类追求某种目的和理想时表现出来的自我克制、毅力、信心和顽强不屈等精神状态。

心理学上的意识通常是指人类个体的意识。与哲学上的“意识”含义不同，这种通常意义上的“个体人的意识”比较易于理解。个体人的意识是个体人由其物理感知系统能够感知的特征总和，以及相关的感知处理活动。人躯体的物理感知基本分为“所感知的特征总和”即本体感知和外部感知，相关的感知特征“处理活动”则是“思维”。由于人的进化和遗传特性，感知行为根据结果可以分为原意识和显层意识（显意识）。原意识是人体由类人猿进化而来的适合人类个体生存的基本感知。类似于弗洛伊德提出的潜意识。原意识基本可以归纳为四种：生存欲、繁殖欲、群体欲及移植欲。显层意识即思想，它是个体人生活在人类群体（社会）中受教育的结果。语言、文字、道德、伦理等范畴就是人的显层意识。显层意识是直接决定人行为的意识，也是人区别于动物的显著的质的特征。

弗洛伊德对潜意识的界定为“潜藏在我们一般意识下的一股神秘力量”。显意识则是人们自觉意识到并受到有目的控制的意识，它表现为人们定向的心理、自觉的反应、能动的认识、主动的思虑、有目的思维及反思性的观念活动。显意识本身又包括不同的层次和水平，可区分为经验意识、理性意识和非理性意识。

也有心理学家这样描述意识：“我们人类意识到并可以告诉他人的事实——关于我们的思想、知觉、记忆和感受。”

10.3 意识科学研究

意识的起源与本质是最重大的科学问题之一。物质存在如何决定意识，客观世界如何反映到主观世界中，既是哲学、心理学、认知科学研究的主题，也是当代自然科学研究的重要课题。其实，在生物与神经科学领域，意识之谜一直是探索的焦点。英国生物学家克里克指出：“‘你’，你的喜悦、悲伤、记忆和抱负，你的本体感觉和自由意志，实际上都只不过是一大群神经元及其相关分子的集体行为。”

意识是一种复杂的生物现象。现阶段，意识概念中最容易进行科学研究的是觉察方面。例如，某人觉察到了什么、某人觉察到了自我。有时候，“觉察”是“意识”的同义词，它们甚至可以相互替换。现阶段在意识本质问题上还存在诸多疑问与不解，当前意识本质研究的困境，一方面在于缺少相应的哲学命题和范畴，另一方面在于科学认识模式无法对大脑结构和社会环境做出完全等效的模拟。

10.3.1 生物学研究

笛卡儿率先提出“灵魂的核心在大脑中心的一个小腺体中”的假说，小腺体也就是松果体。由于笛卡儿认为灵魂与肉体是完全分离的，因此他想要解决的问题是两者之间如何互动。为回答这些问题，笛卡儿借用了古希腊内科医生盖伦提出的“动物本能”概念。笛卡儿认为，动物本能是血液中的心理生理信使，可以记录肉体的感觉，同时发出信号，由大脑翻译为有意识的感知。他提出，松果体正是这些半精神、半肉体的信使中心，它们在身体各处互相连接、发光发热。

在笛卡儿之后，很多人抨击其为伪科学。笛卡儿的松果体假说并没有作为主流学说流传下来。笛卡儿的假说虽然不够科学，但它使科学界认识到意识与生理机制的关系。

直到200年后才有人提出了另一种假说。1835年，德国生理学家穆勒提出延髓为意识的中心。延髓是脑干的一部分，负责将富氧血细胞输送至大脑各处。虽然延髓好比大脑的动力源泉，但是从现代的眼光来看，它似乎与更高阶的意识机能没有关系。

19世纪初，法国生物学家佛罗昂曾做过实验：摘除动物脑的不同部位，观察脑功能的改变。结果发现，拆除脑的不同部位后，所有功能均减弱。因此，他得出结论：不同的意识功能不可能位于脑的特定部分，脑结构是均匀的，并以整体方式工作。

19世纪下半叶，布罗卡和韦尼克发现，大脑中特定部位的损伤与某种意识行为障碍有关。如果整体论是正确的，那某一特定区域受损并不能影响意识。布罗卡和韦尼克的实验也在极大程度上动摇了人们对整体论的相信程度。

意识中心是整个大脑中神经活动的枢纽——这个猜想是由19世纪英国生理学家卡彭特提出的。他认为大脑中央的丘脑掌管意识。即使到今天，科学家仍然只能猜测丘脑对意识形成的作用，但是卡彭特的影响远不止于此。他启发今天的科学家认识到意识是一种完整的体验，而不是一团乱糟糟的、互不相关的感受；并且意识的源头一定能够将高阶机能（比如思考、情感、能动性）与低阶感官机能整合为一体，从而形成完整的体验。

20世纪，潘菲尔德证实了卡彭特的猜想。潘菲尔德通过医治罹患严重癫痫病的患者发现，具体的动作或感知与大脑的特定区域之间存在一种功能性映射，遍布于整个大脑表面。但他的皮层图带来了一个关于大脑地形的新问题，这是卡彭特未曾想到的：相去甚远、看似分离的感官处理区域之间是怎样形成完整的意识体验的？

1992年，米尔纳和古德尔通过一系列大脑实验提出双视觉信息流通路，一条为背侧通路，将视网膜输入转化为动作。另一条为腹侧通路，专门司职有意识的视觉信息，这为后来的意识分析提供了很大的启示。

神经生理学家斯佩里通过手术切除了癫痫病人的胼胝体，缓解了癫痫病人的症状，但是他发现了一些异常。有一位患者想用一只手拥抱他的妻子，却发现另一只手在做完全不同的事情，他递了一个钩子到她的脸上。他设计了裂脑人实验，并经过反复观察与分析得出结论：左半球与右半球可能同时具有意识，两种思维是不同的，思维的体验是平行运行的。

德国医学家科赫曾经说过，皮层及其附属结构的局部属性调节意识的特定内容，反之全局属性对于维持意识是关键的。

澳大利亚科学家埃克尔斯指出："脑，而且只有脑，是我们个性的物质基础。我们将脑视为有意识个性的载体的时候，也要认识到脑的很大一部分对此并不起关键作用。"关于意识位于脑的什么部位的判断，主要依赖于对不同部位脑损伤的临床医学研究。

直到今日，很多人还在认为大脑是以整体的、格式塔式的方式工作，但不可否认的是，大脑在某些局部区域仍然对意识产生极其重要的影响。

10.3.2 神经科学研究

1. 意识产生的部位

（1）小脑和脑干

首先，脑干和小脑对于意识有什么作用呢？一般认为，小脑与"运动的熟练度"有很大关系。例如，骑自行车时，人们一般不会考虑踩踏板的顺序。这是因为做出踩踏板这个动作所需的信息是由小脑发出的，而不是从与意识有密切联系的大脑皮层发出的，也就是说，这是"无意识"的行为。研究发现，小脑对意识的贡献几乎没有。因为切除小脑虽然可使人的运动能力严重受损，但并不影响人格。小脑是负责无意识运动的重要一环，如果小脑负责意识的产生，那小脑的效率将会极大程度地降低，这显然是不被允许的。这也从侧面证明大脑中的神经元数量与意识并不成正比关系。小脑的神经元数量约为大脑的 4 倍，是脑中最多的部位，如果两者关系成正比，占大脑近 80%的神经元应该产生最大程度的意识，事实并非如此。

脑干承担着维持生命活动必需的各种各样的机能。此外，与意识相关的“睡眠和觉醒”的调节是由脑干控制的。有关研究发现，用电刺激酣睡中的猫可以立刻使它觉醒并处于警醒状态。如果从脑的较高部位切断网状结构，而不损伤附近的感觉通路，猫会陷入永久昏迷状态，由此说明，网状结构与唤醒有关。它通过一系列复杂的分区控制着睡眠与觉醒周期。

那脑干与意识有何关系？在脑干内部、两耳之间有一个手指状的神经元结构，称为网状结构，从脊髓向上扩展到丘脑。博尔（Daniel Bor）认为，意识最为重要的区域是网状结构。他举了一个例子说明这一问题：没有电源，电脑无法开机，但能说电源是电脑最重要的一环吗？同理，脑干的网状结构对于意识的形成不可或缺。但科学家不能就此下结论：意识在这一环节产生。

（2）屏状核

屏状核由一系列神经元组成，形状恰似一张吊床。屏状核与皮层每个区域之间都有双向连接，如同大脑的中央车站。虽然人们对屏状核的实际功能知之甚少，但有证据显示，它对大脑两个半球之间（特别是对控制注意的大脑皮区之间）的信息交流具有重要作用。美国科学家考贝西（Mohamed Combesi）和其同事研究癫痫病时偶然发现，在以一定频率刺激大脑某个特定区域时，患者进入睡眠状态，而撤去刺激时，意识恢复，且不记得刚才发生的事情。他们经过反复测试发现，这个部位是屏状核，是大脑中心下方一个较薄的神经组织。他们做出猜想：屏状核是大脑意识中非常重要的部位，负责整合意识，进而产生情感、思想等，如同意识的开关。

克里克打比方说，如果皮层的不同区域是管弦乐队中的乐师，负责处理各种感官信息（视觉、听觉、触觉等），屏状核就好比是指挥，确保所有人在正确的时间演奏出正确的音符。屏状核在维持意识中可能具有重要作用。

2005 年，科赫发表了最后一篇文章《屏状核的功能是什么？》。这篇文章重燃了科学家对大脑如何产生意识这一问题的兴趣。文章提出，屏状核是意识产生的关键区域，因为它接收“其他几乎所有皮层区域的输入信息，并向几乎所有皮层区域发回信息”。皮层正是大脑多褶的表面，负责各种意识特征，包括感觉和性格。对于意识本质及屏状核作用的深入研究直至今日。

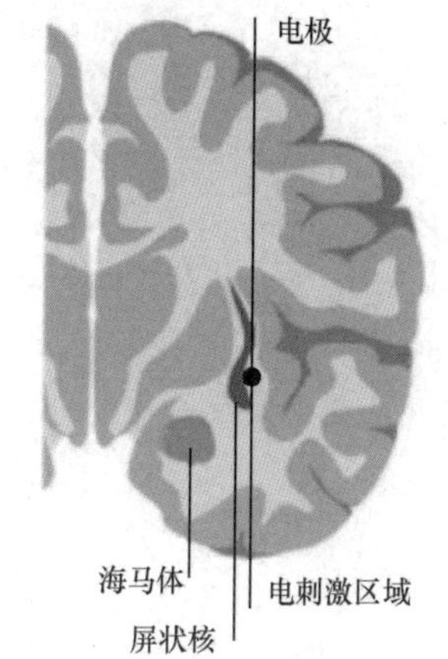

图 10.1　深度脑刺激控制意识实验

2014 年，华盛顿大学的研究人员发现可以通过刺激屏状核控制一名女子的意识。该名女子患有癫痫病，所以实验人员用植入大脑深处的电极来记录不同大脑区域癫痫病发作时的信号，并试图治疗。其中一个电极紧挨着屏状核（见图 10.1），当他们用高频率电流发出脉冲刺激这个区域时，这名女子失去了意识。她停止了阅读，毫无表情地出现了“断片儿”，对观众和视觉指令毫无反应，甚至呼吸都变慢了。当刺激停止的一瞬间，她立刻恢复了意识并对刚发生的一切全然不知。同样的情况数次出现在测试中。

2017 年，艾伦人工智能研究所的研究员发现，屏状核中的神经元像“荆棘皇冠”一样延伸至整个大脑区域。这一发现支持了克里克的假说，表明屏状体可能在整合和传导全脑活动起到了重要作用。一时间屏状核似乎与克里克的猜测别无二致：它就是意识的中心。

然而2019年发表的两项研究显示，屏状核已经风光不再。斯坦福大学一项研究表明，当5 名癫痫病患者大脑两侧的屏状核被故意破坏时，他们的主观体验并没有产生变化。为了证实这一结果，马里兰大学的研究人员在老鼠身上进行了试验，发现停止屏状核的活动没有造成明显的意识缺失。

如果屏状核不产生意识，它的功能到底是什么？2010 年，德国一项关于猴子的研究发现，屏状核神经元会被周围环境中显著的感官变化激活，比如来自其他猴子突如其来的召唤。基于这一结论，马里兰大学 2019 年开展的一项人全脑成像研究发现，当一项任务需要复杂的注意力时，人的屏状核便被激活。这两项研究似乎暗示着，虽然屏状核与基本的自觉意识无关，但它在完成对认知要求较高的任务时具有不可或缺的作用。这一点至少间接支持了克里克的想法。

拓展阅读

巨型神经元

2017 年，科学家首次检测到了一根环绕整个小鼠大脑的巨型神经元（见图 10.2），它密集地缠绕着左右两个半脑，而这一结构或许能帮我们解释意识的起源。

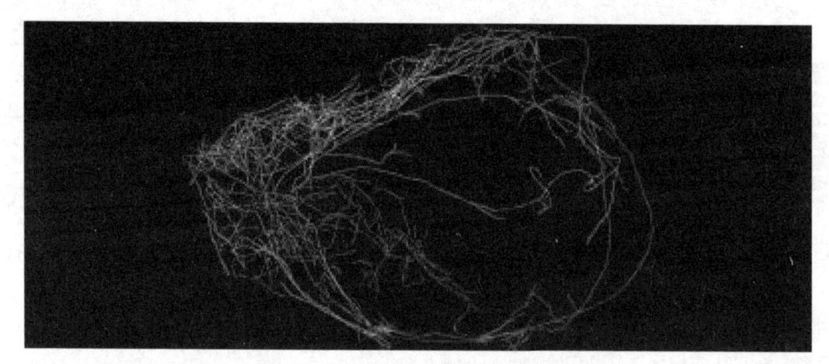

图 10.2　巨型神经元

研究者利用一种新的成像技术捕捉到了这一巨型神经元结构，他们认为，这一结构通过整合不同区域的信号导致意识的产生。这一神经元是最近才被发现的存在于哺乳动物体内的三大神经元之一，而这一新成像技术能帮我们探测人的大脑中究竟是否存在相似的结构。2017 年，艾伦脑科学研究所的研究者描述了这三大神经元是如何穿越脑半球并发挥作用的。首席研究员科赫称，他们从未见过延伸程度如此高的神经元结构。这三类神经元均存在于屏状核，该区域属于大脑中神经元连接程度最高的区域之一。

（3）丘脑

众多文献表明，丘脑与意识的形成联系更为密切。丘脑位于脑干上方，跨在皮层的重要入口，但不是位于主要出口。从神经系统的联结来看，丘脑似乎是脑的中枢。丘脑大面积受损就会成为植物人，与昏迷不同，这时患者仍然可以睁眼醒来，这表明脑干结构保持完好。

丘脑具有将感觉和运动信号向大脑皮层中继的功能，因为除了嗅觉，各种感觉的传导通路均在丘脑内更换神经元，而后投射到大脑皮层的几乎所有方向。丘脑常被分为 24 个区域，每个区域与新皮层的一些特定子区域相连，并接收其传来的信息。丘脑的一些特殊区域（统称为层内核）主要投射到纹状体，并广泛地投射到新皮层。丘脑神经元可以从所有脑区发送信息，也可以接收信息，因而丘脑的作用不仅仅是信息的中转站，对于信息也起到过滤和组织的作用。

关于丘脑与意识的关系，有人认为与丘脑的弥散性投射系统密切相关，有人认为在间脑、中脑的中央部有以丘脑为中心的中央脑，有人认为与网状结构上行性激活系统有关，有人认为与丘脑下部的激活系统有关，等等。

埃德尔曼认为，丘脑是对意识极为重要的微小结构。意识来自皮层区域和丘脑间的折返活动及皮层与自身、皮层下结构的交互，随着丘脑皮层系统的进化，特定丘脑核的数量随之增多，大脑皮层也不断增大，使原始意识出现。科赫认为，意识的促成因素之一为丘脑的 5 个板内核的集合。左右丘脑板内核中不足一块方糖大小的损伤就能导致意识的消失。

神经学家施弗（Nicholas Schiff）通过大量的实验做出假设：中央丘脑和通向中央丘脑的输入和输出通路对于意识极其重要。

（4）海马体

海马体对于意识的影响呢？考虑一下海马体受影响时患者的表现。1957 年，神经外科医生斯科维尔和米尔纳报告了神经心理学中的一个重要病例。患者的一部分双侧颞叶被去除，其中包括双侧海马体，病人呈现出明显的记忆遗忘特性，不能记住新的事物，但能记住运动技巧。如果与他正常交流，并没有发现意识上有很大问题，据此克里克推断：海马体并不是意识的必需部位。

（5）新皮层

在与保持意识有很大关系的脑部位学说中，多数着重于大脑皮层，认为意识产生于新大脑皮层。

首先是枕叶区的初级视觉皮层，1958 年休伯尔和维塞尔在猫视觉皮层实验中，首次观察到视觉初级皮层的神经元对移动的边缘刺激敏感，并定义了简单和复杂细胞，发现了视功能柱结构。从此以后，人们对初级视觉皮层进行了很多探索研究。20 世纪 90 年代中期，研究人员对猴子进行了双眼竞争实验，向左眼呈现一幅人脸图像，而右眼呈现的是房子图像，测试结果表明，被试者的猴子是先看到房子，再看到人脸，依次循环。

这个实验结果的有趣之处在于，作为初级视觉皮层，应该同时捕捉到两者的信号，可却出现了不同时的效果。据此他认为，初级视觉皮层对意识作用不大，之所以 V1 区受损、视觉丧失，是因为它是主要的视觉中转站，与意识无关。

科赫也支持这种观点，他提出人们眨眼的频率为 15 次/分钟，基本上人们的视觉信号每分钟会被阻断 15 次，意识是不是也就此被阻断呢？很显然，情况并不是如此。人们的意识没有被阻断，也很少意识到自己在眨眼，毫秒级别的时间空隙被 V1 区更高级的皮层补充扩展，很显然，这是 V1 区力所不能及的。

关于脊髓和脑干的分析使科学家认识到，有神经活动的部位并不一定是意识的“栖息地”。除了神经活动，要产生意识还需要满足其他条件。构成大脑皮层的灰质就满足这些条件。所有已知证据均显示，新皮层是感受的源头。例如，有的实验让受试者的左右眼看向不同的图像。假如你的左眼只能看到猫的照片，右眼只能看到狗的照片，你会看到什么呢？一种猜测是，会看到猫和狗的某种奇怪叠加。但事实上，你会看到猫几秒，然后这幅图像消失，狗的图像取而代之，再过几秒，视觉感受又会再次切换。两张照片会永不停息地相互交替，这个现象被神经科学家称为双眼竞争。由于你的大脑接收的视觉输入模棱两可，它无法判断这到底是猫还是狗。

假如在做这个实验的同时，用磁共振成像仪扫描脑部活动，你会发现此时有一系列脑区被激活了，这些区域统称为后侧热区。这些脑区位于皮层后侧的顶叶、枕叶和颞叶区域，我们最终能看到什么，与这些脑区的活动显著相关。有趣的是，接收并传递从眼睛而来的视觉信息的视觉皮层，却并不体现受试者的主观所见。类似的结论可以拓展到听觉和触觉：听觉皮层和触觉皮层与听觉及触觉感受并不直接相关。反而是脑区的下游系统——后侧热区与意识感知对应。

更有启发意义的是两类来自临床的证据：一类是对皮层组织施以电刺激，另一类是对因受伤或患病而使特定脑区受损的患者的研究。比如，在摘除脑肿瘤或癫痫病灶之前，神经外科医生会直接对附近的皮层组织施行电刺激，以探测它们的功能。刺激后侧热区，会引发一系列感觉和感受，例如闪光、几何图形、变形的面孔、幻听或幻视、熟悉感或不真实感、移动身体某部分的冲动，等等。刺激前侧皮层则不会出现这些现象。大致来说，前侧皮层不会诱发直接感受。

另外一些线索来自 20 世纪前叶的神经疾病患者。当时的外科医师为了摘除肿瘤或治疗癫痫病，有时不得不切掉患者的一大片前额叶皮层。令人称奇的是，术后这些患者的生活居然没有大的变化。虽然缺失一部分前额叶对患者造成了不良影响：他们无法抑制一些不好的情感或行为，运动出现障碍，无法自控地重复一些动作或话语。但是一段时间后，他们的性格和智商都慢慢得到了恢复，且安然地生活了很多年，没有任何迹象表明，前额叶组织缺失对他们的意识体验有显著影响。相反假如后侧热区被移除，即使面积很小，也会导致患者丧失一些意识功能，如无法辨识人脸，或者无法感知运动、颜色或空间。

所以，似乎视觉、听觉等主观感觉和体验是后侧皮层产生的。事实上，目前据科学家所知，所有意识体验均产自后侧皮层。那么，这个区域与前额皮层到底有哪些不同？科学家还不知道答案。

（6）顶叶和额叶对于意识的贡献

对人脑进行 fMRI 测试表明，当我们看到图像切换时，不仅比 V1 区高的视觉皮层会被激活，外侧前额叶皮层与后顶叶皮层也会被激活。前额叶、后顶叶皮层经常同时被激活，博尔将其命名为前额叶-顶叶网络。

法国认知心理学家狄昂（Stanislas Dehaene）做过一个实验，快速向被试者呈现一系列杂乱的方格，在方格的中间插有字的图片，有时候字距离很远，而有时距离很近。对比两种不同情形发现：高级感觉区域与前额叶-顶叶网络被激活。

研究人员对处于麻醉状态的被试者进行 fMRI 测试发现，不管麻醉的程度如何，负责简单的经过处理的声音的颞叶区域的活动依然活跃，但在被试者进入睡眠状态后，前额叶皮层的活动会马上停止。

托米（Victor Lamme）曾经提出过意识的循环过程模型。他认为信息只有在不同脑区循环时才能产生意识，如果双向交流在专门区域之间进行，那只会产生某种程度上的意识。只有这种交流延伸至前额叶-顶叶网络，才会产生完全的、深层的意识。

大量实验和理论分析表明，顶叶和额叶受损，意识水平会出现极大程度的下降。而丘脑与脑干对于意识的产生也是必不可少的，就如美国意识科学代表人物丘奇兰德（Patricia S. Churchland）所说的那样，脑干、丘脑和大脑皮层，这三个部分是我们产生意识的支撑性结构。

埃德尔曼认为，我们的大脑交联程度甚深，而且大脑的原始部位和新近增生的大脑皮层（比如前额叶皮层部）也都交织得相当绵密，结果意识就从瞬息片刻发生的大量交互作用中浮现出来。埃德尔曼表示，前额叶皮层这个脑区将意识区分为两类，其中一类称为“初级意识”，也就是许多哺乳动物都有的世界认知体验。另一类是“高级意识”，这是一种品类独特的意识，也就是人在清醒时拥有的自觉意识和世界认知体验。

（7）其他皮层与意识的关系

美国神经科学家泽基（Semir Zeki）曾指出：大脑中存在主节点的概念，即如果一个颜色主节点损坏，这个人会丧失对颜色的捕捉能力，但不影响其他意识与知觉。按照他的说法，MT 是随机点运动知觉的主节点。V4 区是颜色知觉的主节点。

达马西奥指出，人的颞叶靠近头后部的损伤与前部的不同，后部与概念性东西有关，前部与特定时间有关。实验证明：比起右侧颞叶发作，左侧颞叶或双侧颞叶病变造成的局部发作更有可能影响意识。

拓展阅读

大脑中负责意识的关键区域

神经学认为，意识由两部分组成：知觉（Awareness）和唤起（Arousal）。之前的研究认为脑干负责唤起。负责知觉的脑部区域比较难找，但大概藏于负责较高级功能的大脑皮层的某个区域。美国哈佛医学院在几十年研究基础上，指出大脑中负责意识的关键区域。通过扫描一些昏迷病人的脑部研究者发现，延髓背外侧脑桥被盖（脑干中的一小块区域）是导致昏迷的重要因素。通过排查研究者发现，大脑皮层中有两处区域与脑干中导致昏迷的区域有密切关系。第一处位于前脑岛左侧，第二处位于上前扣带皮层。以前曾有研究发现，这两个区域与人的唤起和知觉有关。这是人类第一次发现与脑干相连的负责唤起和知觉的两个区域，唤起和知觉是意识的两个前提条件。许多证据表明，这些区域相互联结，共同构建了人类的意识。研究人员不仅可以观察受损区域的位置，还可以观察各区域之间的联系。研究人员过去都是通过这种方法研究视听幻觉及语言和运动障碍。现在科学家又将这种方法运用于对意识的研究。科学家还用磁共振扫描了昏迷的病人发现，在这些失去意识的患者大脑中，最新发现的脑部网络受到了破坏。

2．神经元的同步协作

大脑各功能区域分担着各种不同的职能，并进行信息处理。虽然人们还要进行更深入的研究，但是一般认为意识是大脑各区域进行各种活动的结果和产物。

关于意识，神经科学尚未建立起能使各方都满意的标准模型，只形成了一点共识：意识来自大脑中不同感觉与整合回路的协同运作或互动。脑内神经元形成可以相互传递信号的回路。在这些回路中进行的信号传递正是大脑活动的基础，也就是意识产生的源头。

神经科学家仍必须解决那些从笛卡儿时代就困扰意识科学的基本问题，也就是“究竟什么是意识”，以及“我们如何通过研究大脑了解意识”。

一些哲学家猜测，大脑创造意识就像胃分泌酶，或是胆囊分泌胆汁。但是想要以这种机械的描述定义意识也是问题所在：虽然我们不难确定各种意识体验对应的器官组织，比如晚餐的气味、到桌子的距离，或是收音机播放的音乐，但是意识本身无法像这些体验一样被区分开来——它是连贯而不可分割的，是特定环境中的全身心体验，例如“脑肠连接”就是有意识情感中的重要一环。

意识的出现归功于神经元的同步协作。神经元不仅能踩着完美规律的节奏发送电信号，而且能与其他成千上万个神经元协同配合来完成这项任务，它们步调一致，精确度高达毫秒级。如果神经元不能同步协作，意识就不可能产生。2005 年，德国杜塞尔多夫大学施尼兹勒（Alfons Schnitzler）团队首次证明了这一点。意识正是这样一种要求大脑中众多相距遥远的重要区域实现同步的复杂认知进程，这样才能在感觉区域和那些将要对信息进行处理的更高层次区域之间建立联系。所以，“一心不可二用”是有道理的，因为当我们思考一件事时，几乎所有的大脑区域都被占用了。意识犹如一曲华丽的交响乐，无法通过单一的机制、单一的脑区、单一的特征或单一的技巧解释大脑的意识，就好像交响乐无法通过单独的某一位演奏家或少数几位演奏家完成。

3. 特定意识感知的最小神经元组

临床医学和睡眠研究表明，意识具有不同的觉醒水平。休克、麻醉、深度睡眠等不同状态的意识水平都可以通过脑电波等外部测量探知。与意识相关的神经元活动区域和模式也可以通过脑电图、功能磁共振和微电极探知。近几十年来，与大脑科学相关的研究表明，与意识活动相关的神经元活动可被视为原因，意识可能被解读为这个复杂神经系统状态变化的一种特性，其系统运行方式符合物理规律。

大多数神经生物学家相信，意识发生于神经元层面，受到物理规律的支配。神经元是构造大脑功能的基本构件，人们的意识活动涉及一系列神经元组的兴奋波动，然而电生理实验表明，神经元组的兴奋并不都能产生有意识的知觉和反应，许多智能反应都是在无意识中进行的。大脑神经科学家希望找出对应特定意识感知的最小神经元组（Neuronal Corre lates of Consciousness，NCC），并了解其构成、活动和机制，以便从物理世界的角度理解支持意识感知的必要条件。

当我们"有意识"时，肯定意识到了某些事物。那么，大脑中的什么东西决定了意识的内容呢？标准的方法是寻找"意识相关神经区"。20 世纪 90 年代，克里克和科赫将 NCC 定义为"形成一段特定意识感知所需的神经活动与机制的最小集合"。科赫将神经相关物定义为意识的最小神经机制，而且大脑皮层及其附属部分离散区域中的生物电活动对意识体验的内容是必要的。意识的神经相关物的一个关键成分是高阶感觉区与前额叶皮层的计划与决策之间较长的互惠连接。

定义意识相关神经区——NCC 时，修饰词"最小"十分重要。毕竟大脑整体就可以视为一个 NCC，它每天都产生各种感受。但意识的所在部位或许可以被更精确地定位。比如脊髓，它是脊柱内一束约 0.5 米长的神经组织，包含了约 10 亿个神经元。当一个人颈部受伤而导致脊髓严重损坏后，伤者的腿部、手臂和躯干将完全瘫痪，无法控制自己的肠道和膀胱，并失去身体感觉。然而这些瘫痪病人依然能够体验生活的方方面面——他们的视觉、听觉、嗅觉等功能正常，具有情绪和记忆，与受伤之前并没有区别。

这个定义在过去 25 年间得到了广泛认可，因为它可以直接指导实验。一般认为意识是通过神经元的活动产生的，因此当人们头脑中浮现某个事物（被意识到）时，也应该存在与此对应的神经元活动。

必须注意的是，NCC 并不是指"当头脑中浮现某事物时发现的所有神经元活动"。比如，你现在站在十字路口，确认行人信号灯是绿色后（意识到），你打算走人行横道过马路。这时从对面走过来的行人也许并没有清晰地出现在你的意识中，还有天空的颜色、道路对面可以看到的建筑物、路边树木的样子，汽车的声音等，你可能都没有意识到。这些信息通过眼睛或耳朵传递给大脑，虽然已经通过神经元的活动被处理了，但是你并没有意识到。也就是说，并不是所有脑部活动都会产生意识。NCC 并不是单纯地指处理外部传递来的信息的神经元的活动，而是指与产生意识的信息有直接关系的神经元的活动。

即使发现了 NCC，也不能完全弄清楚意识。因为即使发现了与意识有直接关系的神经元的活动，也回答不了为什么神经元活动会产生意识这样的"难题"。

但是，人们期望通过从各种角度研究 NCC，探索其共同点，使其成为进一步研究意识的线索。现在很多脑科学家都在进行与 NCC 相关的研究。

根据已有的实验，颞叶某个区域的神经元在人们看到脸的时候活跃，而另一个区域的神经元会在人们看到建筑物（正确地说是感觉到场所情景）的时候活跃。在每次双眼竞争导致看到的事物发生切换时，这些区域的活动也会发生切换。

此外，被称为"初级视觉区"的区域负责视觉信息处理最初的工作，这一区域的活动是否属于 NCC 范畴呢？这一问题目前成为脑科学领域的研究重点。目前有实验结果表明，支持初级视觉区的活动属于 NCC，也有的实验结果否定了这一观点，需要继续反复实验，进一步弄清 NCC 实体的本来面目。

10.4 意识理论和模型

10.4.1 关于意识的理论

当代澳大利亚哲学家查默斯提出影响深远的观点：“简单问题”与“困难问题”。这个观点继承自笛卡儿，将理解人类意识的问题分为“简单问题”和“困难问题”。“简单问题”是指理解大脑（和身体）怎么产生知觉、认知、学习活动和行为活动，“困难问题”是理解这些为什么会与意识产生联系，以及它们是如何产生联系的，即为什么我们不是没有意识的简单机器人，或是“哲学僵尸”？我们很容易就能认识到，解决“简单问题”（不管这意味着什么）对我们解决“困难问题”没有任何帮助，这就导致意识的脑生理基础成为永远的秘密（在哲学领域，哲学僵尸是一种被假设出来的形象，它们外表和一般人类相似，但缺乏意识经验、感受和知觉）。

但是，脑活动本身是物理现象，神经元活动本身只不过是物质产生电的、化学的物理过程而已。所以，人类还是有可能科学地阐明所谓的意识。

不论是哲学家、神经学家，还是人工智能学家，都希望有一套模型来反映真正的意识过程。

如果意识是物质的，就应该遵守物理定理，也应该可用数学描述。目前，意识研究领域还属于“百家争鸣”阶段。因此，一些学者先后提出了关于意识的理论和模型。比如，现代人工智能之父图灵的人工智能理论模型认为，意识是他所提出的“图灵机”，将意识归结为机械能行性，即意识的本质是算法或可计算性，这也是计算主义的基础。这一理论的支持者还有丹尼尔•丹尼特，他提出了广义的意识理论，将意识理解为信息处理的过程，并完全归结为以电生理为基础的信息学模型，因而意识是解释主义或计算主义的，是人机通用的概念。德国哲学家、20 世纪现象学学派创始人胡塞尔归纳了意识核心特征，包括认知底层的功能如感觉，也包括高级理性功能与推理。如果按照技术可实现性了解胡塞尔的意识理论，意识类似于一个技术系统的体系结构。法国布尔巴基学派成员皮亚杰提出了基于数学表达式的群同构演算的同构意识模型。以同构模型解答了若干哲学、科学关于机器是否具有意识的问题，如图灵测试、胡塞尔中文屋问题（机器是否有意识）。

关于意识形成了从哲学、心理学到认知科学及神经科学的不同理论。比较有影响的有基于还原论的“惊人的假说”，由克里克和科赫于 20 世纪 90 年代提出。

克里克认为：“人的精神活动完全由神经元、胶质细胞的行为、构成及影响其原子、离子和分子的性质决定。”他坚信，意识这个心理学难题可以通过神经科学的方法解决。他认为，意识涉及的是注意和短时记忆相结合的神经机制，可以通过科学的方法研究。克里克关于意识的惊人假设和通过视觉注意、短时记忆研究视觉意识的具体建议，引起了大批认知心理学家、神经科学家和计算神经科学家的广泛兴趣。

美国心理学家巴尔斯的研究认为存在一个与众多非意识的感觉“处理器”相连的“意识的统一工作空间”。他与神经科学家德阿纳与尚热提出了全局神经工作空间理论。这一理论综合了多项实验数据及当时流行的几种理论，尤其是 1983 年由美国哲学家福多提出的“心理模块性”理论。该理论认为，人们的大部分认知功能（语言、听觉、视觉等）均有其“模块”

基础。所谓“模块”是指大脑中一些功能高度专化并能自主运作的小型神经系统。这一理论在当时得到了一系列实验结果的支持，某些定位确凿的大脑损伤与特定言语障碍之间的联系便是其最有力的证据之一。

该理论认为，意识不是由屏状核之类的单一枢纽产生的。相反它是一个由许多功能中心组成的复杂网络的产物，这些功能中心通过类似神经“云计算”的形式实现合作。

广义的意识理论表明，意识是信息处理的过程，因而意识是解释主义或计算主义的，其意识模型完全剔除了二元论，是以电生理为基础的信息学模型。

美国威斯康星大学麦迪逊分校精神病学家和神经学家托诺尼提出了整合信息理论（Integrated Information Theory，IIT），将意识的感知解释为网络信息的整合。2014 年已出现了第三个版本，称为 IIT3.0。

其他学说包括英国物理学家和科学哲学家、牛津大学数学系名誉教授罗杰・彭罗斯的微管假说，认为意识起源于神经元中特殊蛋白质结构的量子物理过程。还有更有争议性的量子意识观。由于量子特定与意识特定都有超越常规计算局限的共同性，期待通过量子叠加性、纠缠性、不确定性等理论解决意识的自明性问题。

埃德尔曼提出意识的动态核心假说，即在任何一个给定时刻，人脑中只有神经元的一个子集直接对意识经验有所贡献，换言之，人在报告某一意识时，大脑中相当一部分神经活动与人所报告的意识没有对应关系。

杰肯道夫（Ray Jackendoff）提出了自己的意识中层理论，将意识分为物理脑、计算的心智与可感知到的心智三个等级。理论物理学家加来道雄（Michio Kaku）提出了意识时空模型。

10.4.2 全局神经工作空间理论

该理论基于这样一些实验观察，当人对某事物有意识时，大脑中多个区域均会调用该信息。相反假如人无意识地做一些事，这些信息只会被特定的感官和运动系统调用。例如，当你打字速度很快时，你的手指会无意识地按下不同的键。假如有人问你是如何做到的，你很难回答，因为你几乎没有意识到这些信息，它们只存在于你眼睛到手指的大脑回路中。

该理论认为，意识源自一类特殊的信息处理过程，其思路与早期的人工智能研究相似，认为不同功能的程序可以共享一个小的信息库。不管这块“黑板”上新添了什么数据，后续的一些子过程（如工作记忆、语言、计划模块等）都可以使用。大脑记录的感官信息会被多个认知系统使用，如语言、形成或调取记忆、执行动作等。该理论认为，当数据被传播至整个大脑的多个认知系统时，意识便出现了。

由于记录感官信息的“黑板”空间有限，在任意时刻，人们只能意识到少量信息。该理论猜测，负责传播信息的神经回路位于额叶和顶叶。当被这个神经元传播后，感官信息就能被全脑各个系统访问，进入人的“意识”，即能被主体意识到。尽管现在的计算机还没有如此复杂的机制，但这仅是时间问题。该理论认为，未来的电脑将会拥有意识。

脑在连续不断地执行多种操作，但在任意时刻，人们只能接触到或者意识到其中的一小部分操作。人们可能会先将注意力集中在身边的事物上，比如有趣的电视节目，然后转移至内心的想法或记忆。这些想法和记忆就是意识的内容，它们是持续的知觉流。全局神经工作空间模型在该领域颇具影响力，解释了脑是如何做到这一点，从而产生“意识流”的。

全局神经工作空间理论从意识的功能层面描述意识：意识具有某些功能，例如输入、输出和各种模块，如图 10.3 所示。

全局神经工作空间模型用剧院比喻负责生成意识的脑部机制。这种模型将脑看作一种并行与分布式处理系统，内含多个同时运行的处理器。这些处理器就是表演者，所有表演者均可进入意识。然而表演者只有登上“舞台”才会被意识到。当这些表演者处于幕后时，其动作是无意识执行的。

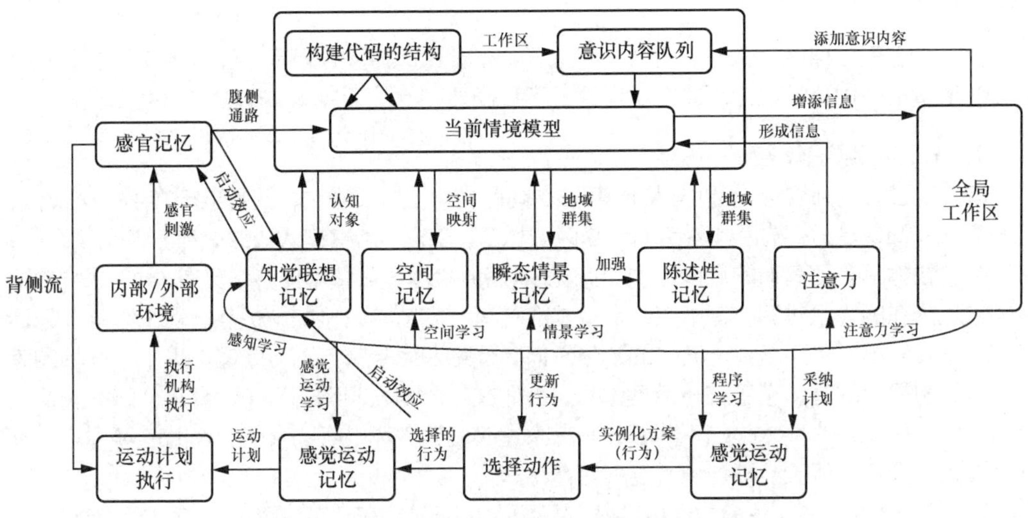

图 10.3　全局神经工作空间理论从意识的功能层面描述意识

在意识的剧院中，舞台对应于工作记忆，它允许我们在很短的时间内记住并使用少量信息。我们可以将舞台想象成一个屏幕，屏幕上的内容被投射到了“心理眼”。选择性注意用闪亮的聚光灯照亮舞台上表演者的活动，主导这场演出。注意的聚光灯展现出意识的内容，这些内容会在表演者离开舞台时发生变化，并被其他意识内容取代。

虽然只有很少表演者处于注意的聚光灯下，但仍然有许多表演者在幕后继续工作。表演者在幕后的活动是不可见的，因此不会进入意识觉知当中。但有些幕后活动能影响舞台上表演者的活动。注意的聚光灯周围是一圈朦胧而关键的事件，这些事件可细微地改变舞台上的进程。这样脑的无意识信息处理就可以影响意识觉知。聚光灯下的表演者与幕后表演者之间的交流是双向的。注意的聚光灯相当于一个“枢纽”，不仅能够让后台改变舞台表演者的活动，也会将舞台上的重要信息传递给其他表演者。

全局神经工作空间模型这种理论框架描述了意识的心理结构。在这个框架内，意识可被视为脑重点关注的重要信息，并让我们接触这些信息的机制。该模型成功说明了意识的一些主要特征。注意的聚光灯解释了意识容量有限的原因；聚光灯焦点的不断转变解释了为什么我们的意识体验是以意识流的形式出现的；聚光灯边缘与舞台表演者之间的相互作用解释了有意识加工与无意识加工如何相互影响。

尽管全局神经工作空间还是纯理论的猜想，但已有实验证据支持。2009 年，一个法国研究团队获得了一次难得的机会，在即将接受神经外科手术的癫痫病患者保持清醒的状态下，直接记录他们的脑部神经元活动。患者躺在手术台上，面对电脑屏幕，屏幕上闪现出一连串的单词。一些单词出现的前后带有“遮盖物”，因而这些单词出现的时间只有 29 ms，这样患者就意识不到它们的存在。其他单词前后没有遮盖物，存留的时间稍长。

研究人员在患者脑表面约 180 个不同区域植入了电极，并发现被遮盖单词和不被遮盖单词会引发不同的脑活动模式。在最新模型中，全局神经元工作空间由一组遍布大脑皮层的神经元组成。这些神经元通过在皮层中远距离延伸的轴突进行彼此交流。它们会累积相互竞争的信息，并从中挑选出与手头任务相关的内容。随后这些神经元放大相关刺激，并将之散布至皮层内其他区域的对应细胞，从而使这些信息进入注意的聚光灯，并触碰到意识觉知。在理解脑如何生成意识方面，全局神经工作空间模型是迄今为止最全面的理论之一。

10.4.3 整合信息理论

神经科学家正准备检验他们的意识起源理论：意识即体验到自我存在的认知状态。整合信息理论属于一种科学理论而非哲学理论，不过硬要归类的话应该属于一种属性二元论。

1. IIT 与意识体验

IIT 假设被试者的神经活动与某种意识体验有关，比如读论文，或者步行穿过一个街区。这一理论的假说是，一次性被激活的大脑区域越多，感官、情感和认知的信息就越完整统一，从而使生物体具有更清晰的意识。IIT 的出发点是体验本身。每个体验都具有一些重要属性。首先它是内在的，只对拥有者本人存在；其次它有一定结构，例如“黄色出租车因狗穿越街道而刹车”；再次它还是独一无二的，与任何其他意识体验都不同，就像电影中不同帧的画面一样。更重要的是，它是统一而具体的。当你在一个阳光明媚的日子，坐在公园的长椅上看孩子们玩耍时，这种体验的不同部分——吹过头发的微风、听到孩子笑声时的喜悦——都无法被单独分开。体验若被拆分，便不复存在。

IIT 理论认为，意识体验之所以特殊，是因为它同时具有“高信息量”和“高整合度”。

意识之所以具有高信息量，是因为每次经验都不同于以往的经验或以往可能会有的经验。当我的视线越过面前的桌子而看往窗玻璃时，我看到的咖啡杯、电脑的倒影和云朵的外形都与以往不同。这说明当结合其他的观念、心情和思想的刺激时，你的体验会更加突出。每个意识体验都包括很大程度的“不确定性衰减”——每当经历了一件事情，我们就排除了很多可能发生的其他事情——而这种“不确定性衰减”就是数学上的“信息”。

这说明，抓取信息与整合的数学方法就是测量大脑复杂性所需要的方法。这种方法的快速出现不是“瞎猫碰上死耗子”，而是对“真正问题”策略的实际应用。我们正在获取意识的主观经验，并将其定位到客观描述的脑机制中。

IIT 能够解释很多现象，例如为什么小脑没有意识（因为小脑缺少反馈连接），为什么睡觉的时候没有意识（因为睡觉时神经元之间的联系减弱了）。

2. 意识复杂度

IIT 认为，意识是复杂系统的固有性质。托诺尼猜测，任何拥有内部结构，包括一系列因果关系且相互作用的复杂系统都具有上述特点，也都具备一定程度的意识。感觉是系统内部产生的某种东西。但如果是像脑干一样的结构，不具备复杂的整合技能，就不能算是有知觉。IIT 理论声称，意识是任何复杂系统都具有的内在因果力，人脑只是其中一个例子。

意识的存在不能由已知的物理定律推出，而需要全新的物理定律来解释。根据内部相互作用结构的复杂性，IIT 理论导出了一个非负数物理量 Φ，用于度量系统的复杂程度，并用其判断一个系统的意识水平。他将意识体验是存在的、复合的、信息的、整合的和排斥的 5 个意识现象学特征作为 5 个公理，以此从状态转移机制，对给定状态找出能够产生最大 Φ 值的神经元复合体，以及具有最小不确定性的概念结构。

$\Phi=0$ 代表系统不存在任何自我意识。而 Φ 越大，意味着系统的内在因果力越强，意识水平也越高。大脑的内部结构十分复杂，具有数目众多的特异性连接，因此 Φ 值很大，具有较高的意识水平。IIT 能解释很多观测到的现象，例如，为何脑干对意识影响很小，以及为何“刺激-压缩”测量是有效的（该方法计算出的数值可以认为是对 Φ 的粗略估计）。

IIT 理论还预测，用电脑模拟人脑活动是无法产生意识的，即使程序能骗过我们，以与真人相近的形式与我们进行语言交流。就像用电脑模拟黑洞附近的巨大引力场并不会真的扭曲电脑周围的时空一样，用程序模拟意识并不能产生一台具有意识的电脑。意识无法被计算出来，它是系统结构自身的一种属性。

IIT 的研究方法是试图通过观测神经活动的模式将它们与某些意识体验联系起来，但在逻辑层面上不足以证明这种测量结果就是意识本身。

10.4.4 两种理论比较

这两种理论形成了鲜明的对比：它们对意识构成要素的定义和假设不同，整个研究方法也有本质上的不同。两者的共同点在于，它们都研究意识的神经相关机制。在试图认识意识方面，整合信息理论和全局神经工作空间理论采用了根本不同的方法。纳卡什认为，全局神经工作空间理论从变成有意识的心理属性的知识中得到启发。这一理论认为，只要你意识到某件事情，例如一张脸、一个声音、一段记忆、一种感受，就不仅可以自我报告，还可以将所有认知能力运用于此，并对此进行思考，记起与之相关的东西，或者由此做出某种行动计划。这种“认知可用性”是这一模型的核心，这一术语是巴斯提出的。因此，全局神经工作空间理论采用的是功能主义的方法。相比之下，整合信息理论从意识本身出发，意识是对存在的主观体验，而非做什么。这种理论不是将意识看作一种特定的脑功能，继而寻找其神经相关机制，而是描述了意识的基本属性，其中的核心概念是如何将信息整合起来以觉知到世界和自我。然后整合信息理论假设，意识的物理基质也将共享这些基本属性，从而提供了一种可能支持意识存在的神经环境的藏宝图。

两大理论在意识研究方面聚焦的一个具体问题为：意识的神经相关机制究竟是在脑后部还是在脑前部。

整合信息理论的方法使托诺尼和其他人关注脑后部的皮层组织，在脑后部初级感觉区形成了一种神经连接非常密集的“超级网”，这些连接将纵向和横向都整合了起来。脑的这个特殊部分以非凡的复杂性为标志，符合整合信息理论中列举出的意识的基本属性。

相比之下，全局神经工作空间理论认为，脑前部和后部都参与其中的网络是行动的地方。按照纳卡什的说法，意识特征的认知可用性应该与神经可用性密切相关，后者是脑中的一种特殊功能结构。纳卡什指出，全局神经工作空间理论预测这种神经印记是从事高级神经处理的脑区之间的某种长程、协调、复杂的交流，这些脑区主要位于新皮层的额叶和顶叶区域。

这种不同看法特别重要，因为对于产生意识的基本线路究竟是在大脑皮层的后部还是前部，并没有形成普遍共识。

这两种理论在如何看待神经处理的时序问题方面也存在分歧。整合信息理论认为，只要一个人保持着对某件事情的意识，代表“某件事情”的神经相关机制在脑中就是明显的。全局神经工作空间理论假设，“进入意识”的时刻应该与某个特定的神经表征相关联，而这个神经表征与这个时刻之前与之后的活动是不一样的。全局神经工作空间理论的一个核心问题在于，如何将进入意识的实际神经印记与其前或其后发生的事件区分开来。

最重要的是，这两个理论都在实质上回避了意识的主观性问题。由于研究主观性的困难而暂时回避是可以的，但是如果始终回避这一核心性质不谈，意识问题就不可能彻底解决。

10.4.5 意识的神经工作空间

在神经生物学教授尚热的支持下，奥赛的研究团队打造了属于他们的理论模型。这一模型借鉴了全局神经工作空间理论，提出了名为“意识的神经工作空间（Conscious Neuronal Workspace，CNW）”的理论模型。它的首要特点是“在大脑中划分两大再现表象空间”。其一由大脑中的一些自主神经处理器构成，这些神经元群在非意识状态下平稳运作，分头处理感受到的各种刺激（声音、气味、色彩、轮廓等）。其二便是“意识的神经工作空间”，这是一个巨大的“统一网络”，它同时连接着大部分自主神经处理器。由这两大空间引出了该模型的根本原则：“任何刺激只有在蔓及整个意识工作空间时才能被意识到。仅仅调动一个或几个处理器的关注并不足以使其意识化。”换言之，人们只对意识工作空间正在处理的内容产生意识，虽然与此同时在不自觉中还发生着许多非意识进程。这也意味着人们每次只能意识到一件事物。这一经验充斥于每个人的日常生活，并通过研究再次得到验证。

根据“意识的神经工作空间”理论模型，视觉信息在进入意识的工作空间从而被意识到之前，必须打通感觉处理器这一关。要做到这一点，奥赛的研究人员认为只有一条通道可使用，那就是“注意”，即将认知活动集中于诸如感知刺激、完成动作，以及想象某一特定行动执行情况等任务之上的能力。比如，在一个酒吧中要想意识到朋友的出现，首先要将注意力集中于视觉环境，这是保证视觉信息从视觉皮层进入意识的神经工作空间的必要条件。

根据该理论，当人们将注意力转向某一特定刺激时，人们的意识工作空间便会向相关自主处理器的神经元发出一个下行信号。这些神经元则将自己接收到的信息上传至意识工作空间作为回应。换言之，是注意决定了意识。

奥赛研究团队的这一模型还对视觉信息进入意识工作空间后的命运提出了观点。该观点认为，这时候，意识工作空间与视觉皮层的神经元之间会出现一个“循环强化”的过程，它们相互刺激，增进对方的兴奋度，信息在大脑中连续回荡。正是这一现象为你带来看到朋友的清晰感觉。现在这一稳定而持续的信息将通过意识工作空间传往其他感觉处理器，它们将共同决定你要采取的反应，比如激活运动皮层的神经元，使你起立与朋友打招呼……或者批评他的迟到行为。不过并不是所有信息都会进入人们的意识领域。举一个例子：位于脑干中的血管舒缩中枢无时不在向大脑汇报着血压变动情况，但人竟然对这些重要信息毫无觉察。“意识的神经工作空间”模型对此又作何解释呢？很简单，该模型也考虑到了“某些不与意识工作空间相连的大脑神经处理器的存在。它们负责处理的信息没有任何进入意识的可能”（见图 10.4）。

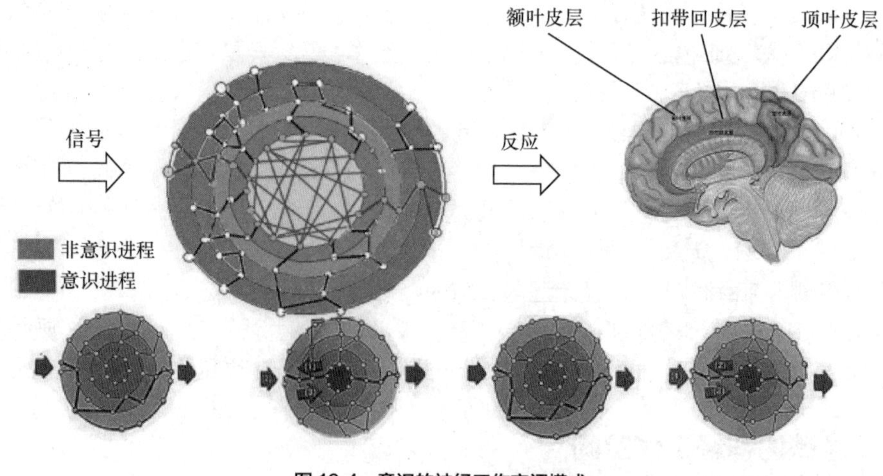

图 10.4　意识的神经工作空间模式

那么意识神经工作空间究竟藏身何处呢？这是一群遍布整个大脑皮层的神经元，尤其集中于三个区域：额叶、顶叶及扣带回皮层。这个结论来自近年的多项实验。事实上，除了克莱尔·塞尔让的实验，另一些以大脑创伤病人为对象的实验也揭示了这三个区域在使感知信息意识化过程中所起的关键作用。例如，比利时神经学家洛雷（StevenLaureys）于 1999 年对四位处于植物状态的病人进行的一项大脑成像研究显示，他们的额叶—顶叶—扣带回皮层网络都出现了严重的功能失调——这正是意识工作空间的大致范围。

对于意识的这个神经工作空间的内部结构，奥赛的研究人员也进行了大胆的预测。这个空间极有可能为高度密集的长轴突神经元所充塞，这使它能够与相距较远的多个大脑区域相连。1999 年发现的“巨型”长轴突神经元似乎可以为这一假设提供佐证。由美国加州理工学院神经学家奥尔曼（John Allman）发现的这种神经元只有人类和大型类人猿拥有，它们位于眶额皮层外侧（额叶皮层的一部分）及前扣带回皮层中，而这两个区域正好处于设想的意识神经工作空间范围之内，也许它们就是“意识神经元”。

10.4.6 量子意识

自海森堡发现量子不确定性以来，有人猜测人的意识具有量子不确定性，即量子不确定性可能与意识相关。当今越来越多的人开始相信大脑是量子过程，量子现象在意识中发挥着重要作用，人甚至可以改变大脑之外的量子态。

美国量子物理学家马基瑙（Henry Margenau）认为，心脑交互作用与量子力学的概率场类似。没有质量，也没有能量，但却能在微位上有效发挥作用。他说：“像大脑、神经元和感觉器官这种非常复杂的物质系统，其组成成分小到足以受到量子概率定律的支配，即这些物质器官具有多种可能的变化状态，而每种状态以一定的概率出现；如果某种变化发生时需要能量，或需要比其他变化或多或少的能量，错综复杂的生物体会自动提供。但不会要求心智提供这种能量……可以认为心智是一种场，是物理意义上一种可以接受的场。但其作为一种非物质的场，可能与概率场类似。”

20 世纪 90 年代中期，彭罗斯与美国亚利桑那大学教授哈默罗夫（Stuart Hameroff）共同提出了一种新的意识理论：调谐的客观还原理论（Orchestrated Objective Reduction Theory，OrchOR），该理论认为，意识是微管中量子引力引发的波函数坍缩的结果。

彭罗斯认为，在量子系统中，由于粒子叠加态中各态的时空几何在质量和能量方面的分布不均，因而它们时刻处于非常不稳定的状态。这样当量子引力能量达到一定的临界值时，叠加的时空几何就会发生坍缩，即客观还原的出现。在彭罗斯和哈梅洛夫看来，神经元微管的精细生物结构具备量子效应产生的相关条件。OrchOR 理论不再将意识拘泥于传统复杂的神经计算，而是从量子力学和神经元微管角度构建对意识的描述。

OrchOR 理论面临的一个最大问题是微管中量子叠加态持续的时间是否足够引起意识。同于 OrchOR 理论从微观结构中寻找量子效应，费舍尔则从波斯纳分子中寻找相应的线索。所谓的波斯纳分子是一个包含 6 个磷原子的分子结构，它大量存在于神经元外液中。

费舍尔推测，与自然界中原子的原子核具有自旋性质一样，磷原子核也同样如此。由于原子核自旋的方向并不一致，那么相邻波斯纳分子内的磷原子在原子核的自旋过程中就会产生量子纠缠态。而大量波斯纳分子组成的波斯纳分子集群内就存在更复杂且数量庞大的纠缠态，当它们参与到大脑内的化学反应过程中时，就会影响神经元信号的传递行为，进而影响人们的思维和记忆等意识现象。磷原子核纠缠态的时间是否足够引起意识呢？费舍尔经过详细的计算，最终确定磷原子核纠缠态时间预估可以达到 105 s。这样的结论一定程度上支持了

OrchOR 理论。

10.4.7 意识复杂度测量法

1．意识复杂度测量法的概念

20 世纪 90 年代左右，埃德尔曼已经注意到脑电图和脑磁图等成像技术能够在解释意识起源方面提供帮助。来自米兰大学的神经科学家马斯米尼（Marcello Massimini）通过一系列实验找到了上述观点的有力证据。在实验中，他通过经颅磁刺激技术向大脑施加短时电脉冲刺激，然后用脑电图记录脑区响应结果。在无意识睡眠者和植物人中，这些响应结果非常简单，就像将石头扔进池塘激起的涟漪一般，但是在有意识状态下，大脑皮层上出现了一种典型的响应——以一种复杂的模式出现并消失。令人兴奋的是，通过研究这些信息是如何被压缩的，人们现在已经可以量化这些响应的复杂度了。量化响应标志着人们在意识测量道路上迈出的第一步，它不仅实用，而且有理论依据。

意识复杂度测量法已经被用于追踪睡眠和麻醉状态变化情况，它们甚至还可以用于检查脑损伤后的意识存留情况，因为基于患者行为的诊断有时具有误导性。在赛克勒中心，研究人员正根据神经元自发性活动（一种不需要刺激就能持续进行的神经活动）计算“大脑复杂性”，以此提高测量的实用性。测量大脑复杂性依据的是 IIT。

2．意识测量仪

医学领域需要一种能可靠检测受伤或者无行为能力的患者是否拥有意识的仪器。例如，在手术过程中，需要对患者施以麻醉，使他们无法运动，保持血压稳定，没有痛觉和相关记忆。不幸的是，这一目标并不是总能实现。

2013 年，威斯康星大学麦迪逊分校托诺尼（Giulio Tononi）和马斯米尼开发了“刺激-压缩”的技术，用于探测一个人是否有意识。他们将一个裹有保护套的线圈放置在患者头皮上，穿透颅骨向大脑输入一个磁脉冲信号，在所刺激区域的神经元中诱导出电信号。这个扰动信号会影响所有相连的神经元——可能是激活，也可能是抑制，并在整个皮层内反复回荡，直到逐渐衰退。研究人员可以在患者颅骨外部用脑电图记录这个过程中的大脑活动。记录到不同位置的信号变化后，人们便得到了大脑活动的动态影像。

这些影像既没有固定模式，也并非完全随机。有趣的是，这些忽高忽低的大脑活动越是单调简单，大脑就越可能处于无意识状态。于是研究人员沿着这条思路，尝试将大脑活动像普通影片一样通过算法进行“压缩”，检验是否能够量化对应的“意识程度”。压缩后得到的“扰动复杂指数”（Perturbational Complexity Index，PCI）能够估计大脑活动整体的复杂程度。PCI 涉及刺激皮层的某些区域，致使皮层的其他部分做出反应，PCI 则测量这些反应，并将它们绘制成图。当被试者熟睡时，这些反应活动较为局限，但在清醒的被试者中，这种活动的范围和复杂度都要大得多。托诺尼表示，测量这种活动等同于测量意识本身，通过测量结果，人们也许可以判断一位无法反应的患者究竟是处于植物人状态，还是处于清醒状态却无法交流。

研究发现，受试者在清醒状态下的扰动复杂指数一般为 0.31 ~ 0.70，但是在深度睡眠或者麻醉状态下，会降至 0.31 以下。马西米尼和托诺尼对 48 名大脑受损但是意识清醒，且能对外界做出反应的患者进行了同样的测试发现，每个病人的得分都在清醒状态的范围内，与行为观察一致。

10.5 意识与心智

生命管理是人脑的基本功能，但它却不是大脑最鲜明的特征，大脑特征创造映射进行精细复杂的管理，它与生命管理休戚相关。大脑在映射过程中获取了有关自身的信息。人类在无意识中利用映射包含的信息来指导运动动作的高效完成。但是，大脑不仅创造了映射，也创造了表象，也就是心智模式。最终意识使我们将映射感知为表象，以操纵这些表象并对这些表象进行推理。

从个体发展的早期阶段开始，大脑中由自然选择形成的脑回路就出现了按照这种来自外部世界的逻辑进行排列的先兆。除了这种逻辑以外，根据心智中的表象对个体具有的价值，这些表象得以凸显的程度也各不相同。也就是说，心智不仅仅是自然进入队列的表象，而是像电影一样，是剪辑后的结果，这是由我们普遍存在的生物价值系统导致的。心智的队列并不采取先到先得的原则，它会在逻辑时间框架内根据价值标记进行选择。

心智可以是无意识的，也可以是有意识的。无论是知觉形成的表象还是回忆形成的表象，都不停地产生，哪怕是人们意识不到的时候。有些表象从未进入意识，未曾直接被有意识心智察觉到。然而多数情况下，这些表象仍然能够影响我们的思考和行动。当我们的意识被其他事情占据时，与推理和创造性思维有关的大量心理加工仍可能正在进行。

10.5.1 意识是否与大脑无关

英国伦敦大学学院的神经心理学家弗瑞斯（Charles Freese）总结了大脑与思维的关系："大脑做的很多工作都是无意识的。实际上，人的整个世界（意识、本体）是大脑创造的幻觉，不同大脑构建的世界各不相同。"关于人类意识和精神世界的关系。弗瑞斯等脑科学家认为，人脑一直在从周围的世界吸收信息，并处理、跟踪、监察、评价这些信息。但人类 100 万亿个大脑细胞产生的大多数信息从未被人类接收。相反大脑获得少量粗糙信息创造了人类赖以生存的精神世界的模型。实际生活中，人们只需要少量的大脑活动来塑造自我个性及对世界的认知。如果使用所有的大脑活动，人类的意识就很容易混乱纠结，从而产生无法应对的情况。

弗瑞斯指出，有些活动完全是大脑的无意识活动，如果我们开始思考如何做事情，比如，如何移动四肢，或如何理解报纸上文字的确切含义，人就会变得有点思维混乱，且大脑不一定好使。大脑能自得其乐而不被意识干扰。人们可以"一心多用"，比如，一边开车，一边思考其他事情，如在哪儿买午餐等，这表明人脑中存在许多意识层次。最近使用的功能性磁共振成像的大脑扫描技术也证实了这一点。严格来讲，大脑的后部处理感觉（有意识），大脑的前部处理活动（无意识）。通过脑部扫描试验，科学家相信，意识由大脑前部和后部的相互影响产生。前部存储记忆，看起来这个区域负责塑造我们的个性。大脑的后部负责协调环境，它持续地吸收有关周围环境的信息。然而因为它吸收了大量信息后告诉大脑的前部，意识部分很麻烦，我们只能记住一些特殊的事情。

10.5.2 自我意识

要解决意识的"真正问题"，就需要将意识的不同侧面区分开来，并分别将它们的神经生物学特性（个人对意识体验的主观描述）定位于基础性生物机能。一个很好的出发点是区分意识层次、意识内容和意识自身。意识层次与意识状态相关，指的是无梦睡眠（或者全身麻醉）与完全清醒有意识之间的区别。意识内容是你在清醒时的意识体验：视觉、听觉、味觉、心情、思想和信仰等组成内心世界的东西。在这些意识内容中，最特殊的一部分就是使你成为你自己的这部分体验，这就是自我意识，是意识研究中最重要的方面。

1. 自我意识的确定

自我意识并不是生来就有的，而是人在成长过程中从具体的反应事件中综合出来的，用于调控自我内部与外界的关系。自我意识就是个人对外界刺激总体性的、独特的反应。自我意识 是指对自己的认识，对自己身心活动的察觉，或对自己行为的反思。自我意识是一种自我反省的能力，是将自身作为一个个体与环境和其他个体区别开来的能力。简单地说，自我意识由自我认识、自我体验和自我控制三种心理成分构成。人们的一个愿望可能是想借此将人与野蛮的动物界分离开来。

如何确定某种动物是否和人一样，也具有自我意识呢？美国演化心理学家盖洛普（Gordon Gallup）于 1970 年设计了一种镜子测试方法。现已知道，成年的黑猩猩、海豚等可以认出镜中的自己，据此判断它们可能具有自我意识。进化生物学家多布赞斯基对自我意识（他称之为自知）的描述是：自知是人类的根本特征之一，可能是最根本的特征。这一特征是进化过程中的新生事物：人类的祖先只有非常初级的自知，或许根本没有这种能力。

2. 产生自我意识的脑机制

身体自我意识是指拥有一种特定身体的体验；观点自我意识是指从一个特定的第一人称视角感知世界的体验；意志自我意识是指激励自己做某件事或者促成某件事的体验，而在更高的层面上还有叙事性自我意识和社会性自我意识:叙事性自我意识是自我意识形成的根源，它是指一个独一无二的人随时间形成丰富的自我记忆的体验；社会性自我意识是指通过他人的感知反馈和特殊的社会环境所带来的自我体验。

在日常生活中，区别上面提到的自我意识的各个维度是非常困难的。我们来到这个世界时就是一个统一的整体，我们的身体体验、过去的记忆及自我意志紧密地结合在一起，所以心理学常用的“内省法”（又称自我观察法，通常要求被试者将自己的心理活动报告出来，再通过分析报告资料得出某种心理学结论）可能是一种无用的实验手段。许多实验和神经心理学案例研究表明，大脑一直在积极主动地控制和协调自我体验的各个方面。

脑的什么部位决定人们具有自我意识呢？人们在生物学上是如何被组织成具有自我意识的呢? 有研究人员推测，镜像神经元可能提供了人类自我意识的神经基础。埃克尔斯等人认为，有自我意识的心智并不只是被动地参与对神经事件的读出作业，而是像探照灯一样主动地对神经事件进行搜索作业。所有复杂神经活动过程可能时刻呈现在心智面前，按心智的注意、选择、兴趣或动机，心智可从联络脑区的极大量运作组合中进行选择和搜索，将从联络脑区许多不同区域读出的结果融合在一起。有自我意识的心智以这样的方式统一了经验。

现有的一系列实验表明，意识更多地依赖于感知预测而不是感知误差。实验表明，人们看到的是他们想看到的东西，而不是违反他们预期的东西。

在“橡胶手错觉”实验中，受试者被要求将精力放在假的橡胶手上，这时你的真手是看不到的。如果实验人员持续用软毛刷轻轻刷你看不见的真手和假手，你会神奇地感受到似乎假手就是你身体的一部分。这表明躯体自我感知具有令人惊奇的可重塑性，但也引发了新的思考：大脑如何判断客观物质世界中哪个部分是自己的身体，哪个不是呢？像其他经典的视觉、触觉等知觉一样，大脑会基于事先的信念或者期待，以及已有的知觉数据做出“最佳预测”，在这个例子中，相关的知觉数据包括作用于躯体的多种感觉，如视觉、触觉这种经典知觉，以及躯体空间定位信号和血压、胃张力、心跳等相关的身体内部感受信号。自我意识的体验依赖于根据经典知觉及与身体相关的内部感受器和本体（空间）感受器所做出的预测。因此，人们能够感受到自己存在和拥有身体是一种非常特殊的“可控幻觉”。

利用增强现实技术设计了类似“橡胶假手”的实验研究结果支持了这个想法。在一个实验中，重新以此来测试内部感受信号（心跳、血压等）对躯体所有感的影响。参与者被要求头戴虚拟现实眼镜一样的头盔，注视着屏幕中他们正前方的假手。这双假手通过编程控制，会以一定的频率闪现浅红色，有时候与受试者的心跳同步，有时不同步。预期的结果是当假手的变化频率与心跳同步时，他们会产生强烈的自我意识体验，而最终的实验结果也的确如此。其他实验室通过类似的方法对自我意识的其他方面测试也得到了相同的结果：当输入信号与预期行动结果匹配时，他们会感受到假手或者其他东西更真实，但是有时候“橡胶假手”类似的实验也会失败，比如许多精神分裂症患者因大脑的预测加工过程出现异常而导致实验失败。

10.5.3 自由意志是否存在

自由意志是人之所以为人的核心，也是困扰了哲学家几个世纪的问题。我们都愿意相信自己拥有自由意志，能够掌控自己的行为和决定。但脑研究表明，这一切可能只是我们的错觉。这个关于人类行为的由来已久的争论将哲学家分为了两大阵营。笛卡儿等自由意志的支持者认为，人类是理性主体，可以选择自己的行为；而约翰·洛克等决定论者则认为，人们的选择受限于某种支配身体的外力。约 30 年前，神经科学家发表了一项研究，称人们所做的选择是脑无意识过程的结果，由此加入了这场争论。虽然这一研究结果一直都被解读为我们并非无自由意志，但并非所有的神经科学家都这么认为。

通常人们认为自己的意识决定了要采取的行动。但是，这种看法已经被颠覆。行动是由自己的意识决定的这一感觉可能是幻觉。反对自由意志说的早期证据源自 1983 年的一项经典研究。该研究测量了与手部随意运动相关的脑部活动。在一个比较简单的实验中，研究人员告诉受试者，任何时候只要想移动手指，那就去做。除此之外，受试者还需盯着一个有圆点环绕移动的空白钟面，并在意识到想要移动手指时记录下圆点所在的位置。

研究人员利用脑电图记录下了受试者的脑部活动，并在运动辅助区（额叶皮层内与运动规划相关的区域）检测到了称为“准备电位”的信号。令人惊讶的是，在受试者报告意识到想要移动手指前的约三分之一秒，他们就检测到了这种信号。

其他研究团队利用现代技术，也得出了类似的结果。2008 年，伦敦研究者利用功能性磁共振成像，扫描了受试者的脑部活动情况。受试者左右手边分别置有一个按钮，他们要决定是用左手还是右手食指按下一个按钮。成像仪内装有一个小屏幕，屏幕上会出现一系列字母，受试者须记下自己做决定时出现在屏幕上的字母。研究人员发现，运动皮层活动可预测受试者接下来会按下哪个按钮，准确率约 60%，而且比受试者自身意识到这一意图快 10 s。

最近，一组美国神经外科医生再次证实了原有结论。他们在癫痫病患者进行自发性手指运动时，利用电极直接记录了患者脑内的神经元活动。他们发现运动皮层内的细胞在患者报告决定移动手指之前便得到了激活，这一时间间隔长达 1.5 s。

加州大学旧金山分校心理系教授李贝特（Benjamin Libet）利用 EEG 图像验证了“自由意志”。实验很简单，只是要记录被试者在任意自由的时间动自己手指（或手腕）时，其脑部的活动情况。当测量被试者想要按自己的意志动手指的时刻（1）和在脑部发出运动指令信号的时刻（2），以及实际上手指动了的时刻（3）时，它们的顺序会是什么样的呢？很多人从直觉上认为就是这样的顺序。但是实际结果表明，其顺序为 2→1→3。运动指令信号在被试者意志决定前约 0.35 s 时发出了。也就是说在，被试者本人决定要动手指之前，大脑已经开始做动手指的准备了。

实验结果表明，大脑是在个体报告发出动作意向之前的几百毫秒就已经产生了相应动作的脑活动，也就是说，动作产生的直接原因并不是个体意识中的意向，而是意识之外的其他脑活动。

该领域的一些研究表明，比起准备执行某一动作并执行了该动作，准备好却故意不做时，额叶皮层的活动更为强烈。换句话说，我们的动作和决定是由未意识到的脑部机制决定的。这直接违背了自由意志的传统观念，即我们可以在不同的行为之间自由做决定。基于这种“否决权”的影响，一些人提出，将自由意志称作“自由不意志”恐怕更恰当。

所谓意识，可能与其说是支配我们行动或思考的东西，不如说是大脑中的“检查机构”为把握我们自身所处的状况或想法、行动等而进行的活动。

这个问题在脑科学家之间也引起了很大的争论。如果只是看实验结果的话，就很有可能否定所谓的“自由意志”。而另一方面，也有人认为，这样的实验结果是理所当然的。如果被试者的意志决定是在第一时间产生的话，那么这个意志决定的出现就是很唐突的。也就是说，所谓的意志决定不能与脑部活动清楚地区分开来。可以说科学家更倾向于将大脑和精神分开的“二元论”。而关于自由意志是否存在的问题，人们各有见解，无法得出结论。因此，虽然有一些脑研究似乎表明我们没有自由意志，但这绝非最终结论，因为这些研究结果仍有待进一步解读。

拓展阅读

异手症

1964 年上映的《奇爱博士》（*Dr Strangelove*）是库布里克（Stanley Kubrick）导演的一部经典黑色幽默作品。该片的主角由塞勒斯（Peter Sellers）饰演，这位主角的右手具有自己的意志。这只右手有时会扼他的脖子，他就不得不用左手控制住右手。这就是对异手症的虚构描绘。异手症是一种神经精神障碍，患者的手似乎有了自己的意识，不再受随意控制。

有关裂脑患者的研究中提到了异手症。这些患者为控制癫痫病，接受手术切断了左右半脑间的连接。除此之外，中风或感染也可能导致异手症。异手症还与运动辅助区的损伤有关。在现实生活中，患者经常觉得患肢“不听话”，有时甚至会认为患肢被外力控制了。

10.6 意识与情绪

情绪是身体的反应，但感觉是对这些情绪的主观感知，也是人们能够调节内部状态的原因。在这个框架中，感觉只是情绪的一种类型：一种回应外部情绪的内部情绪，即元情绪。对情绪的有意识的感知以一种相关感觉的形式出现。

情绪本身是一种自我意识和自我参照，因为对外部变化的适应性反应需要在个体与其环境之间进行某种功能上的区分。这种反应、适应和生存的情感能力是进化过程中最重要的组成之一，因此也是生命中最重要的组成部分。情绪本质上是行为的同义词——一种生物利用身体对环境做出反应的方式。在这种情况下，情绪是生命所必需的，而更复杂的情绪会对环境中可能危及生命的变化做出更广泛的反应。

按照这一逻辑，最终的适应性工具是对反应做出响应的能力，即感知。这种无限递归和自我参照的反动能力，似乎正是推动人类智慧非凡进步的动力。即使是最基本的生命形式，情绪也是必不可少的组成部分，而情绪的复杂性正是通常归因于“更高”意识或自我认知的原因。虽然任何情绪都是自我意识的一种形式，但人类的意识是一种更明确、可表达的自我意识，它产生于对某种情绪的感受。

10.7 计算机是否有意识

计算机究竟是否有自我意识？根据 IIT 中的 Φ 理论，人类可能不是唯一具有自我意识的物种。Φ 理论认为，如果两个物理基本条件得到满足，一个物理系统就可以产生意识。第一个条件是物理系统必须具有非常丰富的信息。如果一个系统包括大量的事物，比如一部电影中的每一帧，但是如果每一帧都明显不同，我们可以认为意识经验是高度分化的。

人的大脑和计算机硬盘都可以包括这些分化信息，但是一个是有意识的，一个则不是。硬盘与大脑之间的区别是什么？那就是大脑可以高度集成。个体输入之间千丝万缕的交错联系远远超出了当今的计算机。这就引出了第二个条件，即对于意识的出现，物理系统必须能高度集成。人是无法将一帧帧的电影分为一系列静态的画面的，同样不可能完全将信息与感官都分离。这就表明集成是衡量人的大脑和其他复杂系统区别的指标。这个指标在理论中用 Φ 表示。一些事物具有低 Φ 值，比如硬盘，它无意识。一些事物具有高 Φ 值，比如哺乳动物大脑。

按照 IIT 理论，如果意识是高度集成而出现的特征，那有可能所有复杂系统都或多或少具有某种形式的意识。扩展开来，如果意识定义为系统中的集成信息量，那么，意识就不再是人类独有，计算机也可以拥有意识。

一些人工智能研究者认为，在今后的 100 年内，计算机将会有意识。有些哲学家认为，这是荒谬的。他们认为机器永远不会有意识。为了支持这一观点，他们设计了一些奇怪的思维实验。

哲学家塞尔提出了“中文屋”这一概念。一个男人坐在一个房间里，人们给他一系列中文字符并告诉他一些规则，使他知道该如何对这些中文字符做出反应，他都照做了。房间外面的人以为这个人懂中文，但我们知道他不懂。他只是按照规则做。塞尔认为计算机也是这样，它们只能遵守规则，永远不会“知道”任何事情。因此，塞尔认为，计算机永远不会有意识。

哲学家查默斯认为，意识不是仅通过行为就可以表现出来的。他让我们想象一个怪人，其外表酷似人类，唯独没有意识。如果这种生物存在的话，电脑就不可能有意识，不论它看起来多么像有意识的生物。

这些思维实验的问题是想法太多，而实验不足。人们不应该根据一些荒唐的故事来断定计算机是否有意识，因为这些故事中的事人们了解得更少，比如中文屋和怪人，进行更多的实验可能更有帮助。总而言之，真正使人们知道机器是否有意识的唯一方法是尝试制造一台有意识的机器。

10.8 本章小结

从智能科学角度看，意识是对外部世界、自身身体及心理过程体验的整合，意识是一种大脑本身具有的“本能”或“功能”，是一种状态，是多个脑结构对于多种生物状态的整合。广义的意识是高等与低等生物都具有的一种生命现象。意识研究是认知神经科学不可缺少的内容，意识机器脑机制的研究是自然科学的重要内容。哲学涉及的是意识的起源和意识存在的真实性等问题。意识的智能科学研究核心问题是意识产生的脑机制——物质的运动是如何变成意识的。关于意识的理论包括心理学中相关的意识模型和理论、还原论、微管假说、量子意识观、意识的动态核心假说、意识中层理论、全局神经工作空间理论、整合信息理论、建构理论及意识模型等，意识又有显意识和潜意识之分。在脑和神经层面，意识的发生主要与丘脑等脑部位有关。

意识问题对于增强人工智能具有重要意义。实际上，有无自我意识不仅是判断高级生物的标准之一，也是机器人或人工智能系统能否产生类人智能的重要因素，迄今宣称已经创造出具有自我意识的人工智能系统都还存在许多疑问。

习题

1. 阐述心理学和哲学领域对意识的认识及二者之间的区别。
2. 为什么在20世纪90年代意识才进入科学领域，成为科学研究的对象？
3. 如何理解意识的主观性与客观性？
4. 与意识有关的脑区域和结构有哪些？
5. 意识的神经工作机制大致是怎样的？
6. 关于意识的主要理论有哪些？
7. 阐述全局神经工作空间理论和整合信息理论的内容、二者之间的联系和区别。

11 chapter

从脑科学到人工智能

本章主要学习目标：

1. 学习和了解从神经元到人工神经元发展的脉络和思想；
2. 学习和了解脑的学习、记忆、情绪、结构等机制对人工智能模型和技术的启发；
3. 学习和了解神经科学对人工智能的作用。

11.0 学习导言

在人工智能发展初期，人工智能与神经科学和心理学密不可分，许多早期的先驱者跨越了这两个领域。历史证明，这些学科之间的协同发展是非常有效的。人工智能领域和神经科学领域是长期交织在一起的。近年来，神经科学和人工智能等相关领域都在快速发展。

在人工智能领域，近些年取得的研究成果是惊人的。然而历史上的人工智能研究，由于对脑功能机制探究的技术手段欠缺，以及人工智能和脑及神经科学领域相互交流较少，人工智能研究实际上长期处于盲人摸象的状态。在如今的神经科学领域，新的脑成像等技术的出现为揭示智能形成机制提供了可能性，人类有望对哺乳动物大脑实现革命性理解。因此，从脑科学和神经科学出发研究人工智能也具备了更充分的条件。机器智能和人类智能之间的差距是巨大的。为弥补这一巨大差距，从脑和神经科学中汲取的灵感会变得越来越重要。神经科学为新类型的算法和架构提供了丰富的灵感来源，这些算法和架构独立于并补充了基于数学和逻辑的方法和思想。神经科学也能够对现有的人工智能技术进行验证。如果一个已知的算法随后被发现在大脑中执行，那么它作为机器智能系统一个组成部分的合理性就得到了强有力的支持。本章主要从传统人工神经元到现代类脑计算等方面来学习和理解脑与神经科学对人工智能发展的基础性作用和意义。

11.1 人脑神经元与人工神经元

11.1.1 MP 神经元模型

人们已经知道，在生物神经元中，每个神经元与其他神经元相连，当神经元兴奋时，就会向相连的神经元发送化学物质，从而改变这些神经元内的电位；如果某个神经元的电位超过了一个阈值，它就会被激活，即兴奋起来，并向其他神经元发送化学物质。

1943 年，麦卡洛克和皮茨提出了 MP 神经元模型。人工神经元被引入计算机和人工智能领域，其最初起源的灵感就是人脑中的神经元。根据生物神经元特性抽象出的 MP 神经元模型如图 11.1 所示。

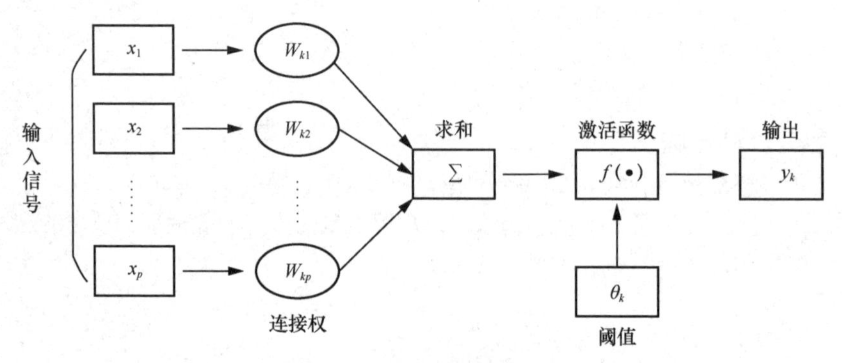

图 11.1 MP 神经元模型

人工神经元是对生物神经元结构和功能的效仿，也是人工神经元构建的基础。在 MP 神经元模型中，一个人工神经元接收来自 n 个其他人工神经元传递的输入信号，这些输入信号通过带权重的连接进行传递，神经元接收到的总输入值将与神经元的阈值进行比较，然后通过激活函数处理产生神经元的输出。

一个人工神经元主要包括以下三个主要元素。

（1）一系列连接，相当于突触，这些连接权表示连接的紧密程度，正的连接权代表激活，负的连接权代表抑制。

（2）一个组合模块，用于计算对应于各神经元突触输入信息的加权结果。

（3）一个激活函数单元，进行非线性映射，同时使神经元的输出范围可被控制在一定的幅度内。

11.1.2 从人工神经元到人工神经元

1. 第一代人工神经元

人工神经元模型建立之后，赫布提出赫布学习规则，罗森布莱特（F.Rosenblatt）提出感知机。在感知机模型基础上，逐渐发展出越来越多的人工神经元模型。

20 世纪 60 年代，研究人员研发了能够识别一些英文字母的基于感知机的神经计算机——Mark1。第一代神经元能够对简单的形状（如三角形、四边形）进行分类，人们逐渐认识到这种方法是使用机器实现类似于人类感觉、学习、记忆、识别的趋势。但是，第一代神经元的结构缺陷制约了其发展。感知机中的参数需要手工调整，与“智能”的要求相悖。此外，单层结构学习能力十分有限。

2. 第二代人工神经元

1974 年，韦伯斯（Paul Werbos）提出采用反向传播法来训练一般的人工神经元。随后，该算法进一步被辛顿、乐昆（Y. LeCun）等人应用于训练具有深度结构的神经元。1980 年，基于传统的感知机结构，辛顿采用多个隐含层的深度结构来代替感知机的单层结构，多层感知机模型是其中最具代表性的，而且多层感知机也是最早的深度学习人工神经元模型。

1982 年，霍普菲尔德（John Hopfield）提出了 Hopfield 网络，这是最早的递归神经元（Recurrent Neural Network，RNN）。因 Hopfield 网络实现困难，没有合适的应用场景，逐渐被前向神经元取代。

1984 年，日本学者福岛邦彦提出了卷积神经元的原始模型神经感知机。

1985 年，辛顿使用多个隐藏层代替感知机中原先的单个特征层，并使用 BP 算法计算网络参数。

1989 年，乐昆等人使用深度神经元识别信件中邮编的手写体字符，后来他进一步运用卷积神经元（Convolutional Neural Networks，CNN）完成了银行支票的手写体字符识别，识别正确率达到商用级别。

总体上，第二代人工神经元是一个复杂的互联系统，单元之间的互联模式将对网络的性质和功能产生重要影响，互联模式种类繁多。

（1）前向网络。网络可以分为若干层，各层按信号传输先后顺序依次排列，第 i 层的神经元只接受第（i–1）层神经元给出的信号，各神经元之间没有反馈。前向网络可用有向无环路图表示，如图 11.2 所示。

（2）反馈网络。典型的反馈网络如图 11.3 所示。

每个节点都表示一个计算单元，同时接收外界输入和各节点的反馈输入，每个节点也都直接向外部输出。

以上是两种基本的人工神经元结构，实际上，人工神经元还有许多种连接方式，例如，从输出层到输入层有反馈的前向网络，同层内或异层间有相互反馈的多层网络等。

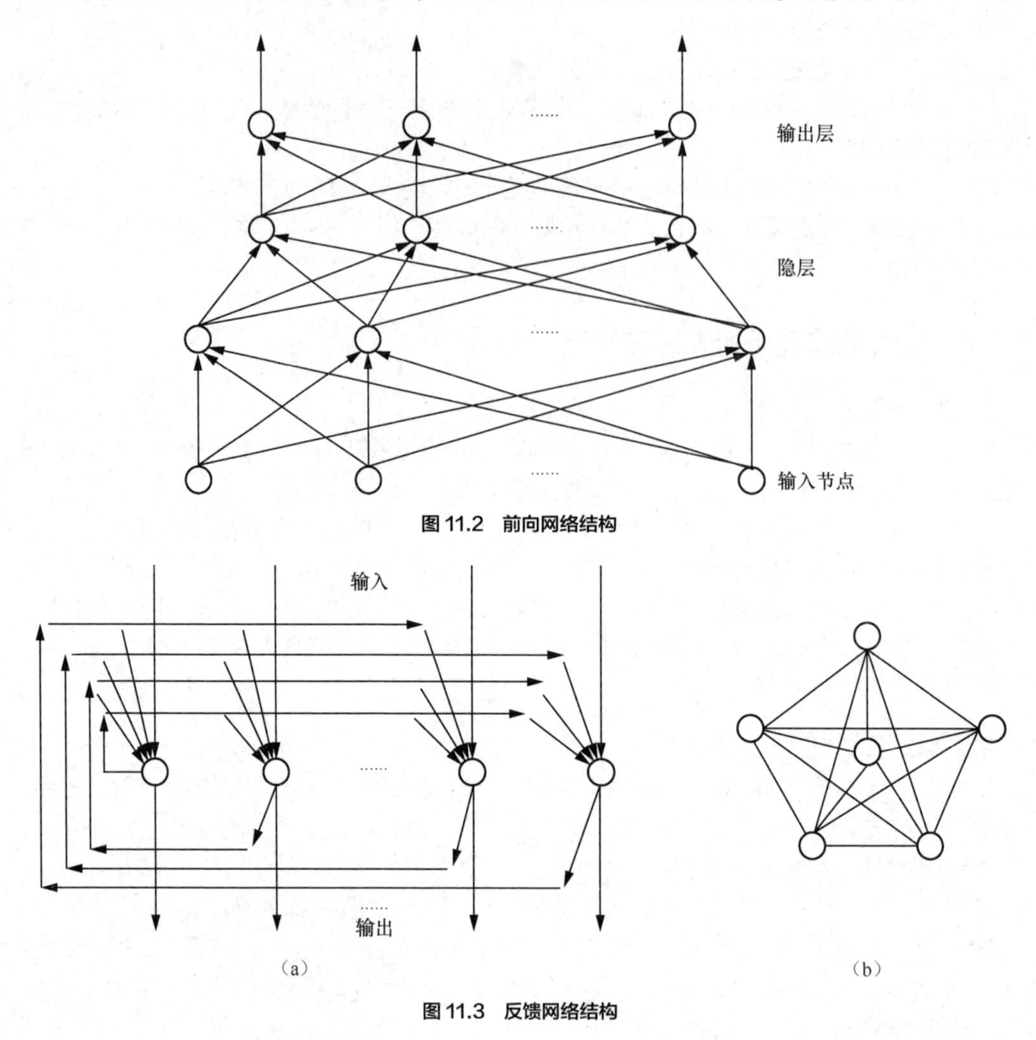

图 11.2　前向网络结构

图 11.3　反馈网络结构

3. 第三代人工神经元

面对采用反向传播法来训练具有多隐含层深度网络的参数时存在缺陷，一部分研究人员开始探索通过改变感知机的结构来改善网络学习的性能，由此产生了很多单隐含层浅层学习模型，如支持向量机和朴素贝叶斯模型等。浅层学习模型能够有效地解决具有简单或者复杂条件限制的问题，但受限于只含一个隐含层，所以浅层学习模型特征构造的能力有限，不能有效处理具有复杂特征的问题。为了同时解决具有多隐含层的深度网络在参数训练时存在的缺陷和浅层网络特征构造能力有限的问题，一些研究人员开始尝试采用新的参数训练方法来训练多隐含层的深度网络。

1990 年，Dalle Molle 人工智能研究所的施密德胡伯（JürgenSchmidhuber）提出了长短时记忆神经元（Long Short Term Memory，LSTM），促进了循环神经元的发展，特别是在深度学习广泛应用的今天，RNN（LSTM）在自然语言处理领域（如机器翻译、情感分析、智能对话等）取得了令人惊异的成绩。

1998 年，乐昆提出了深度学习常用模型之一的卷积神经元。

2006 年，辛顿提出深度学习的概念，随后与其团队提出了深度学习模型—深度信念网络，并给出了一种高效的训练算法，打破了长期以来深度网络难以训练的僵局。深度学习自 2006 年产生之后就受到科研机构、工业界的高度关注。最初深度学习主要应用于图像和语音领域。

2009 年，本吉奥（Yoshia Bengio）提出深度学习另一常用模型——堆叠自动编码器，采用自动编码器来代替深度信念网络的基本单元——限制玻尔兹曼机，以构造深度网络。

2010 年,李飞飞创建了一个名为 Imagenet 的大型数据库,其中包括数百万带标签的图像,并与年度挑战称为大规模视觉识别挑战。这场比赛需要研究人员构建人工智能系统，他们根据模型的准确性得到分数。在比赛的前两年，顶级车型的错误率分别为 28%和 26%。

2012 年 6 月，谷歌首席架构师迪恩（Jeff Dean）和斯坦福大学教授吴恩达（AndrewNg）主导谷歌大脑（GoogleBrain）项目，利用 16 万个 CPU 构建一个深层神经元，并将其应用于图像和语音的识别，最终大获成功。此外，深度学习在搜索领域也获得了广泛关注。如今深度学习已经在图像、语音、自然语言处理、大数据特征提取等方面得到了广泛的应用。

从 2011 年开始，谷歌研究院和微软研究院的研究人员先后将深度学习应用到语音识别，使错误识别率下降了 20%~30%。2012 年，杰弗里・辛顿的学生在图片分类比赛 ImageNet 中，使用深度学习打败了谷歌团队，深度学习的应用使图片识别错误率下降了 14%。

近些年，研究人员一直致力于训练能够在不同领域击败人类专家的深层神经元，不同领域的深度学习神经元应用均取得了惊人的突破，如图 11.4 所示。

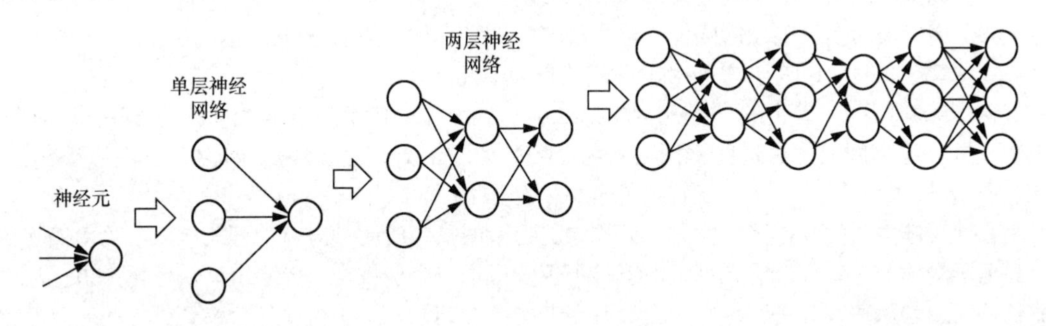

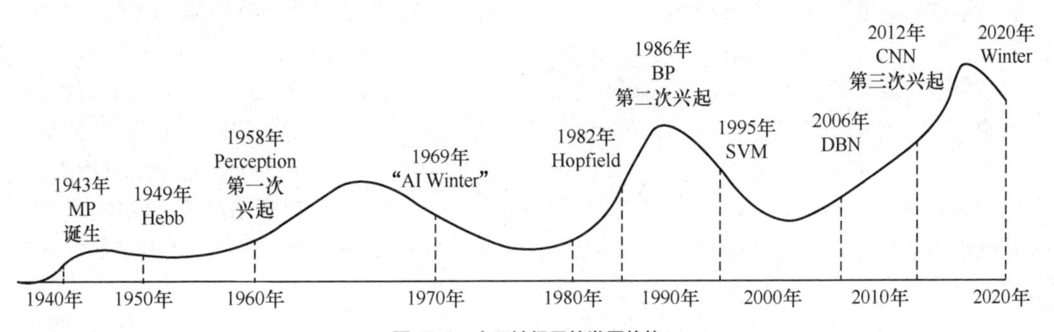

图 11.4 人工神经元的发展趋势

目前，对于计算机科学家来讲，人工神经元的构建往往基于以下概念：神经元是一个简单的、非智能的开关，神经元的信息处理来源于数万甚至数万亿个神经元之间的连接。然而神经科学家对于人脑的研究发现却并不是如此。神经科学的诸多研究已经发现，人脑在信息计算上并不只是神经元连接起作用，单个的神经元也同样承担着比以前人们想象中重要得多的计算任务。研究人员发现，皮层神经元树突上的微小区室可以执行特定的计算——“异或”。这个发现之所以重要是因为，一直以来数学理论家们都认为单个神经元是无法进行“异或”计算的；现在则不仅是单个神经元，甚至神经元的树突部分都可以进行“异或”运算。神经元并不单纯只是为了连接，它们同样能够执行复杂运算，神经元本身可能也是一个多层网络。这个发现对于构建人工神经元的计算机科学家来讲，或许会有非常重要的启发。

11.1.3 神经元计算能力新发现

传统人工神经元模型忽略了一个事实：流入给定神经元的数千个输入是沿着不同的树突进入神经元细胞体的，而这些树突本身的功能可能差异巨大，或者更具体来说，这些树突内部本身可能存在一些计算功能。这种模型在 20 世纪 80 年代开始改变。神经科学家科赫（Christof Koch）等人通过建模（后来也得到了实验的支持）表明，单个神经元内部不能表达为单个或统一的电压信号；取而代之的是，电压信号沿着树突进入神经元胞体内时会降低，且通常对细胞的最终输出没有任何贡献。信号的不一致性意味着单个树突可能在彼此独立地处理信息。这与先前的神经元假说是矛盾的；在先前的神经元假说中，神经元只是简单地将所有东西加在一起。这项工作促使科赫等人开始对树突结构进行建模，基本的思路是，神经元不再只是充当一个简单的逻辑门，而是一个复杂得多的单元处理系统。后来 Mel 等人进行了更细致的研究，他们发现以下几点。

（1）树突能够产生局部尖峰。

（2）树突具有自己的非线性输入-输出曲线。

（3）树突具有自己的激活阈值（这个阈值与神经元整体阈值不同）。

（4）树突本身可以充当与（AND）门或其他单元。

这意味着可以将单个的神经元构想为二层的神经元：树突充当非线性计算子单元，收集输入并吐出中间输出；这些输出信号将在细胞体中进行结合，然后决定整个神经元的反应。

在计算能力方面，神经元要比我们想象的强大很多。皮层中进行处理的大部分功率实际上是低于阈值的。单个神经元系统可能并不仅仅只是一个加权求和的系统。从理论上讲，几乎任何可以想象的计算都可以由一个具有足够树突的神经元来执行，每个树突都能执行自己的非线性计算。研究人员进一步认为，不仅仅是树突本身，树突中的微小区室也能独立执行复杂计算。

该模型发现，输入 X 和输入 Y，如果只有输入 X 或只有输入 Y，树突会出现尖峰；而如果两个输入同时出现，就不会出现尖峰。这相当于异或（XOR）的非线性计算，如图 11.5 所示。

多年来，人工神经元领域的研究都认为异或函数不可能出现在单个神经元中。计算机科学家明斯基等于 1969 年出版的《感知器》（*Perceptrons*）一书中，还对单层人工网络无法执行异或进行了论证。这一结论具有毁灭性影响，以致很多计算机科学家都将 20 世纪 80 年代之前神经元研究陷入低迷状态归咎于这一结论。

人工神经元研究者最终找到了避开明斯基等人提出的困难方法，同时神经科学家们也在自然界中找到了解决方案的案例。例如，之前有科学家已经发现了异或可能存在于单个神经元中：并且简单地将两个树突结合起来就能够实现这一点。而在最近的这个实验中，他们甚至能够提供一个合理的、在单个树突中执行异或的生物物理机制。

虽然现在研究者们还有很多工作要做，但他们认为，这些发现暗示着他们需要重新思考该如何对大脑及更广泛的函数建模。仅仅关注不同神经元和大脑区域的关联性远远不够。这一新结果会对人工智能和机器学习领域的问题带来影响。

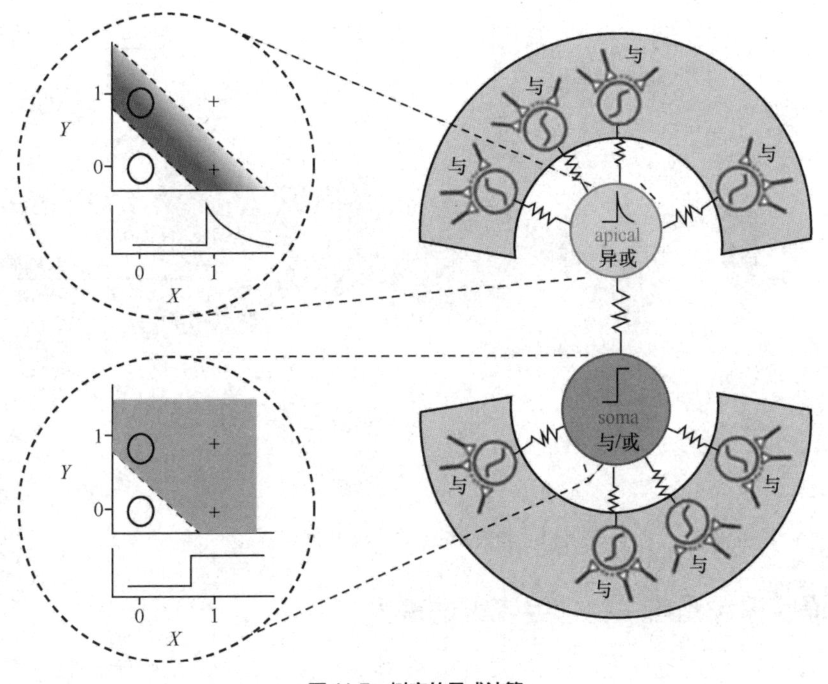

图 11.5 树突的异或计算

11.2 视觉皮层与深度神经元

11.2.1 深度卷积神经元的生物视觉机制

虽然传统的人工神经元在神经元、突触连接等方面初步借鉴了脑神经系统在微观尺度的概念和结构，但是在信息处理机制方面真正从脑科学借鉴的机制并不深刻。近年发展起来的深度神经元模型抓住了人脑在脑区尺度进行层次化信息处理的机制，在计算和智能模拟能力上取得了重要突破，并在模式识别和人工智能应用领域取得了巨大成功。

20 世纪 60 年代，胡伯尔等人在生物学研究中发现，视觉信息从视网膜传递到大脑中是通过多个层次的感受野激发完成的，如图 11.6 所示。福岛邦彦等人 20 世纪 80 年代构造出了第一个基于局部感受野概念的神经元，该模型受人眼视觉抽象过程启发而成，被广泛应用于图像和视频的识别。

卷积神经元作为深度神经元的一种，是受生物视觉系统的启示，将生物神经元之间的局部连接关系（局部感受野）及信息处理的层级结构应用于计算模型。这种网络在从低层到高层的过程中感受野越来越大，逐渐模拟了低级的 V1 区提取边缘特征，再到 V2 区的形状或目标部分等，再到更高层的 V4 区、IT 区等，高层特征是低层特征的组合，从低层到高层的特征表示越来越抽象。

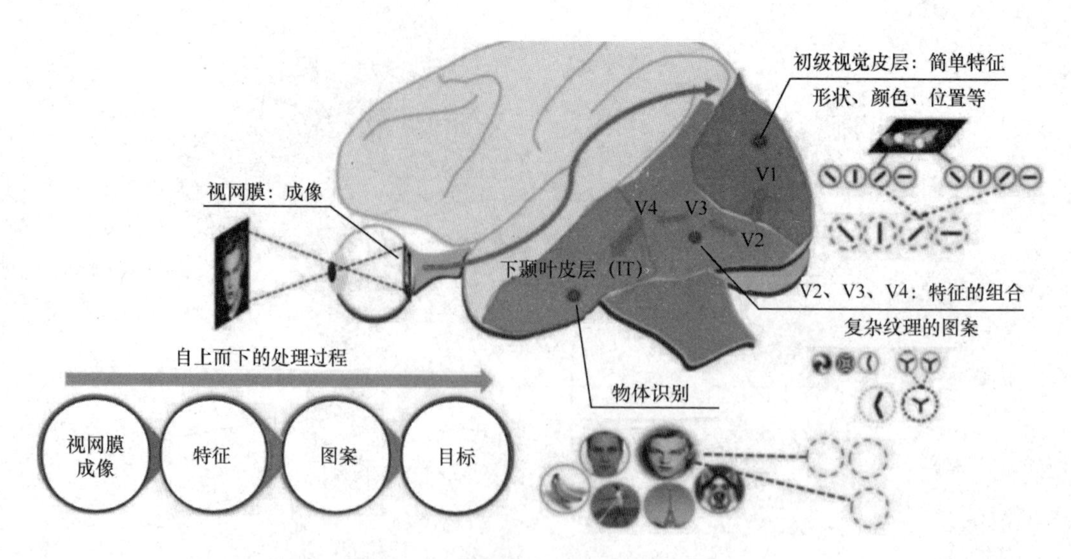

图 11.6 视觉信息在大脑中的传递过程

11.2.2 深度神经元与生物神经系统的差异

研究者详细对比了深度神经元的高层与灵长类动物 IT 区在物体识别任务中的关系发现，深度神经元的高层能够较好地反映 IT 区的物体识别特性，证实了深度神经元与生物视觉系统在某种程度上的相似性。人脑的神经系统存在很多反馈连接，例如自顶向下的视觉注意就是从高级认知脑区的脑活动到初级视觉脑区的反馈信号，现有模型中虽然有些神经元引入了反馈的概念，但是反馈如何影响低层的输入信号及跨层的反馈等，模型中并没有深入考虑。

深度神经元更多的是模拟大脑视觉皮层中的前馈、层级结构信息处理的方式。但是大脑的视觉系统比这复杂得多，所以在很多行为方面人脑和深度神经元具有非常大的不同。在很多任务方面，人的表现更加高明。

此外，深度神经元的领域特异性强，扩展和泛化能力相对较差，不同领域之间很难实现知识共享，而人类不同的感知模态之间的相互作用很强，不同模态的知识能够较好地实现共享。

有研究人员将深度神经元模型与实际得到的生理学、功能性磁共振成像和行为数据进行比较，结果表明，大脑与这类新模型之间存在一些有趣的相似性，但也存在一些不同的地方。对比灵长类动物的视觉系统，生理学响应与模型响应在神经元响应过程的早期阶段比后期阶段更为近似，这说明深度网络模型也许能更好地体现早期的处理过程，而不是后期涉及认知的过程。

从使用神经科学引导人工智能发展的角度看，因为相比皮层回路，这些网络的形式是经过高度简化的，所以这样的成功让人惊讶。目前仍不清楚生物回路的哪些方面在计算方面是关键的，并且也可用于基于网络的人工智能系统，但结构中的差异很显著。比如，生物神经元在它们的形态学、生理学和神经化学方面都非常复杂、多样。但一般而言，人类所知的有关神经元的几乎一切（它们的结构、类型、互连性等）都被排除在深度网络模型的当前形式之外。

深度学习网络是通过聚合局部信息逐步构建复杂信息来识别物体的，相反在认知神经科学领域有一个理论叫作“逆向层次论”，该理论指出，人类对物体的识别是从简单到复杂、从整体到局部。“逆向层次论”与我们的生活经验一致，如果一个人在我们的视野中一晃而过，你会很快认出这是一个人，然后再识别对方的身份，这就是一个从整体到细节的识别过程。

总的说来，生物视觉的识别机制和深度神经元的图像识别机制有非常大的区别，生物的视觉识别涉及自上而下与自下而上通路的交互，而深度神经元只模拟了第二种通路。自上而下的视觉通路涉及生物视觉感知的全局性、拓扑性和多解性等特点，而这或许就是深度神经元下一步的改进方向。认知神经科学和人工智能互相借鉴，将产生更多有价值的成果或技术。

11.3 视觉模拟

除了上述深度神经元，借鉴视觉机制也可以实现许多强大的机器智能，尤其是在机器的视觉感知智能方面。通过电子的方式模拟生物视觉也是人工智能发展出的一项重要技术。

机器视觉智能是以图像处理、视觉传感器、计算机等为基础，以模拟人或动物的视觉形成的机器视觉智能。人类视觉与机器视觉的比较如表 11.1 所示。

表 11.1　人类视觉与机器视觉的比较

项目	人类视觉	机器视觉
适应性	适应性强，可在复杂及变化的环境中识别目标	适应性差，容易受复杂背景及环境变化的影响
智能	具有高级智能，可运用逻辑分析及推理能力识别变化的目标，并能总结规律	虽然可利用人工智能及神经元技术，但智能很差，不能较好地识别变化的目标
彩色识别能力	对色彩的分辨能力强，但容易受人的心理影响，不能量化	受硬件条件的制约，目前一般的图像采集系统对色彩的分辨能力较差，但具有可量化的优点
灰度分辨力	差，一般只能分辨 64 个灰度级	强，目前一般使用 256 灰度级，采集系统可具有 10 bit、12 bit、16 bit 等灰度级
空间分辨力	分辨率较差，不能观测微小的目标	目前有 4 K×4 K 的面阵摄像机和 8 K 的线阵摄像机，通过备置各种光学镜头，可以观测小到微米、大到天体的目标
速度	0.1 s 视觉暂留使人眼无法看清较快速运动的目标	快门时间可达 10 μs 左右，高速相机帧率可达 1 000 以上，处理器速度越来越快
感光范围	400 ~ 750 nm 范围的可见光	从紫外到红外的较宽光谱范围，另外有 X 线等特殊摄像机
环境要求	对环境温度、湿度的适应性差，另外有许多场合对人有损害	对环境适应性强，另外可加防护装置
观测精度	精度低，无法量化	精度高，可达微米级，易量化
其他	主观性，受心理影响，易疲劳	客观性，可连续工作

目前，即使是当今最高水平的计算机视觉系统，在只看到物体的某些部分之后，也无法创建出物体的全貌，而且在不熟悉的环境中观看物体，也会使系统产生错觉。机器视觉智能的最终目标是研发通过局部特征就能构建物体全貌能力的计算机系统——就像人类能够理解自己在看狗一样，即使狗藏在椅子后面，只有爪子和尾巴看得见，人类也可以很容易地通过直觉知道狗的头部和身体的其他部位，但这种能力是人工智能系统所不具备的。2018 年，美国加州大学和斯坦福大学联合开发了一套计算机视觉系统，该系统可基于人类使用的视觉学习方法，发现并识别它“看到”的现实世界的物体。这是迈向通用机器视觉智能的重要一步——计算机可以通过视觉系统自学、凭直觉、基于推理做出决策，并以更接近人类的方式

与人类互动。而目前的计算机视觉系统并不具备自学能力，必须接受准确的学习内容训练；计算机也无法解释它们确定照片中的对象代表什么的基本原理，因为基于人工智能的系统不像人类那样构建内部图像或学习对象的常识性模型。

11.4 脑的强化学习与机器的强化学习

除了在深度学习发展中的重要作用外，神经科学有助于建立当代人工智能的第二个支柱——强化学习（Reinforcement Learning，RL）。RL 方法解决如何通过将环境中的状态映射为行动来最大化未来回报的问题，它是人工智能研究中应用最广泛的工具之一，尤其是在机器人应用中。强化学习机制是通过大脑中分泌的奖励信号来修改行为。这种形式的学习所涉及的大脑机制已经得到了广泛研究。

11.4.1 机器学习中的强化学习

脑中的强化学习机制发展成为机器学习中重要方法之一的强化学习方法。强化学习可用于在世界中运作的智能体（人、动物或机器人），将接收的奖励信号作为回报。强化学习的目标是学习一个最优"策略"，这是从状态到动作的一个映射，以便最大化随时间获得一个整体度量的奖励。

尽管人工智能研究人员并不普遍认同，但 RL 方法最初确实是受动物学习研究启发的。特别是时序差分（Temporal-Difference，TD）方法（作为许多 RL 模型的关键组成部分）的发展与条件作用实验中动物行为的研究密不可分。TD 方法是实时模型，它从时间连续的预测之间的差异中学习，而不是等到实际的回报实现。特别相关的是一种被称为二阶条件作用的效应，即通过与另一个条件作用的联系而不是通过与无条件刺激的直接联系来赋予条件刺激的有效意义。TD 方法为二阶条件作用提供了一种自然的解释，并且确实解释了神经科学更广泛的发现。

就像在深度学习中一样，最初由神经科学的观察所启发的研究促进了强化学习方法的进一步发展，这些方法有力决定了人工智能研究的方向。从他们的神经科学知识渊源，TD 方法和相关技术现已持续地为人工智能的最新进展提供核心技术支持，包括从机器人控制到围棋游戏。

在近期的一些人工智能算法中，强化学习方法已经与深度网络方法结合在了一起，在游戏领域的应用尤其突出，涵盖范围从流行的视频游戏到高度复杂的游戏，比如国际象棋、围棋和将棋。深度网络与强化学习的结合在游戏方面取得了惊人的成果，包括令人信服地击败了世界顶级的围棋棋手、在大约 4 小时的训练之后达到了国际象棋世界冠军的水平；这些都是仅从游戏规则开始，通过内部自我对抗进行学习而实现的。

11.4.2 基于海马体或海马体启发的强化学习

由于一般性的结构学习和记忆在人工智能中均具有特殊地位，研究和模拟海马体也成为英国深思（Deepmind）公司多年来的核心战略之一。研究人员通过对认知地图概念的拓展研究认为，事实上海马体表征的不是生物当下的状态，而是未来一系列变化可能性的总和（体现路径积分的概念）。预测地图与强化学习联系密切，它强调导航问题必须在强化学习框架下理解，预测性地图是比认知地图更广的概念，而过去的认知地图仅仅是预测地图的一个特殊解。这个理论框架比之前专门针对导航任务的认知地图概念提升了一大步，在这个框架下，人不需要用缺什么补什么的思维去寻找某个“位置细胞”，而是从整个网络编码的角度看，将地图的本质——一张可以预测未来状态的结构图表抽取出来，从而提供一个供强化学习使用。那么相应的，海马体擅长的不再只是导航和空间表示，而是抽取这种对未来变化有预测性的结构图，这应成为后继表示，是实现有模型强化学习的一条捷径。

基于海马体的记忆回放机制，有针对性地提高强化学习的最核心环节，也就是对既往经历的记忆方式。据此研究人员提出了一个重要思想，就是人并不需要像录像带一样机械地回放过往的经历，而是用人的想象力重组过去的经历，得到更多的可能性，就好比做梦一样，同样的思路可能被用于人工智能的训练。

这一系列工作抓住了海马体记忆的核心作用，在于通过回放强化学习，而同时为做梦赋予了对学习有益的功能。事实上海马体细胞中最常发现的现象是周期性放电，这组周期放电中每个细胞的相对发放顺序，有时候看起来像在表征过去的经历，有时候像在预测未来。

拓展阅读

先天结构学习

当前的人工智能建模方法多数属于经验主义，要使用大型的训练数据集训练模型。相对而言，生物系统往往仅需少量训练就能完成复杂的行为任务，它们基于特定的预先存在的网络结构，而且该结构在学习之前就已被编码在回路之中。

对于人类而言，婴儿会在生命的最初几个月发展出复杂的感知和认知技能，且仅需很少或无须明确的训练。比如，他们能够自发地识别出人手等复杂的目标、跟随其他人的注视方向、通过视觉分辨动画角色是在帮助还是妨碍其他角色，还能完成很多其他不同的任务，能表现出他们对物理交互和社会交互的初级理解。如果事实证明，当前深度网络模型在产生类人认知能力方面的成功是有限的，那么很自然又会向神经科学寻求指引。

人工智能系统模型将来也可以采用有用的预设结构，使其学习和理解更接近人类。发现有用的预设结构这一难题的解决方法可以是理解和模仿相关的大脑机制，或开发从头开始的计算学习方法来发现支持智能体、人类或人工智能的结构，使其能以高效而灵活的方式学习理解自己的环境。“学习先天结构”这一计算问题不同于当前的学习过程，而且对其的了解还较少。长期来看，将经验主义方法与计算方法结合起来处理这一问题很可能对神经科学和AGI都有利，并最终可能成为可应用于这两个领域的智能处理理论的一部分。

连续学习

智能体必须能够学习并记住在多个时间尺度上遇到的许多不同任务。因此，生物体和人工智能体都必须具备持续学习的能力，即掌握新任务而不忘记如何执行先前任务的能力。虽然动物相对来说擅长持续学习，但神经元却面临着灾难性遗忘问题。当网络参数朝着执行两个连续任务中的第二个任务的最佳状态移动时，会导致神经元覆盖执行第一个任务时的网络参数，从而导致灾难性遗忘问题。鉴于持续学习的重要性，神经元的这种能力仍然是人工智能发展的一个重要挑战。在神经科学中，先进的神经成像技术（例如双光子成像）可以在单个突触的空间尺度上动态地在体内可视化学习过程中树突棘的结构和功能。这种方法可以用来研究持续学习过程中的新皮层的可塑性。新证据表明，专门的机制可以在学习新任务的过程中保护以前任务的相关知识不受干扰。这包括在一定比例的加强突触中，突触的不稳定性降低（可塑性降低）。尽管学习了其他任务，但过去的树突棘仍然存在。这些变化与几个月内任务表现的保持有关，如果它们被突触光遗传学“抹去”会导致任务被遗忘。这些经验观点与理论模型是一致的，理论模型认为，记忆可以通过在不同可塑性水平级联状态之间转换的突触来防止干扰。

11.5 注意力机制在深度神经元中的应用

大脑并不是通过在统一且未分化的神经元中实现单一的全局优化原理来学习。相反生物大脑是模块化的，具有不同但相互作用的子系统，支持诸如记忆、语言和认知控制等关键功能。这种来自神经科学的洞见经常以一种无法言喻的方式，被导入到当前人工智能的许多领域。

一个代表性的例子是最近的人工智能关于注意力机制的工作。直到最近，大多数 CNN 模型都直接在整个图像或视频帧上工作，在处理的早期阶段，所有图像像素都具有同等的优先级。但哺乳动物的视觉系统并不是这样工作。视觉系统在位置和对象之间有策略性地转移视觉注意力，依次将处理资源和表示坐标集中在一系列区域上，而不是并行处理所有输入。详细的神经计算模型已经显示了这种方法如何通过优先排序和分离出相关信息来帮助行为决策。因此，注意力机制一直是人工智能架构的灵感来源，人工智能架构在每一步都对输入图像进行“一瞥”，更新内部状态表示，然后选择下一个要采样的位置。这样的网络能够通过这种选择性注意力机制来忽略场景中不相关的对象，使其能够在杂波存在的情况下很好地执行具有挑战性的对象分类任务。此外，注意力机制使得计算成本（例如，网络参数的数量）与输入图像的大小保持良好的比例。随后这种方法的扩展被证明能够在多目标识别任务中具有非常好的性能，在准确性和计算效率方面优于处理整个图像的传统 CNN，且有助于图像标题描述的形成。

虽然注意力机制通常被认为是感知的定向机制，但它的“聚光灯”也可以集中于内部朝向所记忆的内容。这一观点是最近神经科学研究的一个焦点，它同时启发了人工智能的研究。在一些体系结构中，注意力机制被用于选择从网络记忆中读出的信息。这导致了最近机器翻译的成功，并推动了记忆和推理任务的重要发展。这些架构提供了一种新的内容寻址检索实现，其本身就是一个最初从神经科学引入人工智能的概念。在人工智能的另一个领域——生成模型中，注意力机制最近被证明非常有用。生成模型能够学习合成或“想象”图像（或其他类型的数据），其模拟了生成训练图像的数据分布。深度生成模型（作为多层神经元实现的生成模型）最近在生成合成的输出方面取得了显著成功，这些合成输出通过融合注意机制捕获真实视觉场景的形式和结构。例如，在 DRAW 的最先进生成模型中，注意力机制允许系统增量式构建图像来一次性处理“心理画布”的一部分。

深度学习中的注意力机制从本质上讲与人类的选择性视觉注意力机制类似，核心目标也是从众多信息中选择对当前任务目标更关键的信息。近一两年，含有注意力机制的模型是深度学习领域最受瞩目的技术，用于处理与序列相关的数据，被广泛应用于自然语言处理、图像识别及语音识别等方面。

含有注意力机制的模型最初应用于图像识别，模仿人看图像时，目光的焦点在不同的物体上移动。当神经元对图像或语言进行识别时，每次集中于部分特征，使识别更加准确。如何衡量特征的重要性呢？最直观的方法是权重，因此在每次识别含有注意力机制的模型时，首先计算每个特征的权值，然后对特征进行加权求和，权值越大，该特征对当前识别的贡献就越大。

2017 年，谷歌提出了一个只基于注意力机制的结构，来处理序列模型相关的问题，没有采用深度学习常见的循环神经元和卷积神经元，将其应用于文本摘要、从长句子或段落中提取关键词，该结构能够并行训练，大大减少了训练时间。谷歌最新发布的机器翻译系统就是基于该框架。

拓展阅读

强化学习也能用注意，谷歌最新智能体可“疏忽性失明”更像生物

6.2.1 节介绍了“看不见的大猩猩”实验，这是一个典型的疏忽性失明的案例。

疏忽性失明是注意主体（AttentionAgent）的理论基础。谷歌公司的一项研究发现，未经训练的人工智能系统在一定场景下，对每个输入网格的像素的关注力是相同的。而被训练后的注意主体会像人类一样出现疏忽性失明：它往往专注于自己的任务和目标，不关心其他事物。具有疏忽性失明特质非常关键。以自动驾驶为例，当车辆行驶的时候虚拟的驾驶人应该将注意力集中于视线正前方及道路周围两侧，而对车内、天空这些的关注应该较少。疏忽性失明确实使人工智能系统更专注于完成自己的任务。

实验发现，注意主体在不同的场景下进行行驶。尽管背景有所不同，但是它始终专注于自身的任务：在道路上行驶，因此没有出现驶出道路的情况。

我们证明了注意主体学会了注意输入图像中的各种区域。重要块的可视化可以看到智能体是如何做决策的，并且说明大多数选择是有意义的，且与人类的直觉一致。此外，由于智能体学会了忽略对核心任务不重要的信息，因此只需要小范围修改就能推广到其他环境。

11.6 记忆机制在深度神经元中的应用

11.6.1 情景记忆

神经科学的一个典型主题是智能行为依赖于多个记忆系统。这些机制不仅包括基于强化的机制，即允许通过重复的经验逐步学习刺激和行动的价值，还包括基于实例的机制，即允许将经验快速编码到可内容寻址的记忆中。后一种记忆形式被称为情景记忆，它与内侧颞叶的神经回路有关，尤其是海马体。

人工智能的一个最新突破是 RL 与深度学习的成功融合。例如，深度 Q 网络（DQN）通过学习将图像像素的矢量转换为选择动作（例如操纵杆运动）的策略，其在 Atari 2600 电子游戏中展示了专业水平的表现。DQN 的一个关键要素是“经验回放”，即网络以基于实例的方式存储训练数据的一个子集，实现离线“重放”，从过去发生的成功或失败实例中重新学习。经验回放对于最大限度地提高数据效率、避免从连续相关体验中学习的不稳定性至关重要，并且允许网络即使在复杂、高度结构化的连续环境中（如视频游戏）也能学习一个可行的价值函数。关键是，经验回放直接受到了试图理解哺乳动物大脑中多个记忆系统如何相互作用理论的启发。根据一个观点：动物学习是由海马体和新皮层的平行或“互补”学习系统支持的。海马体在一次暴露（One-Shot）后编码新信息，这些信息在睡眠或休息时会逐渐巩固到新皮层。这种记忆巩固伴随着海马体和新皮层的回放，这被认为是伴随学习事件的神经活动模式的恢复。这一理论最初是为了解决一个众所周知的问题，即传统的神经元暴露于连续的学习任务会导致策略之间的相互干扰，新知识的学习会导致旧知识的遗忘，这称为神经元的灾难性遗忘难题。因此，DQN 中的回放缓冲区可以被认为是一个非常原始的海马体，它允许算法在硅片中进行互补性学习，这一点与生物大脑提出的理论类似。后来的研究表明，当高回报的事件在经历回放中优先时，经验回放在 DQN 中的收益会得到增强，就像海马体重放似乎倾向于导致高强化的事件一样。

存储在记忆缓冲区中的经验不仅可以用于逐步调整深层网络的参数，使其达到最佳策略，如 DQN，还可以支持基于个人经验的快速行为变化。事实上，理论神经科学已经论证了情景控制的潜在好处，即奖励的动作序列可以从一个快速更新的记忆库的内部重新产生。在生物学案例中，这一点是通过海马体实现的。此外，有证据表明，在获得有限的环境经验时，情景控制比其他学习机制更有利。

最近的人工智能研究利用这些思想来克服深层强化学习网络的缓慢学习特性，开发了实现情景控制的体系结构。这些网络存储特定的经验（例如，与特定游戏屏幕相关联的行动和奖励结果），并根据当前情景的输入与存储在记忆中先前事件之间的相似性来选择新的行动，并考虑与以前事件相关的奖励。正如最初基于神经科学的研究所预测的那样，采用情景控制的人工智能体在深层强化学习网络方面表现出显著的性能提高，特别是在学习初期。此外，它们会在很大程度上依赖于一次暴露学习任务的成功，而典型的深层次强化学习架构通常会使这类任务失败。此外，类似于情景记忆的系统更普遍地表现出相当大的潜力，其可以在几个例子的基础上快速学习新概念。未来将快速情景式记忆与更传统的增量学习结合在一起将是一件有趣的事情。

11.6.2 工作记忆

人类智能的特点是在工作记忆的活动存储器中具有保存和操纵信息的能力。经典认知理论认为，这种功能依赖于中央控制器和分离的、特定领域的记忆缓冲器（例如视觉空间板）之间的交互。人工智能研究通过构建即使随着时间流逝也能明确保持信息的架构，以从这些模型中汲取灵感。从历史上看，这种努力是从引入循环神经元架构开始的，这种架构实现了吸引子动态和丰富的序列化行为，而这些特性直接受到了神经科学的启发。这项工作促进了后来更详细的人类工作记忆的建模，且进一步奠定了技术创新的基础，在最近的人工智能研究中这已经被证明是非常关键的。特别是我们可以看到，这些早期由神经科学启发的网络与LSTM网络的学习动态之间密切相似，这些工作随后在各个领域实现了先进性能。这类工作的变种在一些富有挑战性的领域已经展现出一些卓越的行为，例如学习如何回答有关变量潜在状态的问询。

在普通的LSTM网络中，序列控制和记忆存储的功能是紧密交织在一起的。这与传统工作记忆模型将两者分开的情形相反。这种基于神经科学的模式最近启发了更复杂的人工智能架构，例如差分神经计算机，其中的控制和存储功能由不同的模块支持。差分神经计算机涉及一个神经元控制器，该控制器负责处理和读取/写入外部存储器矩阵。这种外部化允许网络控制器从零开始学习（通过端到端的优化），以执行各种复杂的内存和推理任务，目前LSTM无法完成这些任务，例如通过图状结构（如地铁地图）找到最短路径。这些类型的问题以前被认为完全依赖于符号处理和变量绑定，因此超出了神经元的范围。值得注意的是，尽管LSTM和差分神经计算机都是在工作记忆的背景中描述的，但它们有可能保持关于数千个训练周期的信息，因此可能适用于长期记忆形式，例如保留和理解一本书的内容。

11.7 人类情感与机器情感

智能机器是否可能具有情感？人类是否应该赋予它们情感？如果可以，又该如何赋予它们情感？事实上时至今日，具有像人一样喜怒哀乐的复杂情绪，能够体验悲欢离合丰富情感的智能机器或机器人还是科幻小说或电影中的产物。目前，人们研制情感计算机的主要目的在于建立和谐而友好的人机交互环境，使机器人能够对人的面部表情、自然语言、身体姿态及对键盘和鼠标的使用特征等进行观察，以识别和理解人的情感，并通过图像、文字、语音等做出智能而友好的反应，从而形成生动而真实的使用环境，帮助使用者产生高效而亲切的感觉，形成自然而亲切的交互，营造真正和谐的人机环境，以达到降低劳动强度和提高工作效率的目的。研发具有类人情感的机器，对于许多科学家而言或许是值得投入心血的课题，也是一个遥远的梦想，其实用意义远不及理论意义。人类的想象力结合对自身情绪、情感现象的观察及心理学研究，已经催生出了人工情感或情感计算、社会计算等人工智能新方向。

11.7.1 大脑情感模型

目前，研究人员已经开发出大脑系统启发的整体模型。肯纽斯（Chisian Blkeniu）和莫伦（Jan Moren）首次提出了这种模型，其中包括海马体、眶额皮层、杏仁核、丘脑和感觉皮层的模型，通过这些组件的相互依赖性产生情感调节。模拟的杏仁核用于学习情感关联，模拟的眶额皮层是背景抑制剂，而背景信息是从模拟的海马体中通过刺激与位置匹配输入的。进一步的例子包括基于大脑情感学习的智能控制器，这是一种受大脑边缘系统启发的算法，被成功应用于工程任务的控制器中，显示出良好的泛化性和灵活性，因为该算法有助于适应参数变化和干扰。之后大脑情感学习实现了哺乳动物杏仁核的短路径，这种短路径将感知丘脑和那些与刺激额叶皮层交流的长路径连接起来。杏仁核的输出将与输入侧的奖励进行比较——如果不存在输入侧奖励，仍可以使用这种输出。大脑情感学习的智能控制器表现可以超越多层感知机和模糊干扰。类似地，基于大脑情感学习的模式识别器在分类和时间序列预测任务中优于多层感知机。在自适应衰变大脑情感学习中，遗忘过程被添加到杏仁核中。在这类模型中，杏仁核模糊性和眶额皮层变量等额外扩展有助于提高系统的性能。最后一个例子是基于边缘的人工情感神经元，它结合了上述几种方案，包括焦虑和信心等情感、短路和长路、杏仁核的遗忘过程，以及通过眶额皮层与杏仁核的互动实现的情感抑制。同样地，这些方法被反复证实超越了多层感知机和其他机器学习方法。

11.7.2 情感建模与机器情感

心理学领域已经有很多关于人类情感的模型。而在人工智能技术应用中，很少有模型被广泛应用。早期分类法占了上风，例如埃克曼提出的独立情感类别。但这样的分类往往过分简化了现实世界中情感的微妙特质，而且覆盖面太有限。分类法之后，按维度连续建模的方式逐渐流行起来。最常应用的维度包括唤起、效价和支配。情感类别映射到这些维度所覆盖空间的某些区域。举例而言，恐惧的情感以高唤起、负效价和低支配为特征。分类或连续维度的方法在情感识别和生成中都特别流行。此外，基于时间演变的情感建模更具挑战性，因为不同的模态可能在不同的时间区间运作，这给模型计算带来了难度。

对具体某种情感建模也是一个重要方向。在计算机对人类情感的识别中，除了自我评估的“感觉到的”内在情感以外，通常还要评估他人感知的情感。此外，还可以对情感的其他方面建模，例如表达、调节或抑制情感的意向程度、情感的典型性程度及情感的特异程度。这些方面都可能影响人工智能系统的“内在”和“外在”情感，即未来的人工智能系统既能拥有自己的“情感感受”，也能使人类感受到的它的“情感或感受”。如果这种人工情感或智能机器真的像人一样拥有了“共情”的心理能力，人类反倒可能会考虑如何抑制它们的情感了。

11.8 类脑计算

11.8.1 基于生物与经验的模型

1. SPAUN 模型

2012 年加拿大滑铁卢大学研制了 SPAUN 模型（见图 11.7）。SPAUN 模型将 250 万个神经元模块化地分割组织为 10 余个脑区，通过构建不同的工作流实现了模拟笔迹、逻辑填空、工作记忆、视觉信息处理等能力。SPAUN 采用了简化的 SNN，通过脑区之间模块化的组织实现了特定认知功能的初步建模。虽然相对其他模型而言，SPAUN 已经部分接近真实大脑工作原理，但是该模型仍然具有极大的提升空间，主要表现在 3 个方面：①目前 SPAUN 感

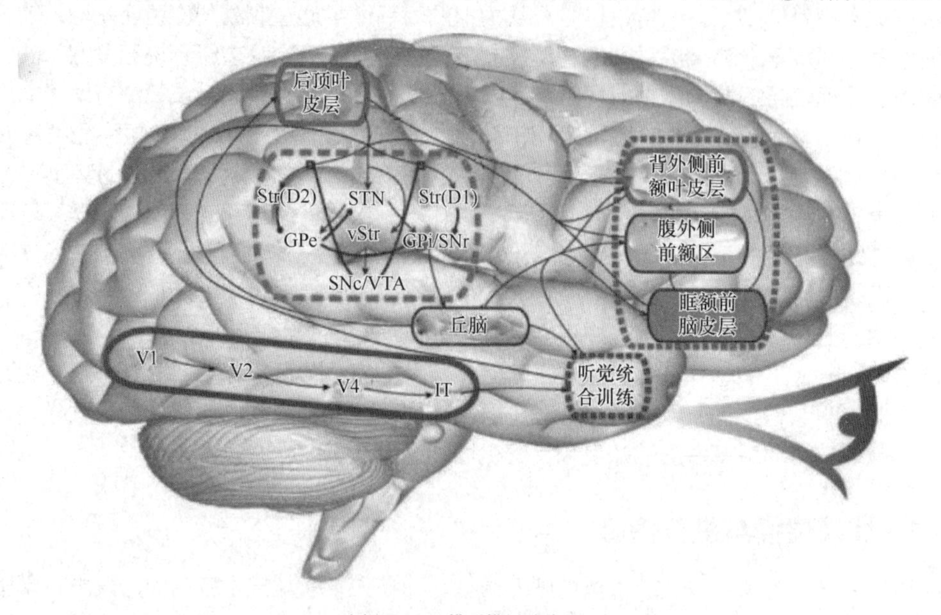

(a) SPAUN 模型模拟的脑区

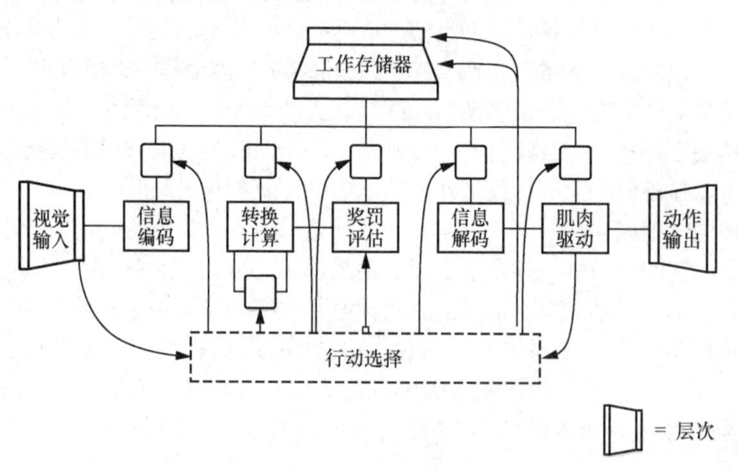

(b) SPAUN 模型结构

图 11.7 SPAUN 模型

知区域全部用深度网络代替，仍然是对感知功能粗略的建模；②SPAUN 针对不同的认知任务绘制不同的工作流，不能自主决策任务的类型，不能对任务进行自主建模；③SPAUN 脑区之间的连接是逻辑连接，没有真正采用生物脑的约束，没有实质性地借助脑区之间的各种连接、脑的工作机制来提升智能水平。

2. 记忆预测模型

现代计算机科学家霍金斯将智能的描述问题化繁为简，提出“智能是基于记忆的预测”。大脑利用记忆不断对我们看到的、听到的及感觉到的事物进行预测，预测的结果和感知事实再进一步反作用于记忆，进而提高预测能力。仔细分析这个定义不难发现，智能主要包括 3 个方面：对事物产生感知，由感知产生记忆，由记忆产生预测，即智能的感知、记忆和预测（PMP）框架。

霍金斯在他的《论智能》（*On Intelligence*）一书中提出的“层级时域记忆（Hierarchical Temporal Memory，HTM）”原理仍然是“大脑如何运行”这一问题最有可能的答案之一。霍金斯等创建的公司开发了一套根据 HTM 原理运行的软件，通过 NUPIC 开源社区开放，该软件表明基于生物学习原理的计算方法有望实现新一代智能。如图 11.8 所示，感知、记忆和预测框架指出，智能是通过记忆能力和对周围环境模式的预测能力来衡量的。大脑从外部世界获取信息并将其以知识的形式储存起来，然后将它们以前的模式（记忆）与正在发生的情况（感知）进行比较，并以此为基础进行预测。

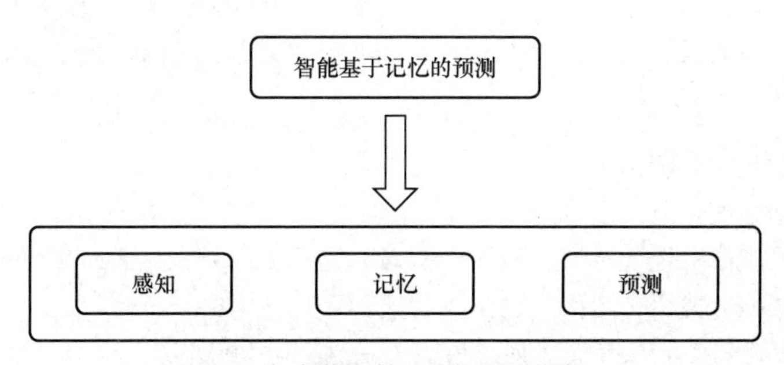

图 11.8　智能的感知、记忆和预测框架

该模型整合了空间和时间编码，与人类认知功能更接近，可实现时序数据信息抽取和模态预测，目前已广泛应用于多种智能数据处理领域，如交通流量预测、股票交易数据预测、服务器流量预测等。然而该模型对皮层层次对应的功能只是进行了粗略对应，与真实皮层结构仍存在较大差距，且模型是对皮层微柱的建模，没有脑区层次的启发和协同机制，也没有自动问题的建模能力，认知功能的实现还无法达到自组织。

11.8.2　神经形态类脑计算

1. 脉冲神经元模型

基于 MP 模型的人工神经元在人工智能领域大放异彩。然而这么多年过去了，这些成熟的神经元模型不论是在功能还是结构方面，与生物的大脑还存在很大的差距。从结构来讲，生物大脑中的神经元结构远比基于 MP 模型的人工神经元复杂，就大脑神经元的信号模型进行比较，MP 模型只需要对信号求和，然后直接通过简单的激活函数后全部输出就可以，而大脑神经元接收信号后直接影响的是膜电位，当膜电位足够大时再放出脉冲信号。由于存在这种差异，基于脉冲神经元模型的脉冲神经元最近越来越受到重视。

虽然现有深度神经元模型从某种程度上初步借鉴了人脑信息处理的部分原理，但总体而言依然是初步尝试。对脑信息处理机制的深度借鉴来提升现有模型仍然具有很大空间。目前在神经元的类型、突触的类型及其工作机理、网络权重更新、网络背景噪声等方面，神经生物学的研究都取得了一定进展，可以被计算模型应用。许多研究团队已经构建了一系列满足不同尺度生物实验证据和约束的计算模型，如生物神经元模型、生物突触模型、生物脉冲神经元计算模型。这些都为脉冲神经元（Spiking Neural Network，SNN）的进一步研究奠定了坚实的基础，提供了创新源泉。

脉冲神经元被称为第三代神经元，这种神经元网络的建模思路和参数选择均来自神经科学家获得的关于脑皮层神经元网络的知识。神经科学家认为，神经信号的信息体现于脉冲的发放频率和发放时间，而不是脉冲的具体波形。神经元的信息处理和传递过程表现为脉冲序列在特定神经通路上按特定时间顺序传递。脉冲神经元模型对神经元发放频率的变化及这些变化的时序关系进行了细致的物理建模和数学建模。

对于脉冲神经元，从输入端得到的不再是数值，而是随机的脉冲串。神经元的计算过程也不再表现为对这些脉冲串的信号幅值进行实时计算，而是在特定的时间窗口内对这些脉冲串中包含的脉冲个数进行计算，或者说对脉冲发放频率进行计算。神经元根据发放时间内的不同输入通道传递过来的神经发放频率加权值来确定其输出的脉冲串频率变化趋势。显然根据脉冲的个数而不是脉冲的幅值或波形进行计算，结果更稳定。这与数字计算和模拟计算的关系有异曲同工之妙。

脉冲神经元的经典模型包括 Hodgkin-Huxley（HH）模型、Leaky Integrate and Fire 模型、AdEx IF 模型和 Izhikevich 模型。

2. 神经形态类脑芯片

基于神经形态原理可以开发神经形态硬件电路。开发神经形态硬件电路的目的是一方面通过实现实时的大规模神经元模拟，进而模拟人脑的机制；另一方面，实现基于生物神经形态的类脑芯片和类脑计算机，进而产生类脑智能。

神经形态类脑芯片是一种模拟人脑的新型芯片，这种芯片的功能类似于大脑的神经突触，处理器类似于生物神经元，而其通信方式类似于神经纤维，可以允许开发者为类脑芯片设计应用程序。相比依靠冯·诺依曼架构的 GPU、FPGA、ASIC，神经形态类脑芯片是一种相对处于概念阶段的集成电路。通过模拟人脑工作原理，通过神经元和突触的方式替代传统冯·诺依曼架构体系，突破传统“执行程序”计算范式的局限，有望形成“自主认知”的新范式，即具备自主感知、识别和学习的能力；模仿突触的线路组成、基于庞大的类神经系统而开发的神经形态芯片，突破传统计算机体系结构的局限，实现数据并行传送、分布式处理，能够以极低功耗实时处理海量数据，使芯片能够异步、并行、低速和分布式处理数据。

神经元在软件层面模仿人类思维，神经形态芯片则在硬件设计方面更像大脑。其架构由人造神经元组成，通过人工突触处理数据和相互沟通。

20 世纪 80 年代，米德开始制造模拟哺乳动物大脑的芯片，描述了模仿神经系统架构模拟计算机电路，由此创立了名为神经形态计算的领域。IBM 以神经形态芯片为基础，开发了第一代用于“认知计算机”设计的芯片。美国加州大学欧文分校休斯研究实验室（HRL）研究人员在米德的启发下，发明了一种硅制芯片，其计算电路包括 576 个神经元和 73 000 个神经突触，该研究团队证明这种芯片对视觉信号的解释异常清晰。美国国防部高级研究计划局 2008 年开始了神经形态自适应可塑伸缩电子系统（Systems of Neuromorphic Adaptive Plastic Scalable Electronics，SyNAPSE）的计划。

20 世纪 90 年代，米德等研究人员发现构建硅神经元网络是有可能实现的。该装置通过结点接收外部电流输入信号，结点的作用类似于真实神经系统中的突触——神经脉冲通过突触，从一个神经元传到另一个神经元。与真正的神经元相似，硅神经元允许传入的信号在电路的内部积蓄电压。神经形态工程学所追求的未来芯片就是将大量的逻辑电路整合到一个芯片中，通过各芯片的控制，让各种高科技产品能够顺利运作。

2008 年，中国学者通过国家自然科学基金重大项目支持“认知科学关键理论和技术”项目。北京大学微电子研究院从 2006 年开始研制神经形态器件，2012 年实现了神经突触模拟器件，响应速度比生物突触快百万倍，而单元体积只有生物突触的十万分之一，在光学突触方面也有突破。在类脑信息处理和计算模型方面，北京大学在视觉信息编码和识别方面具有深厚的积累。

2011 年 8 月，IBM 公司通过模拟大脑结构，首次研制出两个具有感知认知能力的硅芯片原型，可以像大脑一样具有学习和处理信息能力，这是第一代神经形态计算芯片。

在人脑中，神经元和突触是相互混合的。神经元芯片设计者必须采取一种更加集成化的方法，将所有神经元组件仅仅混合在同一个芯片中。神经形态芯片的基本单元——人工神经元及突触如图 11.9 所示。

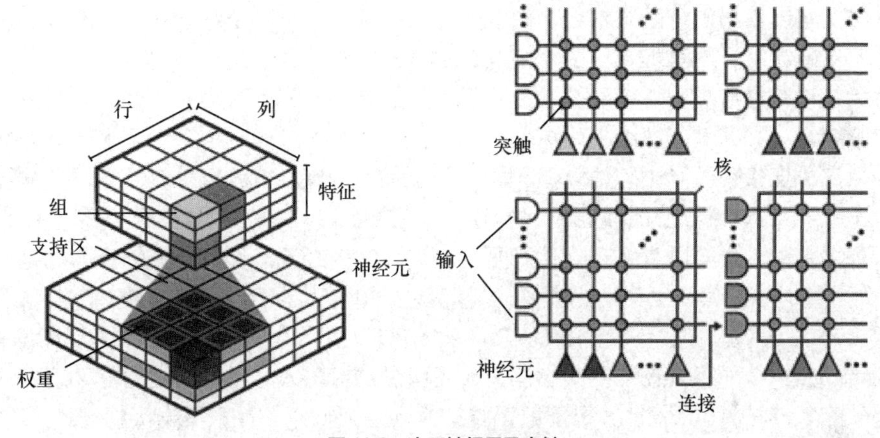

图 11.9　人工神经元及突触

神经形态类脑芯片的每个神经元都是交叉连接，具有大规模并行能力。这种芯片由基于神经生物学原理设计的数字芯片电路组成一个“神经突触核心”，包括集成的内存（复制的神经键）、计算（复制的神经元）和通信（复制的神经轴突）。采用这种芯片的系统能够通过经验学习、发现关联、创造假设和记忆，并且能够从结果中学习，模仿大脑结构和突触可塑性。该芯片架构更节能且没有固定的编程，将内存与处理器集成在一起，模仿大脑的事件驱动、分布式和并行处理方式。IBM 第一代神经形态“认知计算机”芯片（见图 11.10）包含 256 个神经元和 256 个轴突（数据传输通道）。其中一个芯片包含 65 356 个学习突触，它能够发现新的神经元连接路径，可通过经验进行学习，并根据响应对神经元连接路径进行重组；而另一个芯片包含 262 144 个可编程突触，可以根据预先设定，通过强化或弱化神经元之间的连接，更

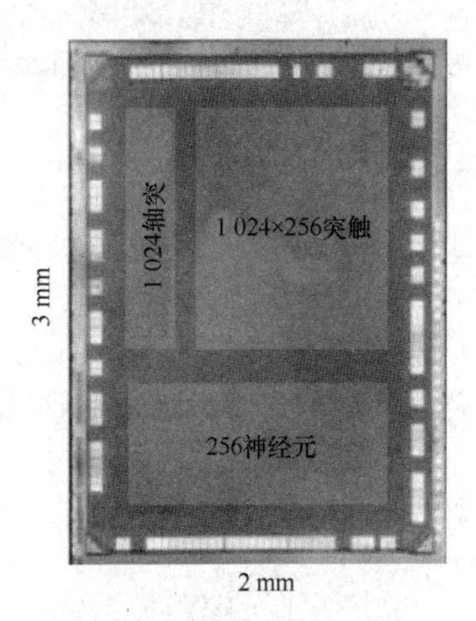

图 11.10　IBM 第一代神经形态“认知计算机”芯片

迅速、更高效地处理信息。这款特制的芯片可以充分激发新计算架构的潜能，并将最终取代现在模拟使用的超级计算机。

3．神经形态类脑计算机

神经形态硬件效率和灵活性的指数级增长，使计算机具有像人脑一样快速和复杂的能力变得越来越可行。大脑的若干大型模拟主要复制体内和体外关键神经科学研究中获得的皮层动力学，并验证认知理论和假设。神经形态计算不仅能完成目前计算机无法完成的任务，还能更清楚地理解人类记忆和认知的机理。如果能够研制出模拟电路构建的一种类脑计算机，这种计算机需要的能耗将大大低于现在的计算机。

斯坦福大学开发的神经形态超级计算机 Neurogrid 模拟树突计算（突触前离子通道功能）与数字轴突通信相结合。每个芯片集成了 100 万个与 2.56 亿突触相连的神经元。

基于 Neurogrid 建造的神经工程框架（Neural Engineering Framework，NEF），搭建了一个具有 2 000 个 LIF 神经元的脉冲神经元模型，可以解码猴子运动皮层的电生理数据，并用于脑机接口外部机械手（神经假肢，Neural Prosthesis）控制。

南加州大学研究者研制了一个基于模拟电路的超低功耗神经信号处理芯片，用于大鼠海马体的认知假体（Cognitive Prosthesis），以修复一定程度的记忆功能。其实现是通过经典信号处理算法对脑电信号进行函数拟合。研究人员可以采用一个基于脉冲神经元的类脑芯片来仿真部分脑区的功能，与其他脑区紧密交互，来修补一些缺失或出故障的脑功能。

利用大规模神经形态芯片构建类脑计算机，包括神经元阵列和突触阵列两大部分，前者通过后者互联，一种典型连接结构是纵横交叉，使得一个神经元与上千乃至上万其他神经元连接，而且这种连接还可以由软件定义和调整。这种类脑计算机的基础软件除管理神经形态硬件外，主要实现各种神经元到底层硬件器件阵列的映射，"软件神经元"可以复用生物大脑的局部甚至整体，也可以是经过优化乃至全新设计的神经元。通过对类脑计算机进行信息刺激、训练和学习，使其产生与人脑类似的智能甚至涌现出自主意识，实现智能培育和进化。刺激源可以是虚拟环境，也可以是来自现实环境的各种信息（例如互联网大数据）和信号（例如遍布全球的摄像头和各种物联网传感器），还可以是机器人"身体"在自然环境中的探索和互动。在这个过程中，类脑计算机能够调整神经元的突触连接关系及连接强度，实现学习、记忆、识别、会话、推理及更高级的智能。

类脑计算机的最终目标是在与人脑同样的体积和能耗下达到类似神经元和突触的处理速度，从而具备较强的智能处理能力，实现这个目标需要多方面的努力。

11.8.3　人工大脑

1．人工大脑构建的技术基础

生物神经元在树突脉冲、胶质细胞、神经递质触发的蛋白质信号通路、神经递质触发的基因调控、电突触、解释人脑意识方面具有高度复杂性，因此搭建大规模仿真系统来复制生物大脑的所有功能是极其困难的。

人工大脑总体上可以分为虚拟人工大脑和电子人工大脑两大类。虚拟人工大脑即通过分析神经学数据，构建虚拟神经元，由虚拟神经元构建的虚拟神经回路再用于构建虚拟大脑区域。

电子人工大脑即通过电子硬件手段自下而上，通过基础模块从简单到复杂逐渐构建起一个复杂的电子人工大脑。电子人工大脑的主要手段包括神经形态芯片、忆阻器芯片等硬件手段。二者的相似之处在于都是通过电子电路模拟神经元和突触，再逐渐搭建更复杂的框架。

不同之处在于模拟神经元和突触的方法。前者需要设计复杂的模拟电路来模拟生物脉冲神经元的功能，后者则直接利用忆阻器元件实现单个的生物脉冲神经元功能。

利用忆阻器通过模拟电路技术构建人工突触是一种重要方法。忆阻器被认为是继电阻器、电容器、电感器之后的第四种无源电子元件，忆阻器神经元芯片如图 11.11 所示。这个概念并不是新的。

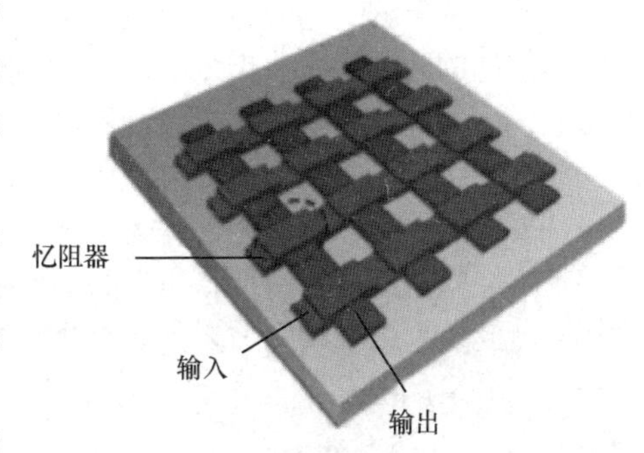

图 11.11 忆阻器神经元芯片

由于忆阻器不耗费任何功率就能记住其过去的状态，它的最大潜力是模拟脑中突触实际可行的原件，因而可以利用忆阻器创建一个具有简化突触功能的多层感知器网络。由于忆阻器几乎是以与大脑突触相同的 STDP 模式，来响应同步电压脉冲，因此使其能够成为超级计算机仿真的替代方案。忆阻器器件的最有趣特征在于，它可以记忆流经的电荷数量。其电阻取决于多少电荷经过了这个器件，即电荷以一个方向流过，电阻会增加；如果使电荷反向流动，电阻就会减小。简单地说，这种器件任一时刻的电阻是时间的函数——多少电荷向前或向后经过了它。

以忆阻器为基础单元构建忆阻器芯片，实现基于生物神经形态的忆阻器计算机和类脑计算机，进而产生类脑智能。

惠普实验室开发的类脑微处理器的体系结构被认为是一种基于忆阻器的多核芯片。利用忆阻器的可塑性，模拟突触，作为神经元间的权重连接，实现神经元的自适应学习机制，每个处理器的工作频率为 100 Hz，且每隔 10 ms 更新神经元状态及对应突触权重。随着硅片上堆积交叉纵横栅格制造工艺的发展，几十年内在一个芯片上将有可能建立一个每平方厘米千万亿位的、非易失性的忆阻器存储器。

2. 人工大脑会有意识吗？

美国艾伦脑科学研究所主任科赫指出：“当前理论认为，一切具有足够复杂性的系统都将形成一定的形态意识。”意识源自无数片段信息持续互动而产生的协同效应，至于信息网络是由人体细胞构成还是硅芯片构成，则无关紧要。越来越多的研究人员认为，生命物质对感知外部世界、体验蓝天白云并非必要条件。对于复杂系统而言，意识就像质量和电荷，属于其基本物理特性。当然这方面的理论思考还处于空想阶段，相关争议也还远没有定论。

单是人造器官可能无法具有足够的复杂性。为了创造产生意识的条件，我们需要建立适当的连接，以及类似大脑的组织方式（具备有序的复杂性）。有学者认为，不断模拟各种大脑机制（如有关注意力的神经回路），科学家迟早会看到，意识作为一种附带现象出现。不过即使能复制那些与意识状态有关的神经活动模式，但这是否能证明人造大脑具有意识呢？

问题在于意识的主观性，一个人除了自己能体验到意识，既无法分享，也无法得知别人的意识体验。SPAUN 项目的克里斯·埃里亚史密斯认为，可以通过人造大脑的行为特征来判断他们是否具有意识。但那会是怎样一种意识呢？

各种意识在程度上具有很大的区别，最原始的意识与所有动物最基本的生存需求相关，中间阶段的意识与注意力相关，最高级的意识则涉及自传式记忆。而人工大脑是否能够形成意识是未来重要的研究课题。

3. 人工大脑会威胁人类吗？

创造物起义反抗创造者的故事，既是神话传说中的古老内容，也是经久不衰的科幻题材。

然而随着人工大脑的出现，这种威胁似乎成为一种合理的担忧，可能会出现人工大脑不按人类期望行动的情况。巴黎第六大学人工智能专家加纳西亚（Jean-Garbriel Ganascia）认为："可以想象，当人工大脑有了相当程度的复杂性之后，我们可能难以准确预测其意图。"

如同人类社会一样，风险源于机器决策的不可预知性。德国卡尔斯鲁厄理工学院的盖（Micheal Deker）指出："由于人工大脑能够自主学习，这意味着一旦机器处于全新的环境并习得新的经验，甚至其设计者也无法预测它的行为。"

但就此认为，有朝一日人工大脑会突然决定夺取权力，并消灭整个人类，这种情景还是属于科幻场景。

11.9 脑与神经科学对人工智能的作用

人工智能与脑科学两个领域从截然不同的角度对智能进行处理：神经学研究大脑是如何工作的并且研究潜在的生物学原理，而人工智能更实用，它不受人类发展的束缚。可以将人工智能看作是应用计算神经科学解决实际问题。将智能变为机器算法，并将其与人脑进行比较，类脑计算方面的研究可能会使人们对大脑中的一些秘密产生深刻见解。毫无疑问，今后人工智能研究必须向人脑学习，发展类脑计算等技术。

脑与神经科学的进展，特别是借助新技术与新设备的研究支持研究者通过不同的实验方法（如生物解剖、电生理信号采集与分析、光遗传技术、分子病毒学、功能影像分析等）得到对脑的多尺度、多类型的生物证据，正在尝试从不同侧面揭示生物智能的结构和功能基础。

其实，几十年来的人工智能研究，囿于观察、测量手段等方面的限制，一直无法深入理解人脑的运行机理，都是围绕基于人脑表现出的智能特征开展各个方向的研究工作。随着CT等大型医疗设备的应用，人类可以观察到脑的内部运行机制，深入到脑神经元层次观察诸如观看一段视频或者听到某个熟悉的声音时，大脑是如何做出反应的，那些区域发挥什么作用，脑神经元处理外界信息的过程如何。但它才刚开始揭开神经元如何有助于高智能发展。神经学家通常只对他们研究背后的机制有模糊的概念。由于人工智能研究依赖于严谨的数学运算，该领域可以提供一种方法对这些模糊的概念进行阐明，使他们变为可验证的假设。

关注大脑的记忆和想象力，理解大脑中的哪些区域参与其中，存在何种机制，随后使用这些知识帮助我们思考，如何在人工智能系统中实现同样的功能。另一方面是，智能究竟是什么，这也包括自然智能和人类的智力。利用可以完成有趣任务的人工智能算法，可以了解如何看待大脑本身。也可以将这些人工智能系统作为模型，了解大脑中正在发生什么。

在微观层面，生物神经元和突触的类型、数目等在不同脑区中具有较大差异，且能够根据任务的复杂性实现结构和功能的动态适应。在介观层面，特异性脑区内部的连接模式和随机性网络背景噪声的有效融合，使生物神经元在保持了特定网络功能的同时，兼顾了动态网络可塑性。在宏观层面，不同脑区之间的协同使高度智能的类人认知功能得以实现。如哺乳动物脑的强化学习认知功能，长时、短时记忆功能等都是通过不同脑区功能的协同实现更复杂的认知功能。

未来要实现更强大的人工智能技术，需要计算模型融合来自微观、介观、宏观多尺度脑结构和信息处理机制的启发。

深思公司创始人、AlphaGo的开发者之一哈比乌斯认为，只有了解大脑，才能开发出更强的人工智能。他强调神经科学是实现强人工智能的基础。神经科学通过两种方式帮助人类实现这个目标。其中之一是将神经科学作为算法和架构理念的灵感来源。

关于开发通用人工智能系统的可行性，人脑是现存的模板和参考对象。ChatGPT已经具备通用人工智能系统的雏形，但它并非以人脑为原型构建。未来以人脑为原型的更强大的通用人工智能系统能否产生还是未知数。

11.10 本章小结

对于人工智能而言，从最初模拟生物神经元的人工神经元模型，到人脑强化学习启发的机器强化学习，脑的智能作为人工智能的模拟对象，从脑的智能特征模拟产生的算法模型到结构上模拟大脑的类脑计算，促进了很多人工智能技术的产生和发展。但是，人们对脑的智能机制了解得很少，迄今无法整体认识清楚脑的思维、认知等智能机制及自我意识等是如何产生的。实际上，脑不会脱离身体和环境单独产生智能。未来要发展像人一样的通用人工智能，应综合考虑脑、身体与环境的相互作用机制，进而设计出在灵活适应环境基础上不断进化的机器智能系统。

习题

1. 神经元数学模型和脉冲神经元模型对人工神经元各有何种启发？
2. 查阅资料，对比三种脉冲神经元的特点和共性。
3. 描述深度学习和强化学习借鉴的神经信息处理机制。
4. 类脑计算的基本方式有哪些？各自的优缺点和未来发展前景如何？
5. 总结神经科学与人工智能之间相互启发的重要意义。